U0144735

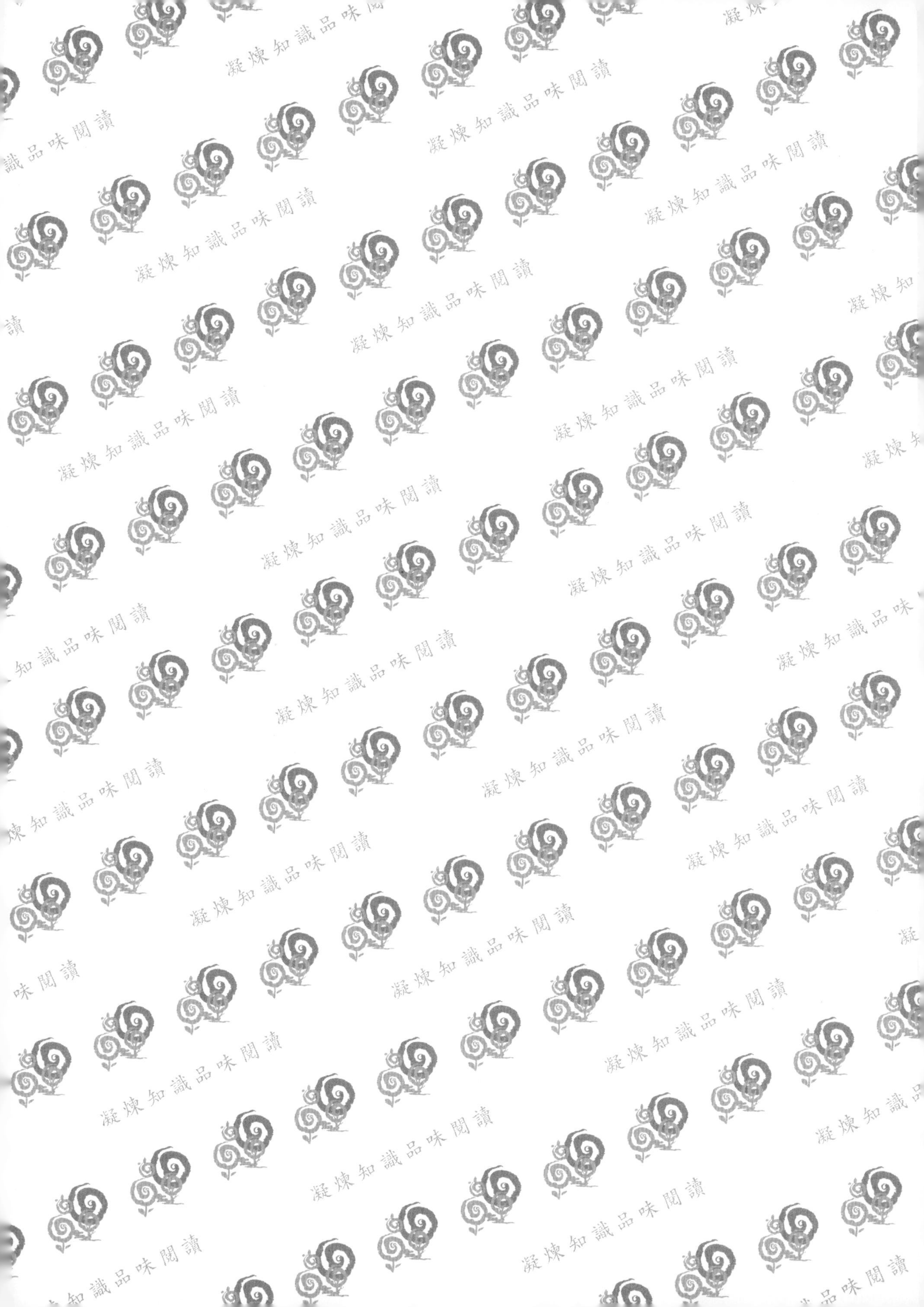

凝煉知識品味閱讀

# 自動化控制元件設計與應用 第二版

## 台達PLC/HMI/SERVO應用開發

Designs and Applications of Automation Controllers using DELTA® HMI, PLC & Servo Motor

曾百由 著

五南圖書出版公司 印行

# 授權同意書

茲同意曾百由先生撰寫之「自動化控制元件設計與應用」一書，其內容所引用台達電子工業股份有限公司工業自動化控制元件設計與應用的資料，已經由台達電子工業股份有限公司同意授權。

有關台達電子工業股份有限公司所規定之註冊商標及專有名詞之聲明，必須敘述於所出版之中文書內。為保障消費者權益，其內容若與台達電子工業股份有限公司工業自動化產品，包含：可程式控制器(PLC)、交流伺服馬達與驅動器(AC Servo Motors and Drives)、變頻器(AC Motor Drives)、人機介面(HMI)及相關工業網路通訊模組之應用、使用、簡易與軟體操作手冊，以及產品型錄(以上合稱台達工業自動化產品手冊與型錄)的描述中有相異之處，則以台達工業自動化產品手冊與型錄的內容為基準。

(以下空白)

此致

曾百由　先生

台達電子工業股份有限公司

授權單位章：________ 台達電子工業股份有限公司 合約專用章

授權代表人：________ 海英俊 合約專用章

中　華　民　國　一　零　五　年　一　月　十　二　日

# 序

*"If you want to go fast, go alone. If you want to go far, go together."*

*—— Africa saying*

自從寫過幾本微控制器相關的基礎實作教科書之後，對於撰寫教科書一事就裹足不前，一直認爲是個承重的負擔。再次執筆完成《自動化控制元件設計與應用》這本書，實在是要感謝台達機電事業群及台達電子文教基金會爲教育的付出，從旁協助的工程師與行政同仁，提供了許多設備資源與技術協助，讓本書得以順利完成。從台達協助個人任教的國立臺北科技大學機械系建立工業自動化教學實驗室開始，讓莘莘學子有機會接觸到最新的工業自動化控制設備，建立與產業實務技術接軌的學習課程；在這個過程中，個人也在眾人的協助下將自動化系統的相關設計應用技術逐步地整理成教材、教科書與影音課程作爲教學推廣用途。幾年下來，在台達機電事業群的協助下，個人從中獲益良多，學生也藉由相關課程的學習訓練，走出學術理論的象牙塔，進入實務技術的大觀園。經年累月的學習與經驗，藉由台達電子文教基金會DeltaMOOCx網路學習平臺的數位教材製播以及這本教科書的撰寫整理，彙整成一套引領初學者學習工業自動化技術的實務教科書與教材。同時也感謝家人再一次的體貼與關懷，還有周遭同仁與同學的協助，共同完成本書的撰寫編輯與實驗練習。

從起筆開始，就希望藉由這本書的規劃，讓有志者可以用最簡單的方式，有系統地從單一自動化元件功能的學習一點一滴地累積成自動化控制系統整合的開發技術。從基本的人機介面資訊蒐集與狀態顯示，透過可程式邏輯控制裝置的資料判斷與程式處理後輸出命令，最終利用伺服馬達驅動元件的精確控制，建構成完整的自動化控制系統。讀者可以依照學習過程的妥善規劃，按部就班地建立自動化控制元件設計與應用開發的能力。

實務課程除了利用文字與圖片傳達知識之外，更重要的是透過實際應用範例教導學習者適當的操作觀念與程序；有幸的是，除了這本書的文字整理之外，線上影音課程蒐集了大量實作範例影片，可以藉由軟體模擬了解各個元件操作的特性，並讓讀者有機會藉由觀看影像學習實際元件操作的過程。時代的進步讓讀者可以變身爲觀眾，除了文字的傳遞，更結合影片的示範，形成有效率的快速學習途徑。即便讀者身邊沒有實體教具，這本教科書大部分的內容也都可以由讀者在家自我學習。當然，系統整合技術的學習最終還是要進入實驗室，利用實際自動化控制元件的操作練習才得以完成。

著書寫作的目的在於讓知識、經驗與技術的傳播最大化，讓無法親身接觸的讀者也可以一同分享，讓更多人可以快速而有效地學習。感謝眾多貢獻時間、知識、經驗與資源的同好參與，藉由眾人的奉獻與分享完成了這本著作，傳承大家的奉獻讓有志者承襲學習並散播知識技術、愛與關懷。

國立臺北科技大學機械系

曾百由

2015/12/18

# 前言

工業自動化是機電系統整合的放大，是將許許多多的工業元件、設備與模組整合成系統、產線，甚至工廠製造產品，以最少的人力參與，精確地完成物件加工的行為。什麼是自動化技術？什麼是系統整合？在教導自動化控制相關課程時，簡單地將控制的功能分成三個領域：感測、計算與驅動。如果一個人或設備具備這三個能力，就可以進行控制的行為；如果一個設備可以自動地進行這三個部分的處理，就是一個自動化設備。雖然機器設備可能具備這三個自動化控制所需要的基本能力，但不會與生俱來就具備自動化的行為。因為截至目前為止，這些自動化的行為或者是程序，必須是要藉由使用者妥善的設計與開發，才能賦予它自動而且正確的自動化行為。

最基本的自動化元件是針對工業應用所開發的微控制器（Micro-Controller Unit, MUC），它具備了利用適當的周邊功能模組進行類比訊號或數位訊號感測量取，經過核心處理器的運算產生輸出命令，再藉由數位波形變化或類比電壓電流調變去改變外部元件的行為。但是微控制器的開發設計隨著廠商硬體的變化，需要客製化的軟硬體設計而難以進行工業應用的標準化。相對地，人機介面（Human Machine Interface, HMI）控制裝置、可程式邏輯控制器（Programmable Logic Controller, PLC）及伺服馬達（Servo Motor）因為廣泛地運用標準工業規格，包括電氣規格與通訊協定，使得這些自動化控制元件的整合可以依照標準的程序進行設計與開發，也因而大量地使用在工業設備中。即使這些自動化控制元件的核心都是微控制器，藉由廠商妥善的電路規劃及元件設計也都可以與不同廠商的標準元件進行整合。

本書在規劃內容時，就以使用者的出發點作循序漸進的課程規劃。首先，從人機介面裝置與人溝通的圖形元件功能作為起點，逐漸地帶入資料處理的巨集功能。由於人機介面裝置控制硬體的功能有限，僅能利用通訊透過其他元件進行控制；所以本書第二個部分介紹可程式邏輯控制器的運算架構與控制功能，藉此得以具體地蒐集實際的操作訊號進行資料判斷處理後，產生控制訊號的變化。將上述兩個元件整合，便組合成可以與人溝通的自動化控制裝置，得以控制外部電氣訊號或電路元件。最後再藉由交流伺服馬達的運動控制，讓單純的訊號變化得以反映在電能驅動的運動元件，只要連結適當的機構，就可以在設備上產生適當的加工行爲。藉由漸進式的規劃與說明，讓讀者可以從簡單的應用開始學習，逐步地增加各項裝置功能的技術深度，最終得以設計複雜的自動化元件應用與系統整合。

本書的內容包括第一章自動化系統與元件的簡介，第二到四章針對人機介面裝置基礎功能進行介紹，第五到九章則是介紹可程式邏輯控制器的基本架構與程式設計，並在第十與十一章介紹人機介面裝置與可程式邏輯控制器的整合運用；第十二章之後主要是對於交流伺服馬達的原理、架構與各種使用模式作完整的說明，並利用實例示範人機介面裝置、可程式邏輯控制器與伺服馬達的系統整合，提供讀者開發自動化系統設計與應用的基礎。

讀者除了利用本書所提供的內容進行學習與範例演練之外，也可以利用台達電子文教基金會定期提供的DeltaMOOCx線上課程系統（http://www.deltamoocx.net），透過影音教材的說明與示範，學習每個單元的教授重點，特別是實作範例的操作與相關裝置的成果展示更可以協助讀者加強學習的效果。

登高必自卑，行遠必自邇。自動化的設計開發與系統整合也是藉由許多基礎控制元件的協同運作而達成。希望本書可以引領讀者跨出自動化控制元件學習的第一步，進而走向系統整合、產線設計，以及各式各樣自動化應用的設計與開發過程。

# 目錄

# 第4篇 交流伺服馬達篇

# 自動化設備與元件

CHAPTER 1

隨著工業技術的進步、產品精密度的提升、生產規模擴大以及人工薪資的上漲，工業生產設備的開發已經逐漸地從人工操作的機械設備走向自動化的生產設備。其中最主要的關鍵除了機構的設計改良之外，更重要的是因爲半導體設計與生產技術以及電子產品的性能提高，使得控制器的計算速度與精密度提升，驅動器的進步與準確度的改善，通訊介面的正確性與傳輸速度改良等等，讓工業自動化中需要反覆進行的加工動作速度得以提升而且精密度也可以提高，進而造成生產成本的降低。因此，大量民生生活必需品的售價因爲工業製造技術的提升而得以降低，同時品質也得到長足的進步而改善人類的生活。

## 1.1 工業自動化設備

工業自動化最重要的基礎除了針對個別產品生產過程中所需要的機構改善之外，必須要有可以精確控制的驅動裝置，快速計算精準輸出命令的控制元件、以及能夠與操作人員大量溝通操作資訊與工作命令的資訊裝備。這些重要的裝置已經從過去昂貴而且客製化的元件，逐漸地藉由生產技術的改善變成價廉物美且標準化的精密元件。因此，在現代的自動化生產設備上可以看到大量的精密伺服馬達驅動元件及可程式邏輯控制元件作爲設備精密控制的核心裝置，藉以控制各項加工設備的機構運動。同時透過操作簡易的人機介面控制裝置，不但可以在現場顯示大量豐富的設備操作資訊並且接受人員操作的命令之外，更可以透過通訊設備與遠方的裝置進行資訊的交換，滿足廠商全球自動化生產布局的需求。

例如：在工業生產設備中常見的注料機或點膠機，如圖1-1所示，必須在輸送帶持續移動不停的條件下，精準地將灌注口插入瓶罐中，並維持與輸送帶相同的等速運動以免發生碰撞導致破裂或毀損；同樣的運作原理也適用於鋼板、軋擠成型料件的切裁，如圖1-2所示。或者是標籤貼著機與產品包裝機等，如圖1-3、圖1-4所示，都可以見到多軸運動自動化控制的應用。

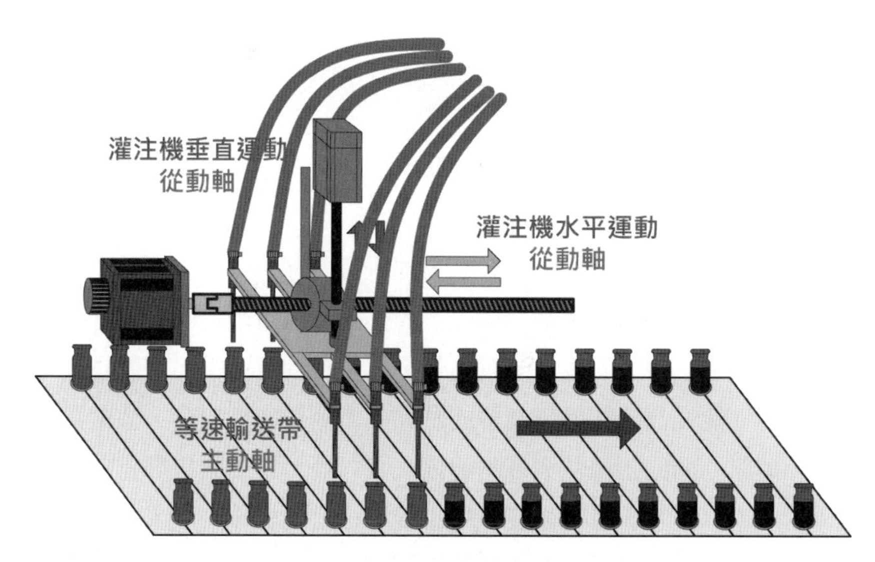


圖1-1 自動連續填料灌注機

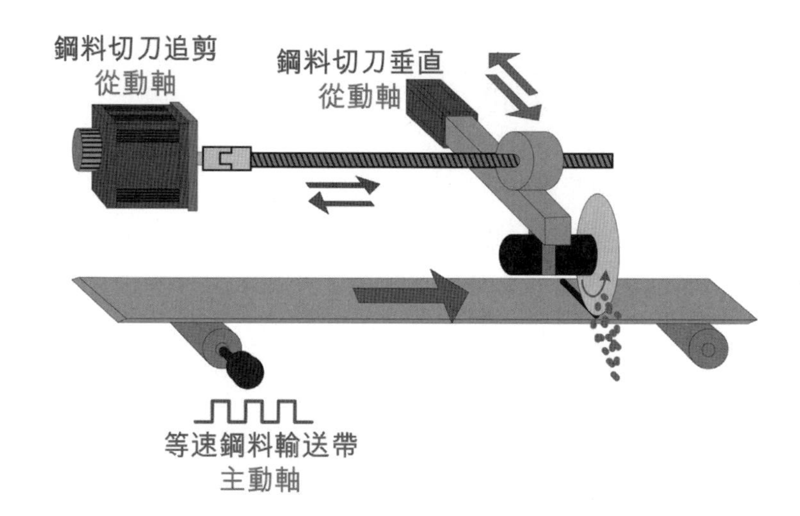


圖1-2 金屬材料自動連續裁切設備

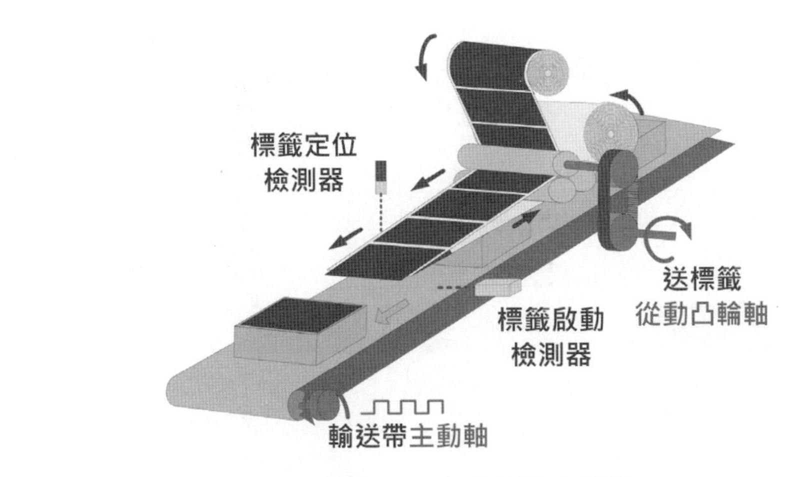


圖1-3　自動標籤貼著機

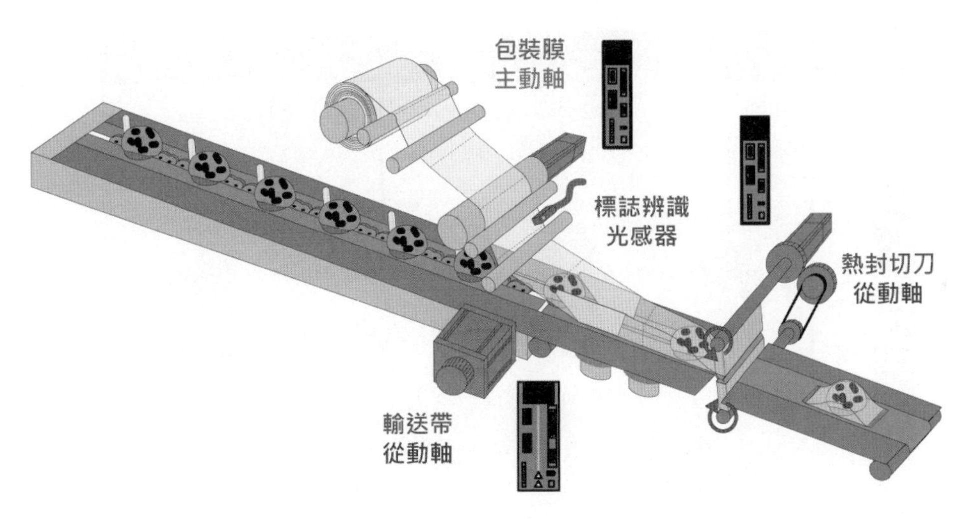


圖1-4　自動包裝封口機

甚至在生活中常見的自動停車設備、交通號誌控制，或者是太陽能板追蹤太陽位置的控制器，也都大量使用現代工業自動化控制設備，完成縝密的控制機能。在更爲大型的產業應用，例如：廢水處理控制系統、綠建築節能控制系統等等，都是應用機電整合自動化控制設備達到高規格的要求。各種自動化應用的架構分析如圖1-5～圖1-7所示。

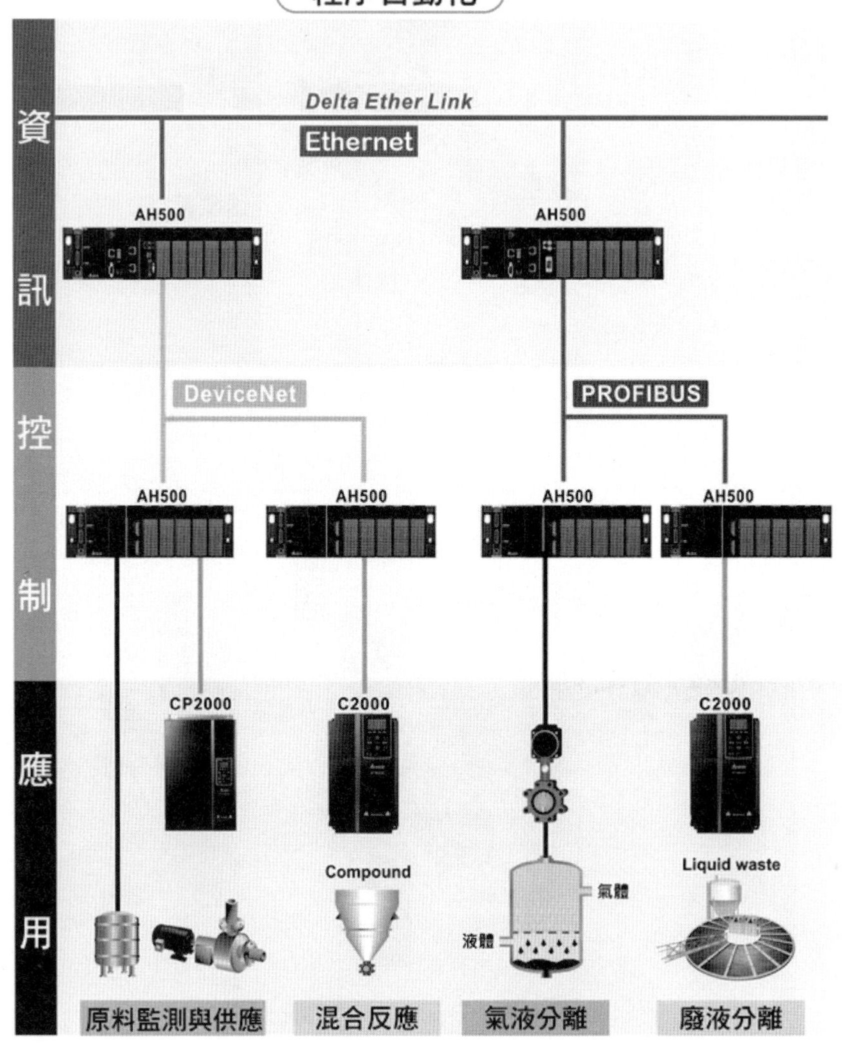


圖1-5　程序自動化系統架構

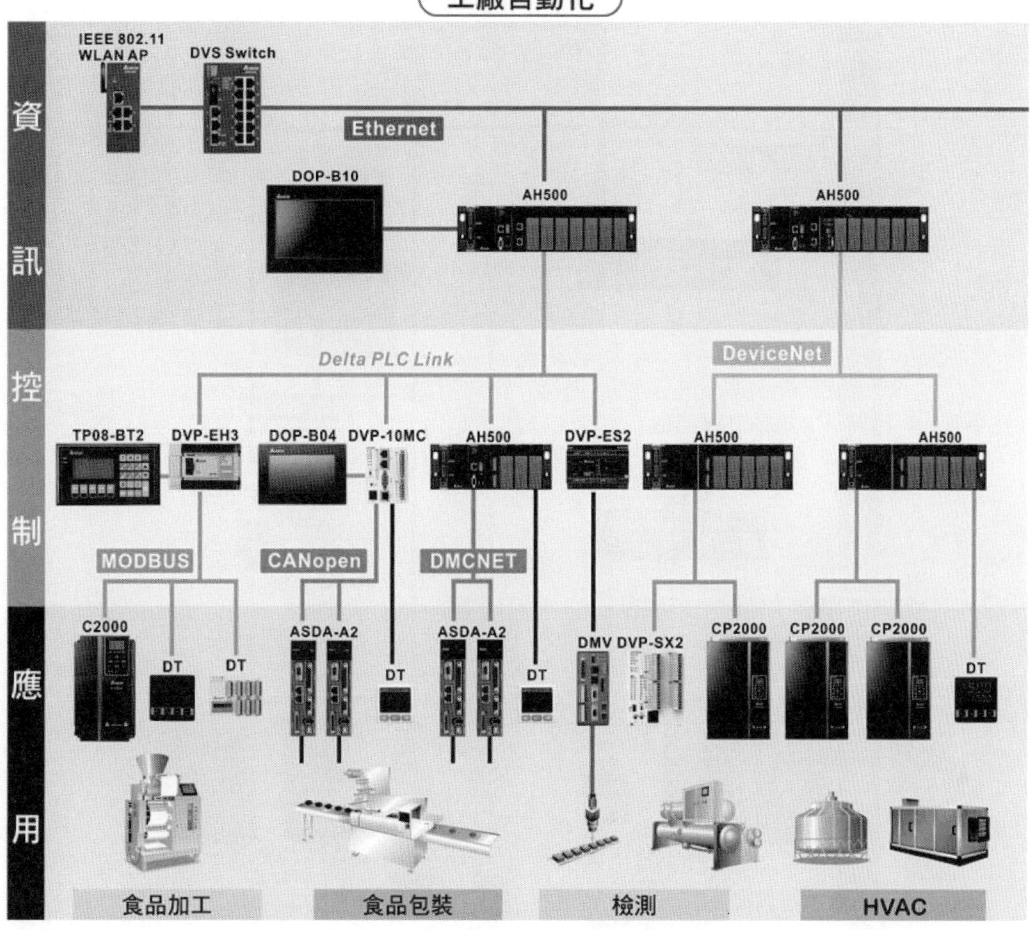


圖1-6　工廠自動化系統架構

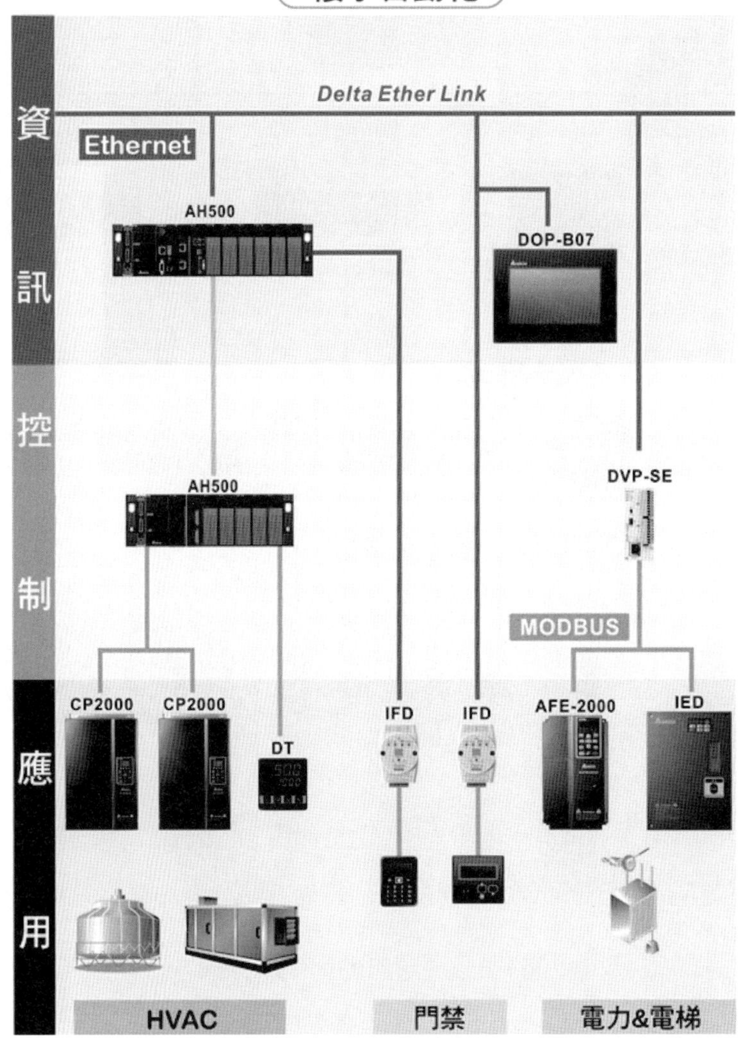


圖1-7　樓宇自動化系統架構

因此，在產業自動化的機電系統整合過程當中，除了加工設備的機構設計需要提升之外，更需要培養具備開發控制元件程式及使用精密驅動元件的能力，並了解如何藉由自動化的人機介面資訊設備呈現操作資訊與調整命令。由於現代自動化設備元件的功能為了滿足生產過程的需要日漸複雜，要正確地學習機電系統整合的控制元件也日漸困難。為了要協助使用者學習正確的機電系統整合開發技術與應用，本書特別介紹人機介面控制裝置、可程式邏輯控制器以及交流伺服馬達元件的應用與設計開發，教導基本自動化設備的設計觀念與使用技巧。

## 1.2 可程式邏輯控制器簡介

近年來，精密機械大多使用嵌入式微控制器（Micro-Controller Unit, MCU，如圖1-8所示）、可程式邏輯控制器（Programmable Logic Controller, PLC，如圖1-9所示）或個人電腦（Personal Computer, PC）作爲自動控制的核心單元，設計者在選擇使用上述裝置的考量各有千秋。這些裝置的共同點在於它們都是可程式（Programmable）的裝置，也就是說，裝置內容將執行的程式或程序是可以被修改更新的。這對於現代的工業設備，特別是創新開發的設備而言，是非常重要的功能。因爲使用過

圖1-8 微控制器

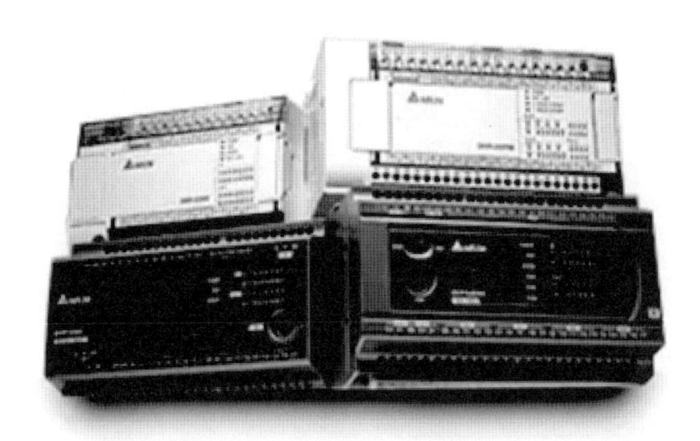

圖1-9 可程式邏輯控制器

程中，如果發現任何的缺失或值得改善的內容，可程式的裝置可以快速且簡單地修改，不需要召回原廠調整或重新製作取代，這使得現代的精密機械得以延長壽命或擴充功能。

上述的控制裝置主要提供資料處理與計算的功能，同時也具備一些基本的介面作爲資料訊號輸出入的管道。基本而言，微控制器也是PLC與PC的核心資料處理元件，但是在微控制器之外，PLC與PC還包括了許多訊號處理電路使得它們可以直接與外部裝置或元件連結。通常PLC可以直接與工業標準的開關、感測器、顯示元件連結，而PC則是以工業標準介面作爲連結的基礎，例如：周邊元件互連介面（Peripheral Component Interconnect, PCI）、通用串列匯流排（Universal Serial Bus, USB）、乙太網路（Ethernet）等等，因此PC主機板上的電路遠較其他兩種裝置複雜。

考量控制裝置的穩定性，多數工業設備使用PLC作爲控制的核心元件。有別於PC硬體及作業系統的複雜性，PLC簡化了整體的電路。在介面的部分，PLC以標準工業開關元件的電壓偵測與驅動爲主，而控制程式的架構則以循環執行（Looping）的架構反覆進行訊號偵測、處理與輸出，進而發展出階梯圖的編輯概念，反覆地以輸入訊號的狀態進行邏輯的判斷加以決定：(1)是否執行相關訊號或資料的處理；(2)是否進行或輸出訊號改變外部元件的訊號。由於電路構造與階梯圖程式撰寫簡單，使得PLC的運作相對地比PC穩定許多，也廣受基層工程師與業界喜愛，而成爲最普遍的工業控制元件。

### 1.2.1 PLC的發展背景

PLC（Programmable Logic Controller）的起源可以追溯至1968年美國通用汽車公司標購一個取代傳統工業配線所建立的程序邏輯控制系統，從中發展的模組化數位控制器，逐步發展出目前自動化工業不可或缺的控制元件。PLC早期稱爲順序控制器「Sequence Controller」，於1978年由美國國家電氣協會（NEMA, National Electrical Manufacture Association）正式命名爲「Programmable Logic Controller」，將其定義爲一種電子裝置，主要將外部的輸入裝置，如：按鍵、感應器、開關及脈波等狀態讀取後，依據這些輸入信號的狀態或數值並根據內部儲存預先編寫的程式，以微處理器執行邏輯、順序、計時、計數及算術運算，產生相對應的輸出信號到輸出裝置，如：繼電器（Relay）的開關、電磁閥及馬達驅動器，藉以控制機械或程序的操作，達到自動化機械控制或加工程序之目的。並且藉由其周邊的裝置（個人電腦／程式書寫器）輕易地編輯／修改程式及監控裝置狀態，進行現場程式的維護與試機調整。而普遍使用於PLC程式設計的語言，是階梯圖（Ladder Diagram）程式語言。隨著電子科技之發展及產業應用之需要，PLC的功能也日益強大，例如：運動控制及網路功能等，輸入信號包含DI（Digital Input）、AI（Analog Input）、PI（Pulse Input）及NI（Numerical Input），輸出信號也包含了DO（Digital Output）、AO（Analog Output）及PO（Pulse Output）等等。因此，PLC在未來的工業控制發展中，仍將扮演舉足輕重的角色。

## 1.2.2 PLC功能的選擇

以台達電子公司的台達DVP系列PLC控制器爲例，除了上述各項功能外，使用者可以根據應用需求，利用各種工業標準的通訊模式，包括Ethernet、CANopen、DMCNET、MODBUS、PROFIBUS、DeviceNet等等，連結人機介面控制裝置或個人電腦作爲操控命令的輸入端點，並控制各式各樣的驅動元件，包括各種液氣壓控制元件、伺服馬達驅動控制器、馬達變頻控制器、溫度控制器等等工業設備，進而完成各種工業系統設備的控制。同時，使用者也可以根據應用需求選擇適當功能的PLC控制器型號，並視需求使用擴充模組增加PLC的功能模組，並以最低的成本達到所需要的功能需求，如圖1-10所示。

而各個廠商爲了要滿足使用者不同的需求，便提出各種系列的產品搭配不同的規格變化與擴充模組，以滿足各式各樣的需求。以台達電子公司的台達DVP系列PLC控制器爲例，其不同系列的功能差異如表1-1所示；使用者可以依照開發應用的規格與需求，選擇適當的產品與擴充模組，如圖1-11所示，藉以達到價廉物美的成本與功能控管目標。

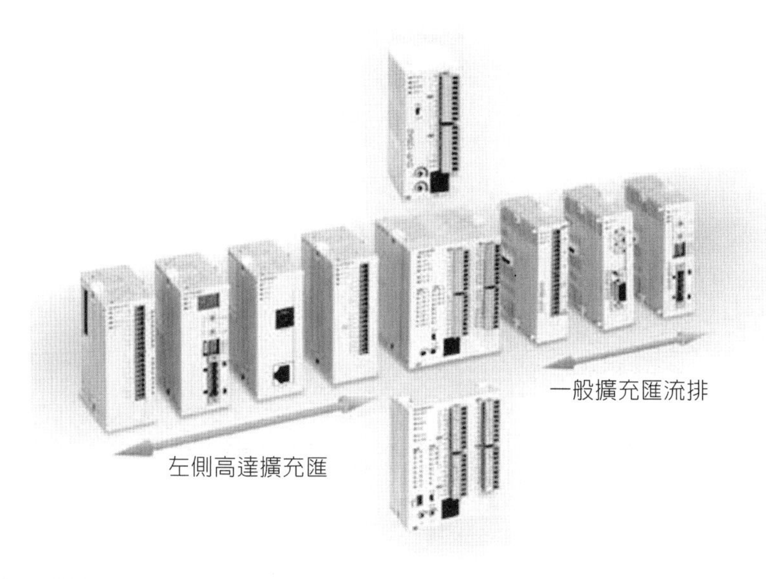

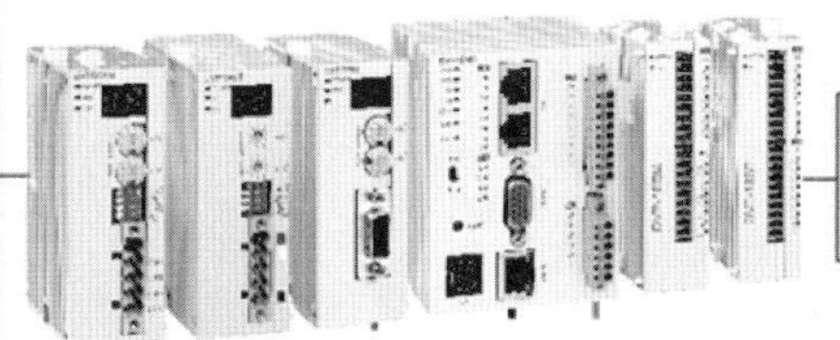

右側擴充
右側可以連接DVP-S系列擴充模組，如數位、類比、溫度模組等。

圖1-10　PLC及其擴充模組

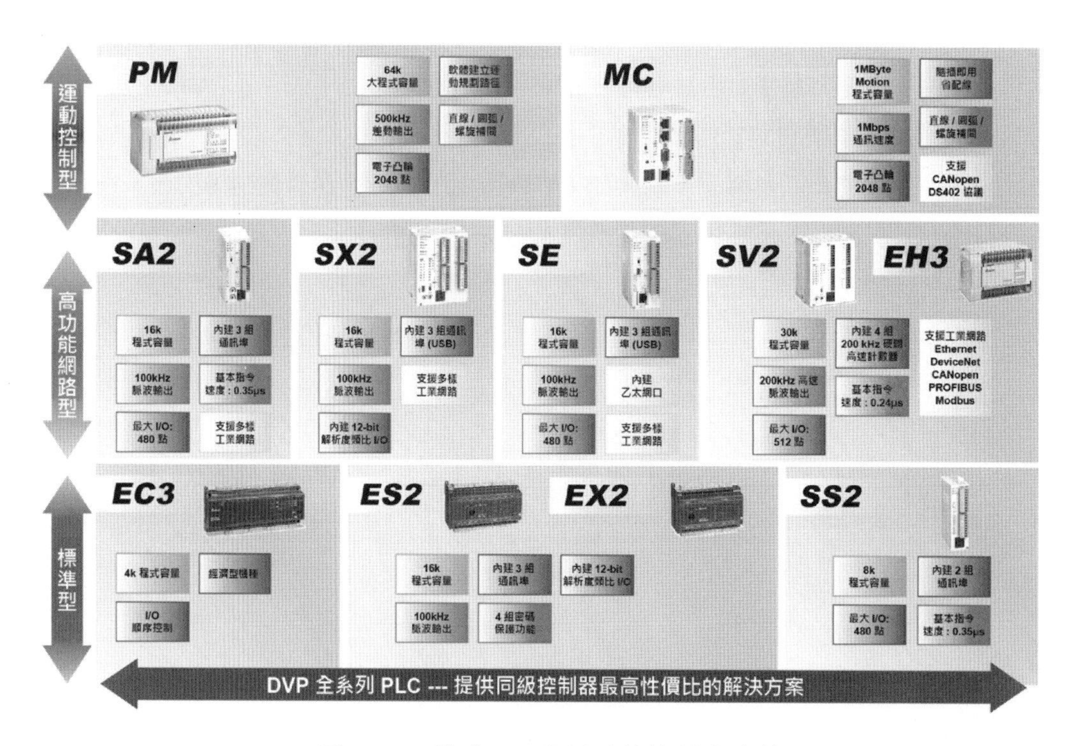


圖1-11　各式PLC產品功能比較與定位

表1-1 DVP PLC系列功能比較

| 條件 | 規格要求 | 記錄 | 主機機種 | | | | | | | |
|---|---|---|---|---|---|---|---|---|---|---|
| | | | ES2 | EX2 | EH3 | SS2 | SA2 | SX2 | SV2 | SE |
| 電源 | AC | □ | ◎ | ◎ | ○ | | | | | |
| | DC | □ | | | | ○ | ○ | ○ | ○ | ○ |
| I/O點數 | 256點以下 | □ | △ | △ | | | | | | |
| | 512點以下 | □ | | | △ | △ | △ | △ | △ | △ |
| 程式容量 | 8K以下 | □ | | | | ○ | | | | |
| | 16K以下 | □ | ○ | ○ | | | ○ | ○ | | ○ |
| | 32K以下 | □ | | | ○ | | | | ○ | |
| 輸出型式 | 電晶體（NPN） | □ | ◎ | ◎ | ◎ | ◎ | ◎ | ◎ | ◎ | ◎ |
| | 電晶體（PNP） | □ | | | | ◎ | △ | ◎ | ◎ | △ |
| | 繼電器 | □ | ◎ | ◎ | ◎ | ◎ | ◎ | ◎ | ◎ | ◎ |
| | 差動信號 | □ | | | ◎ | | | | | |
| 通信要求 | 3個通信埠（RS-232/485） | □ | ○ | ○ | △ | | ○ | △ | △ | △ |
| | Ethernet | □ | | | △ | | △ | △ | △ | ○ |
| | USB | □ | | | | | | ○ | | ○ |
| | DeviceNet | □ | | | △[*1] | | △[*1] | △[*1] | △[*1] | △[*1] |
| | CANopen | □ | ◎ | | △[*1] | | △[*1] | △[*1] | △[*1] | △[*1] |
| | PROFIBUS | □ | | | △[*1] | | △[*1] | △[*1] | △[*1] | △[*1] |
| 定位機能 | 2軸輸出 | □ | ○ | ○ | ○ | ○ | ○ | ○ | | ○ |
| | 4軸輸出 | □ | | | ◎ | | | | ○ | |
| | 4軸以上 | □ | | | △ | △ | △ | △ | △ | △ |
| | 2軸補間 | □ | ○ | ○ | ○ | | ○ | ○ | ○ | ○ |
| | 100kHz高速 | □ | ○ | ○ | | | ○ | ○ | | ○ |
| | 200kHz高速 | □ | | | ○ | △ | △ | △ | ○ | △ |
| 高速計數 | 2通道以下 | □ | ○ | ○ | | ○ | ○ | ○ | | ○ |
| | 3通道以上 | □ | | | ○[*3] | △ | △ | △ | ○ | △ |
| | 100kHz高速 | □ | ○ | ○ | | | ○ | ○ | | ○ |
| | 200kHz高速 | □ | | | ○ | △ | △ | △ | ○ | △ |
| 類比機能 | AD4通道以下 | □ | △ | ○ | △ | △ | △ | ○ | △ | △ |
| | DA2通道以下 | □ | △ | ○[*2] | △ | △ | △ | ○[*2] | △ | △ |

註：○：主機本身具備此功能。◎：依型號而定。△：連接擴充機或功能卡可達到此功能。

*1：主機支援左側模組即支援主、從站功能，其餘主機只支援從站功能。

*2：EX2/SX2具有4通道類比輸入，2通道類比輸出。

*3：EH3除本身具有4通道高速計數外，還可連接高速計數擴充機。

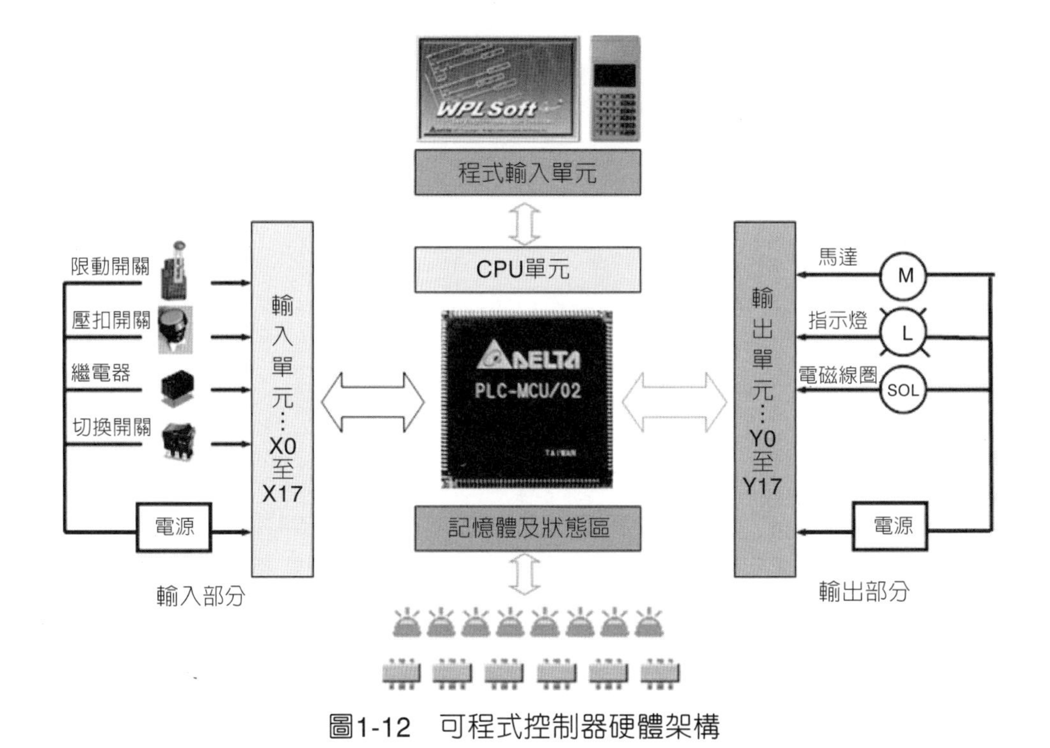


圖1-12　可程式控制器硬體架構

## 1.2.3　PLC的軟硬體架構

最基本的PLC硬體架構，如圖1-12所示。使用者可以用個人電腦或程式輸入器將所規劃的程式下載到PLC的程式記憶體。在重新開機執行後，核心處理器將會反覆地執行程式並檢查輸入單元擷取外部元件的訊號變化，並根據程式的要求與PLC的設定，利用內部記憶體儲存資訊並調整輸出單元的訊號狀態，進而改變輸出元件，如馬達、燈號、繼電器（Relay）等等元件的運作情形。

在開發應用上，PLC的程式規劃可以區分爲兩大部分：

1. 硬體相關的記憶體規劃。
2. 程式或程序邏輯的撰寫。

爲了方便開發者的使用，一般的PLC將內部記憶體規劃成如下列的種類，各司其職，讓開發者可以根據簡單的記憶體分類來進行程式的開發。

1. 輸入繼電器（X）。
2. 輸出繼電器（Y）。
3. 輔助繼電器（M）。

4. 步進繼電器（S）。
5. 資料暫存器（D）。
6. 計時器（T）。
7. 計數器（C）。
8. 間接指定暫存器（E、F）。

每一個種類的記憶體還會因為其容量、速度或特別的硬體，細分成許多不同的使用方式。詳細的功能待後續的章節介紹。

而程式的撰寫，可以使用文字撰寫或者圖形化的階梯圖完成。有別於一般電腦或微控制器的程式觀念，PLC的程式是以反覆執行的迴圈概念作為架構，也就是說，程式將會被不斷地重複執行而不會停止。而且在執行的過程中，一般皆以循環執行的概念撰寫程式，因此必須仰賴PLC處理器高速的運算來處理即時發生的事件。另一方面，由於PLC程式是以迴圈批次化地處理資料，如圖1-13所示，因此資料的讀取與輸出的更新，是在每一次的迴圈開始或結束的時候。例如：程式中如果對某一特定輸出Y0進行兩次以上的改變，實際上Y0只會在迴圈結束時發生一次變化，而不會像微控制器在每一個指令執行時立刻調整相對輸出的變化。但是內部相對於Y0的記憶體狀態變化卻還是會隨著程式執行的過程即時地被記錄並更新。詳細的程式撰寫會在後續的章節中介紹。

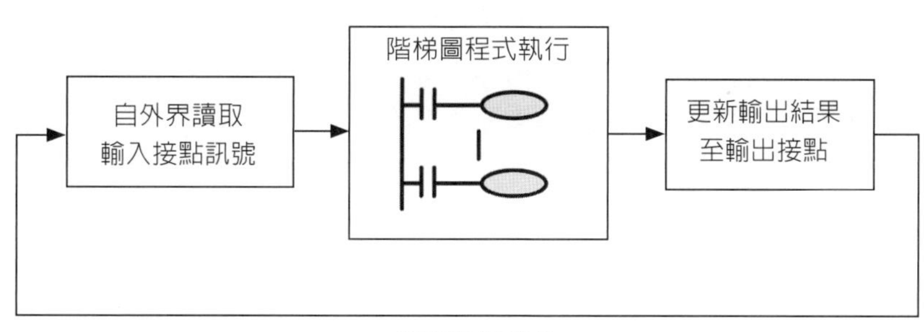


圖1-13　PLC程式執行概念圖

## 1.2.4　PLC各種硬體裝置功能

在介紹PLC內部的各種硬體裝置功能前，需要先了解一般PLC在訊號接點上的差異。由於PLC在工業上逐漸成為一個標準元件，其硬體規格也逐漸統一。但是，早期的PLC控制器對於工業設備的控制多數是以ON/OFF的邏輯方式進行控制，也就是說，因爲控制的對象考量，多半是以元件或閥門的啓動與停止作爲控制的對象。在這個情況下，必須要以大電流驅動繼電器（Relay）或電磁鐵（Solenoid）與簧片接觸的機構形成電路的通路或斷路現象。但是隨著微控制器的性能提升與計算速度發展，配合新的電子元件發展，PLC可以提供更高速的訊號變化，但是相對的輸出電流也就降低，而無法對繼電器或電磁鐵提供足夠的電流。由於兩種PLC的輸出需求迥異，因此任何一款PLC將會因接腳輸出電路電流與速率的需求不同而有繼電器型與電晶體型的差異。簡單的比較，繼電器型的PLC輸出接腳變化速率約爲1kHz，電流約大於1安培（Amp）；電晶體型的PLC輸出接腳變化速率約大於10kHz，電流約小於0.3Amp。使用者在購買時，需要確認外部訊號的差異與需求，以免輸出訊號不符需求而造成相關元件損害或動作錯誤。

除輸出電路的差異外，PLC內部的硬體裝置大致可以用記憶體功能來做分類。以台達SV2系列爲例，如表1-2所示。

表1-2　PLC內部裝置功能

| 裝置種類 | 功能說明 |
|---|---|
| 輸入繼電器（Input Relay） | 輸入繼電器是PLC與外部輸入點（用來與外部輸入開關連接並接受外部輸入信號的端子）對應的內部記憶體儲存基本單元。它由外部送來的輸入信號驅動，使它爲0或1。 |
| 輸出繼電器（Output Relay） | 輸出繼電器是PLC與外部輸出點（用來與外部負載作連接）對應的內部記憶體儲存基本單元。它可以由輸入繼電器接點、內部其他裝置的接點以及它自身的接點驅動。它使用一個常開接點接通外部負載，也像輸入接點一樣可無限制地多次在程式中使用。 |
| 內部輔助繼電器（Internal Relay） | 內部輔助繼電器與外部沒有直接聯繫，它是PLC內部的一種輔助繼電器，其功能與電氣控制電路中的輔助（中間）繼電器一樣，每個輔助繼電器也對應著內存的一個基本單元。它可由輸入繼電器接點、輸出繼電器接點以及其他內部裝置的接點驅動，它自己的接點也可以無限制地多次在程式中使用。內部輔助繼電器無對外輸出，若要輸出需透過輸出點。 |
| 步進點（Step） | DVP PLC提供一種屬於步進動作的控制程式輸入方式，利用指令STL控制步進點S的轉移，便可容易寫出控制程式。如果程式中完全沒有使用到步進程式時，步進點S亦可被當成內部輔助繼電器M來使用，也可當成警報點使用。 |

| 裝置種類 | 功能說明 |
|---|---|
| 計時器（Timer） | 計時器用來完成定時的控制。計時器含有線圈、接點及計時值暫存器，當線圈受電，等到達預定時間，它的接點便會動作（A接點閉合，B接點開路），計時器的定時值由設定值給定。每種計時器都有規定的時鐘週期（計時單位：1ms/10ms/100ms）。一旦線圈斷電，則接點不動作（A接點開路，B接點閉合），原計時值歸零。 |
| 計數器（Counter） | 計數器用來實現計數操作。使用計數器要事先給定計數的設定值（即要計數的脈衝數）。計數器含有線圈、接點及計數儲存器，當線圈由OFF→ON，即視爲該計數器有一脈衝輸入，其計數值加一，有16位元與32位元及高速用計數器可供選用。 |
| 資料暫存器（Data Register） | PLC在進行各類順序控制及計時器與計數器有關控制時，常常要作數據處理和數值運算，而資料暫存器就是專門用於儲存數據或各類參數。每個資料暫存器內有16位元二進制數值，即存有一個字元，處理雙字原則使用相鄰編號的兩個資料暫存器。 |
| 檔案暫存器（File Register） | PLC數據處理和數值運算所需之資料暫存器不足時，可利用檔案暫存器來儲存數據或各類參數。每個檔案暫存器內爲16位元，即存有一個字元，處理雙字元用相鄰編號的兩個檔案暫存器。<br>檔案暫存器並沒有實際的裝置編號，因此需透過指令或是透過周邊裝置與WPLSoft來執行檔案暫存器之讀寫功能。 |
| 間接指定暫存器（Index Register） | E、F與一般的資料暫存器一樣都是16位元的資料暫存器，它可以自由的被寫入及讀出，可用於字元裝置、位元裝置及常數來做間接指定記憶體的功能。 |

由表1-2中可以看到，除了輸出入接點X/Y之外，PLC內部記憶體功能的配置與硬體功能有直接的對應關係，而且每種功能都有數種規格的差異，以便對應不同的控制需求。因此，在使用PLC時，各項應用變化不是可以死背強記的，必須利用適當的說明文件於必要時查閱確認，才能正確無誤地使用各項功能。

由於每一個系列的PLC功能差異極大，後續的章節必要時將以台達DVP-SV2系列爲範例，說明PLC各項裝置的使用。

## 1.3 人機介面控制裝置簡介

人機介面（Human Machine Interface, HMI）控制裝置是近年來在工業設備上逐漸開始普遍運用的一種操控裝置，如圖1-14所示，用來取代傳統機械設備上面的操控元件，例如：圖1-15中的按鍵、燈號、旋鈕、指針、數值顯示等等的傳統設備。

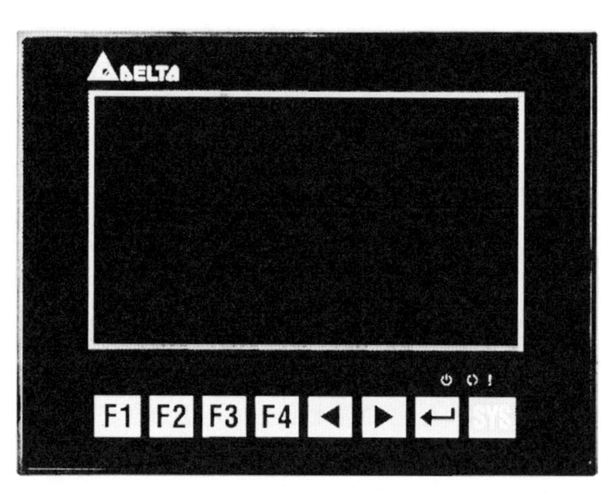


圖1-14　台達按鍵式人機介面控制裝置

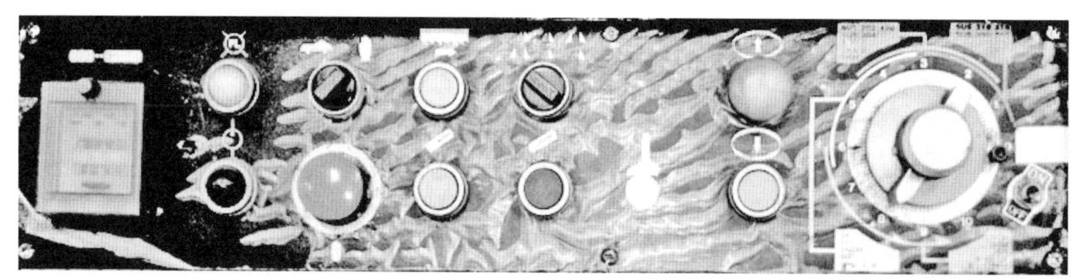

圖1-15　傳統工業設備的人機介面元件，按鍵、燈號、旋鈕、指針、數值顯示

作爲工作人員控制設備的介面，傳統工業機械上的操控元件具備有傳達命令、顯示資訊、調整控制內容等等功能。如果是一般的程序控制，傳統機械可能會使用按鍵、燈號、有段式旋鈕等等元件作爲介面。這一類的元件通常是藉由電路的接通（短路）或者是斷開（開路）而產生電壓的高低變化，藉此讓受控的元件察覺到訊號的變化。如果控制的方式是利用連續不斷的電壓變化表示命令的大小時，則傳統機具上多半會使用可變電阻的旋鈕以及數字顯示的裝置作爲資料輸出入的元件。

傳統的操控元件雖然可以達到設備操控的目的，但是它們也有下列的缺點：

1. 需要較大的操控面板面積。
2. 需要較爲複雜的電器訊號配線。
3. 接觸式的操控元件容易磨耗故障。
4. 無法與其他設備交換資訊。
5. 固定的操作方式不容易修改。

6. 開放式的操控元件無法設定操作的保護和保密。
7. 元件與面板間的空隙不易達到防塵防水的要求。

雖然傳統的操控元件成本較低，設計較為簡單，但是為了解決上述的缺點，設計者往往需要付出更高的代價才能夠滿足現代工業設備的規格需求。

隨著資訊設備與電子技術的提升，由微處理器所衍生出來的資訊裝置越來越為普及，效能也越來越高，成本也隨之降低。除了可以利用圖形化的顯示螢幕作為狀態及數值的資料呈現外，早期可以利用塑膠薄膜包覆按鍵的方式達到防水防塵的功能，近年來由於具備觸控面板顯示器的普及，廠商相繼開發出全螢幕式的人機介面控制器，讓設計者可以根據特定的需求任意地在螢幕上規劃輸出入元件的形狀與格式，大幅提高設備操控元件的效能。



## 1.3.1 HMI的硬體功能

各個自動化設備廠商所推出的人機介面控制裝置具備不同的規格，從尺寸的大小、運算的速度、輸出入端點的數量與種類都有著不同的選擇。一般而言，人機介面控制裝置必須要具備以下的基本元件：

1. 高效能的中央處理元件（Central Processing Unit, CPU）或者資料微處理器（Micro-processor）。
2. 觸控式的彩色顯示螢幕，少部分會使用文字型的顯示螢幕。
3. 基本數量的通訊介面，包括：
   (1) 與工業設備交換訊息的通訊埠；
   (2) 與電腦交換程式或資訊的通訊埠；
   (3) 可以備份檔案資料的儲存裝置通訊埠等。
4. 程式與資料儲存的記憶體。
5. 備用電源。
6. 音訊輸出裝置。
7. 部分的人機介面裝置還會保留少許的可規劃功能按鍵。

上述人機介面裝置的功能，都是為了確保可以與相關的工業設備裝置及操作人員溝通操作命令，或設備訊息所設計的。

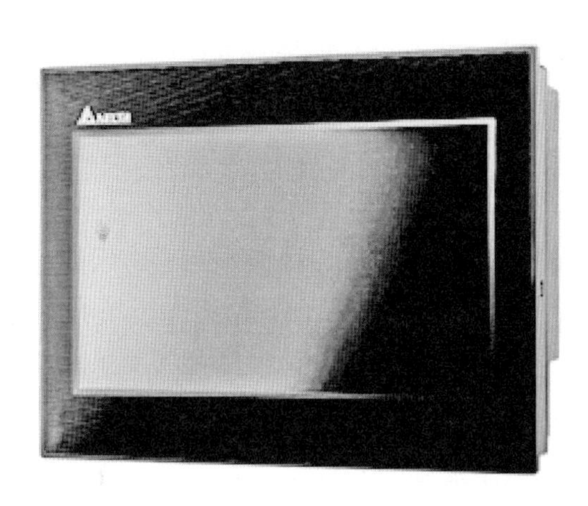

圖1-16　台達7吋觸控螢幕人機介面裝置DOP-B07S515

舉例而言，台達所提供的7吋螢幕人機介面台達DOP-B07S515，如圖1-16所示，基本規格如表1-3。裝置背面的各式介面如圖1-17所示。設計者可以根據使用的需求與規格調整，並且從各家廠商的產品中選擇適當的型號使用。

表1-3　7吋螢幕人機介面DOP-B07S515基本規格

| 功能 | 規格 |
|---|---|
| 處理器 | 台達客製化CPU |
| 顯示螢幕 | 7吋65536色TFT，解析度800×600像素 |
| 內建記憶體 | 128MB |
| 工業通訊介面 | 3組COM通訊埠，支援RS232/RS422/RS485 |
| 程式資訊傳輸與下載介面 | RS232，USB |
| 周邊元件通訊 | 支援USB Host，可直接連結USB儲存裝置、印表機、滑鼠等裝置 |
| 資料儲存裝置 | 支援SD記憶卡或USB儲存裝置 |
| 防塵防水規格 | 觸控螢幕符合IP65規範 |
| 功能編輯軟體 | 免費提供DOPSoft，支援Windows作業系統 |
| 支援多國語言顯示 | 16國 |
| 遠距通訊介面 | 支援乙太網路 |

圖1-17　人機介面裝置介面功能圖

## 1.3.2　HMI的控制功能

除了在表1-3中所顯示的各項元件規格遠較傳統控制元件更優異、更適用於工業環境之外，現代的人機介面控制裝置本身就是一個可以處理資訊的微型電腦。因此，在資訊處理能力可及的範圍內，人機介面不但可以接受人員操作的命令及顯示資料外，更可以將上述兩種訊號進行即時或者是定時的資料處理，降低操作人員的負荷，提高控制的效率以及訊號的正確性。更由於機器本身具備相當大的資料儲存裝置，不但可以根據設備所需要進行的工作內容，或者針對製造產品儲存配套的控制介面程式及參數，並且快速的更新之外，更可以適度地保存設備操作的訊息作爲檢查及儲存備份的用途。甚至可以透過遠端通訊，傳輸資料到遠距之外的中央控制設備進行遠端的監視與操控，大幅地提升機械設備自動化操作的能力。

基本上，標準的人機介面裝置大致上具備下列的功能：

1. 可忍受惡劣的工業環境。
2. 動態圖形顯示。
3. 事件或者警報處理功能。
4. 歷史資料儲存。
5. 資料曲線繪製、整理與呈現。

6. 配方，也就是設備操作參數的儲存與應用。
7. 畫面設計。
8. 與控制器的資訊連結。
9. 完整的圖形元件庫及軟體操作介面。
10. 簡單易學的操作功能與編輯程序。
11. 不同層級的操作介面密碼保護。
12. 觸控式的操作介面。
13. 適當的通訊功能。
14. 可編寫元件功能的巨集指令。
15. 國際語言的輸入與顯示。

總而言之，人機介面控制裝置是一個新的基礎工業自動化元件，利用最新的資訊設備功能讓工業自動化設備以輕薄短小的觸控與顯示元件傳達操作者的命令，以及豐富的設備操作資訊。並且利用裝置本身強大的資料運算以及通訊介面，針對自動化設備的各種狀態進行控制程序邏輯判斷，進行大量且準確的資料運算。也可以利用裝置本身所具備的資料儲存功能，有系統地記錄自動化設備各項操作的過程資料。也可以用來儲存各種不同製程所需要的設備參數，並且視製程更換的需要在任何時間快速地調整機器設備的參數，而得以應付各種多樣化的彈性製程所需要的設備調整，使自動化設備的使用率得以最佳化。

因此，在學習自動化設備的系統整合技術過程中，不僅僅是需要學習控制元件，例如：可程式控制器和微控制器的原理與應用。隨著時代的進步，也必須要善加利用人機介面控制裝置的各項功能規劃與設計，才能夠更有效發揮生產設備的效率與產能，增加系統的生產能力與效能。

在本書後續的人機介面控制裝置的章節中，將會有系統地介紹人機介面控制裝置各項功能與使用的方式，藉由了解各項元件的使用條件與方法，讓讀者可以有效的利用人機介面裝置作為自動化設備操控的窗口。

## 1.4 交流同步伺服馬達簡介

工業自動化的最終目的就是要讓機器設備輸出機械能，藉由周而復始的機械動作完成產品的加工。而要完成機械動作就必須依靠驅動元件。一般工業常使用的驅動元件包括氣液壓裝置及馬達。在自動化的精密機械系統中，交流伺服馬達更扮演著不可或缺的角色，主要是因爲相較於其他的驅動元件，交流伺服馬達可以更有效率、更精確地完成各種加工的動作。而且交流伺服馬達的體積小、噪音與環境的污染低，更適合被整合於日益複雜的自動化生產環境中。圖1-18所示爲台達電子公司所生產的交流伺服馬達與控制器系列產品。

圖1-18　台達ASDA-A2系列交流伺服馬達與控制器

交流同步伺服馬達的控制大致分成下列幾個區塊：電源處理、電流控制、數位控制訊號處理、輸入訊號介面、馬達訊號回授及馬達本體。精確的伺服馬達控制，藉由精密光學編碼器的回饋訊號，可以達到每一圈的旋轉有超過百萬分之一以上的精確度，進而可以完成高精度的自動化工業生產規格與產品要求。

## 1.4.1　伺服馬達的應用

除了傳統利用類比的電壓訊號控制伺服馬達的扭矩或轉速之外，現代的伺服馬達更可以利用數位的嵌入式控制器完成更多複雜的控制行爲，而且可以更精準的調整機械動作達到高精密度的要求。除了以數位式的脈波訊號作爲精準控制馬達旋轉位置的控制方式之外，現代的伺服馬達更可以利用高速的通訊方式傳達相關的位置控制命令，快速且即時地同步調整多軸馬達的運動行爲，達到多軸馬達同步運動的精密加工作業。例如：圖1-19的多軸自動化機械手臂、圖1-20的多軸的數値加工機（Computer Numerical Control Machining Center, CNC加工機）等等，在現代的精密自動化生產環境中都是不可或缺的關鍵設備，而伺服馬達在這些設備中都扮演著重要角色。因此，了解並學習伺服馬達的基本原理與控制方式，是現代工業自動化技術中不可或缺的一環。

圖1-19　多軸自動化機械手臂

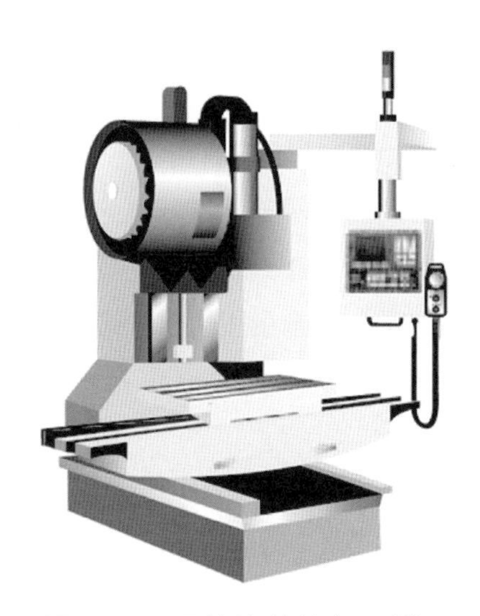

圖1-20　多軸的數值加工機

除此之外，新一代的伺服控制馬達更利用數位控制的優勢，將自動化加工作業中的程序控制整合到伺服馬達控制器中。因此，大部分自動化生產程序中的重複加工機械動作，或者是追蹤調校的控制行爲，逐漸地可以由伺服馬達控制器獨立完成而不需要上位控制器，如PLC控制器與電腦等的計算與調整，可以更有效地降低成本並簡化系統。

### 1.4.2 伺服馬達的操作模式

工業用的交流伺服馬達一般都會具備有幾種基本的操作模式：

1. 扭矩模式。
2. 速度模式。
3. 位置模式。

藉由伺服馬達控制器內的數位控制設計可以精確提供使用者命令所要求的扭矩、速度或者是位置調整，藉以達到工業自動化加工動作的要求。新一代的數位伺服馬達控制器更可以進行程序控制、振動抑制、電子凸輪等等複雜自動化控制的高階功能而不需要額外的軟硬體，可以讓自動化設備的組成更爲簡單、有效而且價格低廉。也正因爲伺服馬達控制器的功能提升，不再是一個單純接受控制命令的驅動元件，要有效利用伺服馬達並完整發揮其功能以提升機電整合系統的效能與精密度，必須詳細了解伺服馬達控制器的各部使用操作與設定。

由以上的說明可以得知，交流伺服馬達在現代的自動化工業中已成爲不可或缺的一員，而且在機電整合系統的規劃上更扮演著重要角色，必須藉由適當的伺服馬達設計與應用才能達到高速而有效的精密加工。使用者可以藉由控制訊號或者是通訊協定的資訊溝通，將伺服馬達與可程式控制器或者人機介面控制裝置加以整合，完成所需要的工業自動化加工動作。

爲了讓讀者能夠具體地了解相關的功能並進行適當的練習，本書將採用國人自行設計與生產製造台達人機介面控制裝置、可程式控制裝置及交流伺服馬達作爲操作平台與介紹的對象，如果能利用實際的硬體輔助本書的閱讀與實習，將會有利於學習效果的提升。

# 人機介面控制裝置HMI篇

# 人機介面控制裝置功能與編輯軟體簡介

CHAPTER 2

觸控式的人機介面控制裝置就好像一般的平板電腦或者是觸控螢幕的個人電腦一樣，可以直接藉由操作人員的手指觸控而啓動特定的元件功能。就如同平板電腦上的畫面散布著許多應用程式，人機介面上的畫面也可以讓使用者規劃許多工業設備控制所需要的功能元件，而且每一個元件都有它特定的作用。

跟平板電腦上的應用程式不同的地方是，開發人機介面控制裝置上的元件功能並不需要高深的程式撰寫能力，或者是需要了解複雜的作業系統。因爲人機介面的操作是由機電系統整合工作人員規劃的，他們的工作重點在於設計、規劃、整合自動化設備的功能，而不是要負責撰寫複雜和美觀的應用程式。而且人機介面的設備開發廠商爲了要讓產品能夠大量銷售，必須要提供簡單使用而且能夠滿足各項工業自動化設備操作功能的軟體介面作爲規劃人機介面的工具，而不需要另外聘用經驗豐富的資訊工程人員。

因此，一般的公司大都會使用圖形化的介面來作爲人機介面控制裝置開發過程的工具，例如：台達所開發的DOPSoft，就提供非常簡單的操作介面以及程式設定，能夠讓使用者快速而完整地開發出工業自動化設備的控制介面程式。

除此之外，大部分的人機介面控制裝置都支援所謂的畫面切換功能，也就是說同一個人機介面上可以規劃出數個各式各樣的操作畫面，當使用者在不同的時間或是屬於不同的操作層級時可以利用輕鬆的切換畫面而載入或進入各種不同的相關控制功能。

## 2.1 硬體架構

人機介面控制裝置的硬體可以分成三個基本的部分：中央處理單元、觸控螢幕畫面以及裝置記憶體。而裝置記憶體可以分為內建的記憶體以及透過各種通訊介面所衍生的資料儲存裝置，包括SD記憶卡、USB隨身碟、PLC、伺服馬達等等的外部裝置。

### 2.1.1 中央處理單元

中央處理單元是人機介面處理資料的核心裝置，包括畫面的處理、資料的運算、以及各種記憶體的管理，都是由中央處理單元的硬體完成。這就好像所有的資料處理裝置，例如：手機、平板電腦或者是個人電腦，都有一個功能強大的中央處理單元來進行資料的運算以及各式各樣工作的分配。當然，在每一個中央處理單元的架構下，都會有一個作業系統的運行以便分配各個工作的執行以及時間的掌控。例如：在個人電腦上有視窗作業系統，在手機上有Android作業系統，藉由這些作業系統作為中央處理單元與使用者之間的介面，使用者不需要進行複雜的系統程式撰寫或者是安裝，便可以使用圖形化的介面啓動或關閉各種應用程式，也可以藉由適當的元件設定裝置的各項功能。而為了降低使用者的負擔，一般的使用者並不需要學習或者了解中央處理單元及作業系統的運作，只要針對介面上的元件或者是應用程式學習執行並操作使用即可。人機介面控制裝置也是一樣的情形，各個廠商各自開發不同的作業系統，但是使用者並不需要去擔心或者是了解作業系統的操作，只需要針對圖形元件的屬性及用法進行了解與規劃，便可以開發出具備完善功能的人機介面控制程式。

### 2.1.2 觸控螢幕畫面

觸控螢幕畫面的硬體提供了高解析度的彩色畫面，可以讓使用者規劃生動活潑的互動式操控介面。同時藉由觸控式的觸發裝置，可以使畫面元件的配置彈性靈活地使用直覺式的介面觸發各項功能而不需要改變任何的硬體。更重要的是，使用者可以在螢幕畫面上規劃配置各式各樣的工業操控元件，例如：按鍵、燈號、數值顯示、儀表板、數據圖等等。而且這些元件的位置、大小及功能都可以由使用者自行靈活地規劃，進而滿足各種不同的設備需求。

### 2.1.3 裝置記憶體

在人機介面控制裝置上爲了記錄使用者或是設備的各項操作資訊，同時可以進行資料運算的處理，都配置有相當容量的記憶體。除了少部分的記憶體被指定作爲與硬體相關的特殊用途之外，例如：硬體狀態的顯示與改變。大部分的記憶體都可以讓使用者自行選擇作爲位元資料的儲存，或者是字元組的數值資料讀寫。通常對於單一事件的活動紀錄，會利用位元的型式進行讀寫的處理，例如：按鍵和燈號的狀態。而對於需要運算處理的數值內容則會使用字元組，也就是16或者是32位元的大小，作爲資料讀寫的單位。除此之外，在特定的功能中，也可以使用記憶卡或是隨身碟作爲資料儲存的裝置。

更重要的是，透過人機介面控制裝置上的通訊介面可以將外部裝置的記憶體視同裝置內的內建記憶體一樣地讀取或是改變。如此一來，人機介面控制裝置便可以藉由改變通訊介面所連接的外部裝置記憶體資料而改變外部裝置的運作狀態或者是參數設定，進而改變外部裝置的運作行爲。這也是人機介面最重要的功能與使用目的。例如：如果人機介面通訊連接到PLC，便可以利用適當的操作與規劃來改變PLC輸出接點的開啓與閉合；也可以透過數值的改變，調整PLC計數器的內容或者是資料數值的大小，而其方式就如同改變內建記憶體一樣的模式。

### 2.1.4 通訊功能

由於人機介面裝置本身並無法直接輸出驅動訊號給相關的控制裝置（如PLC）或驅動元件（如馬達），因此必須要透過各種通訊介面將命令或資料傳到其他裝置，以遂行控制的目的。而工業用控制的通訊協定又有許多選擇，例如：串列非同步通訊的RS232與RS485，或者較爲近代的乙太網路等等，所以開發前必須要選擇符合系統要求的機種型號，以滿足系統功能。

## 2.2 畫面與圖形元件

人機介面控制裝置的所有功能都是以圖形元件爲單位進行規劃與設計，而畫面則是一個元件的集合。基本上，畫面本身也是一個元件。每一個圖形元件都具備有三種基本的功能：圖形屬性、預設功能及可程式功能。

### 2.2.1　圖形屬性

舉凡是元件的大小、顏色、圖案及標示文字等等，都屬於元件的圖形屬性。除了大小以及顏色可以調整之外，使用者可以選擇從圖形庫中選取適當的圖案，或者是自行匯入圖形檔案作爲元件的外觀，也可以使用文字標示說明元件的功能。藉由多樣化的選擇，可以讓使用者自行編輯美觀而有效率的畫面配置與功能。圖2-1爲一個具備彩色背景與動畫功能的畫面範例。

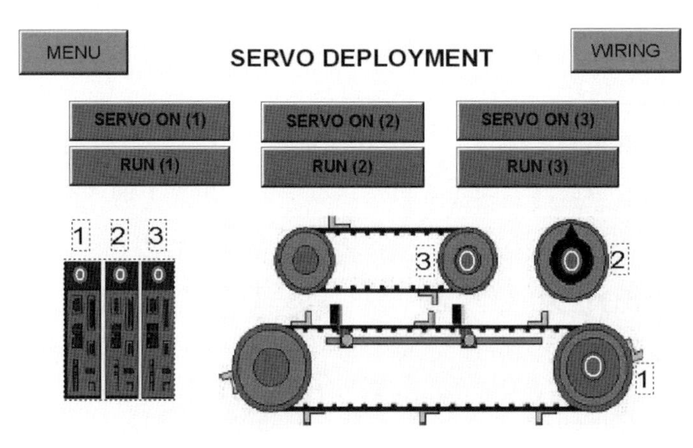


圖2-1　具有彩色背景與動畫功能的人機介面畫面範例

### 2.2.2　預設功能

每一個元件都會有它預先被設定好的控制功能，例如：按鍵，就是用來作爲使用者輸入一個事件或者狀態變化的元件。在人機介面的功能上，觸發一個按鍵的預設功能就是要將代表這個按鍵的記憶體位元狀態做一個改變。根據使用者的設定，可以將這個位元由0改變爲1（ON），或由1改變爲0（OFF）。又或者可以使用數值顯示或者儀表板等元件，將記憶體的內容顯示於畫面上。上述的這些基本功能，都是每一個元件在設計之初規劃好的預設基本功能。

### 2.2.3　可程式功能

由於預設功能基本上只能針對記憶體的資料進行簡單的讀取或改寫，所以預設功能只能進行基本的邏輯狀態處理或是數值資料的讀寫，並沒有進行複雜的資料處理或是多重事件判斷的功能。而這些複雜的程序基本上都歸屬於每一個元件的可程式功能，這些可由使用者程式規劃特定程序的功能必須要藉由與元件相關的特殊事件來觸發，這個特定的可程式程序稱爲巨集指令。例如：一個按鍵就有「ON巨集」與「OFF巨集」。也就是說，當按鍵被觸發成ON的狀態事件發生時，就會執行「ON巨集」這個特定的程序；當按鍵被觸發成OFF的狀態事件發生時，就會執行「OFF巨集」這個特定的程序。這些巨集只有在特定事件發生時，被執行一次。但是也有些元件具備有定時重複執行的巨集指令，例如：Cycle巨集。

相對於元件預設功能都是很單純的單一動作功能，巨集指令可以由使用者自行撰寫多行的程式，進行資料運算、狀態判斷、功能設定等等資料處理程序，目標資料記憶體也並不一定要與巨集指令所附屬的元件直接相關，因此可以非常彈性地運用作爲人機介面控制元件的事件觸發規劃。

巨集指令的撰寫，會在稍後的章節再做詳細的介紹。

## 2.3 DOPSoft編輯軟體

要詳盡地規劃一個畫面與配置元件的功能，就必須要透過廠商所提供的軟體介面。除了可以進行規劃與設計外，也可以透過軟體進行模擬與下載程式到人機介面裝置。在繼續介紹人機介面控制裝置的各項功能之前，讓我們一起來熟悉台達人機介面裝置所使用的編輯軟體DOPSoft。

人機介面設備廠商通常都會提供免費的編輯軟體，以便推廣其相關設備的使用與銷售。台達提供的DOPSoft可以做爲該公司所有人機介面裝置的編輯軟體，並對各種尺寸的人機介面裝置規劃控制功能與畫面配置，如圖2-2所示。而且也可以在個人電腦上完整地以圖形化介面編輯人機介面各項功能，並進行模擬測試而縮短開發時間，降低風險。DOPSoft軟體可以免費從台達機電事業群的網站上取得。

在安裝DOPSoft軟體後，只要在視窗介面點選應用程式圖示即可開啓軟體。此時將會出現一個空白的視窗畫面，如圖2-3所示。

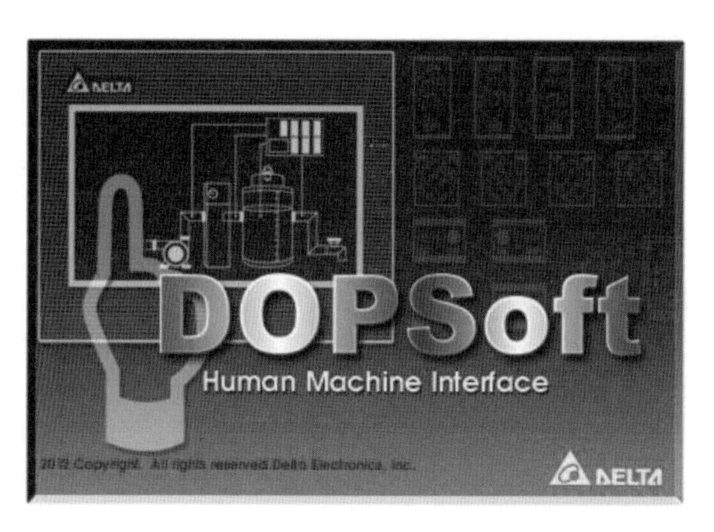


圖2-2　台達人機介面控制裝置程式DOPSoft編輯軟體

圖2-3　DOPSoft工作視窗畫面

## 2.3.1　建立專案

點選新增專案圖像或選項，即會出現專案設定精靈，如圖2-4所示。使用者可於此畫面選擇所欲使用的人機系列、型號，並編輯專案名稱、畫面名稱。完成基本專案設定後，請按【下一步】進行通訊設定。

圖2-4　DOPSoft新增專案機型與畫面設定視窗

通訊設定

使用者可在此頁面設定所規劃連結的控制器型式，欲使用的通訊COM埠或Ethernet埠，亦可設定人機與控制器之間的通訊參數，如圖2-5所示。

圖2-5　DOPSoft新增專案通訊埠設定視窗

COM埠

在通訊參數的部分必須確定參數設定與外部連接通訊裝置設定的各項通訊參數是相同的，否則將會無法完成資訊的溝通。如果在通訊介面選用RS485而非RS232時，則控制器設定中的PLC預設站號就非常的重要，因爲傳輸中的資訊如果與預設站號不同時，控制器將會忽略這筆訊息。

如果需要使用Multi-master的通訊方式，則可以將網路多主機選項開啓並設定人機介面裝置爲Master或Client；如須關閉，選擇Disable即可。

Ethernet埠

若開發應用選擇通訊爲乙太網路（Ethernet）時，請直接點選【Ethernet】圖示進入設定網路控制器參數。點選【裝置】頁面可以新增一個遠端的Ethernet Link，設定其控制器型號、控制器IP位址、通訊延遲時間、Timeout、Retry次數等參數，如圖2-6所示。選擇【本機】設定人機介面裝置本機的網路IP位址及啓動網路應用，如圖2-6所示。

圖2-6　DOPSoft乙太網路通訊設定畫面

## 2.3.2 編輯環境

結束所有設定後，按下【完成】便會開啓DOPSoft專案編輯畫面，如圖2-7所示。

圖2-7 DOPSoft新增專案畫面編輯視窗

若要開啓已儲存的專案檔，可點選【檔案】→【開啓舊檔】，如圖2-8所示，或是按下工具列中的圖示，即可選擇已建立的專案檔案並進行修改。

在完成所有的畫面規劃設計後，使用者可選擇儲存檔案，將新增的修改覆寫到原來開啓的檔案；或者選擇另存新檔，便可以保留原始檔案不變，而將修改過後的畫面設計儲存到新增加的檔案中。完成儲存檔案的動作後，便可以將DOPSoft程式視窗關閉，離開編輯程式。

在完成專案對於機型的設定後，將會進入編輯畫面，如圖2-7所示。DOPSoft編輯視窗中可分爲功能選單、工具列、元件視窗（元件列表與元件庫）、屬性表視窗、輸出視窗、畫面管理視窗、畫面編輯區及狀態列八個區域。基本上，畫面配置是依照Windows視窗標準設計的。

圖2-8　開啓既有檔案編輯

功能選單

DOPSoft軟體提供九大項的功能選單供使用者點選各項軟體功能。

工具列

DOPSoft軟體提供八大項的工具列，以便使用者直接選取元件圖案功能。

標準工具列

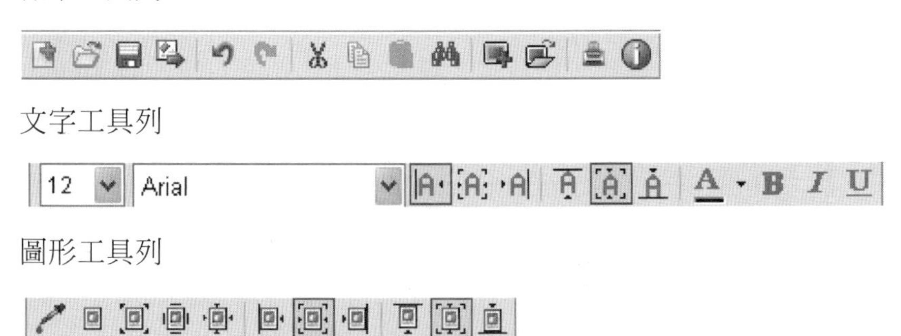


文字工具列

圖形工具列

元件工具列

規劃工具列

縮放工具列

多國語言選擇列

繪圖工具列

元件視窗

元件視窗包含元件列表與元件庫，如圖2-9所示，提供元件列表清單與已編輯完成的元件所存放的元件庫。使用者將編輯完成的元件存放至元件庫中，下次若欲重複使用時，只要點選後在畫面編輯視窗適當位置按滑鼠左鍵並拖曳至所需大小即可。

圖2-9　DOPSoft元件列表與元件庫視窗

### 屬性表視窗

屬性表視窗列出點選元件的圖形屬性、預設功能設定及自行規劃可程式功能（巨集指令）的選項，供使用者編輯檢查，如圖2-10所示。大部分的元件功能都是在這個視窗內設定完成。

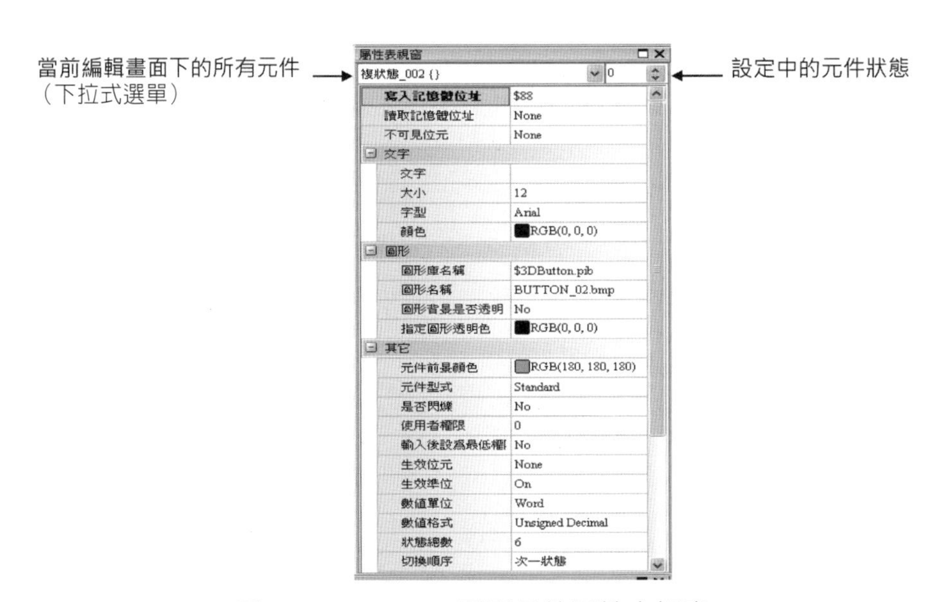


圖2-10　DOPSoft圖形元件屬性表視窗

### 輸出視窗

記錄使用者編輯的動作及畫面編譯後的輸出訊息。當執行編譯功能時，DOPSoft會進行程式編譯，如有錯誤，輸出欄會產生對應訊息，使用者點選錯誤訊息後，則自動跳至錯誤元件所在之畫面以方便除錯，如圖2-11。

### 畫面管理視窗

若使用者在專案中建立多個畫面，可運用畫面管理視窗進行預覽，如圖2-12所示，讓使用者了解個別畫面內有何元件存在，而不需要實際切換至此畫面；亦可於視窗內利用滑鼠左鍵雙點選欲檢閱的畫面即可快速切換至此畫面。

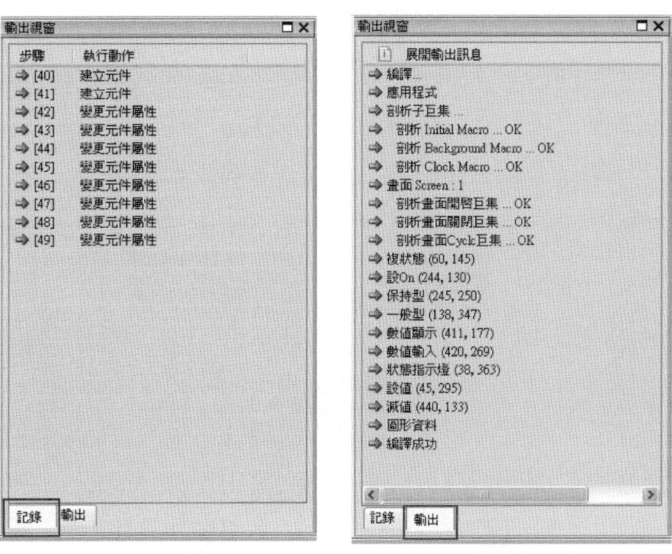


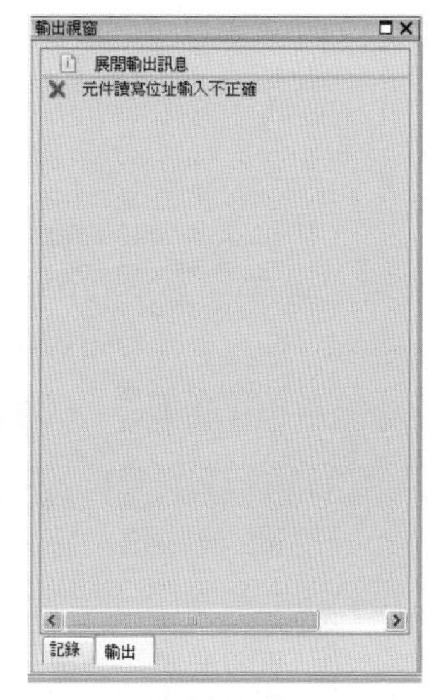


操作記錄　　編譯過程　　編譯錯誤訊息

圖2-11　DOPSoft輸出視窗

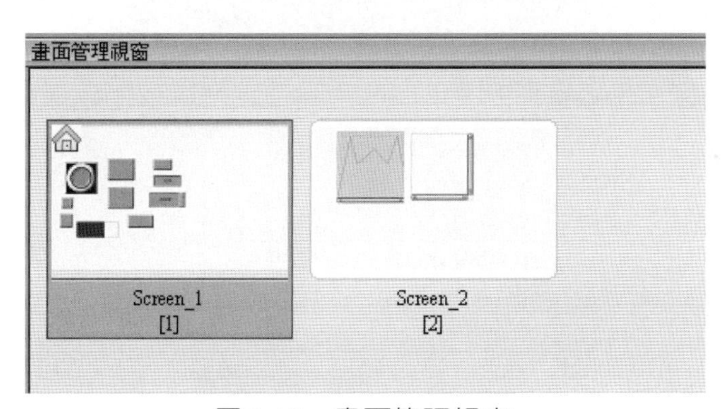


圖2-12　畫面管理視窗

狀態列

狀態列會將元件功能、下載方式、滑鼠位置、元件幾何資訊、機型與目前鍵盤的狀態顯示，如圖2-13。

曲線圖 | Download:USB | [18,115] @245,250 W:110 H:88 | DOP-B10E615 65536 Colors Rotate 0 degree | CAP NUM SCRL

圖2-13　DOPSoft狀態列

### 2.3.3 畫面編輯

依照使用者所選定的人機介面型號給予適當的編輯範圍，使用者可以從這個視窗安排畫面及元件的配置，調整畫面的外觀並進行各項操控功能的模擬。

一旦完成人機介面畫面的功能編輯之後，使用者可以選擇功能列中的檔案儲存或使用檔案選項下的儲存檔案功能將所編輯的畫面儲存在電腦中，作爲備份或者未來修改使用。如果有既存的畫面編輯資料檔案爲基礎，也可以利用開啓檔案的功能匯入到編輯軟體中。如果爲了保護相關的設備資料，例如：機具的設定與相關的參數，也可以將所儲存的畫面編輯檔案加上密碼保護。只要開啓檔案選項下的密碼保護選項，如圖2-14及圖2-15所示，便可以加入開啓時所需要設定的密碼。如此，便可以防止儲存在電腦上的檔案被不相干的人士任意的開啓並竊取機密。啓動密碼保護功能後，使用者可自行更改密碼。密碼可從【選項】→【設定模組參數】之權限管理將原先預設的最高權限密碼「12345678」任意更改。

圖2-14 人機介面控制裝置密碼保護功能

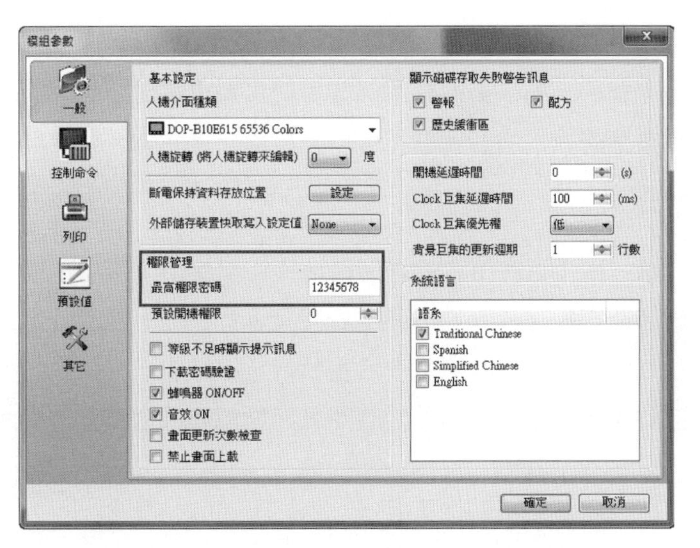


圖2-15　人機介面控制裝置密碼保護設定

## 新增畫面

如果在建立應用程式專案的過程中需要使用一個以上的畫面時，使用者可以自行增加畫面。增加時可以選取功能選單中的【畫面】→【新畫面】選項，或者在畫面管理視窗中按滑鼠右鍵然後點選建立新畫面即可，如圖2-16。

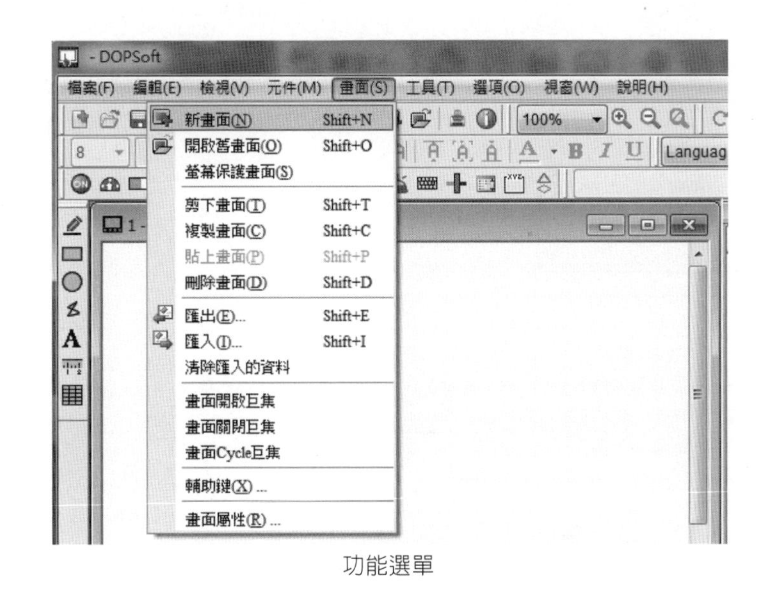


功能選單

建立新畫面
編輯
剪下
複製
貼上
刪除
匯出 ...
更改名稱
設成預設啟始畫面
輔助鍵
螢幕保護畫面
畫面屬性

滑鼠右鍵

圖2-16　人機介面控制裝置新增加功能畫面方式

## 2.3.4 專案編譯

在專案開發過程中，如果畫面有所修改，便需要重新對所修改的畫面進行編譯的動作以更新修改對應的程式內容。編譯可以分成單一畫面編譯與全部畫面編譯。

### 單一畫面編譯

如圖2-17所示，爲了讓使用者能更便利地操作與使用，提供了單一畫面編譯的功能。此編譯功能與全部編譯最大的不同在於假設專案建立了數個畫面，使用者卻只編輯修改其中某一頁的畫面，此時使用者只需執行【編譯】而不用執行【全部編譯】，這樣的做法可節省使用者執行編譯後的時間，而無需等待編譯全部畫面所耗費的處理時間。使用者可點選【工具】→【編譯】，亦可透過工具列上的 圖示或使用系統功能鍵【Ctrl+F7】。

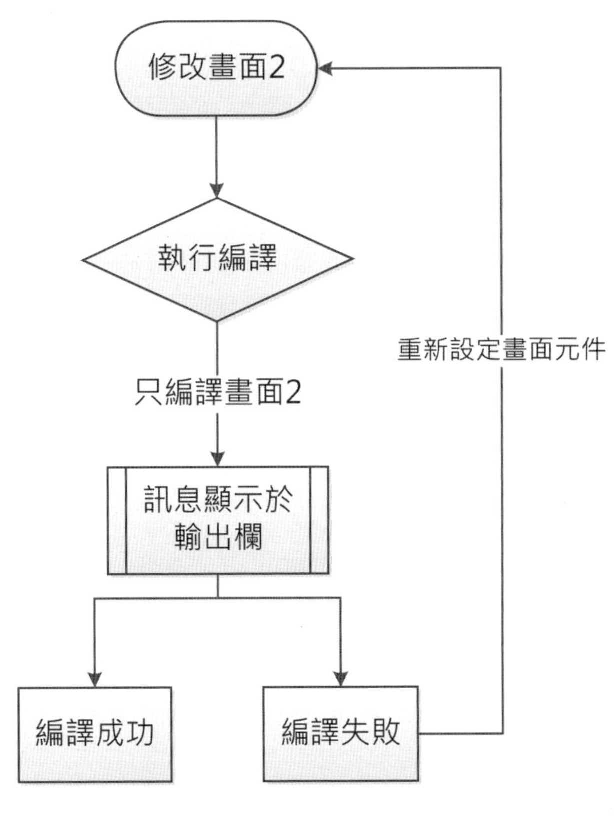


圖2-17　單一畫面修改編譯流程

全部畫面編譯

全部編譯主要是針對所有的畫面進行編譯。使用者可點選【工具】→【全部編譯】，亦透過工具列上的 圖示。

編譯與全部編譯兩者皆是爲了確保使用者所編輯的畫面沒有錯誤產生。編譯過程中會將訊息顯示於輸出欄。若執行編譯後有錯誤產生，也會一併顯示其錯誤的資訊提醒使用者，使用者可點選輸出欄產生的訊息連結至其錯誤的元件。

## 2.3.5 下載畫面資料

在完成畫面編輯之後，使用者可以將編輯完成的畫面下載到實體的人機介面控制裝置，並且執行相關功能。使用者可點選【工具】→【下載畫面資料】或直接點選工具列上的 圖示，或是使用系統功能鍵【Ctrl+F9】。軟體會偵測人機介面控制裝置與PC是否有連接，若彼此之間的傳輸介面沒有被開啓，則下載全部資料時會跳出錯誤訊息以警告使用者。

建立專案流程

具備上述軟體的基本操作概念之後，使用者就可以利用這個編輯環境建立一個人機介面軟體的專案。建立專案的過程可以使用圖2-18中的流程圖來表示，如果此時已將人機介面裝置藉由USB介面連結至個人電腦，將可以直接展開硬體辨識與設定的功能，並可以將所編輯的畫面程式下載到人機介面的硬體上進行操作。在後續的章節中，將於實際的操作範例詳細介紹流程中每一個步驟的操作過程。

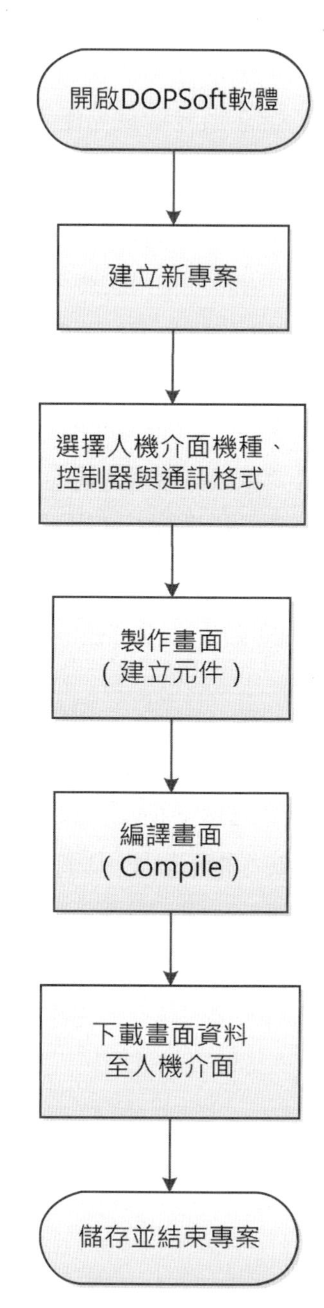


圖2-18　人機介面控制裝置程式開發流程

# 人機介面控制裝置內部記憶體

CHAPTER 3

在實際操作人機介面控制裝置進行之前，需要了解人機介面控制裝置的內部記憶體的規劃，才能有效地規劃並按部就班地建立基礎的人機介面應用程式。

## 眞實與虛擬元件

人機介面控制裝置是設計用來取代按鍵、燈號等等的操控與顯示元件，因此在畫面的編輯中將會出現許多相關的圖形元件來「模擬」傳統的按鍵與燈號。「眞實」的按鍵在使用者觸發之後，通常會有相關的機構元件可以固定或者鎖定按鍵的位置。除了機構的位置保持不變之外，也會有相關的導電元件產生電路開閉的變化，進而對所要控制的設備產生控制訊號的變化，受控制的元件會因爲這些訊號的變化而產生不同的運作行爲。所以，在眞實的控制物件中，機構的位置與電路的開閉是影響控制行爲的重要因素。然而，在人機介面控制裝置中的虛擬元件，是如何保持按鍵的位置並產生電路開閉的變化呢？

人機介面控制裝置是一個電子元件，它沒有眞實的按鍵機構，也沒有辦法產生電路開閉的電氣訊號變化，所以一切傳統眞實元件的變化都必須藉由畫面上的圖像以及內部記憶體的狀態變化來記錄並呈現在畫面上。因此，在畫面上按鍵或者燈號必須要能夠呈現ON與OFF的不同，同時也必須要有適當的機制記錄各個元件的狀態。而這個記錄狀態的機制就是人機介面控制裝置的內部記憶體。

## 數值大小與記憶體的關係

如同各種電子裝置的記憶體一樣，記憶體的基本單位是位元（Bit），其狀態的變化只有0與1兩種。如果要將記憶體使用作爲數值的處理，則根據系統的設計可以使用不同數量的位元作爲數值處理的單位。傳統的電子裝置會以位元組（Byte），也就是8個位元，作爲基本的數值單位。如果作爲純正數（Unsigned）的整數數值處理，數值的範圍將會是0～255；如果作爲包含正負數（Signed）的整數數值處理，數值的範圍將會是–128～127。由於使用位元組所能夠處理的數值範圍不一定滿足工業控制的需求，因此許多廠商會使用更多的位元，通常是8個位元的倍數，作爲數值處理的記憶體單位。例如：本書所使用的台達DOP-B07S515型號，其設計使用16個位元作爲基本的數值處理記憶體單位。因此，作爲純正數（Unsigned）的整數數值處理，數值的範圍將會是0～65,535；如果作爲包含正負數（Signed）的整數數值處理，數值的範圍將會是–32,768～32,767。這時候，可以將這個數值記憶體的基本大小單位稱之爲字元（Word）。

如果因爲數值的處理需要更大的範圍時，可以選擇雙倍的記憶體容量來儲存相關的資料，這時候裝備的記憶體容量稱之爲雙字元（Double Word）。雙字元數值的使用，也分爲純正數與正負數兩種方式，可以顯示的整數範圍就分別擴充到$0 \sim 2^{32}-1$與$-2^{16} \sim 2^{16}-1$。

除了整數之外，在許多場合的計算也需要用到浮點數的運算，也就是具有小數點以下數值的運算。這時候，所需要使用的記憶體大小通常會根據國際相關的規定（IEEE745），至少需要32位元，也就是4個位元組的記憶體容量。

## 3.1 內部記憶體簡介功能與種類

台達人機介面控制裝置共設置有六種不同功能之記憶體暫存器，分別爲：

1. 內部暫存器（$）。
2. 斷電保持內部暫存器（$M）。
3. 間接定址暫存器（*$）。
4. 配方暫存器（RCP）。
5. 配方組別暫存器（RCPNO）。
6. 配方群組別暫存器（RCPG）。

除了內部記憶體之外，台達人機介面控制裝置也可以透過通訊的方式將其他的外部裝置記憶體作爲讀寫數值的對象。

有關配方暫存器（RCP）、配方組別暫存器（RCPNO）及配方群組別暫存器（RCPG）的使用因爲與人機介面控制裝置的配方功能有關，將保留到「配方」章節再做介紹。在此，先就可以直接使用的內部記憶體功能做介紹說明。

### 內部暫存器（$）

內部暫存器為人機介面控制裝置內部能夠自由讀寫的記憶體，亦可配置各種設定，如元件的通訊位址等。此類內部暫存器無斷電保持功能，當人機介面控制裝置斷電後，內部暫存器的資料是無法繼續保持的。台達人機介面控制裝置DOP-B07S515提供65,536個16位元內部暫存器，其符號與位址範圍如表3-1所示。

表3-1　DOP-B07S515內部暫存器

| 存取型式 | 元件種類 | 存取範圍 |
|---|---|---|
| Word | $n | $0～$65535 |
| Bit | $n.b | $0.0～$65535.15 |
| 註：n為Word（0～65535），b為Bit（0～15） | | |

### 斷電保持內部暫存器（$M）

此暫存器提供斷電保持功能，當人機介面控制裝置斷電後，暫存器內的資料也能繼續保持，使用者可將重要的數值資料紀錄在此類暫存器。台達人機介面控制裝置DOP-B07S515亦提供1024個16位元斷電保持內部暫存器（$M0.0～$M1023.15），其符號與位址範圍如表3-2所示。。

表3-2　DOP-B07S515斷電保持內部暫存器

| 存取型式 | 元件種類 | 存取範圍 |
|---|---|---|
| Word | $Mn | $0～$1023 |
| Bit | $Mn.b | $0.0～$ 1023.15 |
| 註：n為Word（0～1023），b為Bit（0～15） | | |

### 間接定址暫存器（*$）

間接定址暫存器*$n是先從$n取出其數值後，把此數值當作資料儲存位址，再存取此資料位址內的數值。

例如：$20 = 100，$100 = 50，則*$20 = 50，如圖3-1。

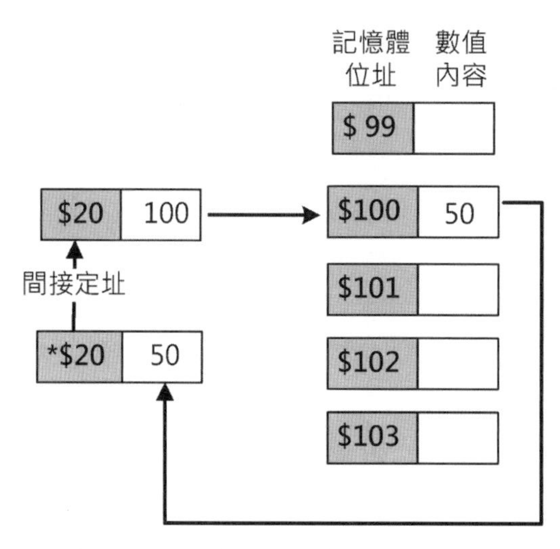


圖3-1　間接定址資料讀寫示意圖

間接定址暫存器的使用多半是針對需要做位址連續的暫存器進行設定或初始化時，可以利用在巨集指令中迴圈的方式，完成連續位址暫存器的內容設定或讀取，特別是初始化歸零的動作。DOP-B07S515間接定址暫存器的存取範圍如表3-3所示。

表3-3　DOP-B07S515間接定址暫存器

| 存取型式 | 元件種類 | 存取範圍 |
|---|---|---|
| Word | *$n | $0～$65535 |
| 註：n為Word（0～65535） | | |

間接定址暫存器並無斷電保持功能，當人機介面控制裝置斷電後，暫存器內資料無法保持。

## 3.2　狀態與事件的寫入與讀取

有了對人機介面控制裝置內部記憶體的基本了解之後，接下來利用幾個範例來說明人機介面控制裝置畫面與元件的基本操作，以及它們跟內部記憶體之間的關係。

範例3-1

建立一個人機介面控制裝置的新專案，在畫面中建立一個交替型按鍵元件，當按鍵按下（ON）時將按鍵顏色改爲紅色；當按鍵放開（OFF）時，將按鍵改爲綠色。同時，利用內部記憶體位址0.1位元（第0字元的第1位元）記錄這個按鍵的狀態。

使用者可以根據下列的程序完成這個範例的練習。

1. 開啓新專案。
2. 選擇人機介面控制裝置機種型號。
3. 編輯畫面。打開元件庫中的按鍵選項，並選取交替型按鍵後，在畫面編輯視窗需要設定按鍵的位置及大小，按住滑鼠左鍵並拖曳至所需要按鍵大小的位置，如圖3-2所示。

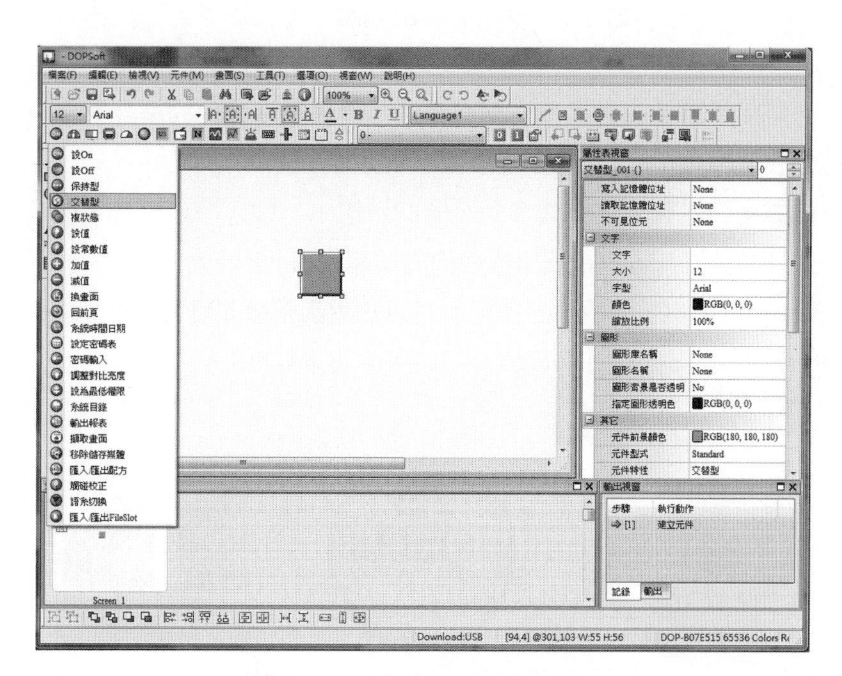

圖3-2　各式按鈕選單與建立

4. 利用滑鼠左鍵，選取畫面中的交替型按鍵，然後在屬性視窗中修改交替型按鍵的各項屬性定義，如圖3-3所示。需要修改的項目如下：
   (1) 記憶體位置（選擇內部記憶體，Internal Memory，$0.1）。
   (2) 按鍵狀態（0/1，兩種屬性）。

(3) 根據按鍵狀態設定文字、圖形與其他的按鍵外觀設定。

圖3-3　按鈕使用記憶體位址設定

5. 編譯畫面。點選工具列中的編譯功能，進行工作內容的編譯與檢查。如果沒有錯誤，將會在輸出視窗中看到編譯成功的訊息。
6. 下載畫面資料到人機介面控制裝置的硬體中（如果手邊沒有人機介面控制裝置的硬體裝置，也可以利用模擬的方式進行畫面的執行與檢查）。

除了使用標準方塊及顏色外，使用者可以利用圖型庫改變元件外型與顏色，達到美觀醒目的介面設計效果，如按鍵的外型也可以選擇如圖3-4所示的各種形狀。

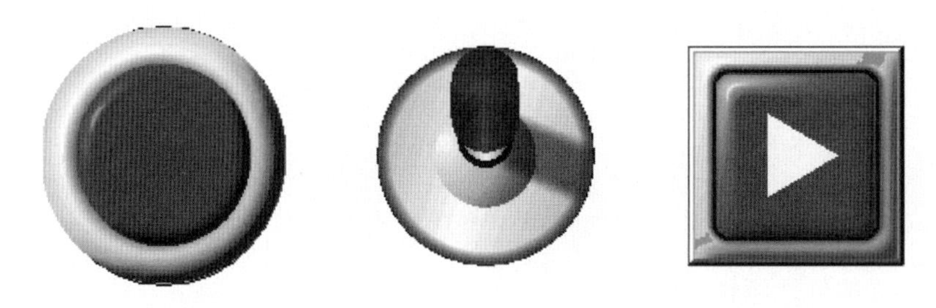

圖3-4　各式人機介面控制裝置按鍵圖形範例

練習3-1

重複範例3-1，改用保持型、設ON/OFF型按鍵取代交替型按鍵，觀察這些按鍵作用的差異。

從範例3-1與練習3-1中，相信讀者已經了解到人機介面控制裝置利用畫面中的按鍵元件可以改變內部記憶體某一個暫存器位元的資料狀態。因此，使用者可以利用畫面元件庫中的輸入元件，例如：各種按鍵，讓操作者利用觸控畫面的行爲改變人機介面控制裝置內部記憶體的內容。相反的，在許多傳統設備應用的場合中，經常使用燈號來反應設備運作的狀態，例如：緊急狀態、缺料和送料等等，藉以提醒操作者設備運作的狀態。在人機介面的應用中，也希望能在畫面中利用圖像來反映某一個特定記憶體所代表的狀態有所改變。讓我們利用接下來的範例來說明如何在畫面中反映內部記憶體狀態的變化。

範例3-2

利用範例3-1中所建立的專案，在畫面中另外建立一個燈號元件，當按鍵按下（ON）時將燈號顏色改爲紅色；當按鍵放開（OFF）時，將燈號改爲綠色。

在範例3-1中，我們已經將按鍵的狀態與內部記憶體位址$0.1位元完成記憶體狀態的連接。雖然可以直接由按鍵的變化顯示$0.1位元記憶體的內容狀態，但是在練習3-1中對於設ON/OFF型按鍵的應用就無法完全表示記憶體狀態的改變。同樣的，某一些運作的狀態與人員操作的輸入無關，例如：人機介面控制裝置的狀態或者是遠端設備的狀態，也需要利用某一些燈號元件作爲顯示或者警示。這時候，只要使用者選取燈號元件並將其所使用的記憶體對應到所要反映的狀態記憶體位址，便會將記憶體內容的變化同步顯示在人機介面的畫面中。例如：要反應所指定的按鍵狀態時，只需要將燈號所對應的記憶體位址設定成與相對應的按鍵相同的記憶體位址即可。所以，接下來請讀者根據下面的程序完成這個範例。

1. 開啓範例3-1專案。
2. 編輯畫面。打開元件庫中的燈號選項，並選取狀態指示燈型式後，在畫面適當位置按住滑鼠左鍵並拖曳至所需要的大小。
3. 利用滑鼠左鍵，選取畫面中的燈號元件，然後修改在屬性視窗中燈號元件不同狀態下的各項屬性定義，如圖3-5所示，需要修改的項目如下：
   (1) 記憶體位址（選擇內部記憶體，Internal Memory，$0.1）。
   (2) 根據按鍵狀態設定文字、圖形與其他的按鍵外觀設定。
4. 編譯畫面。點選工具列中的編譯功能，進行工作內容的編譯與檢查。如果沒有錯誤，將會在輸出視窗中看到編譯成功的訊息。

圖3-5　不同狀態下指示燈圖形屬性設定

5. 下載畫面資料到人機介面控制裝置的硬體中（如果手邊沒有人機介面控制裝置的硬體裝置，也可以利用模擬的方式進行畫面的執行與檢查）。
6. 觸控人機介面中的按鍵，便可以觀察到燈號會隨著按鍵的狀態而有同步的改變，如圖3-6所示。

(A)OFF狀態

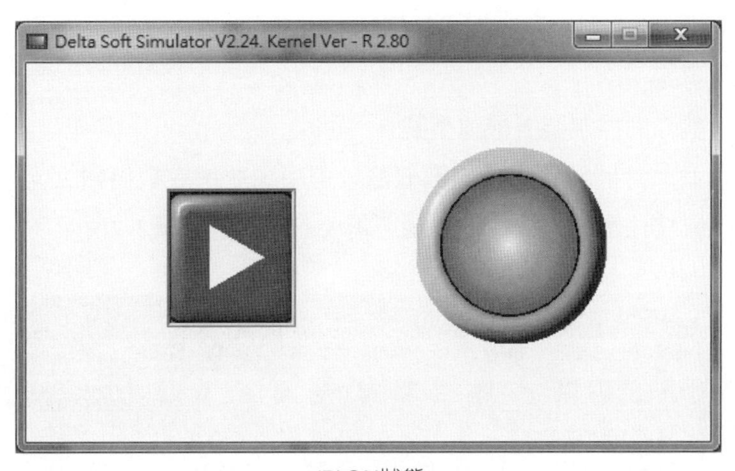


(B)ON狀態

圖3-6　不同狀態下按鈕與指示燈外觀圖形設定範例

完成這個範例的練習後，相信讀者都學習到如何使用按鍵與燈號進行人機介面控制裝置內部記憶體特定位元的狀態改寫與讀取。如此一來，讀者便可以利用人機介面監控或者是調整特定事件的狀態。

練習3-2

修改範例3-2，嘗試使用不同的燈號圖形。

## 3.3 數值資料的輸入與顯示

由於在設備的控制上，狀態只會有ON/OFF兩種情況，所以利用單一個位元來反映特定事件的變化，便可以完成對於特定數位訊號或是邏輯控制的輸出入。但是，在自動化設備中通常會需要計算或者是存取更大範圍的數值，例如：動作的次數或是加工物件的數量，這樣的內容不是一個單一位元可以表示的，必須要使用字元（16 Bits）爲單位作資料的儲存或是讀取。接下來，就讓我們利用範例3-3示範較大數值的輸入與呈現。

範例3-3

新建一個專案，加入數值輸入與數值顯示兩個元件，並將這兩個數值元件的記憶體設爲同樣的位址，觀察兩個元件相對應的變化。

使用者可以依照下列的程序完成範例：

1. 開啓新專案。
2. 選擇人機介面控制裝置機種型號。
3. 編輯畫面。打開元件庫中的數值輸入選項，並選取數值輸入元件後，在畫面適當位置按住滑鼠左鍵並拖曳至所需要的大小，如圖3-7所示。

圖3-7 數值輸入圖形元件選單

4. 打開元件庫中的數值顯示選項，如圖3-8所示。並選取數值顯示元件後，在畫面適當位置按住滑鼠左鍵並拖曳至所需要的大小。

圖3-8 數值顯示圖形元件選單

5. 利用滑鼠左鍵，選取畫面中的數值輸入元件，然後在屬性表視窗中修改數值輸入的各項屬性定義。需要修改的項目如下：
   (1) 記憶體位置（選擇內部記憶體，Internal Memory，$1），並選擇記憶體的大小。
   (2) 選擇適當的數值大小定義，在這裡選擇Unsigned Word。
   (3) 根據按鍵狀態設定文字、圖形與其他的按鍵外觀設定。
6. 打開元件庫中的數值顯示選項，並選取數值顯示元件後，在畫面適當位置按住滑鼠左鍵並拖曳至所需要的大小。
7. 利用滑鼠左鍵，選取畫面中的數值顯示元件，如圖3-9所示，然後在屬性表視窗中修改數值顯示的各項屬性定義。需要修改的項目如下：
   (1) 記憶體位址（選擇內部記憶體，Internal Memory，$1，與數值顯示輸入元件相同），如圖3-9。
   (2) 選擇適當的數值大小定義，在這裡選擇Unsigned Word。
   (3) 根據按鍵狀態設定文字、圖形與其他的按鍵外觀設定。

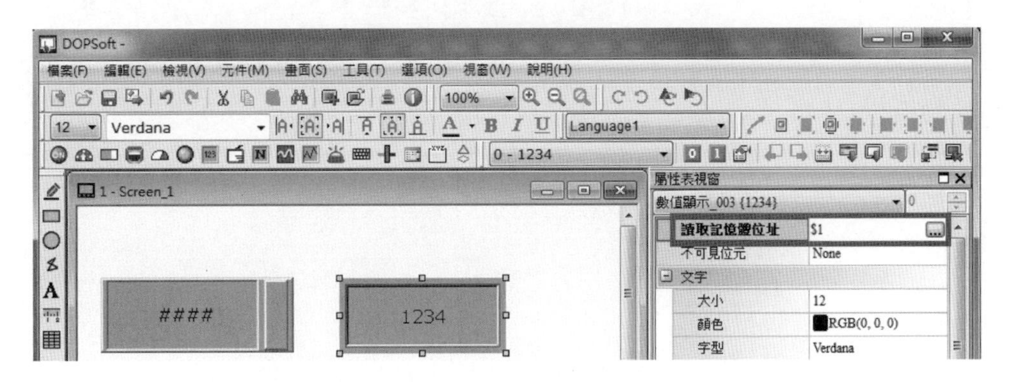


圖3-9 顯示圖形元件記憶體位址設定

8. 編譯畫面。點選工具列中的編譯功能，進行工作內容的編譯與檢查。如果沒有錯誤，將會在輸出視窗中看到編譯成功的訊息。
9. 下載畫面資料到人機介面控制裝置的硬體中（如果手邊沒有人機介面控制裝置的硬體裝置，也可以利用模擬的方式進行畫面的執行與檢查）。

在編譯與下載完成後，使用者只要在畫面上點選數值輸入右方的按鍵，便會出現數值輸入的視窗，如圖3-10所示，使用者可以使用鍵盤依數位順序，寫入數值的內容。這時候，一旦輸入確認完成後，便可發現數值顯示元件的內容會隨著數值輸入元件的數值同步改變。

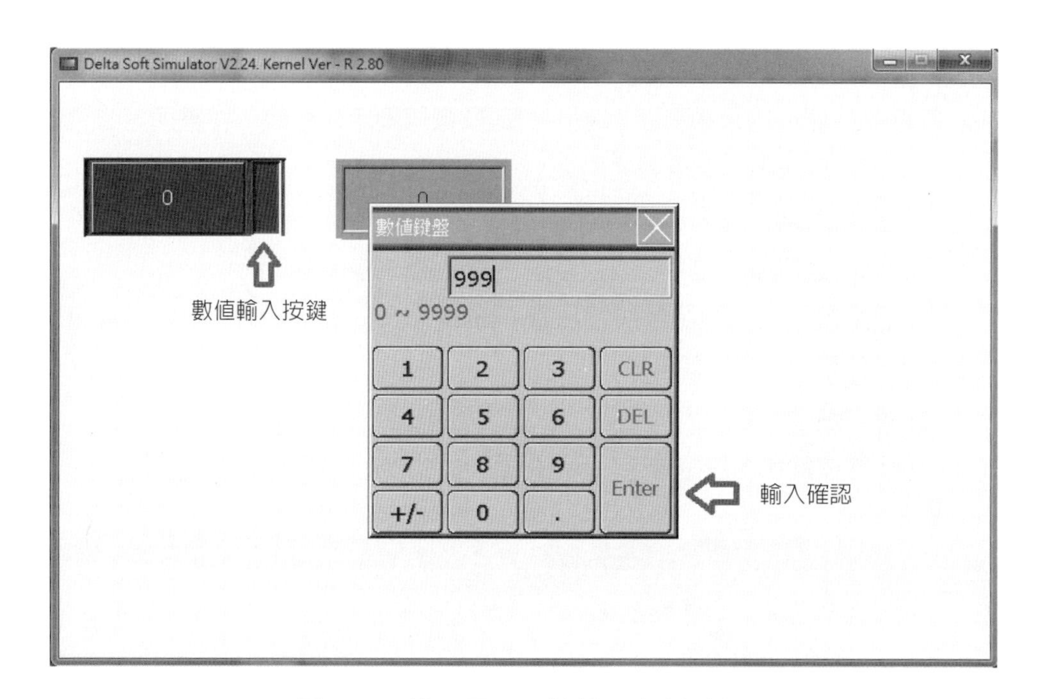


圖3-10　輸入圖形元件輸入資料鍵盤

練習3-3

改變範例3-3中數值顯示的數值大小定義的型態及範圍，例如Signed Word等等，觀察顯示內容與數值輸入元件的不同。

## 3.4　儀表顯示

除了一般的數值顯示元件之外，爲了讓畫面簡潔美觀，人機介面控制裝置通常也配置有其他各式各樣的數值顯示元件，例如：類似指針的儀表元件、管狀元件等等，讓整個畫面可以用比較簡單而一目瞭然的方式顯示相關的數據。必要時，更可以設定數值的上下限，在超出上下限範圍時以不同的顏色顯示，藉以提醒操作者特殊狀況的發生。

範例3-4

重複範例3-3，使用圖形元件庫中的儀表顯示，如圖3-11所示，利用儀表元件嘗試在畫面中將資料記憶體中的數值作不同的方式呈現。

1. 在元件庫分類中選取儀表圖示後，在畫面適當位置按住滑鼠左鍵並拖曳至所需要的大小。

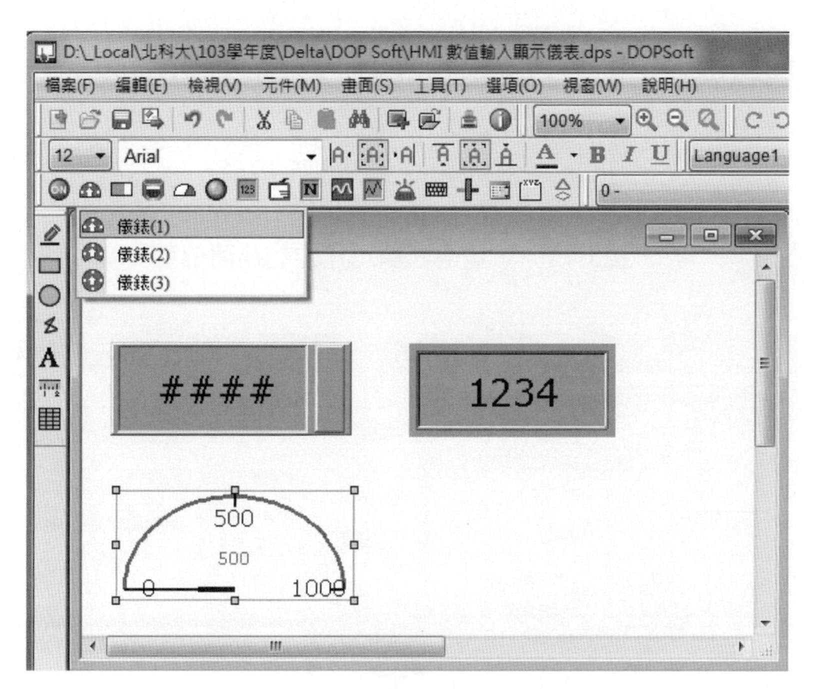


圖3-11　建立儀表顯示圖形元件

2. 在屬性表視窗中，如圖3-12所示，設定相關的記憶體位址及各項圖形屬性參數。
3. 必要時，利用滑鼠左鍵點選儀表元件藉以開啓元件屬性編輯視窗，如圖3-13所示，並編輯相關參數。在此可以設定「啓用目標值」與「啓用範圍輸入值」的上下限。

圖3-12　設定儀表顯示元件記憶體位址

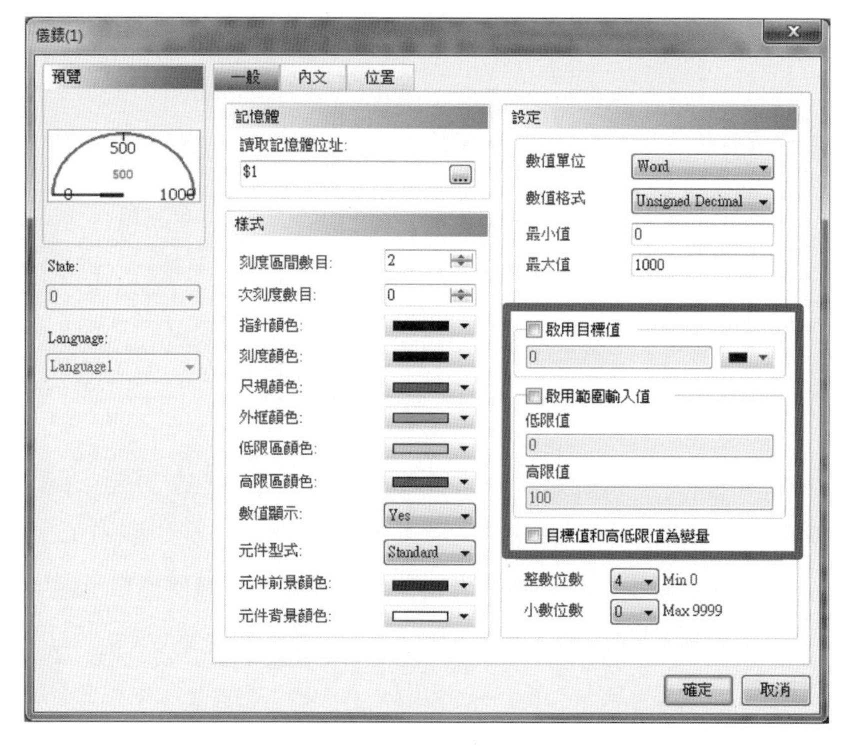


圖3-13　儀表顯示圖形元件屬性編輯視窗

4. 按下確認後，編譯畫面程式。利用數值輸入元件輸入不同數值，並觀察各元件變化。



練習3-4

重複範例3-4，使用圖形元件庫中的管狀圖顯示，如圖3-14所示，利用儀表元件嘗試在畫面中將資料記憶體中的數值作不同的方式呈現。

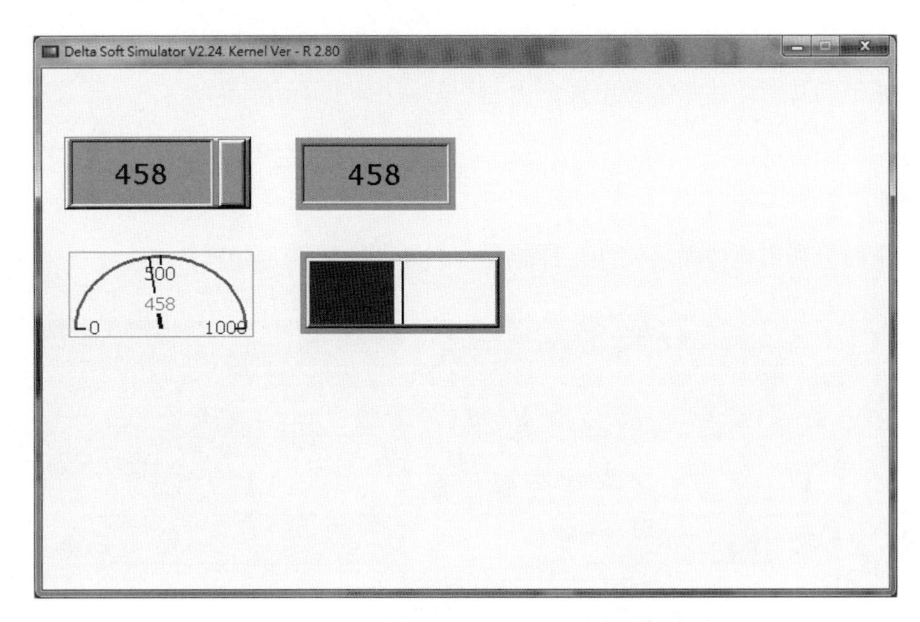


圖3-14　各式顯示圖形元件練習範例

在完成上述的練習後，相信讀者已經學習到利用人機介面控制裝置所提供的圖形元件可以改變或是讀取內部記憶體的資料內容。使用者可以一個個位元逐一地處理，或者以一次一個字元的方式進行數值的輸入或顯示。相信讀者也領略到人機介面控制裝置設計與操作的簡便性，可以大幅降低傳統機器設備操作介面的複雜與成本。讀者可以更進一步的使用長條圖、管狀圖或者是扇形圖等各種圖形元件繪製出活潑生動的人機介面操作畫面。

除了一般正常狀況下所使用的資料記憶體之外，人機介面控制裝置也提供了斷電保持的資料暫存器（$M），以方便應用程式可以將重要的資料或者狀態保存在非揮發性的記憶體（Non-Volatile Memory, NVM）中，即使設備電源中斷也不會影響到資料的內容。

# 3.5 內部系統參數

人機介面控制裝置除了提供內部記憶體作為操作狀態或資料輸出入之外，更提供所謂的內部系統參數（Internal Parameter）的資訊作畫面的應用。內部系統參數可讓使用者透過系統內部參數了解人機內部系統的狀態值，包括系統時間值、外部儲存裝置狀態、觸碰時的X/Y座標、觸碰狀態、電池剩餘百分比、網路參數等。

其中最常被使用到的不外乎是系統時間值，經常被顯示在畫面中藉以提醒目前的操作時間。使用者除了可以利用數值顯示元件自行製作顯示時間的畫面之外，也可以在資料顯示的圖形元件庫中發現許多內建的日期和時間顯示元件。

練習3-5

在畫面上利用資料顯示元件，標記操作的時間與日期，如圖3-15所示。

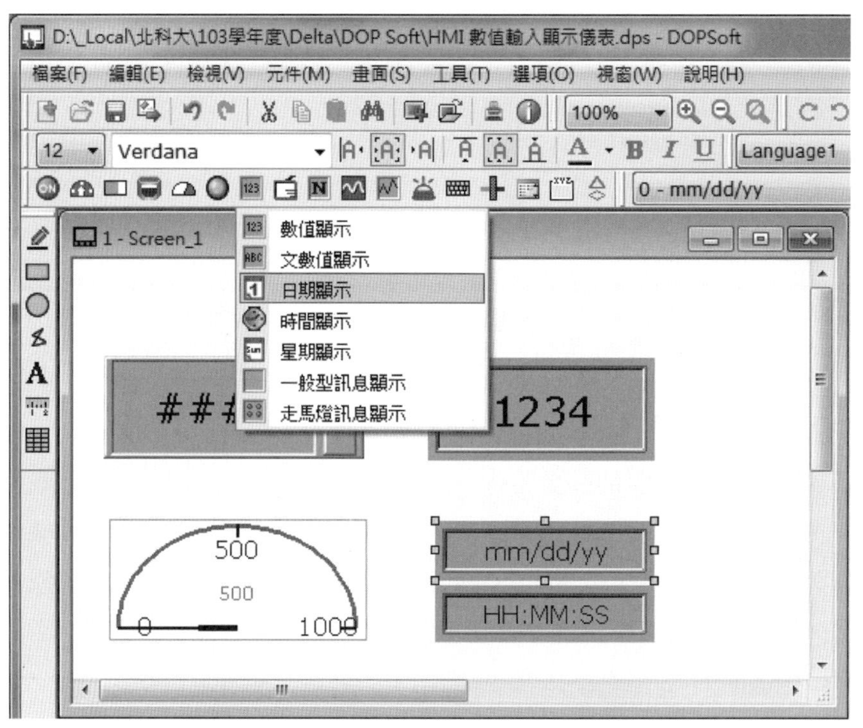


圖3-15 建立日期顯示圖形元件範例

## 3.6 命令區與狀態區記憶體

除了一般作為狀態控制或是數值運算的內部記憶體之外，人機介面控制裝置為了要讓使用者改變某些人機介面控制裝置的操作設定，或者要讓系統在執行時可以檢查某一些特定的系統狀態，在記憶體的規劃上保留了所謂的命令區與狀態區，作為程式執行時的觸發與旗標暫存器。

命令區與狀態區的記憶體位址是可以由使用者根據需要予以保留並設定記憶體起始位址，這一些設定是可以在功能表中的【選項】→【設定模組參數】→【控制命令】頁面進行命令區與狀態區記憶體起始位址設定。

圖3-16 模組參數設定視窗與記憶體起始位址設定

在打開模組參數下的控制命令選項後，如圖3-16所示，使用者可以根據自己的設計需求勾選適當的命令區與狀態區所需要的選項，系統便會將所勾選的選項作連續的記憶體位址排列，如圖3-17所示。同時在最上方的選項中，使用者可以自行定義這些區塊的記憶體起始位址。命令區與狀態區可以由使用者分別設定不同的記憶體起始位址，但是使用時必須注意不要與其他使用到的資料記憶體位址重複，以免發生不可預期的動作。

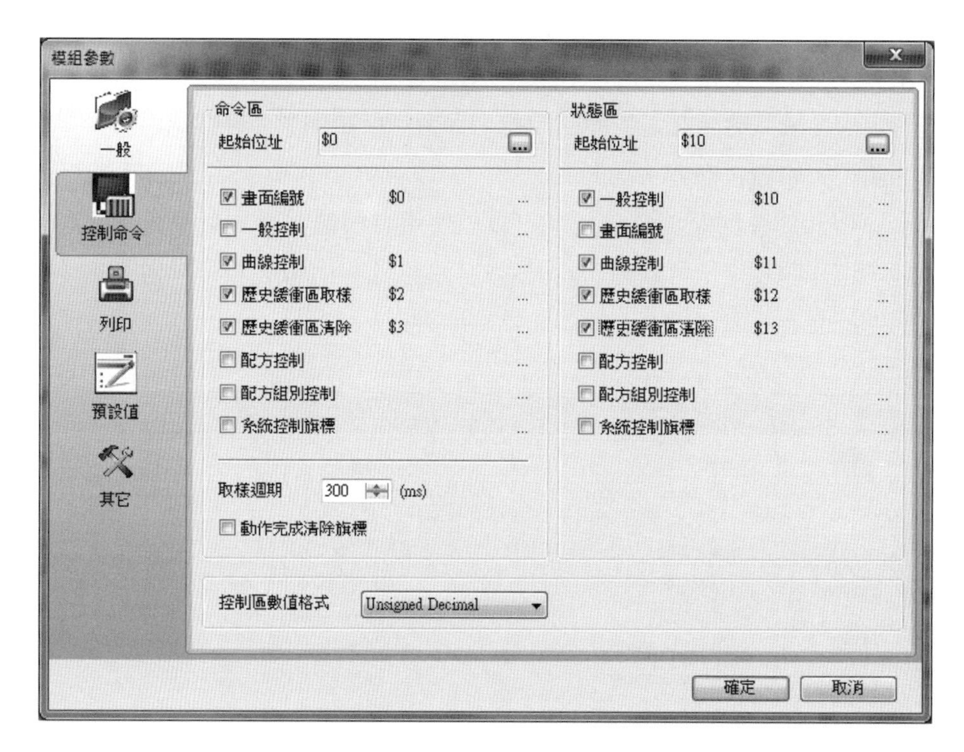


圖3-17　各項模組參數記憶體位址設定範例

命令區

人機介面控制裝置所配置的命令區可讓使用者自行定義外部控制器或是人機介面控制裝置內部的某段暫存器位址。使用者可藉由設定命令區來進行人機介面控制裝置的操控動作，例如：切換畫面、背燈關閉、權限設定、曲線及歷史緩衝區取樣或清除、配方控制、多國語系、列印等。命令區記憶體區塊是一個以字元爲單位的連續資料區域。

命令區的部分功能，如需要重複使用，必須先將此旗標暫存器設爲OFF後再重新觸發爲ON；或者可以透過「動作完成清除旗標」選項的設定由人機自動完成清除旗標爲OFF的動作。

命令區的各項控制功能表如表3-4所示。

表3-4　各項命令區記憶體位址設定

| 命令區暫存器類別 | 外部控制器暫存器 | | 內部記憶體 | |
|---|---|---|---|---|
| | 暫存器（D） | 範例位址 例：起始位址D0 | 暫存器（$） | 範例位址 例：起始位址$0 |
| 畫面編號 | Dn | D0 | $n | $0 |
| 一般控制 | Dn + 1 | D1 | $n + 1 | $1 |
| 曲線控制 | Dn + 2 | D2 | $n + 2 | $2 |
| 歷史緩衝區取樣 | Dn + 3 | D3 | $n + 3 | $3 |
| 歷史緩衝區清除 | Dn + 4 | D4 | $n + 4 | $4 |
| 配方控制 | Dn + 5 | D5 | $n + 5 | $5 |
| 配方組別控制 | Dn + 6 | D6 | $n + 6 | $6 |
| 系統控制旗標 | Dn + 7 | D7 | $n + 7 | $7 |



命令區的記憶體主要是讓使用者的程式可以觸發或啓動某一些人機介面控制裝置系統功能，所以多半是以位元爲單位，或者是以多個位元所代表的編號作爲動作的依據。在命令區下可以分類成下列八個群組：

**畫面編號暫存器**：將指定的畫面編號寫入此暫存器，人機即會跳至指定編號的畫面。

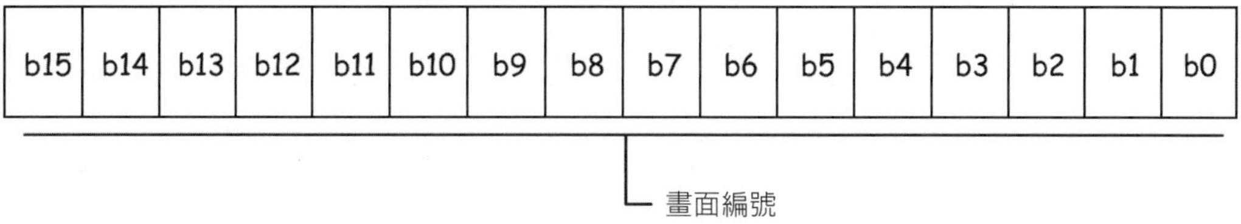

| b15 | b14 | b13 | b12 | b11 | b10 | b9 | b8 | b7 | b6 | b5 | b4 | b3 | b2 | b1 | b0 |
|---|---|---|---|---|---|---|---|---|---|---|---|---|---|---|---|

畫面編號

**一般控制暫存器**：每個位元代表著不同的系統功能觸發旗標。

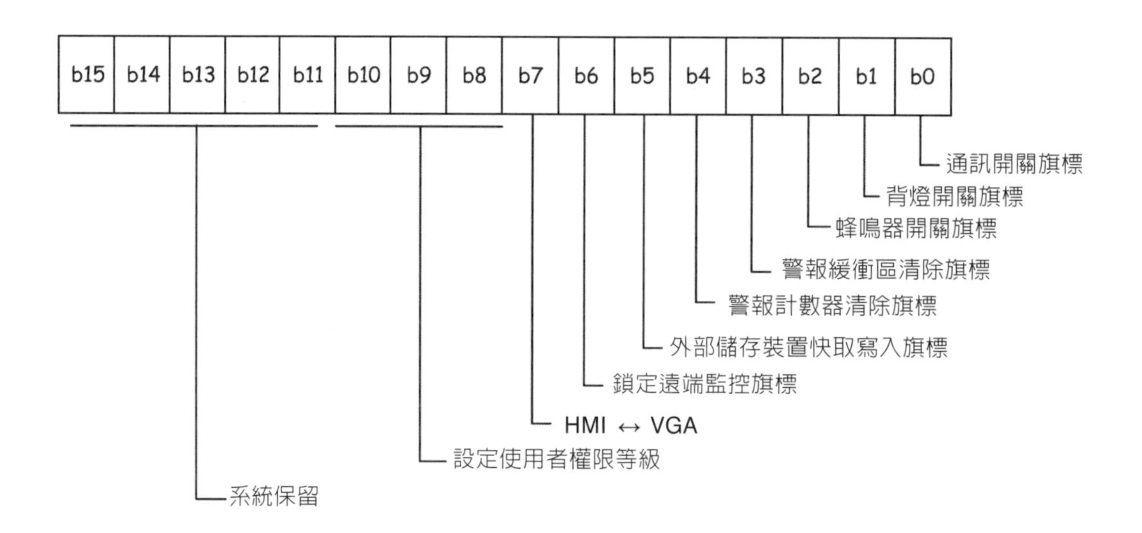


**曲線控制暫存器**：控制曲線圖元件取樣繪圖或清除的觸發旗標。

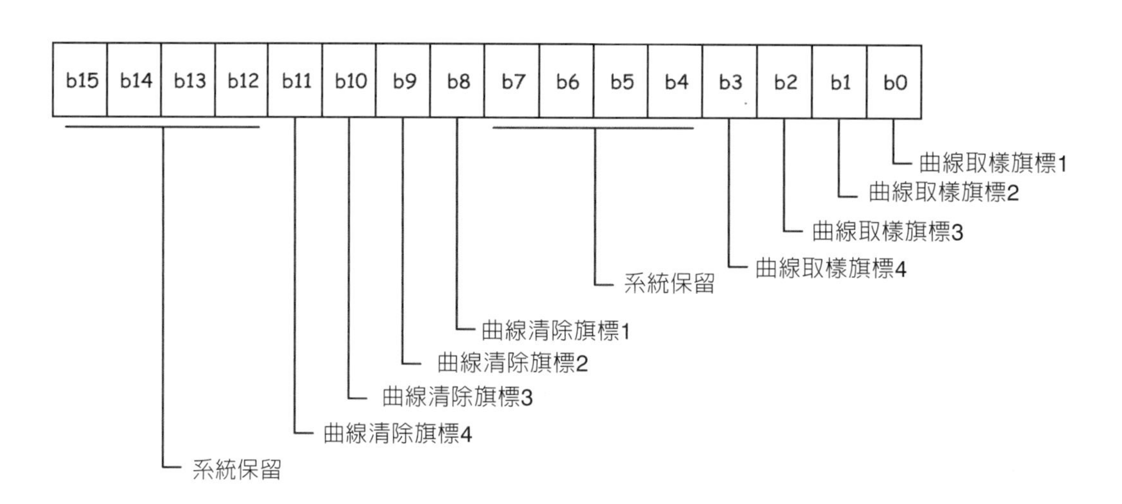


**歷史緩衝區取樣暫存器**：藉由觸發歷史緩衝區的取樣旗標以決定取樣時機。

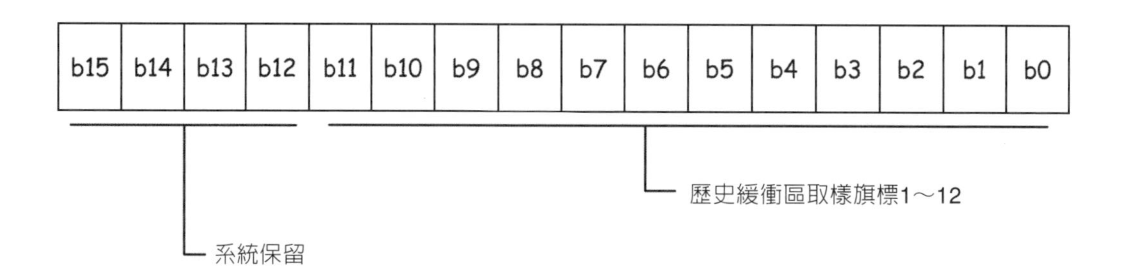

**歷史緩衝區清除暫存器**：藉由觸發歷史緩衝區的清除旗標以清除緩衝區資料。

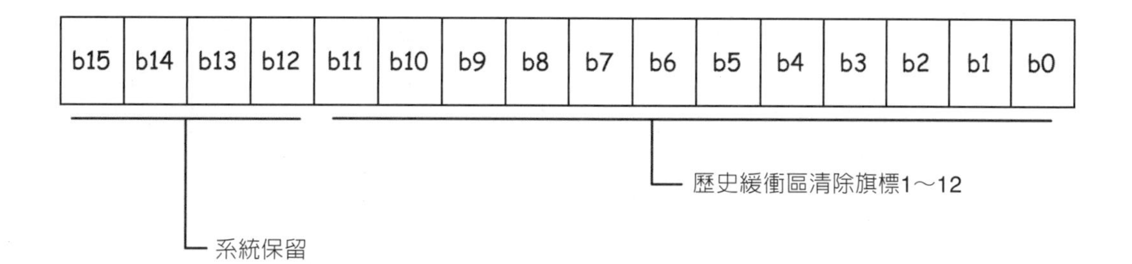


**配方控制暫存器**：藉由觸發配方控制的讀取或寫入旗標等，改變指定配方編號的內容。

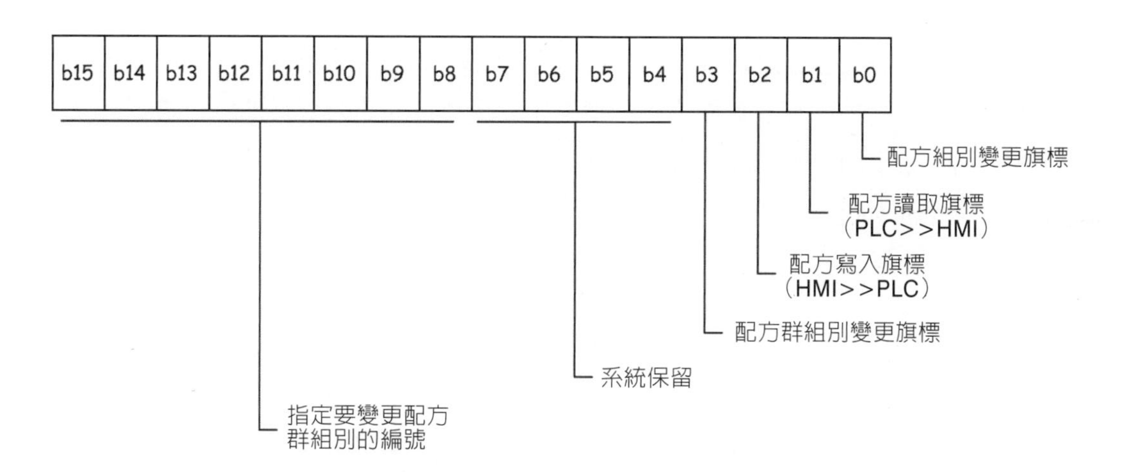


**配方組別控制暫存器**：配方組別變更旗標，透過配方組別控制暫存器以指定欲變更的配方群組別編號。

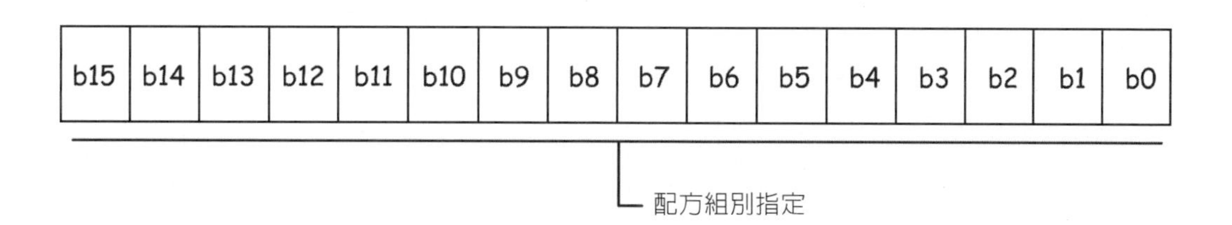


**系統控制旗標暫存器**：變更多國語系設定值來切換語系與列印相關旗標。

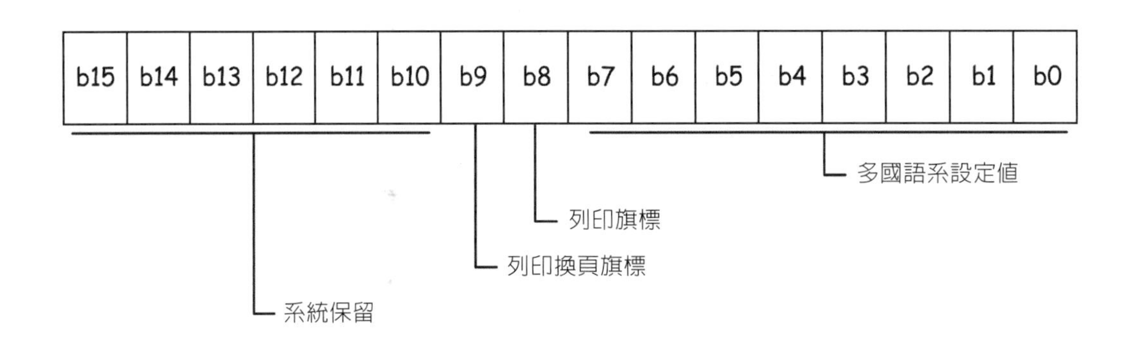


狀態區

人機介面控制裝置所配置的狀態區，可讓使用者自行指定外部控制器或是人機介面控制裝置內部的暫存器位址。使用者可藉由設定狀態區來查看目前人機介面的動作狀態，例如：當前畫面編號、當前權限、曲線及歷史緩衝區取樣狀態、配方控制等等狀態，如表3-5所示。而狀態區亦是一個以字元爲單位的連續資料區域。讀者可以參考使用手冊查閱所有暫存器的位元功能定義。原則上，這些暫存器的使用及定義都是與命令暫存器位址相對應的。

表3-5 狀態區記憶體位址範例

| 狀態區暫存器類別 | 控制器暫存器 | | 內部記憶體 | |
|---|---|---|---|---|
| | 暫存器（D） | 範例位址<br>例：起始位址D10 | 暫存器（$） | 範例位址<br>例：起始位址$10 |
| 一般控制狀態 | Dn | D10 | $n | $10 |
| 畫面編號狀態 | Dn + 1 | D11 | $n + 1 | $11 |
| 曲線控制狀態 | Dn + 2 | D12 | $n + 2 | $12 |
| 歷史緩衝區取樣狀態 | Dn + 3 | D13 | $n + 3 | $13 |
| 歷史緩衝區清除狀態 | Dn + 4 | D14 | $n + 4 | $14 |
| 配方控制狀態 | Dn + 5 | D15 | $n + 5 | $15 |
| 配方組別控制狀態 | Dn + 6 | D16 | $n + 6 | $16 |
| 系統控制旗標狀態 | Dn + 7 | D17 | $n + 7 | $17 |

命令區若沒有設定，狀態區功能也不會有作用，而且命令區與狀態區的位址不可設定爲相同位址。

上述的命令區與狀態區暫存器也可以讓使用者藉由按鍵、燈號、資料顯示或輸入元件來呈現或改變系統的運作狀態，例如：更換畫面或配方組別等等工作。

範例3-5

建立一個新專案，並建立兩個畫面。使用圖形元件庫中的切換畫面按鍵，設定在兩畫面間切換。在兩個畫面中另外建立數值輸入元件，並將記憶體位址設定為命令區畫面編號暫存器以改變畫面編號。當在數值輸入元件中輸入欲切換的畫面編號時，畫面將切換到所指定編號的畫面。

如圖3-18所示，範例3-5可以依照下列的步驟進行設計：

1. 新增畫面

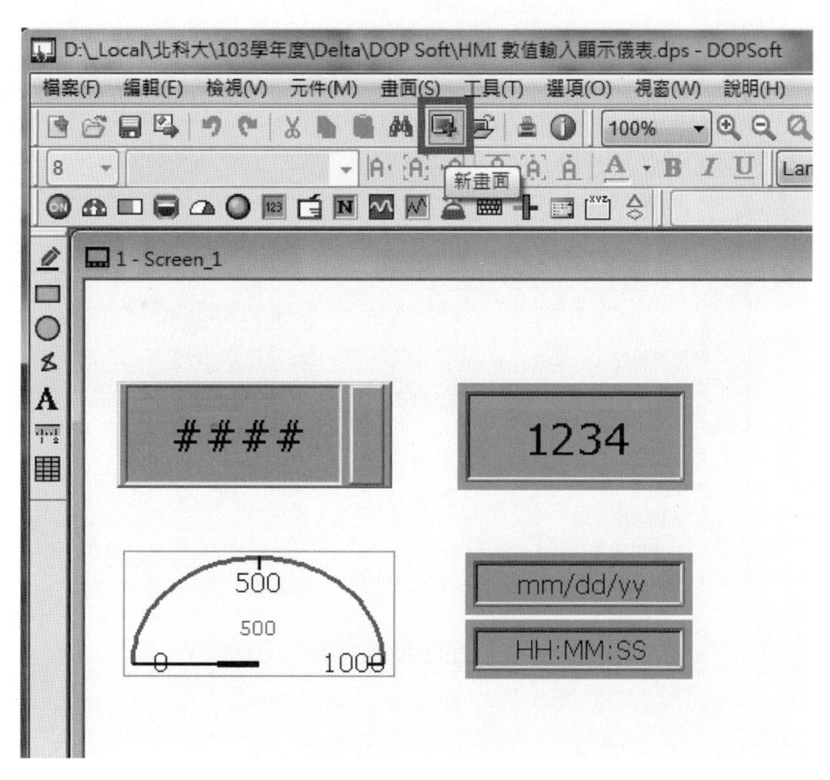


(A)使用功能列

(B)使用畫面管理視窗

圖3-18　新增畫面範例

2. 在原畫面新增切換畫面按鍵，如圖3-19所示。

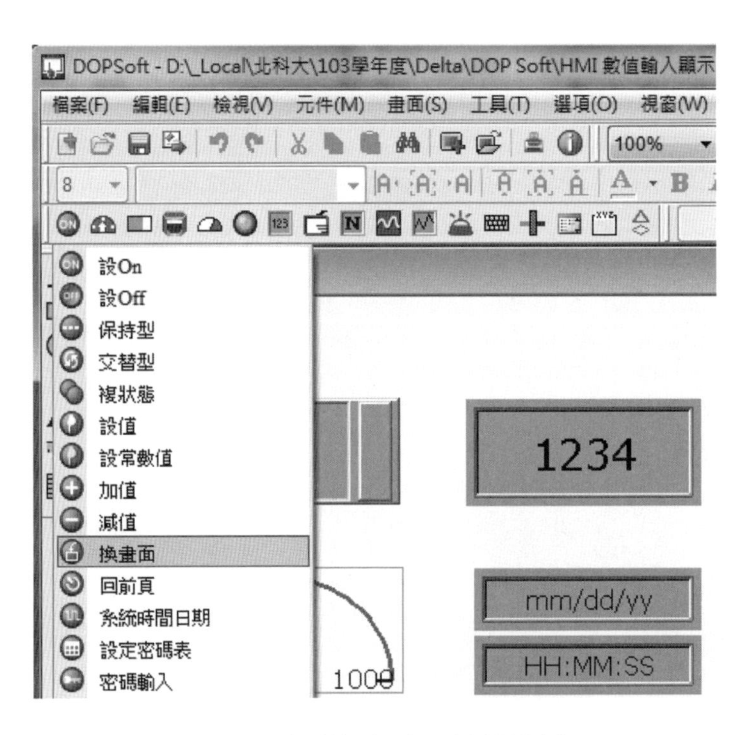


圖3-19　新增切換畫面按鍵範例

3. 編輯畫面1換畫面按鍵元件屬性，如圖3-20所示。

圖3-20　編輯換畫面按鍵元件屬性範例

4. 增加並編輯畫面2回前頁元件屬性，如圖3-21所示。

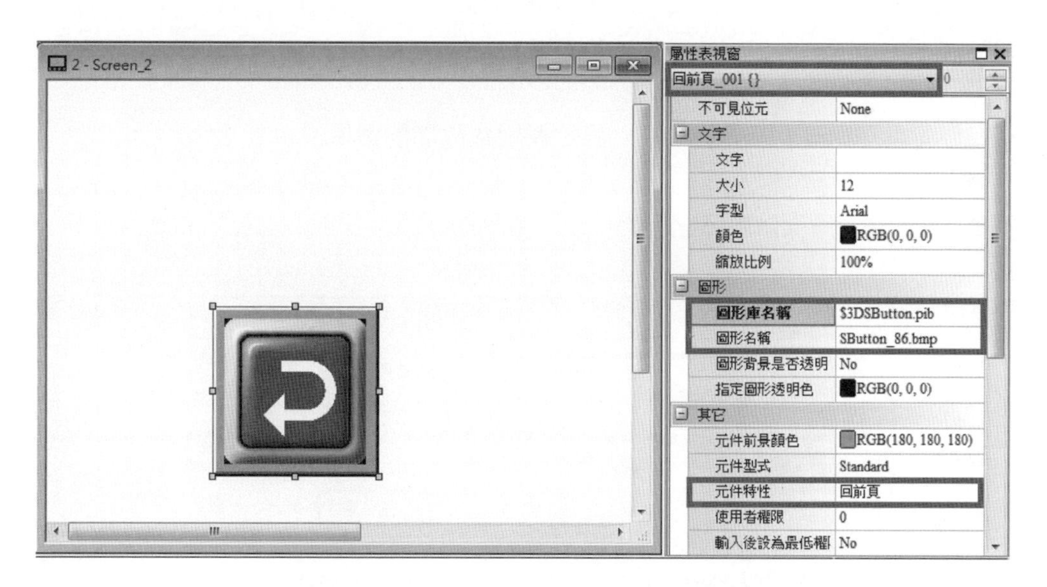


圖3-21　編輯回前頁按鍵元件屬性範例

編譯程式後執行模擬，可以嘗試在畫面1中觸發切換畫面按鍵。因爲設定的切換畫面爲畫面2，所以人機介面畫面會轉換到畫面2。而在畫面2中觸發紅色按鍵則會回到前一個畫面，也就是畫面1。

在範例3-5中的切換畫面元件，無論是畫面1的換畫面按鍵，或畫面2的回前畫面按鍵，皆必須事先在程式設計階段指定切換前往的畫面。如果相關應用需要在執行中彈性或隨機指定所欲切換的畫面，就必須使用能夠改變內部系統參數中命令區暫存器的手段，並配合數值輸入元件或設常數按鍵的輸入元件完成。讓我們以範例3-6做一個改變命令區暫存器的介紹。

範例3-6

修改範例3-5的每個畫面，新增數值輸入與顯示元件並將記憶體位址設定爲畫面編號狀態暫存器，觀察切換畫面後的暫存器數值內容。

1. 選擇設定模組參數，如圖3-22所示。

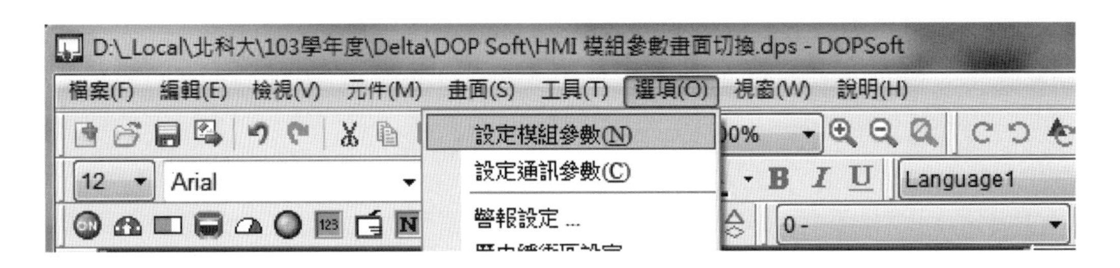


圖3-22　設定模組參數功能選項

2. 設定命令區與狀態區記憶體位址，並點選「畫面編號」功能，如圖3-23所示。

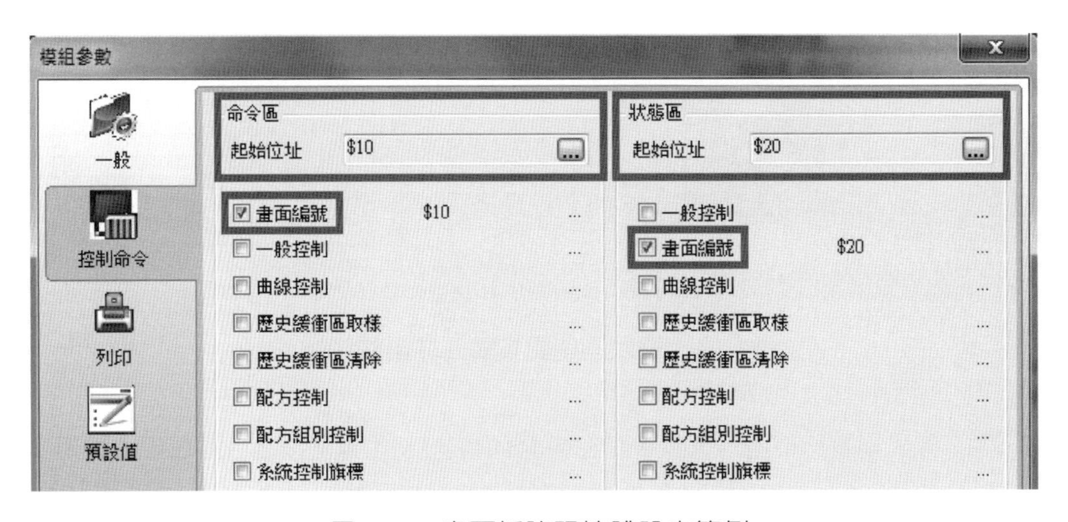


圖3-23　畫面編號記憶體設定範例

3. 修改畫面1與2中的數值輸入與顯示元件記憶體位址，分別設定為$10與$20，與模組參數中命令區與狀態區畫面編號記憶體位址相同，如圖3-24所示。

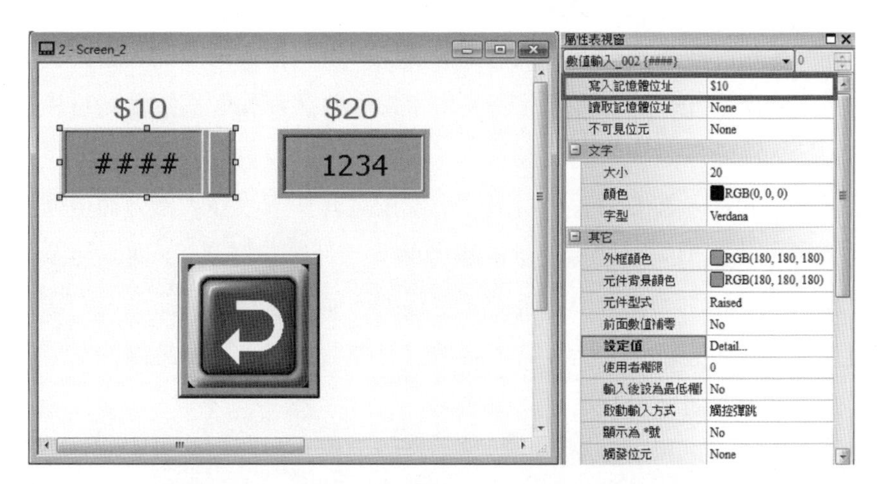


圖3-24　畫面調整圖形元件編輯與設定範例

4. 編譯程式後執行模擬，並在畫面1或2中的數值輸入調整數值大小。當輸入1或2時，會在畫面1或2間切換。讀者可以自行嘗試其他數值，看看畫面有何變化？
5. 使用範例3-5所建立的畫面切換按鍵，看看畫面變化以及數值輸入與顯示元件有何變化？

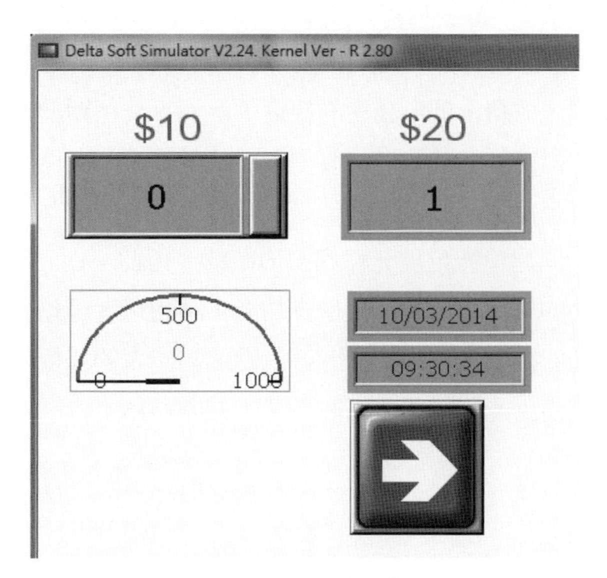


圖3-25　畫面編號記憶體設定範例

藉由範例3-6的示範，相信讀者已經發現到當我們使用與命令區畫面編號參數相同記憶體位址的數值輸入元件進行記憶體內容調整時，隨著數值的調整同時也發生畫面的切換。這時候，狀態區的畫面編號記憶體內容也會產生相對應的變化，而顯示在數值顯示元件。由於在這個範例中只有兩個畫面，所以當使用者輸入超出範圍的畫面編號時，將不會產生任何的作用。此時使用者為了確保程式的穩定性，可以設定數值輸入元件的輸入範圍以減少錯誤的發生。

更值得注意的是，當使用者利用畫面切換按鍵元件來改變人機介面畫面時，命令區畫面編號模組參數相同記憶體位址的數值輸入元件將會顯示0，而狀態區的畫面編號記憶體數值顯示元件者會呈現正確的元件編號數值。這是由於命令區的記憶體內容並未被用來觸發畫面的變化，所以其內容並沒有進行調整；而狀態區的記憶體內容則是會即時更新顯示的畫面編號而有所改變。

如果應用程式可以利用換畫面的按鍵來改變人機介面控制裝置的顯示畫面，為什麼還需要利用模組參數的命令區記憶體來改變畫面呢？這是因為切換畫面的按鍵必須要事先設定藉由人為的觸控而改變畫面的顯示，因此無法達成完全的自動化。如果使用記憶體位址的方式，除了使用畫面數值輸入元件之外，還可以有許多手段可以不需要人工動作就可以達成數值的調整，進而達成自動化控制的目的，例如：使用通訊或外部感測器、PLC程式等等的手段。

## 3.7 元件記憶體位址檢查

在完成上述的範例與練習後，讀者應該可以自行將圖形元件庫中的每一個元件安置在練習的畫面中，並藉由圖形屬性的視窗了解到每一個圖形元件的功能。每一個元件的預設功能都會對應到元件圖形的改變，以及所設定的記憶體位址內容的更替。如果有多個元件所設定使用的記憶體位址是相同的時候，改變某一個圖形元件的狀態也會同時改變使用相同記憶體位址元件的圖形狀態。因此，DOPSoft軟體提供一個使用記憶體位址關聯性的元件位址清單表檢查功能，讓使用者可以一目瞭然的看到所有使用相同記憶體位址的圖形元件。使用者可以點選功能表的【檢視】→【元件位址清單】即可檢視所有使用到的記憶體與相關元件，如圖3-26。

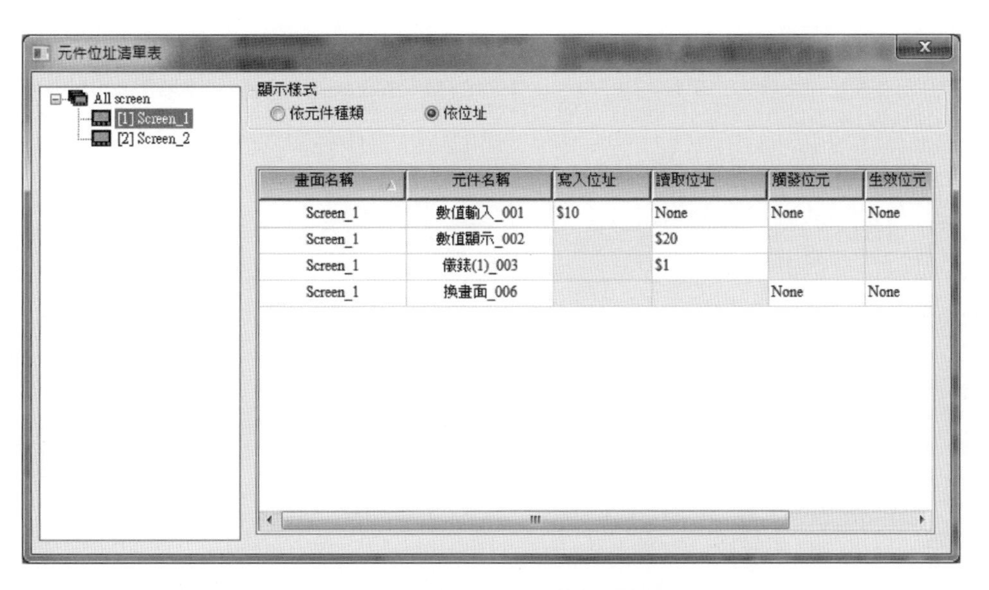


圖3-26　元件位址清單視窗範例

元件位址清單讓使用者檢閱記憶體位址使用的情況及相對應的使用元件，並提供讀取記憶體、寫入記憶體以及觸發記憶體位址，讓使用者可以更方便及快速地找到相關的位址列表。使用者可透過檢閱讀取記憶體位址、寫入記憶體位址、觸發記憶體位址、不可見位元以及生效位元看到彼此間的關聯性，若使用了相同的位址，也可從其元件、巨集指令或控制區等看到此位址所顯示的屬性為何。使用者可以將所有畫面的元件依據畫面編號並選擇其元件種類或位址來分類。元件的各個屬性會依據所分類的型態列在此清單上，包括元件名稱、寫入位址、讀取位址、觸發位址、觸發方式、生效位址，可以更有效地讓使用者了解所有記憶體與圖形元件間的關係。

在了解每一個圖形元件與內部記憶體之間的直接運作關係之後，接下來的章節將會介紹如何利用人機介面控制裝置所具備的巨集指令功能讓使用者可以在改變單一個圖形元件的狀態時，可以同時進行較為複雜的運算，或者是其他相關元件、記憶體內容的更新，這將會讓使用者的人機介面控制裝置應用程式可以發揮更大的控制功能。

# 人機介面的巨集

CHAPTER 4

人機介面的巨集（Macro）指的是將許多想要執行的工作或者指令集合成一個單元，在所對應的事件或者是狀態發生時，依序地把這些指令集合全部執行完畢。巨集的概念有點接近程式撰寫中的函式（Function），不管是那一種程式語言，當函式被呼叫時便會將函式內容所定義的所有指令敘述全部執行完畢。

人機介面控制裝置在許多圖形元件的狀態改變時，包括畫面，都提供有巨集的功能。例如：在按鍵被設定爲ON或者OFF的時候，都可以讓使用者編寫巨集以執行較爲複雜的處理程序。這樣的設計，提供兩個主要優點：(1)每一個圖形按鍵的功能可以擴充，可以在狀態改變時，或者稱之爲「事件」發生時，除了改變所設定記憶體位址的內容之外，同時可以進行較爲複雜的資料處理與計算；(2)除了元件所對應的記憶體位址之外，使用者可以在巨集指令中指定其他記憶體位址內容的資料進行運算處理或者是狀態改變，進而使每一個圖形元件除了可以改變所設定的記憶體位址內容之外，也可以同時更新或者是改變其他記憶體位址內容的資料，讓每一個圖形元件所代表的功能有更多的變化。

## 4.1 傳統式的圖形元件應用

範例4-1

建立一個新的專案，並在專案中新增一個畫面，如圖4-1所示。在畫面中，由圖形元件庫新增加一個交替型按鍵（$0.0），以及兩個對應到不同記憶體位址位元的燈號元件（$0.0及$0.1），其中一個燈號元件應該與交替型按鍵使用同樣的記憶體位址位元。完成畫面編輯後，觀察按鍵狀態改變時兩個燈號的反應爲何。

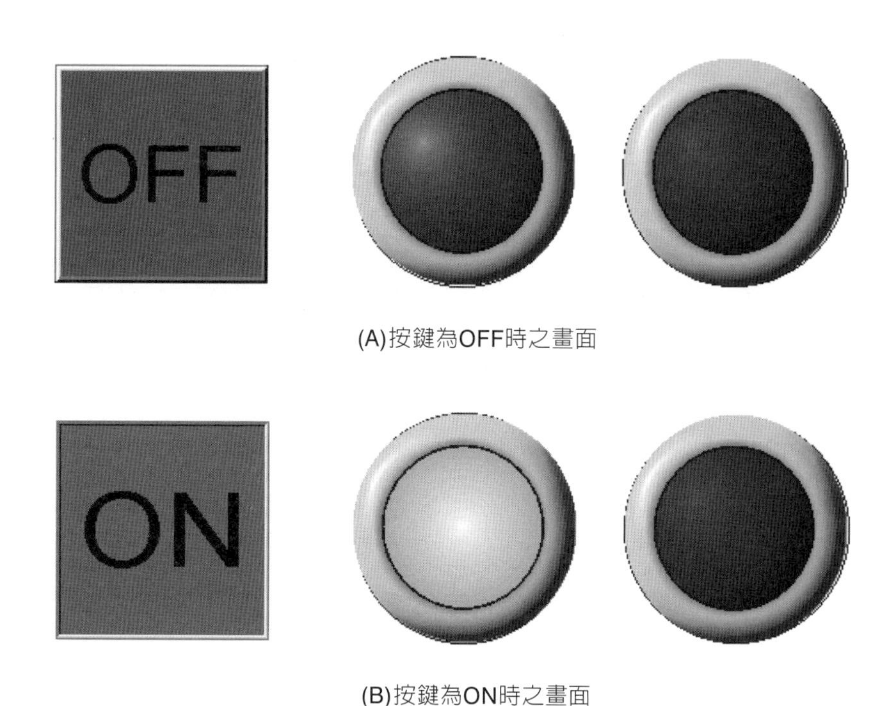


(A)按鍵為OFF時之畫面

(B)按鍵為ON時之畫面

圖4-1　範例4-1畫面設計參考

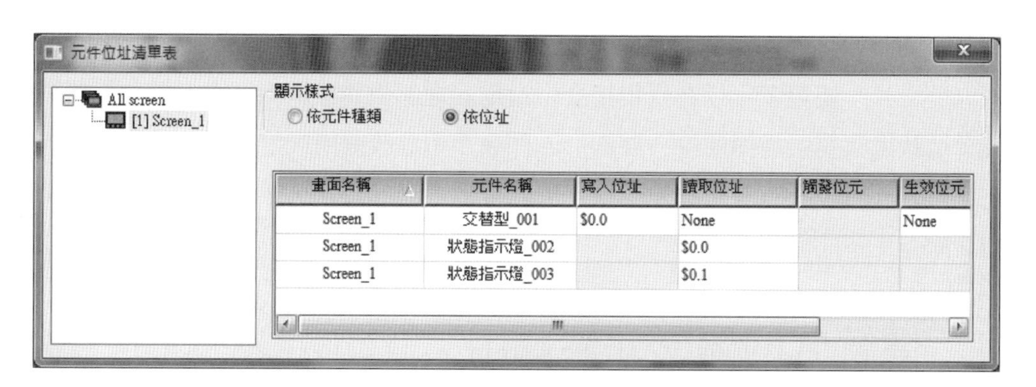


| 畫面名稱 | 元件名稱 | 寫入位址 | 讀取位址 | 觸發位元 | 生效位元 |
|---|---|---|---|---|---|
| Screen_1 | 交替型_001 | $0.0 | None | | None |
| Screen_1 | 狀態指示燈_002 | | $0.0 | | |
| Screen_1 | 狀態指示燈_003 | | $0.1 | | |

圖4-2　範例4-1中人機介面控制裝置元件位址清單

使用者應該可以發現，在改變按鍵狀態時只有對應到相同記憶體位址位元的燈號（$0.0）會隨著按鍵狀態的改變而有ON或OFF的同步變化；另一個不同記憶體位址位元的燈號，理所當然地不會隨著按鍵的狀態改變而有變化。這是非常合理的反應，因爲紅色燈號（$0.1）並沒有設定爲與按鍵相同的記憶體位址。但是，在許多自動化的應用中常常會需要因爲某一個按鍵的觸發，或者事件的發生，同時要改變許多控制的行爲。如果只能夠藉由一系列的按鍵逐一地利用人爲手動的方式去改變的話，不但無法達到自動化的目的，也將會因爲控制的改變不同步而造成控制品質的問題。

巨集的功能正好可以解決這樣的問題，因爲它可以將控制動作或資料處理的指令集合在圖形元件的狀態改變或是某個事件發生的時候，依照使用者所撰寫的巨集內容依序地全部執行完成。這些在巨集裡面所執行的控制動作稱之爲指令，每一種巨集皆可編輯512行指令。



## 4.2 巨集種類

台達人機介面控制裝置提供下列各項的巨集功能：

1. 附屬於圖形元件：

| 巨集種類 | 巨集特性 |
|---|---|
| ON巨集 | ➢觸發ON巨集時，只執行一次。<br>➢只存在於設ON按鈕、設OFF按鈕、交替型按鈕、保持型按鈕。 |
| OFF巨集 | ➢觸發OFF巨集時，只執行一次。<br>➢只存在於設ON按鈕、設OFF按鈕、交替型按鈕、保持型按鈕。 |
| 執行前巨集 | ➢當使用者觸碰按鈕元件後，會先執行此巨集內指令，才會執行按鈕的動作。但若按鈕的狀態不是使用觸碰方式更改（使用外部控制器指令或是其他巨集更改）時，並不會執行巨集指令。<br>➢存在於所有按鈕元件與輸入元件。 |
| 執行後巨集 | ➢當使用者觸碰按鈕元件後，會先執行按鈕的動作後，才會執行此巨集內指令。但若按鈕的狀態不是使用觸碰方式更改（使用外部控制器指令或是其他巨集更改）時，並不會執行巨集指令。<br>➢存在於所有按鈕元件與輸入元件。 |

2. 附屬於畫面：

| 巨集種類 | 巨集特性 |
|---|---|
| 畫面開啓巨集 | ➢當畫面開啓時，執行一次。 |
| 畫面關閉巨集 | ➢當畫面關閉時，執行一次。 |
| 畫面Cycle巨集 | ➢於畫面中不斷的執行巨集。若使用者有設定畫面開啓巨集，則會先執行畫面開啓巨集，再執行畫面Cycle巨集。 |

3. 附屬於專案系統：

| 巨集種類 | 巨集特性 |
| --- | --- |
| Clock巨集 | ➢Clock巨集在人機介面裝置運作過程中會一直重複執行，Clock巨集會一次執行完所有的程式，而非一次執行一行或數行。 |
| Initial巨集 | ➢Initial巨集爲人機介面裝置啓動後，第一個執行的巨集，只執行一次。 |
| Background巨集 | ➢Background巨集在人機介面裝置運作過程中會一直重複執行，一次執行一行或是數行的程式（並非一次執行完畢），執行到最後一行程式後，會從頭重新執行一次。 |

4. 可以被呼叫的巨集：

| 巨集種類 | 巨集特性 |
| --- | --- |
| 子巨集 | ➢子巨集提供512個子巨集，每一個子巨集內可編寫512行指令。<br>➢子巨集類似程式語言中的副程式一樣，使用者可把重複性高的執行緒或功能寫入至子巨集，直到需要使用時再呼叫子巨集即可。 |

使用者可以利用這些不同的巨集在適當的時候執行所需要的控制設定與調整，改變人機介面控制裝置的行爲，進而調整相關外接附屬裝置的運動行爲來改變系統的運作狀態。

在每一個巨集中，使用者可以編輯最多達512個巨集指令，這些巨集指令提供使用者算術運算、邏輯運算、資料搬移、資料轉換、比較、流程控制、位元設定、通訊、繪圖方面等多樣化的數值處理，可以針對各項記憶體的內容加以運用。

在更進一步的深入介紹各個巨集指令之前，讓我們先用範例4-2來說明巨集以及巨集指令的使用方式。

範例4-2

修改範例4-1，編輯附屬於交替型按鍵的ON/OFF巨集，使得在按鍵觸發爲ON的時候將燈號（記憶體位址$0.1）設爲1；在按鍵觸發爲OFF的時候將燈號（記憶體位址$0.1）設爲0。觀察按鍵觸發時，兩個燈號與按鍵變化的關聯性。

1. 選擇畫面上按鍵元件，然後選擇屬性表視窗中「巨集」→「ON巨集」，如圖4-3所示。

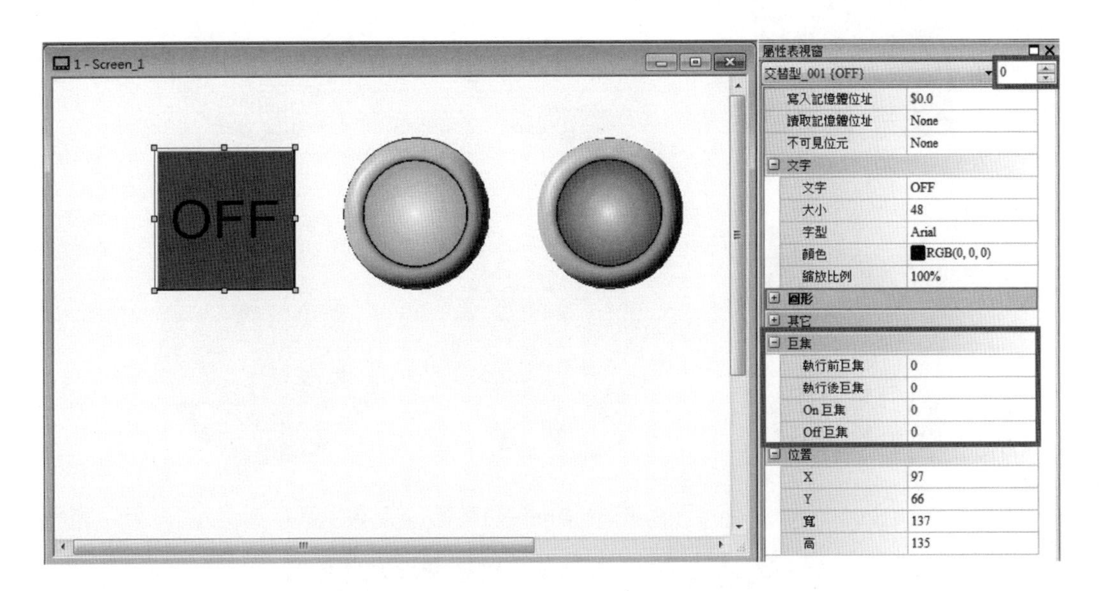


圖4-3　按鍵圖形元件巨集屬性選項

2. 打開「ON巨集」後，如圖4-4所示，寫入「BITON $0.1」，「end」兩行後，選擇語法檢查。

圖4-4　巨集指令編輯視窗

3. 如果語法檢查成功，則可以編譯畫面程式後下載至人機介面裝置或使用模擬畫面。此時觸發按鍵可以發現如圖4-5之結果。

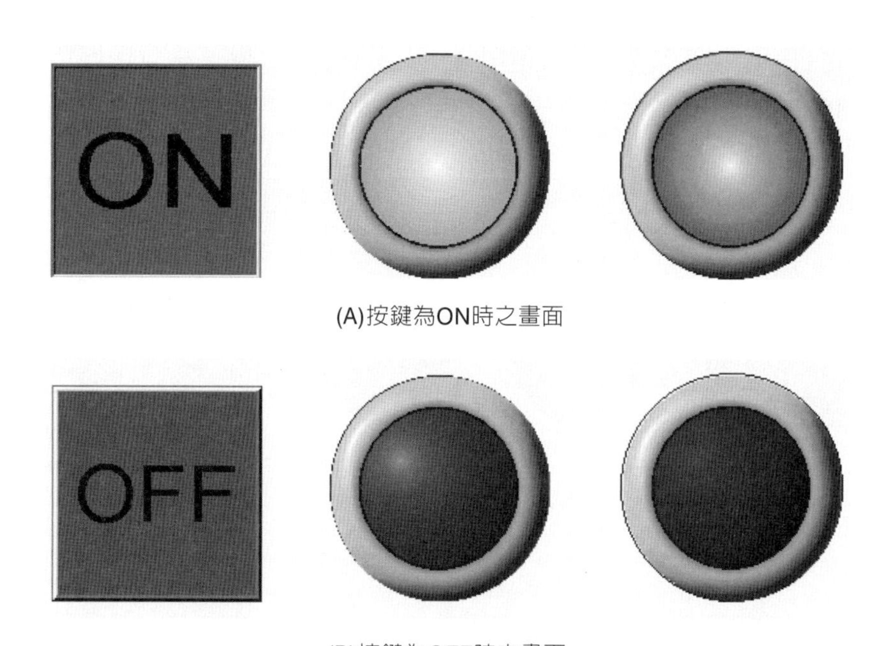


(A)按鍵為ON時之畫面

(B)按鍵為OFF時之畫面

圖4-5　增加巨集指令後之按鈕圖形元件畫面

當按鍵觸發爲ON時，紅燈會隨著綠燈亮起；但是觸發OFF時，紅燈仍然維持明亮。這是因爲巨集指令只撰寫了按鍵在狀態0的巨集指令。如果使用者繼續完成按鍵在狀態1的OFF巨集指令，寫入「BITOFF $0.1」，「end」兩行後，就可以修正畫面程式讓兩個指示燈皆隨著按鍵的ON/OFF狀態同時改變燈號的變化。

在範例4-2中也可以觀察到在使用巨集時，單一個按鍵不但可以改變元件屬性中所設定的記憶體位址內容，也可以透過巨集指令來改變其他記憶體內容。因此，圖形元件的功能可以大幅的擴充，可以針對任何的人機介面裝置內部記憶體內容進行同步的調整與修改。這對自動化系統的控制和調整是非常重要的一個功能。

## 4.3　巨集編輯視窗

要編寫巨集時，只要進入欲編輯的巨集畫面後，如圖4-6所示，即可開始編寫指令。每一種巨集能編寫的行數最多爲512行，每行可寫的字數最多爲640個Bytes，即爲640個字。於巨集編輯視窗內右方，最多只能紀錄10筆最近開啓的巨集，若超過10筆紀錄，第一個巨集將會被關閉，將新的巨集加入。假設第一個巨集被關閉前有所更新，會詢問使用者是否儲存，才將新的巨集加入。

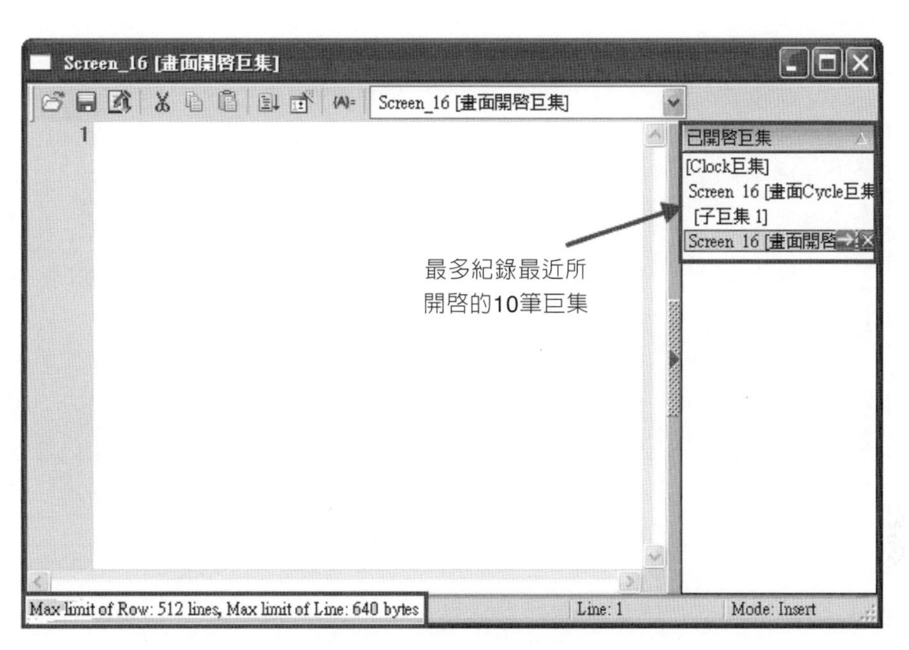


圖4-6 巨集編輯視窗

每一種巨集皆提供巨集工具列可輔助使用者規劃與編寫巨集指令。下表爲說明巨集工具列內的功能選項。

巨集工具列功能選項：

表4-1 巨集工具列功能選項說明

| 圖示 | 功能 | 內容 |
|---|---|---|
| | 開啓 | ➢開啓功能相當於匯入的動作，軟體提供二種格式：txt與mro。使用者可自行將已編輯好的巨集匯入，減少重複編輯的時間。 |
| | 存檔 | ➢存檔功能相當於匯出的動作，軟體只提供儲存成一種格式爲txt。使用者可將已經編輯好的巨集指令儲存，做爲備份或供其他畫面使用。 |
| | 更新 | ➢更新功能爲更新已被修改過的巨集內容，且會一併檢查巨集語法是否正確，若未執行此更新按鈕，即按下關閉離開巨集編輯視窗，軟體會告知使用者目前內容已變更的訊息。<br>➢若執行更新按鈕，則會檢查目前語法是否正確，語法錯誤則告知訊息。 |

| 圖示 | 功能 | 內容 |
|---|---|---|
| | 剪下 | ➢剪下、複製、貼上功能與Office操作方式相同，使用者亦可透過熱鍵執行剪下、複製與貼上。<br>➢剪下熱鍵：Ctrl + X；複製熱鍵：Ctrl + C；貼上熱鍵：Ctrl + V。 |
| | 複製 | |
| | 貼上 | |
| | 語法檢查 | ➢語法檢查功能爲檢查巨集指令是否正確，若檢查有誤，則告知錯誤訊息。<br>➢語法檢查功能並不等同於巨集編譯。若要編譯請執行編譯功能。 |
| | 巨集精靈 | ➢巨集精靈功能提供使用者方便且容易的輸入巨集指令，使用上比手動輸入巨集指令的方式較不容易出錯。 |
| {A}= | 輸入位址 | ➢使用者可透過輸入位址功能，輸入巨集內欲使用到的PLC記憶體位址，以防止位址輸入錯誤。 |

DOPSoft軟體提供有巨集精靈的編輯功能，如圖4-7所示，可以導引並協助使用者正確無誤的使用各項巨集指令。

圖4-7　巨集精靈編輯功能

範例4-3

新增一個畫面專案，並在畫面中增列一個交替型按鍵（記憶體位址$0.0）及一個數值顯示（記憶體位址$1）的圖形元件。編輯附屬於交替型按鍵的ON/OFF巨集，使得在按鍵觸發為ON的時候將數值顯示的內容增加5；在按鍵觸發為OFF的時候將數值顯示的內容增加10。

1. 新增畫面並增加所需元件。
2. 編寫巨集指令如下：

   ON巨集

   $1=$1+5

   end

   OFF巨集

   $1=$1+10

   end
3. 編譯並下載程式，或使用模擬。

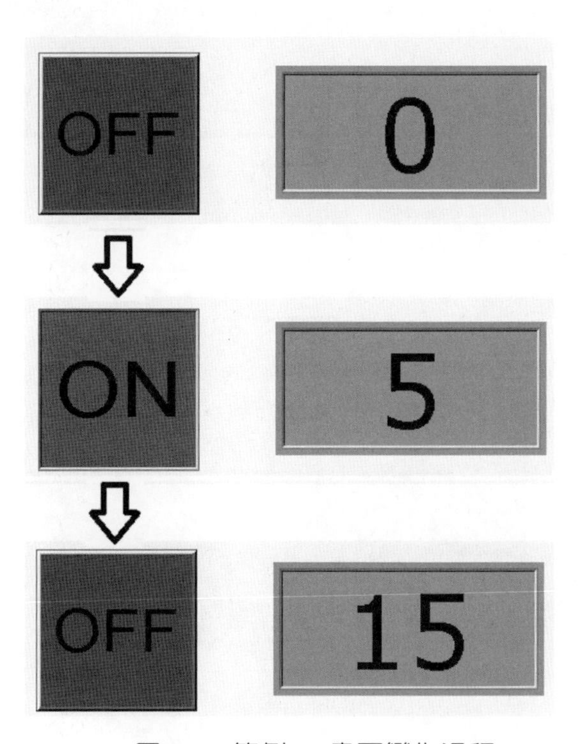


圖4-8　範例4-3畫面變化過程

使用者可以發現，透過按鍵巨集指令不但可以改變元件的ON/OFF狀態，也可以對指定記憶體位址的內容進行數學或邏輯運算。如此一來，人機介面裝置不再只是一個控制元件或設備啓動或關閉的介面，而是一個可以進行控制運算的資料處理運算裝置。使用者不需要使用複雜且較不穩定的電腦裝置進行自動控制的運算程序，可以利用簡潔而且符合工業標準的人機介面裝置處理一般的資料運算。

練習4-1

修改範例4-3，新增加一個數值顯示元件（記憶體位址$2），編輯附屬於交替型按鍵的ON巨集，使得在按鍵觸發爲ON的時候將數值顯示（$2）的內容乘以2。

在接下來的章節，將會詳細介紹各種巨集的功能及設計使用方法。

## 4.4 ON巨集／OFF巨集

ON巨集與OFF巨集是只有在建立設ON按鈕、設OFF按鈕、交替型按鈕、保持型按鈕這些圖形元件才會出現的功能。

ON巨集與OFF巨集的執行方式如圖4-9所示。當使用者觸碰按鈕更改狀態爲ON

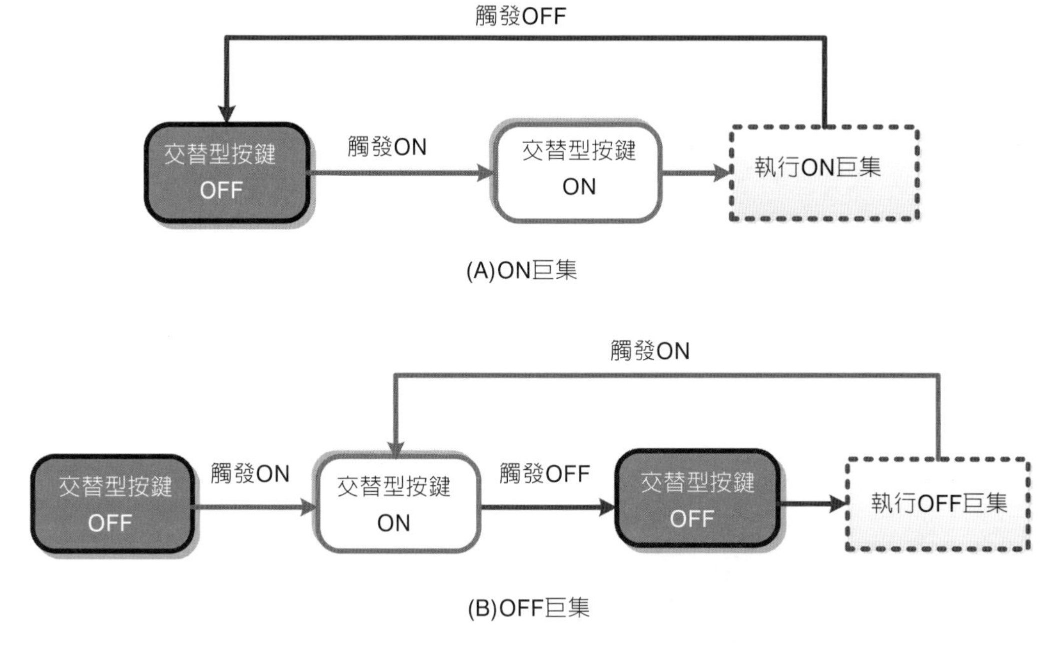


圖4-9 交替型按鈕觸發ON／OFF巨集流程圖

的時候，人機介面控制裝置即會執行ON巨集內的指令。當使用者觸碰按鈕更改狀態爲OFF的時候，人機介面控制裝置則執行OFF巨集內的指令。但若按鈕的狀態不是使用觸碰方式更改（使用外部控制器指令或是其他巨集更改）時，並不會執行ON/OFF巨集指令。



## 4.5 執行前巨集

執行前巨集唯有當建立的元件爲按鈕元件及輸入元件，才會出現的功能。

執行前巨集的執行方式如圖4-10與圖4-11所示。當使用者觸碰按鈕元件後，會先執行此巨集內指令，才會執行按鈕的動作。但若按鈕的狀態不是使用觸碰方式更改（使用外部控制器指令或是其他巨集更改）時，並不會執行巨集指令。

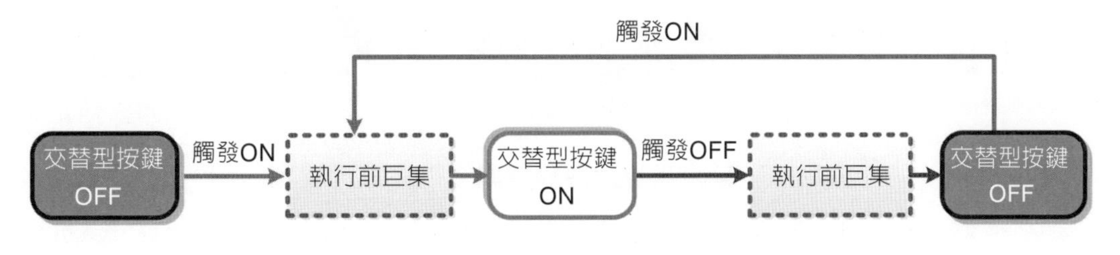


圖4-10 交替型按鍵元件觸發執行前巨集流程圖

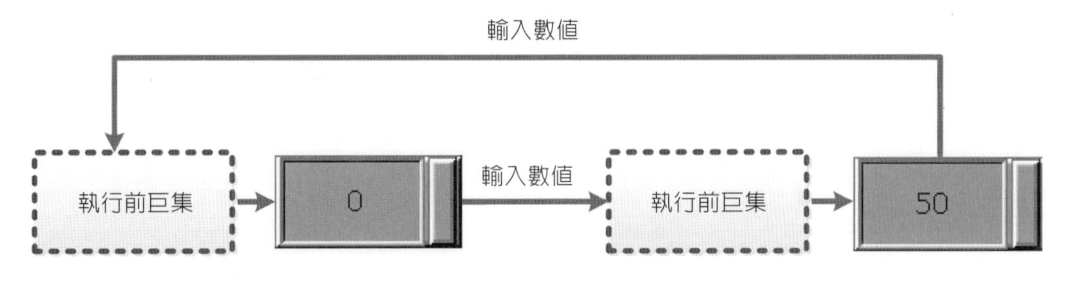


圖4-11 數值輸入元件觸發執行前巨集流程圖

## 4.6 執行後巨集

執行後巨集唯有當建立的元件爲按鈕元件及輸入元件，才會出現的功能。

執行後巨集的執行方式如圖4-12與圖4-13所示。當使用者觸碰按鈕元件後，會先執行按鈕的動作，才會執行此巨集內指令。但若按鈕的狀態不是使用觸碰方式更改（使用外部控制器指令或是其他巨集更改）時，並不會執行巨集指令。

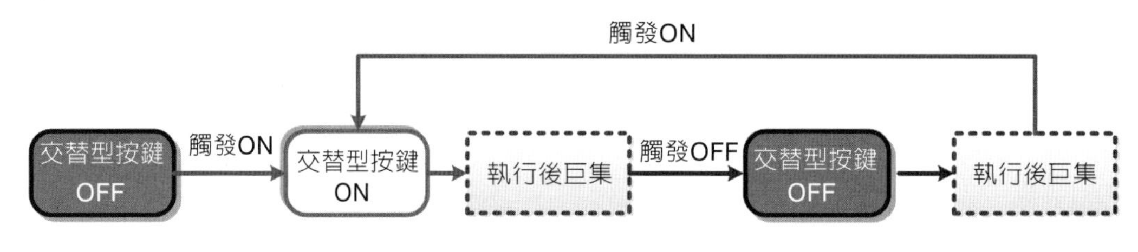


圖4-12　交替型按鍵元件觸發執行後巨集流程圖

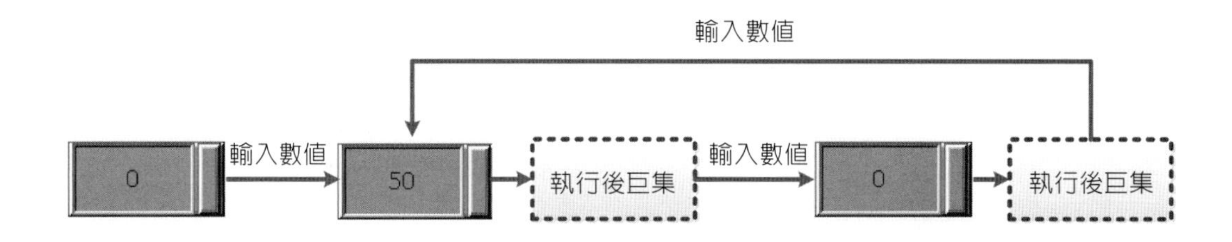


圖4-13　數值輸入元件觸發執行後巨集流程圖

練習4-2

在畫面中建立兩個數值輸入元件A與B，兩個燈號X與Y：

1. 在A元件利用執行前巨集使得燈號X為ON；利用執行後巨集改變B元件數值為10，並讓燈號Y為OFF。
2. 在B元件利用執行前巨集使得燈號Y為ON；利用執行後巨集改變A元件數值為50，並讓燈號X為OFF。

## 4.7　畫面開啓巨集

DOPSoft所建立的每一個畫面都會擁有一個畫面開啓巨集，畫面開啓巨集的執行方式如圖4-14所示。當使用者開啓目前畫面或是切換至另一畫面皆會執行被開啓畫面的畫面開啓巨集。而整個畫面的其他動作，必須等到畫面開啓巨集執行完畢後才會開始進行。

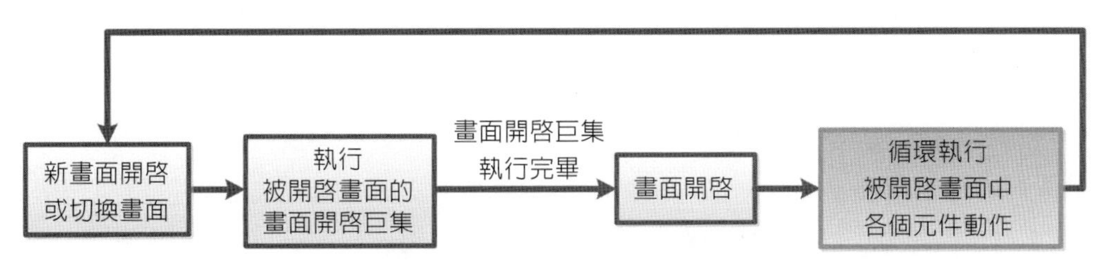


圖4-14　畫面開啓巨集流程圖

如圖4-15所示，進入【畫面】→【畫面開啓巨集】，即可編輯畫面開啓巨集。

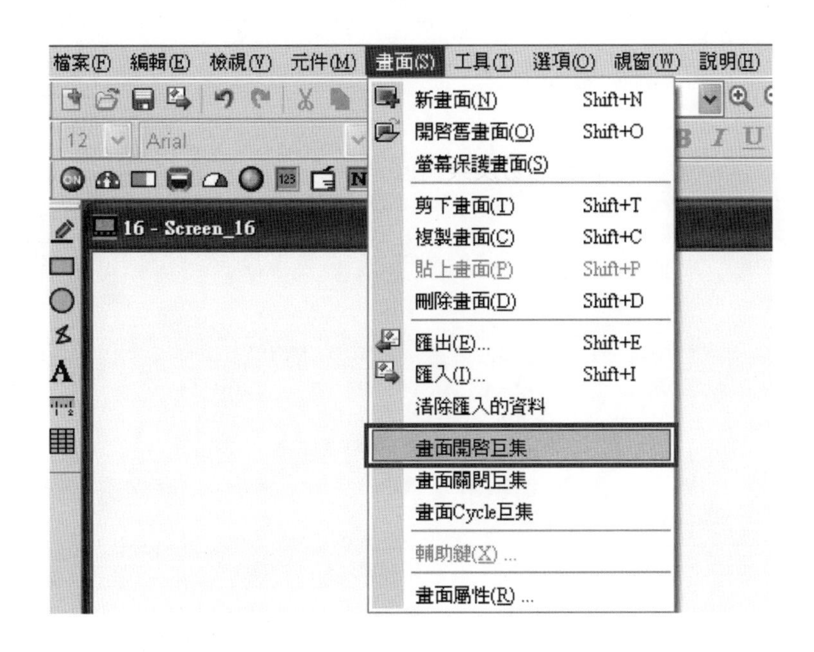


圖4-15　開啓畫面開啓巨集

練習4-3

新增一個畫面1，並在畫面1中建立按鍵A、燈號Y與切換至畫面2的按鍵B。利用同一記憶體位元$0.0使得按鍵A可以改變燈號Y的ON/OFF。新增一個畫面2，並在畫面2中建立與燈號Y相同記憶體位址的燈號X，及回到上一畫面的按鍵C；並在畫面2編輯畫面開啓巨集，使記憶體位址$0.0重置爲0。切換畫面1與2時，觀察燈號X與Y的關聯性。

# 4.8 畫面關閉巨集

DOPSoft所建立的每一個畫面都有一個畫面關閉巨集，畫面關閉巨集的執行方式如圖4-13所示。當使用者關閉目前畫面或是切換至另一畫面之前則會執行畫面關閉巨集。此巨集必須執行完畢，新畫面的動作才會開始執行。

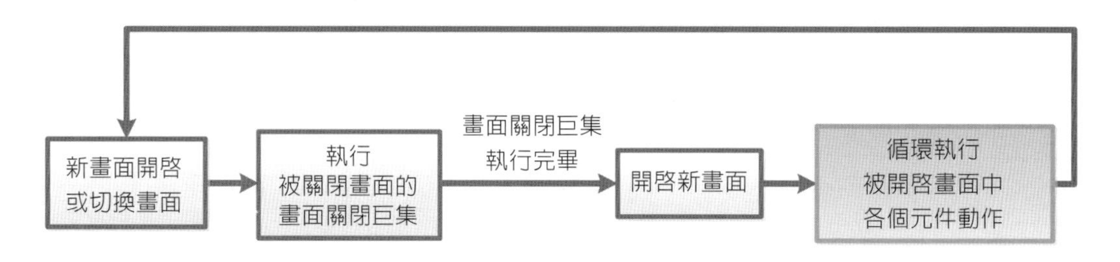


圖4-16　畫面切換與畫面開啓/關閉巨集流程圖

如圖4-17所示，進入【畫面】→【畫面關閉巨集】，即可編輯畫面關閉巨集。

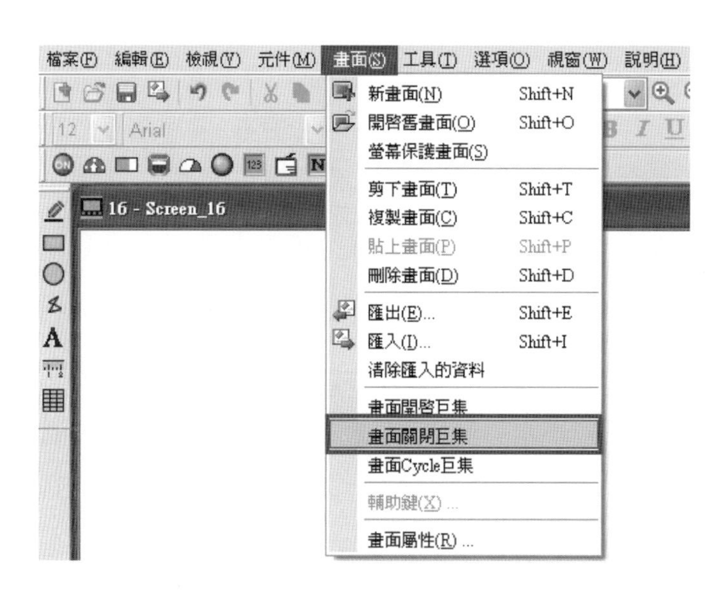


圖4-17　開啓畫面關閉巨集

練習4-4

延續練習4-3刪除畫面2的畫面開啓巨集，在畫面1增加畫面關閉巨集功能，並在巨集中使按鍵A與燈號Y記憶體位元$0.0為0。切換畫面1與2時，觀察燈號X與Y的變化。

# 4.9 畫面Cycle巨集

DOPSoft所建立的每一個畫面都有一個畫面Cycle巨集，畫面Cycle巨集的執行方式如圖4-18所示。當畫面開啓巨集執行完畢後，便會根據使用者設定的Cycle巨集延遲時間來執行畫面Cycle巨集。使用者可雙擊畫面進入畫面屬性中設定Cycle巨集延遲時間，如圖4-19所示；此巨集延遲時間代表每次畫面Cycle巨集執行結束後，需延遲多少時間再重新開始執行，系統預設時間爲100 ms。

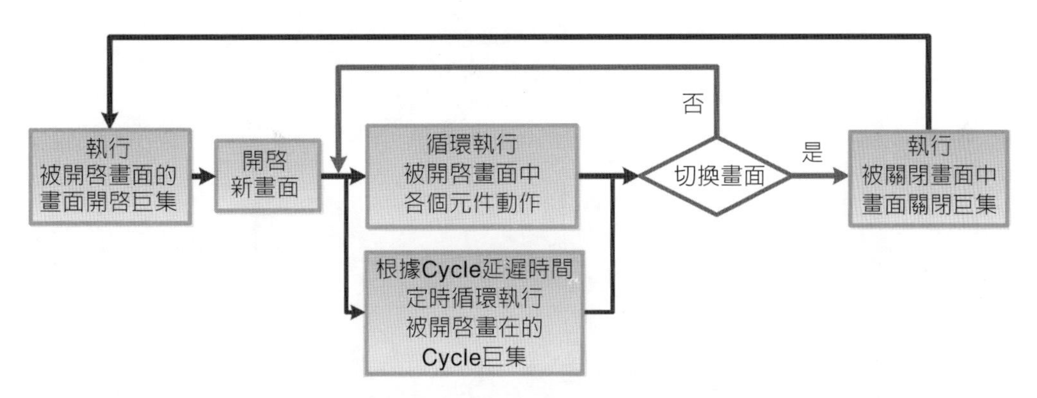


圖4-18 畫面Cycle巨集流程圖

圖4-19 Cycle巨集延遲時間設定

如圖4-20所示，進入【畫面】→【畫面Cycle巨集】，即可編輯畫面關閉巨集。

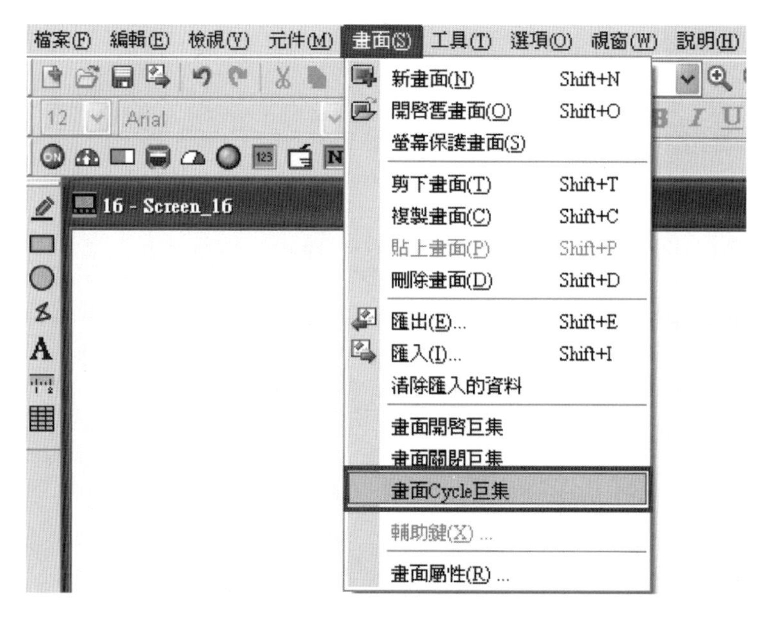


圖4-20　開啟畫面Cycle巨集

練習4-5

建立一個新專案，在畫面中新增一個數值顯示元件，並設計下列的元件動作：

1. 設定畫面Cycle巨集延遲時間為1秒。
2. 編寫畫面Cycle巨集，將數值元件A遞加1。

## 4.10　子巨集

子巨集提供512個子巨集程序，編號（No）分別為1～512，子巨集類似程式語言中的副程式一樣，使用者可將重複性高的動作或是功能寫入子巨集，等到需要用到子巨集內所建立的功能時再執行呼叫子巨集即可，此舉不但節省編寫巨集的時間，在維護上更加容易。使用時須注意，子巨集內呼叫子巨集的動作請勿超過六層。

如圖4-21所示，進入【選項】→【子巨集】，即可設定子巨集，如圖4-22所示。

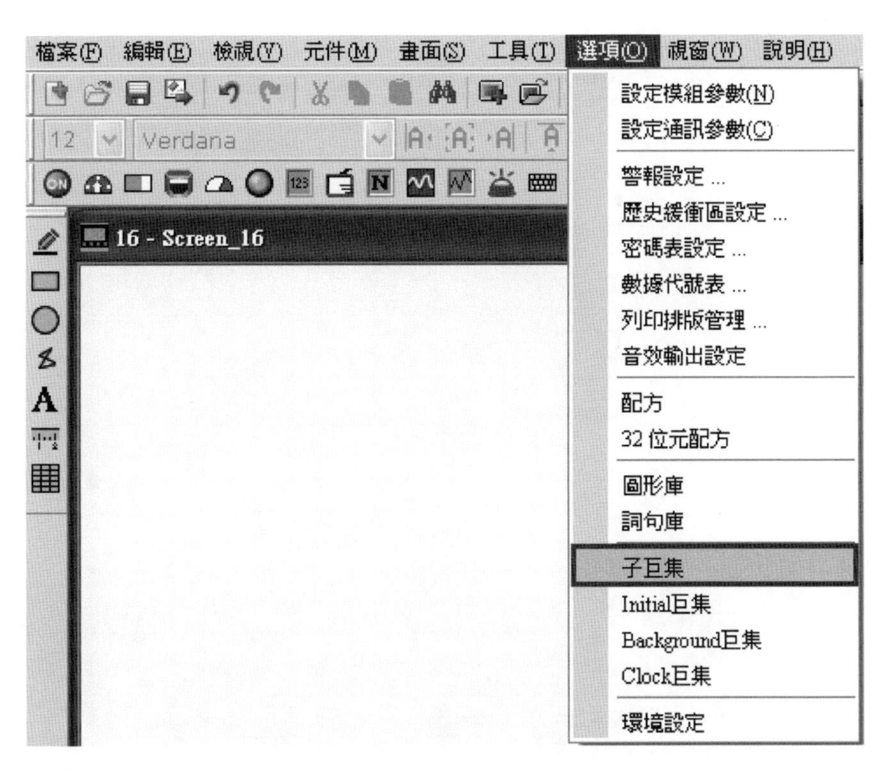


圖4-21　開啓子巨集

圖4-22　子巨集設定視窗

使用者若欲呼叫子巨集，可直接呼叫子巨集的編號（No），亦可透過子巨集的別名（Alias）欄位，自行命名子巨集名稱，如圖4-23所示；並於任何巨集中呼叫此子巨集的名稱，如圖4-24所示。子巨集名稱的命名方式支援文數字及中文輸入，最大可輸入至64個字元。

圖4-23　子巨集設定別名畫面

圖4-24　呼叫子巨集之巨集指令

子巨集亦提供密碼保護功能，可針對每一個子巨集進行加密，如圖4-25所示。

選擇子巨集

| 編號 | 保護 | 別名 | 註解 |
| --- | --- | --- | --- |
| 1 | ☐ | | Sub-macro (1) |
| 2 | ☐ | | Sub-macro (2) |
| 3 | ☐ | | Sub-macro (3) |
| 4 | ☐ | | Sub-macro (4) |
| 5 | ☐ | | Sub-macro (5) |
| 6 | ☐ | | Sub-macro (6) |
| 7 | ☐ | | Sub-macro (7) |
| 8 | ☐ | | Sub-macro (8) |

開啟　匯入巨集　匯出巨集　確定　取消

圖4-25　子巨集保護功能

當勾選保護的功能後，會立即要求使用者輸入一組保護的密碼。

若子巨集編號1已被加密，要開啟時，必須輸入密碼才能進入子巨集編號1編輯巨集指令，如圖4-26所示。

圖4-26　子巨集加密

當勾選取消保護的功能，也會要求使用者輸入剛才設定子巨集編號1的保護密碼，如圖4-27所示。

圖4-27　子巨集取消加密

練習4-6

延續練習4-5，利用子巨集的方式將巨集指令撰寫於子巨集1後，於Cycle巨集中呼叫子巨集1的方式，完成相同的功能。其步驟如下：

1. 撰寫子巨集程序編號1，將數值元件A遞加1。
2. 改寫畫面Cycle巨集，於巨集中呼叫編號1子巨集程序。

## 4.11　Initial（初始化）巨集

Initial巨集為人機介面控制裝置啓動時第一個執行的巨集，Initial巨集的執行流程如圖4-28所示。因此使用者可將整個人機介面裝置程式中所需的一些初始設定寫在Initial巨集中。

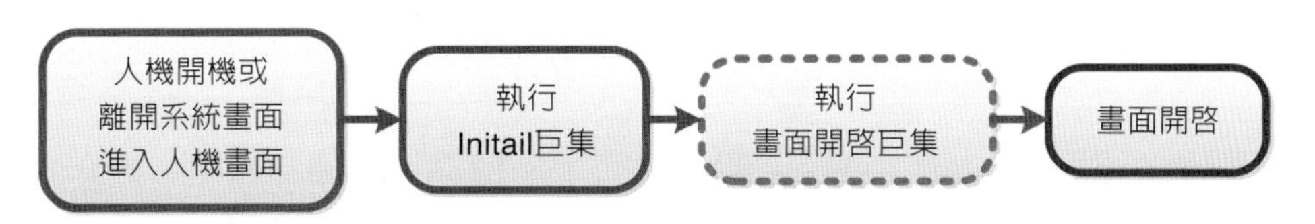


圖4-28　Initial巨集流程圖

如圖4-29所示，進入【選項】→【Initial巨集】，即可設定Initial巨集。

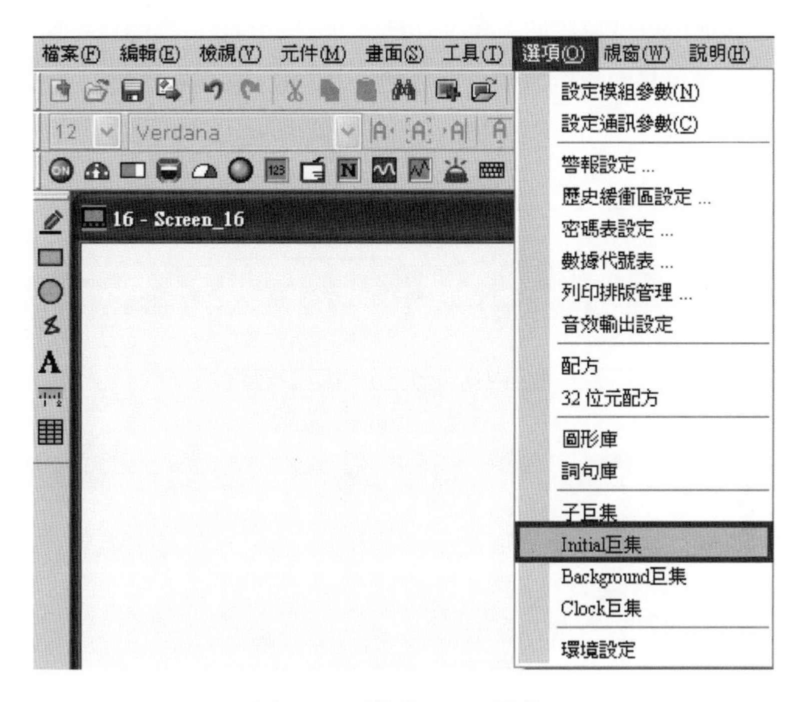


圖4-29　開啓Initial巨集

練習4-7

延續練習4-5，初始化下列元件：

數値元件（$1）初始値設爲500，燈號Y0（$0.0）與Y1（$0.1）初始値設爲ON；按鍵A（$0.0）初始値設爲ON。觀察系統載入程式開始執行時的狀態變化。

# 4.12 Background（背景）巨集

Background巨集的執行流程如圖4-30所示。Background巨集在人機介面控制裝置運作過程中會一直重複執行，一次執行一行或是數行的程式（並非一次執行完畢），執行到最後一行程式，會從頭開始執行。而Background巨集一次所執行的行數可進入【選項】→【設定模組參數】，設定「背景巨集的更新週期」，如圖4-31所示，其最大可更新週期的行數為512行。

假設人機介面控制裝置畫面上建立10個元件，於Background巨集內輸入6行巨集指令，並設定背景巨集的更新週期設定為3行，則Background巨集執行流程如圖4-30所示：

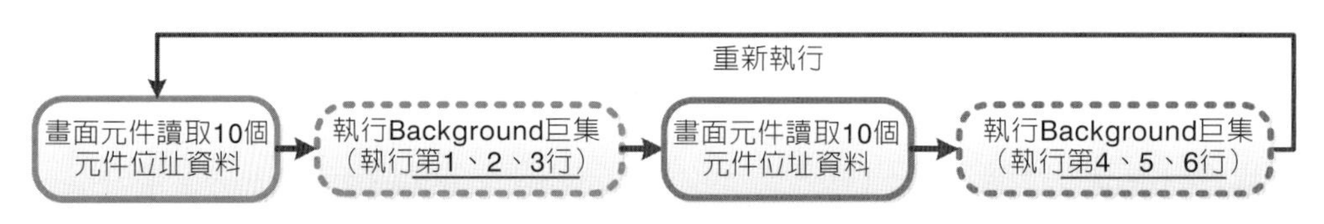


圖4-30　Background巨集流程圖

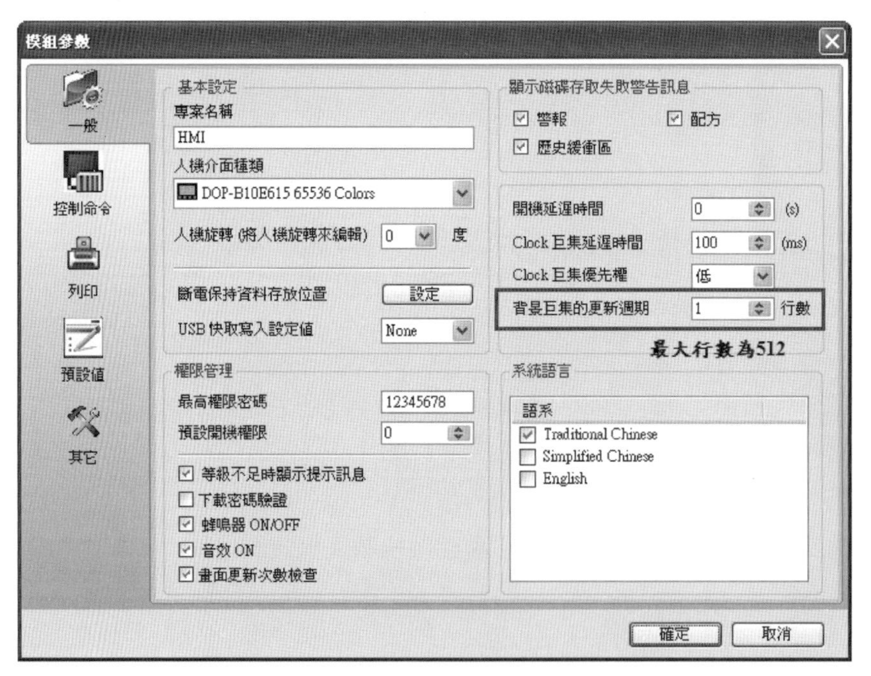


圖4-31　Background巨集更新週期設定

Background巨集的更新週期為模組參數下的選項之一，如圖4-31所示。如果要編輯Backdgorund巨集的指令內容，如圖4-32，進入【選項】→【Background巨集】，即可設定Background巨集。

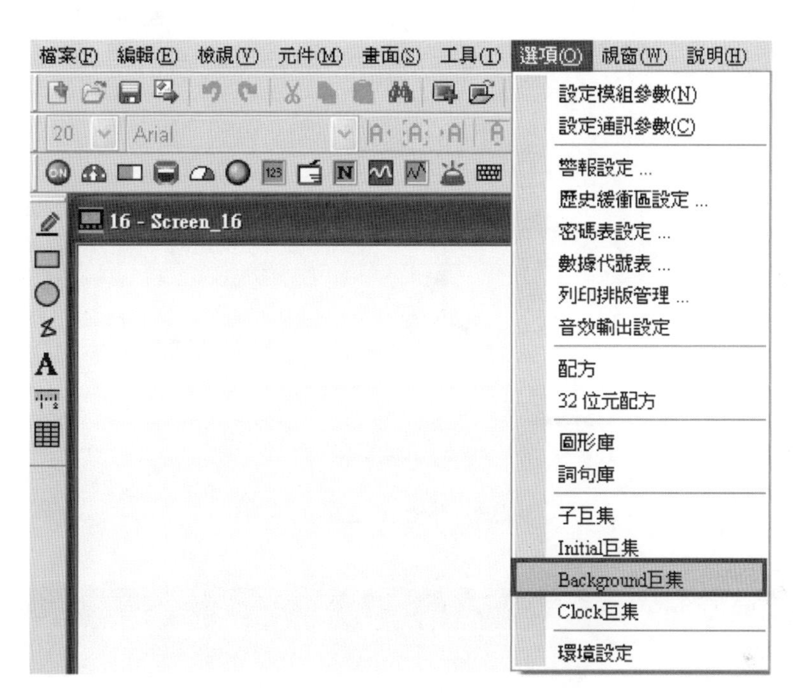


圖4-32 開啓Background巨集

練習4-8

延續練習4-5，利用子巨集的方式將巨集指令撰寫於子巨集1後，於Background巨集中呼叫子巨集1的方式，完成相同的功能。其步驟如下：

1. 撰寫子巨集程序編號1，將數值元件A遞加1。
2. 改寫專案Background巨集，於巨集中呼叫編號1子巨集程序。

觀察數值元件A的變化，並與練習4-5用Cycle巨集撰寫的結果變化作比較。

## 4.13 Clock巨集

Clock巨集於人機介面控制裝置運作過程中會一直重複執行，其流程如圖4-33所示。與Background巨集不同的是，Clock巨集會一次執行完Clock巨集內的所有指令，而非一次執行一行或數行指令。Clock巨集與畫面Cycle巨集相似，皆是依照所設定的巨集延遲時間來重複執行。使用者可以進入【選項】→【設定模組參數】，設定「Clock巨集延遲時間」，如圖4-34所示。於每一次Clock巨集執行結束，會依照所設定的巨集延遲時間，再重新開始執行，系統預設的Clock巨集延遲時間為100 ms，最大延遲時間為65,535 ms。

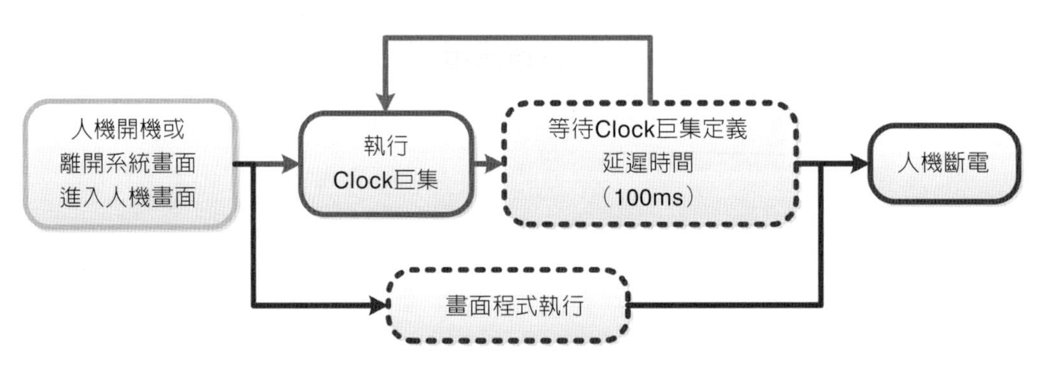


圖4-33 Clock巨集流程圖

圖4-34 Clock巨集延遲時間設定

如圖4-35所示，進入【選項】→【Clock巨集】，即可設定Clock巨集。

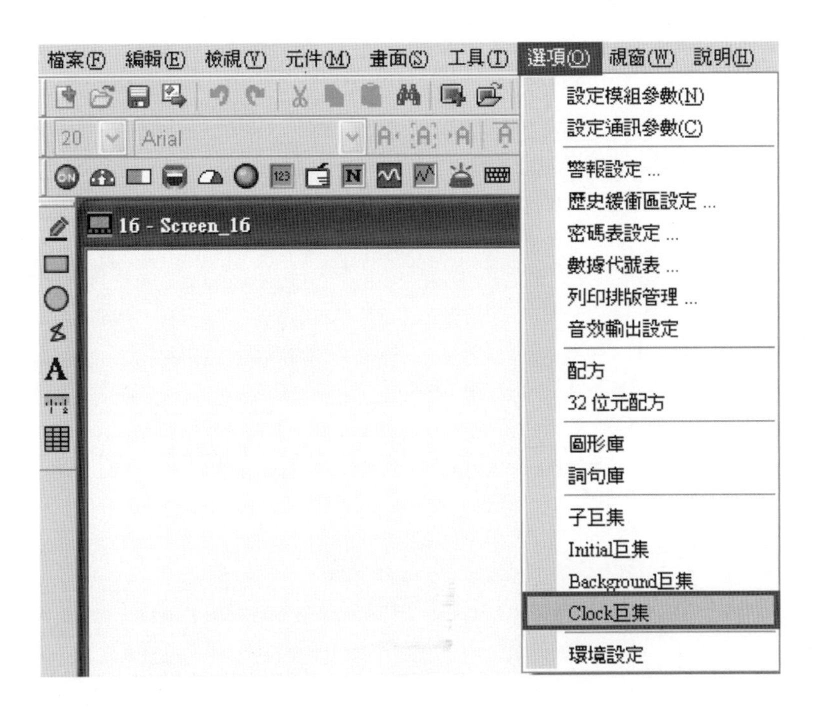


圖4-35　開啓Clock巨集

Clock巨集亦提供使用者選擇Clock巨集執行的優先權順序，如圖4-36所示，可分爲低、中、高。設定Clock巨集執行的優先權，優先順序越高可確保Clock巨集延遲時間較準確。

練習4-9

延續練習4-5，使用Clock巨集範例，並進行下列步驟：

1. 新增一件數值元件$2於原有畫面。
2. 新增一個新畫面2，並增加兩個數值顯示元件$1與$2。
3. 撰寫Clock巨集，將數值元件$2遞加1。

觀察兩個數值元件的變化與使用畫面Cycle巨集的不同或關聯性。

圖4-36　Clock巨集優先權設定

# 4.14　巨集指令簡介

要有效的運用巨集的功能，必須要有完善而且多樣化的巨集指令讓應用程式可以進行各式各樣的資料處理。台達人機介面控制裝置所提供的巨集指令種類包括以下十大類：

1. 算術運算。
2. 邏輯運算。
3. 資料搬移。
4. 資料轉換。
5. 比較。
6. 流程控制。
7. 位元設定。
8. 通訊。

9. 繪圖。

10.其他。

在這裡將針對一些比較常使用到的巨集指令做一些使用的介紹，以及範例與練習的實作。對於一些比較深入或是複雜的巨集指令，使用者可以自行參考台達人機介面控制裝置的使用手冊，或是使用DOPSoft軟體中的說明功能了解詳細的定義與使用方法。

## 算術運算

算術運算包含整數與浮點數運算，除了一般的數學四則運算之外，也包含一些常用的三角函數運算。可執行的運算包括：

1. +（加法運算）。
2. -（減法運算）。
3. *（乘法運算）。
4. /（除法運算）。
5. %（餘數運算）。
6. MUL64（64位元乘法運算）。
7. ADDSUMW（累加）。
8. FADD（浮點數加法運算）。
9. FSUB（浮點數減法運算）。
10. FMUL（浮點數乘法運算）。
11. FDIV（浮點數除法運算）。
12. FMOD（浮點數餘數運算）。
13. SIN（正弦函數運算）。
14. COS（餘弦函數運算）。
15. TAN（正切函數運算）。
16. COT（餘切函數運算）。
17. SEC（正割函數運算）。
18. CSC（餘割函數運算）。

練習4-10

新增一個畫面專案，並在畫面中增列一個交替型按鍵（記憶體位址$0.0）及兩個數值顯示（記憶體位址$1、$2）的圖形元件，如圖4-37所示。編輯附屬於交替型按鍵的ON/OFF巨集，使得在按鍵觸發爲ON的時候將數值顯示（$1）的內容增加1；在按鍵觸發爲OFF的時候將數值顯示（$2）的內容更改爲數值顯示（$1）除以3的餘數。

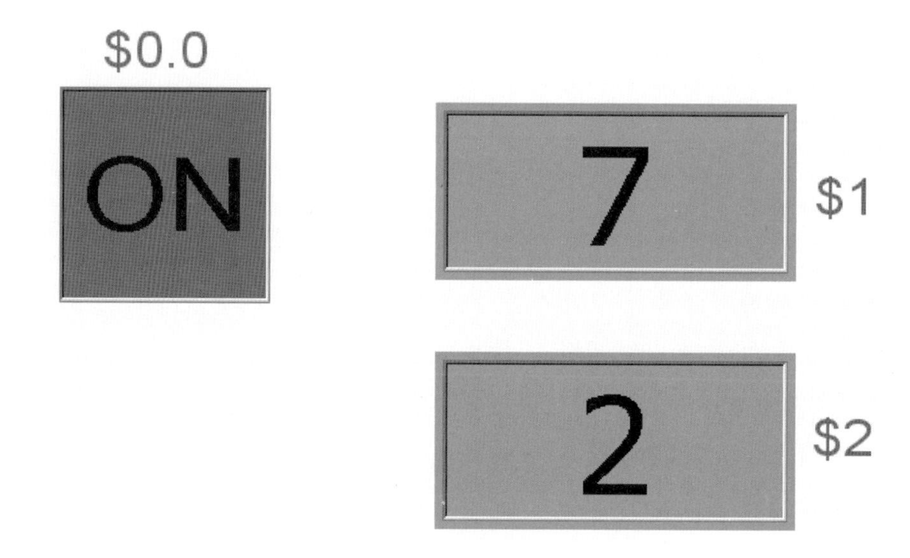


圖4-37　練習4-10畫面設計範例

邏輯運算

邏輯運算包含六種運算元，此六種運算元皆是將數值轉爲二進制的0與1表示法後，再進行其OR、AND、XOR、NOT、左移位、右移位（|、&&、^、NOT、<<、>>）等邏輯運算。

1. |（OR邏輯運算）。
2. &&（AND邏輯運算）。
3. ^（XOR邏輯運算）。
4. NOT（NOT邏輯運算）。
5. <<（SHL左移邏輯運算）。
6. >>（SHR右移邏輯運算）。

資料搬移

資料搬移包含五種搬移指令，包括：

1. MOV（資料指定運算元）。
2. BMOV（複製區塊）。
3. FILL（填充區塊）。
4. FILLASC（將文字轉爲ASCII數值）。
5. FMOV（浮點數值資料指定）。

MOV（=）是最被常用到的巨集指令，它可以用來將指定的記憶體內容設定爲一個常數或者以另外一個記憶體內容來取代。例如：在前面的範例中我們將運算過後的數值存入到特定記憶體的位址。它也可以用來針對某一個特定位元進行內容指定的工作。例如：

$50 = $67

會將記憶體位址$50的資料內容取代爲與記憶體位址67相同的內容。

$50.1 = 1

$50.1 = 0

程式會將記憶體位址50的第一位元指定爲等號後面所指定的常數。

除此之外，區塊資料的複製與設定常常使用在應用程式的初始化或是狀態改變時的初始設定，以便將相關的記憶體內容調整爲所需要的特定參數組合。這一類的資料處理也可以利用MOV指令進行處理。

練習4-11

新增一個畫面專案，並在畫面中增列一個保持型按鍵（記憶體位址$0.0）、三個數值輸入（記憶體位址$1～$3）及三個數值顯示（記憶體位址$4～$6）的圖形元件。編輯附屬於按鍵的ON巨集，使得在按鍵爲ON的時候將數值顯示（$4～$6）調整成與記憶體位址$1～$3相同的內容。

練習4-12

修改練習4-11畫面專案，並在畫面中增列一個交替型按鍵（記憶體位址$0.1）。編輯附屬於按鍵（$0.1）的OFF巨集並使用FILL（填充區塊）巨集指令，使得在按鍵爲OFF的時候將數值顯示（$4～$6）調整成常數35。

資料轉換

資料轉換包括數值格式的轉換、最大值與最小值、數值資料對調等指令。包括：

1. BCD（十進制數值轉換爲BCD格式的數值）。
2. BIN（BCD格式數值轉換爲十進制數值）。
3. TOHEX（將4個ASCII字元轉爲HEX）。
4. TOASC（將HEX轉換爲4個Word的ASCII字元）。
5. TODWORD（將數值從Word轉換爲Double Word數值）。
6. TOWORD（將數值從Byte轉換爲Word數值）。
7. TOBYTE（將數值從Word轉換爲Byte數值）。
8. SWAP（對調Word高低位元組）。
9. XCHG（數值資料對調）。
10. MAX（求最大值）。
11. MIN（求最小值）。
12. FCNV（整數轉換爲浮點數）。
13. ICNV（浮點數轉換爲整數）。

比較

比較包含IF…THEN GOTO、IF…THEN CALL、IF、ELSEIF等比較指令。比較指令在自動化控制系統中是非常重要的一個功能，因爲它可以藉由各個訊號或者狀態的判斷與比較，適當地調整各項記憶體的內容，也就是系統的參數，進而將系統設備的狀態調整到對應於各個訊號或狀態的最佳設定參數，使其顯現最好的生產品質與效能。

IF（邏輯條件）THEN GOTO（如果（邏輯條件）成立，GOTO指定標籤名稱執行）
IF（邏輯條件）THEN CALL（如果（邏輯條件）成立，呼叫子巨集）

IF（邏輯條件）
　執行巨集指令
ENDIF

IF（邏輯條件A）

　　執行巨集指令A

ELSEIF（邏輯條件B）

　　執行巨集指令B

ELSE

　　執行巨集指令C

ENDIF

上述指令中的邏輯條件包含，但不限於下列的邏輯判斷：

1. IF (Var1 == Var2)。
2. IF (Var1! = Var2)。
3. IF (Var1 > Var2)。
4. IF (Var1 >= Var2)。
5. IF (Var1 < Var2)。
6. IF (Var1 <= Var2)。
7. IF (Var1 && Var2)== 0。
8. IF (Var1 && Var2)!= 0。
9. IF Var1 == ON。
10. IF Var1 == OFF。
11. IFB Var1 == ON。
12. IFB Var1 == OFF。

FCMP（浮點數值比較）

值得注意的是，受限於程式軟體的設計，IF…的巢狀結構，最多支援7層。

範例4-4

新增一個畫面專案，並在畫面中規劃一個交替型按鍵（記憶體位址$0.0）、一個保持型按鍵（記憶體位址$0.1）及一個燈號顯示（記憶體位址$0.2）的圖形元件。編輯附屬於兩個按鍵的ON/OFF巨集，使得在兩個按鍵同時爲ON的時候將燈號顯示（$0.2）變爲綠色；其他狀態時將燈號顯示（$0.2）變爲紅色。

圖4-39　範例4-4畫面

作法一：使用者可以在兩個按鍵的ON/OFF巨集中，全部複製如下列一模一樣的巨集指令，如此一來，在按鍵狀態被改變時即可以執行同樣的巨集指令檢查按鍵狀態並調整燈號。

```
IF $0.0==ON
  IF $0.1==ON
    BITON $0.2
  ELSE
    BITOFF $0.2
  ENDIF
ELSE
  BITOFF $0.2
ENDIF
end
```

使用者也可以選擇利用執行前 / 後巨集的方式執行上述巨集指令，如此一來，每個按鍵元件只要撰寫一個巨集即可。上述的做法雖然可以達到所要求的功能，但是這樣的做法必須將重複的巨集指令到處複製，不但增加程式的長度，也降低了程式執行的時間而影響效率。

作法二：替代的方式是把同樣的巨集指令移植到畫面巨集中。只要使用畫面Cycle巨集，便可以由畫面Cycle巨集在固定的時間間隔執行一次巨集來檢查相關的物件狀態或資料運算。要增加畫面Cycle巨集時，只要點選畫面空白處，然後在屬性表視窗開啓畫面Cycle巨集，即可以進行指令編輯。編輯的方式亦如畫面元件巨集指令一般。

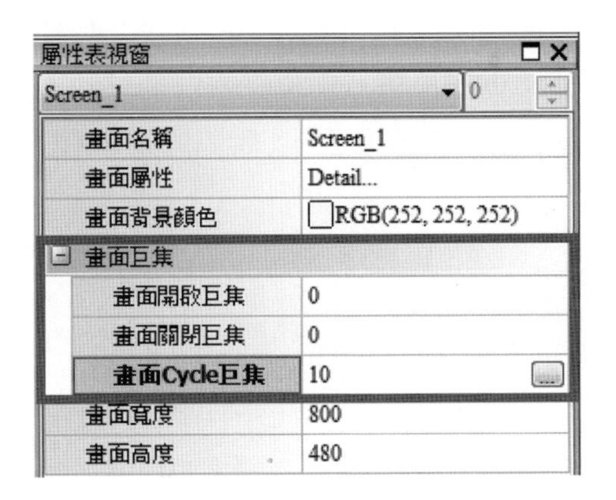


至於畫面Cycle巨集的執行時間間隔，則可以利用滑鼠左鍵雙擊畫面空白處以開啓畫面設定視窗，在Cycle巨集延遲時間定義每次巨集執行的間隔時間。

練習4-13

新增一個畫面專案，並在畫面中增列一個交替型按鍵（記憶體位址$0.0）、一個保持型按鍵（記憶體位址$0.1）及一個燈號顯示（記憶體位址$0.2）的圖形元件。編輯附屬於兩個按鍵的ON/OFF巨集，使得在兩個按鍵狀態「相同」時將燈號顯示（$0.2）變爲綠色；在兩個按鍵狀態「不同」時將燈號顯示（$0.2）變爲紅色。

流程控制

流程控制包括GOTO、LABEL、CALL、RET、FOR、NEXT、END等指令，可讓使用者撰寫巨集程序時使用這些指令加以控制其執行流程。

1. GOTO LABEL（無條件執行至某個標籤名稱）。
2. LABEL（標籤名稱）。
3. CALL（呼叫子巨集）。
4. RET（離開子巨集）。
5. FOR、NEXT（程式迴圈，可以使用多層迴圈，最多支援10層）。
6. END（結束巨集程式）。

位元設定

位元設定包括BITON、BITOFF、BITNOT、GETB等指令，可讓使用者設定位元的ON/OFF狀態與反相位元、取得位元所代表的值。

1. BITON（設定位元爲ON）。
2. BITOFF（設定位元爲OFF）。
3. BITNOT（反相位元，ON→OFF、OFF→ON）。
4. GETB（取得位元值）。

通訊

通訊巨集指令提供數種有關COM Port控制的巨集。

1. INITCOM（COM Port初始化）。
2. ADDSUM（利用加法算出CHECKSUM）。
3. XORSUM（利用XOR算出CHECKSUM）。
4. PUTCHARS（經由通訊埠輸出字元）。

5. GETCHARS（經由通訊埠取出字元）。
6. SELECTCOM（選擇通訊埠）。
7. CLEARCOMBUFFER（清除通訊埠的緩衝區）。
8. CHRCHKSUM（計算字串的長度與CHECKSUM值）。
9. LOCKCOM/UNLOCKCOM（鎖定COM Port／解除COM Port）。
10. STATIONON（站號啓動）。
11. STATIONOFF（站號關閉）。

繪圖

繪圖包括RECTANGLE、LINE、POINT、CIRCLE等指令，可讓使用者在畫面中繪製圖形。

1. RECTANGLE（矩形）。
2. LINE（線）。
3. POINT（點）。
4. CIRCLE（圓形）。

其他

其他包括TIME TICK、Comment、Delay、GETSYSTEMTIME、SETSYSTEM-TIME、EXPORT、EXRCP、IMRCP等指令，可讓使用者取得與設定時間、匯出與匯入配方等指令。

有效的運用各式各樣的巨集及巨集指令可以讓人機介面裝置擴大每個元件的功能，不再侷限於預設的元件設定，如按鍵或數值輸入等等，可以在事件發生時改變人機介面裝置所有可以用記憶體位址定義的內容，利用通訊讀寫外部裝置資料或者繪圖等等，讓裝置功能更有彈性與變化。如何有效的使用巨集，成爲是否可以發揮人機介面裝置的關鍵技術。

練習4-14

建立新專案，其中包含一個交替型按鍵與數值顯示元件，當按鍵爲OFF狀態時，數值顯示靜止不變；當按鍵觸發爲ON時，數值顯示元件的內容會每秒鐘增加10。當數值到達100時，會自動歸零重新計數。

練習4-15

建立新專案，其中包含兩個畫面，並各有一個切換畫面按鍵。除此之外，兩個畫面中各有一個數值顯示元件，每秒鐘數值顯示元件的內容會每秒鐘增加10。當數值到達1,000時，會自動歸零重新計數。每個畫面中並另有一個交替型按鍵與數值顯示元件，當按鍵爲OFF狀態時，數值顯示靜止不變；當按鍵觸發爲ON時，數值顯示元件的內容會每秒鐘增加10，當數值到達100時，會自動歸零重新計數；並將另一個畫面中數值顯示元件內容歸零並停止其計數。

# 可程式邏輯控制器PLC篇

# PLC 各種裝置與記憶體功能

CHAPTER 5

爲了要完成各項控制功能，PLC除了輸入接點X與輸出接點Y的實體訊號接點與內部暫存器之外，也規劃了許多不同的內部裝置功能與其相對應的暫存器。例如：在前面章節中所提到的計時器T、計數器C、資料暫存器D、以及輔助繼電器M等等。爲了要滿足各式各樣的控制機能要求，這些內部裝置的功能設計有許多不同的使用限制與變化，以便使用者根據應用的需求選擇不同的內部裝置。而且不同的可程式邏輯控制器所提供的各種內部裝置的數量或者運作速度也有所不同，因此使用者在選擇可程式控制器或者在進行應用程式撰寫的時候都必須要注意到相關的使用限制與操作方式，以免可程式控制器執行的效果與規劃的目標有所不同而產生錯誤的系統動作。

## 5.1 PLC各種裝置功能簡介

以台達DVP-PLC-SV2系列的可程式邏輯控制器爲例，其內部裝置的分類、數量以及編號等等的定義如表5-1所示。

表5-1　DVP-PLC-SV2系列各部裝置功能一覽表

| 類別 | 裝置 | 項目 | | 範圍 | | 功能 |
|---|---|---|---|---|---|---|
| 繼電器位元型態 | X | 外部輸入繼電器 | | X0～X377，256點，八進制編碼 | 合計512點 | 對應至外部的輸入點 |
| | Y | 外部輸出繼電器 | | Y0～Y377，256點，八進制編碼 | | 對應至外部的輸出點 |
| | M | 輔助繼電器 | 一般用 | M0～M499，500點(*2) | 合計4,096點 | 接點可於程式內做ON/OFF切換 |
| | | | 停電保持用 | M500～M999，500點(*3)<br>M2000～M4095，2,096點(*3) | | |
| | | | 特殊用 | M1000～M1999，1,000點（部分爲停電保持） | | |

<table>
<tr><th>類別</th><th>裝置</th><th colspan="2">項目</th><th colspan="2">範圍</th><th>功能</th></tr>
<tr><td rowspan="11">繼電器位元型態</td><td rowspan="3">T</td><td rowspan="3">計時器</td><td>100 ms</td><td>T0～T199，200點(*2)<br>T192～T199爲副程式用<br>T250～T255，6點積算型(*4)</td><td rowspan="3">合計<br>256點</td><td rowspan="3">TMR指令所指定的計時器，若計時到達則此同編號T的接點將會ON</td></tr>
<tr><td>10 ms</td><td>T200～T239，40點(*2)<br>T240～T245，6積算型點(*4)</td></tr>
<tr><td>1 ms</td><td>T246～T249，4點積算型(*4)</td></tr>
<tr><td rowspan="3">C</td><td rowspan="3">計數器</td><td>16位元上數</td><td>C0～C99，100點(*2)<br>C100～C199，100點(*3)</td><td rowspan="3">合計<br>253點</td><td rowspan="3">CNT(DCNT)指令所指定的計數器，若計數到達則此同編號C的接點將會ON</td></tr>
<tr><td>32位元上下數</td><td>C200～C219，20點(*2)<br>C220～C234，15點(*3)</td></tr>
<tr><td>32位元高速計數器</td><td>C235～C244，1相1輸入，10點(*3)<br>C246～C249，1相2輸入，4點(*3)<br>C251～C254，2相2輸入，4點(*3)</td></tr>
<tr><td rowspan="5">S</td><td rowspan="5">步進點</td><td>初始步進點</td><td>S0～S9，10點(*2)</td><td rowspan="5">合計<br>1,024點</td><td rowspan="5">步進階梯圖(SFC)使用裝置</td></tr>
<tr><td>原點復歸用</td><td>S10～S19，10點（搭配IST指令使用）(*2)</td></tr>
<tr><td>一般用</td><td>S20～S499，480點(*2)</td></tr>
<tr><td>停電保持用</td><td>S500～S899，400點(*3)</td></tr>
<tr><td>警報用</td><td>S900～S1023，124點(*3)</td></tr>
<tr><td rowspan="8">暫存器字元組資料</td><td>T</td><td colspan="2">計時器現在值</td><td colspan="2">T0～T255，256點</td><td>計時到達時，該計時器接點導通</td></tr>
<tr><td>C</td><td colspan="2">計數器現在值</td><td colspan="2">C0～C199，16位元計數器，200點<br>C200～C254，32位元計數器，53點</td><td>計數到達時，該計數器接點導通</td></tr>
<tr><td rowspan="6">D</td><td rowspan="6">資料暫存器</td><td>一般用</td><td>D0～D199，200點(*2)</td><td rowspan="6">合計<br>12,000點</td><td rowspan="6">做爲資料儲存的記憶體區域，E、F可做爲間接指定的特殊用途</td></tr>
<tr><td>停電保持用</td><td>D200～D999，800點(*3)<br>D2000～D9799，7,800點(*3)<br>D10000～D11999，2,000點(*3)</td></tr>
<tr><td>特殊用</td><td>D1000～D1999，1,000點</td></tr>
<tr><td>右側特殊模組用</td><td>D9900～D9999，100點(*3)(*6)</td></tr>
<tr><td>左側特殊模組用</td><td>D9800～D9899，100點(*3)(*7)</td></tr>
<tr><td>間接指定用</td><td>E0～E7，F0～F7，16點(*1)</td></tr>
</table>

| 類別 | 裝置 | 項目 | | 範圍 | 功能 |
|---|---|---|---|---|---|
| | 無 | 檔案暫存器 | | K0～K9999，10,000點(*4) | 作資料儲存的擴充暫存器 |
| 指標 | N | 主控回路用 | | N0～N7，8點 | 主控迴路控制點 |
| 指標 | P | CJ，CALL指令用 | | P0～P255，256點 | CJ，CALL的位置指標 |
| 指標 | I | 中斷用 | 外部中斷插入(*5) | I00□(X0)，I10□(X1)，I20□(X2)，I30□(X3)，I40□(X4)，I50□(X5)，I60□(X6)，I70□(X7)，I90□(X10)，I91□(X11)，I92□(X12)，I93□(X13)，I94□(X14)，I95□(X15)，I96□(X16)，I97□(X17)，16點（□=1，上升緣觸發，□=0，下降緣觸發） | 中斷副程式的位置指標 |
| 指標 | I | 中斷用 | 定時中斷插入 | I6□□，I7□□，2點(□□=02～99，時基=1 ms)<br>I8□□，1點(□□=05～99，時基=0.1 ms) | 中斷副程式的位置指標 |
| 指標 | I | 中斷用 | 高速計數到達中斷插入 | I010、I020、I030、I040、I050、I060，6點 | 中斷副程式的位置指標 |
| 指標 | I | 中斷用 | 脈波中斷插入 | I110、I120、I130、I140，4點 | 中斷副程式的位置指標 |
| 指標 | I | 中斷用 | 通訊中斷插入(*8) | I150、I151、I153、I160、I161、I163、I170，3點 | 中斷副程式的位置指標 |
| 常數 | K | 十進制 | | K-32768～K32767（16位元運算）<br>K-2147483648～K2147483647（32位元運算） | |
| 常數 | H | 十六進制 | | H0000～HFFFF（16位元運算），H00000000～HFFFFFFFF（32位元運算） | |

為了讓讀者對於這些裝置功能有一些基本的認識，將會在這一章簡單地介紹這些裝置的功能。

# 5.2 內部暫存器與裝置功能

## 5.2.1 數值、常數[K]/[H]

| 常數 | | | |
|---|---|---|---|
| 常數 | K | 十進制 | K-32768～K32767（16位元運算）<br>K-2147483648～K2147483647（32位元運算） |
| | H | 十六進制 | H0～HFFFF（16位元運算）<br>H0～HFFFFFFFF（32位元運算） |

PLC內部依據各種不同控制目的，共使用五種數值類型執行運算的工作：

1. 二進位（Binary Number, BIN）。
2. 八進位（Octal Number, OCT）。
3. 十進位（Decimal Number, DEC）。
4. BCD（Binary Code Decimal, BCD）。
5. 十六進位（Hexadecimal Number, HEX）。

各種不同數值型式的使用範圍簡述如表5-2所示。

表5-2　可程式邏輯控制器各種數值格式用途

| 二進位（BIN） | 八進位（OCT） | 十進位（DEC） | BCD（Binary Code Decimal） | 十六進位（HEX） |
|---|---|---|---|---|
| PLC內部運算用 | 裝置 X、Y編號 | 常數K<br>裝置M、S、T、C、D、E、F、P、I編號 | 指撥開關及7段顯示器用 | 常數H |

1. 二進位（Binary Number, BIN）

PLC內部之數值運算或儲存均採用二進位，二進位數值及相關術語如下：

位元（Bit）：位元爲二進制數值之最基本單位，其狀態非1即0。

位數（Nibble）：由連續的4個位元所組成（如b3～b0）。可用以表示一個位數之十進制數字0～9或十六進制之0～F。

位元組（Byte）：是由連續之兩個位數所組成（亦即8位元，b7～b0）。可表示十六進制之00～FF。

字元組（Word）：是由連續之兩個位元組所組成（亦即16位元，b15～b0）。可表示十六進制之4個位數值0000～FFFF。

雙字元組（Double Word）：是由連續之兩個字元組所組成（亦即32位元，b31～b0），可表示十六進制之8個位數值00000000～FFFFFFFF。

2. 八進位（Octal Number, OCT）

DVP-PLC的外部輸入及輸出端子編號採八進位編碼：

- 外部輸入：X0～X7，X10～X17…（裝置編號）
- 外部輸出：Y0～Y7，Y10～Y17…（裝置編號）

3. 十進位（Decimal Number, DEC）

十進位在DVP-PLC系統應用的時機如：

- 作爲計時器T、計數器C等的設定值，例如：CNT C0 K50（K爲常數）。
- S、M、T、C、D、E、F、P、I等裝置的編號，例如：M10、T30（裝置編號）。
- 在應用指令中作爲運算元使用，例如：MOV K123 D0（K爲常數）。

4. BCD（Binary Code Decimal, BCD）

以一個位數或4個位元來表示一個十進位的資料，故連續的16個位元可以表示4位數的十進位數值資料。主要用於讀取指撥輪數字開關的輸入數值或將數值資料輸出至7段顯示驅動器顯示之用。

5. 十六進位（Hexadecimal Number, HEX）

十六進位在PLC系統應用的時機如：

- 在應用指令中作爲運算元使用，例如：MOV H1A2B D0（H爲常數）。

除了在PLC內部計算的使用之外，使用者在撰寫階梯圖程式時，如果需要定義相關的數值或將常數作爲運算的依據，可以使用符號K或H加於數值的前面，以便程式編譯時能夠正確地定義使用者所需要的數值。使用者也需要熟悉各種不同進位制之間的轉換與差異，以免錯誤解讀數據。下面簡單舉例，如表5-3所示，供讀者參考。

表5-3 可程式邏輯控制器各種數值格式轉換關係

| 二進位（BIN） | | 八進位（OCT） | 十進位（DEC） | BCD (Binary Code Decimal) | | 十六進位（HEX） |
|---|---|---|---|---|---|---|
| PLC內部運算用 | | 裝置 X、Y編號 | 常數K，裝置M、S、T、C、D、E、F、P、I編號 | 指撥開關及7段顯示器用 | | 常數H |
| 0000 | 0000 | 0 | 0 | 0000 | 0000 | 0 |
| 0000 | 0001 | 1 | 1 | 0000 | 0001 | 1 |
| ⋮ | ⋮ | ⋮ | ⋮ | ⋮ | ⋮ | ⋮ |
| 0000 | 0111 | 7 | 7 | 0000 | 0111 | 7 |
| 0000 | 1000 | 10 | 8 | 0000 | 1000 | 8 |
| ⋮ | ⋮ | ⋮ | ⋮ | ⋮ | ⋮ | ⋮ |
| 0001 | 0000 | 20 | 16 | 0001 | 0110 | 10 |
| 0001 | 0001 | 21 | 17 | 0001 | 0111 | 11 |

常數K

十進位數值在PLC系統中，通常會在數值前面冠一個「K」字表示，例如：K100，表示爲十進位，其數值大小爲100。

資料組合

當使用K再搭配位元裝置X、Y、M、S可組合成爲位數、位元組、字元組或雙字元組型式的資料。

例如：K2Y10、K4M100。在此K1代表一個4Bits的組合，K2～K4分別代表8、12及16Bits的組合。例如：K1X0即代表由X3X2X1X0所組合成的4位元數字。

常數H

十六進位數值在PLC中，通常在其數值前面冠一個「H」字母表示，例如：H100，其表示爲十六進位，數值大小爲100（轉換爲十進位時，其大小爲256）。

## 5.2.2 外部輸入/輸出接點[X]/[Y]

輸入/輸出接點的編號是以八進位格式編號定義的。對主機而言，輸入及輸出端的編號固定從X0及Y0開始算，編號的多寡跟隨主機的點數大小而變化。對I/O擴充機來說，輸入及輸出端的編號是隨著與主機的連接順序來推算。

以DVP-PLC-SV2系列爲例，外部輸入/輸出接點的編號如表5-4所示。

表5-4 DVP-PLC-SV2系列外部輸入/輸出接點編號

| 型號 | DVP-28SV2 | 擴充I/O（註） |
| --- | --- | --- |
| 輸入X | X0～X17（16點） | X20～X377 |
| 輸出Y | Y0～Y13（12點） | Y20～Y377 |

註：擴充I/O輸入點起始編號由X20開始，輸出點編號由Y20開始。

### 輸入接點X的功能

輸入接點X與輸入裝置連接，讀取輸入訊號進入PLC。每一個輸入接點X的A或B接點於程式中使用次數沒有限制。輸入接點X之ON/OFF只會跟隨輸入裝置的ON/OFF做變化，不可使用周邊裝置（HPP或WPLSoft）來強制輸入接點X之ON/OFF。

### 輸出接點Y的功能

輸出接點Y的任務就是送出ON/OFF信號來驅動連接輸出接點Y的負載。輸出接點根據型號分成兩種，一爲繼電器（Relay），另一爲電晶體（Transistor）。每一個輸出接點Y的A或B接點於程式中使用次數沒有限制，但輸出線圈Y的編號，在程式中建議僅使用一次，否則依PLC的程式掃描原理，其輸出狀態的決定權會落在程式中最後改變輸出Y的電路。如果在程式中重複使用同一個輸出接點，如圖5-1之電路①與②所示，其結果將使Y0的輸出最後會由電路②決定，亦即由X10的ON/OFF決定Y0的輸出。

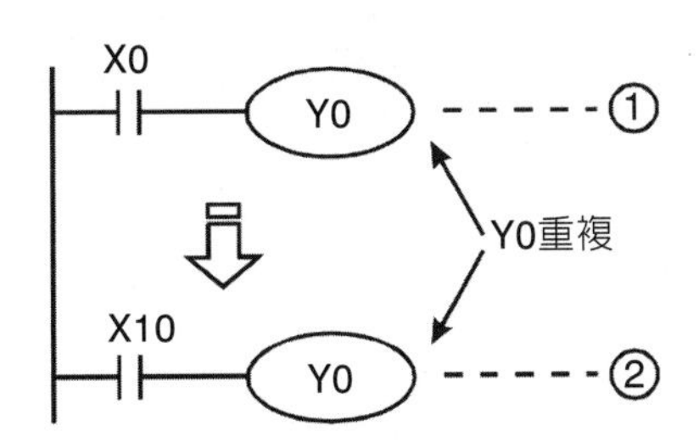


圖5-1 重複的輸出接點使用

## PLC程式的處理流程

前述所提及的輸出訊號重複使用的限制主要是因爲PLC程式的處理流程所造成的結果。如圖5-2所示，PLC程式的處理流程可以分爲三個階段：

1. 輸入訊號擷取。
2. 程式處理。
3. 輸出訊號再生。

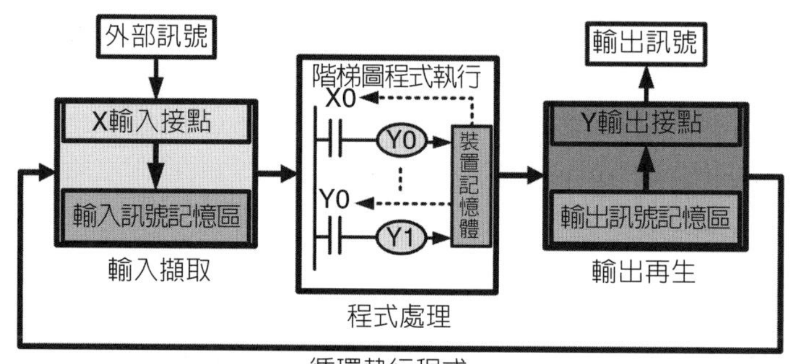


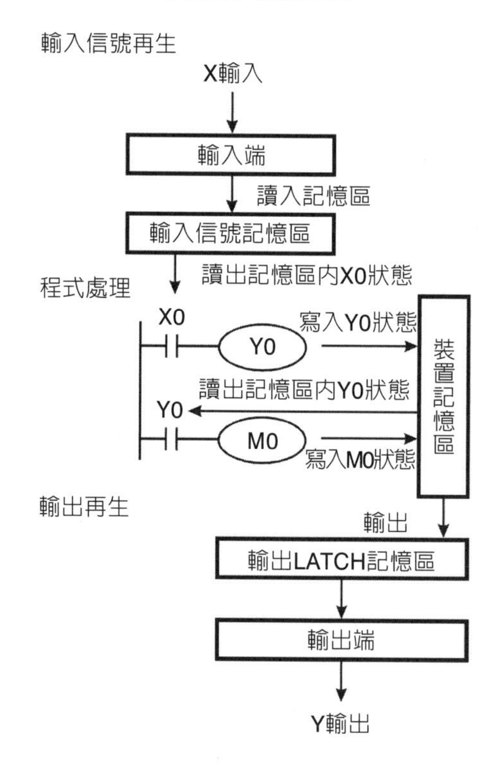


圖5-2　PLC程式的處理流程

各個階段的處理工作說明如下。

- 輸入信號再生：

1. PLC在執行程式之前會將外部輸入信號的ON/OFF狀態一次讀入至輸入信號記憶區內。
2. 在程式執行中若輸入信號作ON/OFF變化，但是輸入信號記憶區內的狀態不會改變，一直到下一次掃描開始時再讀入輸入信號新的ON/OFF狀態。
3. 外部信號ON→OFF或OFF→ON變化到程式內接點認定爲ON/OFF時，期間約有10 ms的延遲（但可能會受程式掃描時間的影響）。

- 程式處理：

  PLC讀取輸入信號記憶區內各輸入信號之ON/OFF狀態後，開始從程式位址0處依序執行程式中的每一指令，其處理結果即各輸出線圈之ON/OFF也逐次存入各裝置記憶區。

- 輸出再生：

1. 當執行到END指令時將裝置記憶區內Y的ON/OFF狀態送到輸出LATCH記憶區內，而此記憶區就是實際上輸出繼電器的線圈。
2. 繼電器線圈ON→OFF或OFF→ON變化到內部接點ON/OFF時，期間約有10 ms的延遲。
3. 使用電晶體模組，ON→OFF或OFF→ON變化到接點ON/OFF時，期間約10～20 ms的延遲。

### 5.2.3 輔助繼電器[M]

輔助繼電器M與輸出繼電器Y一樣有輸出線圈符號及A、B接點，而且於程式當中使用次數無限制，使用者可利用輔助繼電器M來組合控制迴路，但無法直接驅動外部負載。依其性質可區分爲下列三種：

1. 一般用輔助繼電器：一般用輔助繼電器於PLC運轉時若遇到停電，其狀態將全部被復歸爲OFF，再送電時其狀態仍爲OFF。
2. 停電保持用輔助繼電器：停電保持用輔助繼電器於PLC運轉時若遇到停電，其狀態將全部被保持，再送電時其狀態爲停電前狀態。
3. 特殊用輔助繼電器：每一個特殊用輔助繼電器均有其特定之功用，未定義的特殊用輔助繼電器請勿使用。各機種之特殊用輔助繼電器，請參考各廠商使用手冊中特殊繼電器及特殊輔助繼電器功能說明。

以台達DVP-PLC-SV2系列爲例，其輔助繼電器M之編號與功能如表5-5所示。

表5-5　台達DVP-PLC-SV2輔助繼電器說明

| | | | |
|---|---|---|---|
| 輔助繼電器M | 一般用 | M0～M499，500點。可使用參數設定變更成停電保持區域 | 合計4,096點 |
| | 停電保持用 | M500～M999、M2000～M4095，2,596點。可使用參數設定變更成非停電保持區域 | |
| | 特殊用 | M1000～M1999，1,000點。部分爲停電保持區域 | |

## 5.2.4　步進繼電器[S]

表5-6　台達DVP-PLC-SV2步進繼電器說明

| | | | |
|---|---|---|---|
| 步進繼電器S | 初始用 | S0～S9，10點。可使用參數設定變更成停電保持區域 | 合計1,024點 |
| | 原點復歸用 | S10～S19，10點（搭配IST指令使用）。可變更成停電保持區域 | |
| | 一般用 | S20～S499，480點。可使用參數設定變更成停電保持區域 | |
| | 停電保持用 | S500～S899，400點。可使用參數設定變更成非停電保持區域 | |
| | 警報用 | S900～S1023，124點。固定爲停電保持區域 | |

步進繼電器S在工程自動化控制中可輕易地設定程序，是步進階梯圖最基本的裝置，在步進階梯圖（或稱順序功能圖，Sequential Function Chart, SFC）中必須與STL、RET等指令配合使用。

步進繼電器S的裝置編號爲S0～S1023共1,024點，各步進繼電器S與輸出繼電器Y一樣有輸出線圈符號及A、B接點，而且於程式當中使用次數無限制，但無法直接驅動外部負載。步進繼電器（S）不用於步進階梯圖時，可當作一般的輔助繼電器使用。依其性質可區分爲下列四種：

1. 初始用步進繼電器（S0～S9，共計10點）：在順序功能圖（SFC）中作爲初始狀態使用之步進點。
2. 原點復歸用步進繼電器（S10～S19，10點）：在程式中使用API 60 IST指令使用時，S10～S19規劃成原點復歸用。若無使用IST指令則當成一般用步進繼電器使用。

3. 一般用步進繼電器（SV2機種S20～S499，480點）：在順序功能圖（SFC）中作爲一般用途使用之步進點，於PLC運轉時若遇到停電時，則其狀態將全部被清除。
4. 停電保持用步進繼電器（SV2機種S500～S899，400點）：在順序功能圖（SFC）中停電保持用步進繼電器於PLC運轉時若遇到停電時，其狀態將全部被保持，再送電時其狀態爲停電前狀態。
5. 警報用步進繼電器（SV2機種S900～S1023，124點）：警報用步進繼電器配合警報點驅動指令API 46 ANS作爲警報用接點，用來記錄相關警示訊息及排除外部故障用。



### 5.2.5 資料暫存器[D]

資料暫存器用於儲存數值資料，其資料長度爲16位元（–32,768～+32,767），最高位元爲正負號，可儲存–32,768～+32,767之數值資料，亦可將兩個16位元暫存器合併成一個32位元暫存器[D+1, D]編號小的爲較低的16位元）使用，而其最高位元爲正負號，可儲存$-2^{31}$～$+2^{31}-1$之數值資料。

資料暫存器依其性質可區分爲下列五種：

1. 一般用暫存器：當PLC由RUN→STOP或斷電時，暫存器內的數值資料會被清除爲0，如果讓M1033 = ON時，則PLC由RUN→STOP時，資料會保持不被清除，但斷電時仍會被清除爲0。
2. 停電保持用暫存器：當PLC斷電時此區域的暫存器資料不會被清除，仍保持其斷電前之數值。清除停電保持用暫存器的內容值，可使用RST或ZRST指令。
3. 特殊用暫存器：每個特殊用途暫存器均有其特殊定義與用途，主要作爲存放系統狀態、錯誤訊息、監視狀態之用。讀者可以參考廠商資料手冊中有關特殊暫存器及特殊暫存器群組功能說明。
4. 間接指定用暫存器[E]、[F]：間接指定暫存器爲16位元暫存器，在後面的章節中會詳加說明。
5. 檔案暫存器：檔案暫存器並沒有實際的裝置編號，因此需透過指令API 148 MEMR、API 149MEMW或是透過周邊裝置來執行檔案暫存器之讀寫功能。

以台達DVP-PLC-SV2系列為例，資料暫存器的編號與種類如表5-7所示。

表5-7　台達DVP-PLC-SV2 D型暫存器功能說明

| | | | |
|---|---|---|---|
| 資料暫存器D | 一般用 | D0～D199，200點。可使用參數設定變更成停電保持區域 | 合計<br>10,000點 |
| | 停電保持用 | D200～D999、D2000～D9999，8,800點。<br>EH3/SV2機種：D200～D999、D2000～D11999，10,800點。<br>可使用參數設定變更成非停電保持區域 | |
| | 特殊用 | D1000～D1999，1,000點。部分為停電保持區域 | |
| | 間接指定用暫存器E、F | E0～E7，F0～F7，16點。 | |
| 檔案暫存器 | | K0～K9999，主機10,000點。固定為停電保持區域 | 10,000點 |

## 5.2.6　間接指定用暫存器[E]/[F]

E、F與一般的資料暫存器一樣都是16位元的資料暫存器，它可以自由地被寫入及讀出。

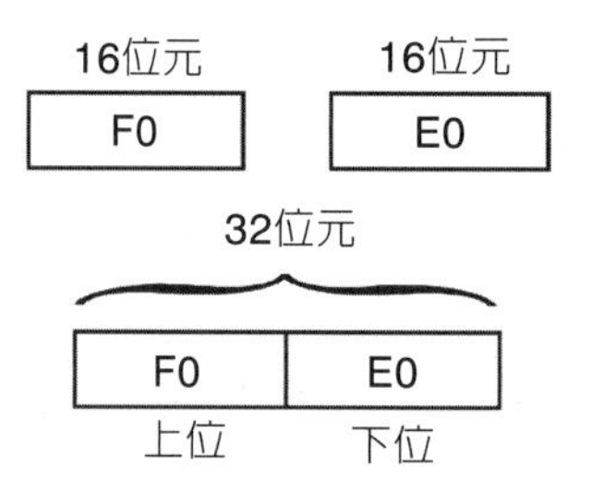


如果要使用32位元長度時必須指定E，此種情況下F就被E所涵蓋，F不能再使用，否則會使得E（32 Bit資料）的內容不正確。使用32位元長度的間接指定暫存器，E、F組合如下：

(F0、E0)，(F1、E1)，(F2、E2)…(F7、E7)

間接指定暫存器與一般的運算元一樣可用來進行資料搬移或比較，可用於字元裝置（KnX，KnY，KnM，KnS，T，C，D）及位元裝置（X，Y，M，S）。以圖爲範例，當X0 = ON時，E0 = 8、F0 = 14，D5E0 = D(5 + 8) = D13，D10F0 = D(10 + 14) = D24，此時會將D13的內容搬移至D24內。

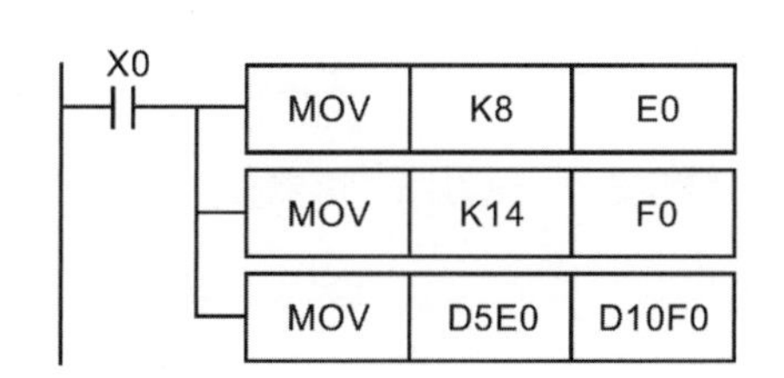




## 5.2.7 計時器[T]

計時器是以1 ms、10 ms或100 ms爲一個計時單位，計時方式採遞增上數計時，當計時器數值等於設定值時，觸發時定義輸出訊號爲ON。設定值爲十進制K值，亦可使用資料暫存器D當成設定值。計時器之實際設定時間等於計時單位乘以設定值。因此在使用計時器時，必須選擇適當的計時單位計時器以達到程式所需要的時間延遲效果。

計時器依其性質可區分爲下列三種：

1. 一般用計時器。
2. 積算型計時器。
3. 副程式用計時器。

各種計時器的功能說明如後。

### 一般用計時器

一般用計時器在TMR指令執行時計時一次，在TMR指令執行時，若計時到達，則輸出線圈導通。以圖5-3爲例，當X0 = ON時，計時器T0之現在值以100 ms採遞加上數計時，當計時器數值等於設定值K100時，輸出線圈T0 = ON。當X0 = OFF或停電時，計時器T0之數值會清除爲0，輸出線圈T0變爲OFF。

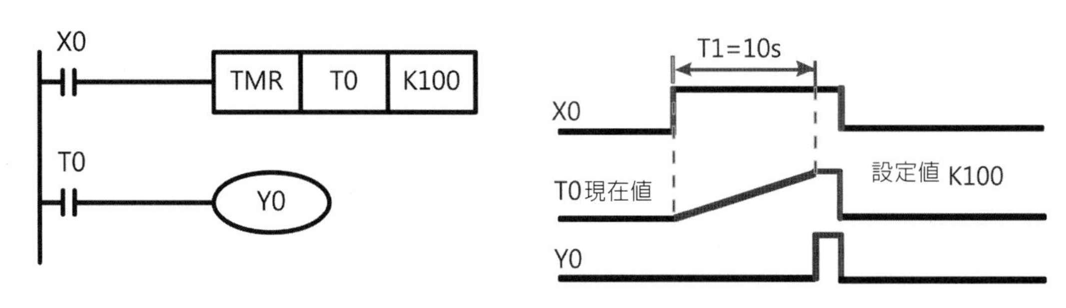


圖5-3　一般用計時器使用範例

積算型計時器

積算型計時器在TMR指令執行時計時一次，在TMR指令執行時，若計時到達，則輸出線圈導通。以圖5-4爲例，當X0 = ON時，計時器T250之數值以100 ms採上數計時，當計時器數值等於設定值K100時，輸出線圈T0 = ON。當計時中若X0=OFF或停電時，計時器T250暫停計時，現在值不變，待X0再ON時，繼續計時，其數值往上累加直到計時器數值等於設定值K100時，輸出線圈T250 = ON。

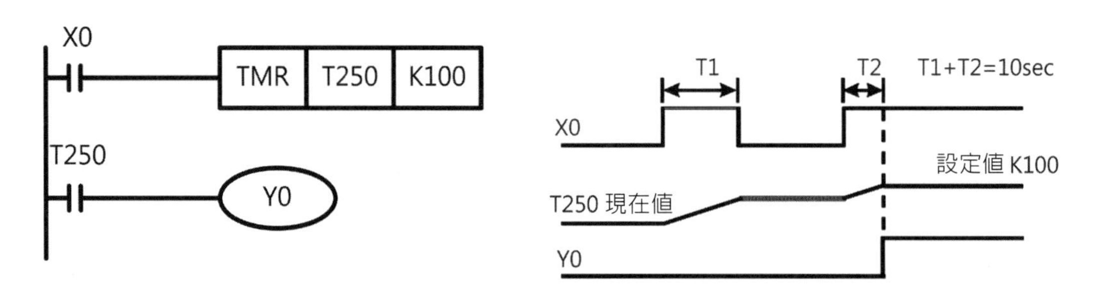


圖5-4　積算型計時器使用範例

副程式用計時器

副程式用計時器於TMR指令或END指令執行時計時一次，在TMR指令或END指令執行時，若計時器現在值等於設定值，則輸出線圈導通。副程式或中斷插入副程式中若使用到計時器時，須使用計時器T192～T199。

一般用的計時器，若是在副程式或中斷插入副程式中使用，而該副程式不被執行時，計時器就無法正確的被計時。

計時器設定值的指定方法

計時器所產生的延遲時間可以利用下列的簡單算式計算：

計時器之實際設定時間 = 計時單位 * 設定值

其中的設定值可以使用常數K直接設定延遲時間，稱之爲直接指定；或是使用指定的資料暫存器內容D作爲設定值，稱之爲間接指定。

以台達DVP-PLC-SV2系列爲例，其計時器的數量與範圍如表5-7所示。



表5-7 台達DVP-PLC-SV2計時器說明

| | | | |
|---|---|---|---|
| 計時器T | 100 ms一般用 | T0～T199，200點。可使用參數設定變更成停電保持區域（T192～T199爲副程式用計時器） | 合計256點 |
| | 100 ms積算型 | T250～T255，6點。固定爲停電保持區域 | |
| | 10 ms一般用 | T200～T239，40點。可使用參數設定變更成停電保持區域 | |
| | 10 ms積算型 | T240～T245，6點。固定爲停電保持區域 | |
| | 1 ms積算型 | T246～T249，4點。固定爲停電保持區域 | |

## 5.2.8 計數器[C]

計數器的功能在於當計數器之計數脈波輸入信號由OFF→ON時，計數器現在值等於設定值時輸出線圈導通，設定值爲十進制K值，亦可使用資料暫存器D當成設定值。爲了因應各種不同的控制功能需求，PLC多半會提供數種不同型式的計數器。以台達電子DVP-PLC-SV2系列爲例，其計數器的種類與數量如表5-8所示。

表5-8　台達DVP-PLC-SV2計數器說明

<table>
<tr><td rowspan="4">計數器C</td><td>16位元上數一般用</td><td colspan="2">C0～C99，100點。可使用參數設定變更成停電保持區域</td><td rowspan="8">合計253點</td></tr>
<tr><td>16位元上數停電保持</td><td colspan="2">C100～C199，100點。可使用參數設定變更成非停電保持區域</td></tr>
<tr><td>32位元上下數一般用</td><td colspan="2">C200～C219，20點。可使用參數設定變更成停電保持區域</td></tr>
<tr><td>32位元上下數停電保持</td><td colspan="2">C220～C234，15點。可使用參數設定變更成非停電保持區域</td></tr>
<tr><td rowspan="4">32位元上下數高速計數器C</td><td>軟體1相1輸入計數</td><td>C235～C240，6點</td><td rowspan="4">可使用參數設定變更成非停電保持區域</td></tr>
<tr><td>硬體1相1輸入計數</td><td>C241～C244，4點</td></tr>
<tr><td>硬體1相2輸入計數</td><td>C246～C249，4點</td></tr>
<tr><td>硬體2相2輸入計數</td><td>C251～C254，4點</td></tr>
</table>

而各種不同計數器的特性，整理在表5-9中供作參考。

表5-9　台達DVP-PLC-SV2不同計數器特性說明

| 項目 | 16位元計數器 | 32位元計數器 | |
|---|---|---|---|
| 類型 | 一般型 | 一般型 | 高速型 |
| 計數方向 | 上數 | 上、下數 | |
| 設定值 | 0～32767 | $-2^{31}$～$+2^{31}-1$ | |
| 設定值的指定 | 常數K或資料暫存器D | 常數K或資料暫存器D（指定2個） | |
| 現在值的變化 | 計數到達設定值就不再計數 | 計數到達設定值後，仍繼續計數 | |
| 輸出接點 | 計數到達設定值，接點導通並保持 | 上數到達設定值接點導通並保持ON<br>下數到達設定值接點復歸成OFF | |
| 復歸動作 | RST指令被執行時現在值歸零，接點被復歸成OFF | | |
| 接點動作 | 在掃描結束時，統一動作 | 在掃描結束時，統一動作 | 計數到達立即動作，與掃描週期無關 |

一般型的16位元計數器使用方式比較簡單，程式規劃只要利用適當的輸入訊號或狀態條件重置計數器後，再以適當的訊號變化輸入到計數器元件。當計數器累計到程式所指定的計數數值時，便可以使用計數器元件輸出改變所指定的輸出元件。所指

定的計數器數值可以使用常數K或H，或是資料暫存器D的內容作為指定值。讓我們以範例5-1作為說明。

範例5-1

建立如圖5-5之階梯圖程式，並依照下列步驟操作，及觀察各個接點的訊號變化。

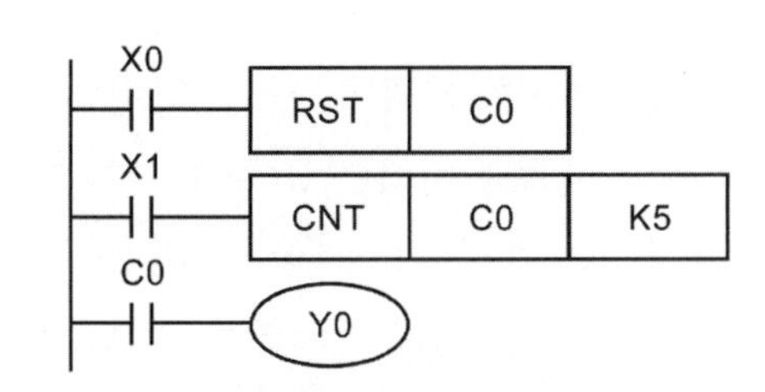


圖5-5 計數器使用階梯圖程式範例

1. 當X0 = ON時RST指令被執行，C0的現在值歸零，輸出接點被復歸為OFF。
2. 當X1由OFF→ON時，計數器之現在值將執行遞增上數（加一）的動作。
3. 當計數器C0計數到達設定值K5時，C0接點導通，C0現在值 = 設定值 = K5。之後的X1觸發信號C0完全不接受，C0現在值保持在K5處，直到X0被觸發為ON而在第一行程式將計數器C0重置歸零，並從新開始計數。

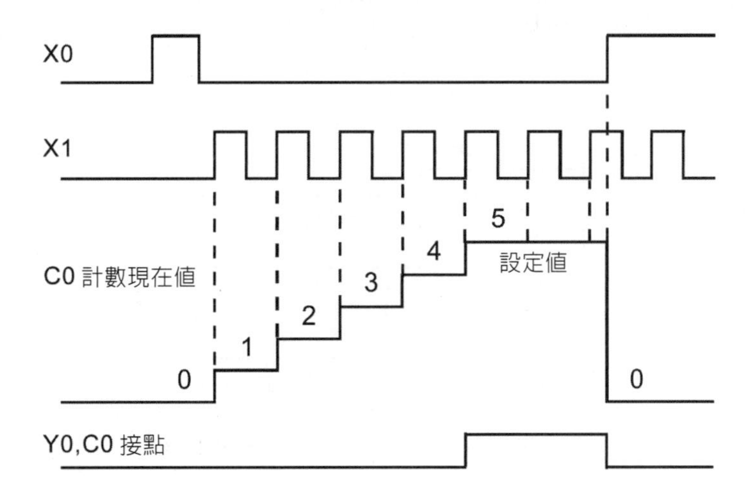


圖5-6 範例5-1計數器與X、Y訊號變化

32位元一般用或高速型加減算計數器的使用較爲複雜，這是由於計數器必須要能夠進行累加或遞減的功能，所以如何決定要進行加或減的運算就必須要藉由輔助訊號或是特殊的訊號組合機制作爲判斷的依據。使用者可以參考廠商的資料手冊藉以了解各種不同的設定方式。

## 5.2.9 指標[N]、指標[P]、中斷指標[I]

指標N

指標N是搭配指令MC/MCR使用的裝置，作爲註記主要控制區塊的層級與編號。如圖5.7所示，在階梯圖程式中可以使用MC/MCR指令規劃程式控制區塊的開始與結束。在大部分的機型中，指標N可以有0～7，共8個層級。MC爲主控起始指令，當MC指令因前方的邏輯條件成立而執行時，位於MC與MCR指令之間的指令照常執行。例如圖5.7中X0爲ON時，位於MC N0與MCR N0之間的程式將會被執行。而MC N1與MCR N1之間的程式是否會執行則是由X2的狀態條件決定。

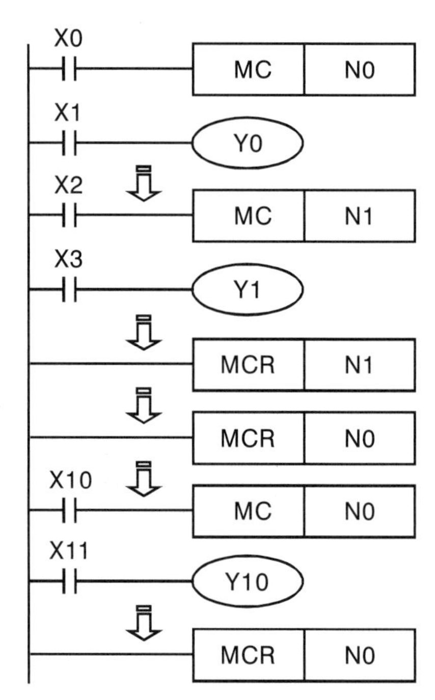


圖5.7　指標N在階梯圖程式的使用範例

指標P

指標P則是作爲程式跳躍（CJ）指令或者是呼叫副程式（CALL）指令定義所要跳耀的目標位址的定義方式。通常指標P的數量會有數十到數百個之多，視機型而定。如圖5.8所示，當程式中使用CJ或CALL指令時，後續所定義的指標Pn就是執行時程式跳耀的目標位址。而Pn可以標示在目標階梯圖程式的最左方。如果使用CJ Pn，則程式跳躍過去到目標位址將不會再回到離開的程式位址；反之，如果使用CALL Pn，程式跳到Pn的位址後會繼續執行到SRET指令所在的位址後，返回到CALL Pn的下一行指令繼續執行。

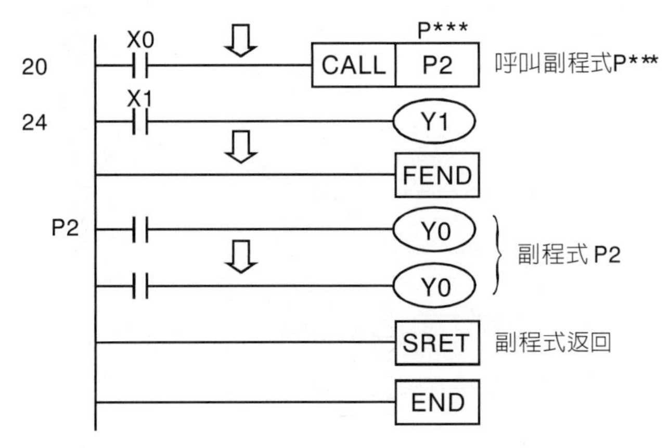


圖5.7　指標P在階梯圖程式中的使用範例

指標I

由於PLC的階梯圖程式爲一個循環執行的程式迴圈，所以在執行過程中雖然會反覆執行所撰寫的程式，但是因爲是循環執行的輪詢程式，對於需要即時進行的訊號處理或事件，必須要等待相關的程式指令被執行時才會有進一步的處理。爲解決需要即時處理的訊號或事件，PLC提供指標I作爲事件或訊號發生時的程式跳躍目標位址。這些可以觸發中斷程式循環或輪詢的訊號或事件通常都跟硬體相關，例如外部訊號的變化、通訊資料的發送完成或到達與否、計時器的時間到達與否等等。這些指標I的編號通常都會跟特定的硬體功能連結。例如：通訊中斷會使用I150/I160/I170三個裝置對應到不同的通訊埠。由於每個機型提供的中斷指標I的數量與功能不同，使用時必須查閱相關的資料手冊方能選擇對應到所需功能的中斷指標編號。

使用時，可以使用EI啓動所選擇的事件或訊號觸發中斷的功能，或使用DI 關閉特定中斷的功能。在使用EI開啓所需要的中斷功能後，當訊號或事件發生時，程式將會立刻跳躍至對應的Ixxx標示的程式位址，然後繼續執行到IRET指令所在的程式後，返回到被中斷時的循環程式位址後繼續執行。

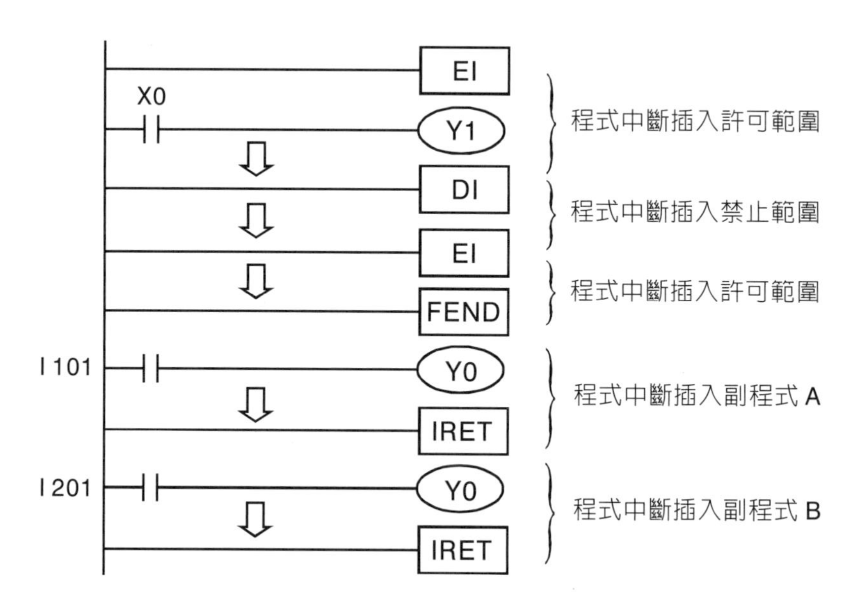


圖5.8　指標I在階梯圖程式中的使用範例

如圖5.8所示範例，當輸入X1由OFF變成ON產生一個上升邊緣訊號時，將會觸發中斷而即時將程式執行跳躍至I101指標所在的位址。這是因爲I101這個指標就是被特殊指定爲X1輸入裝置產生上升邊緣的中斷指標。如果要對應到下降邊緣的事件發生中斷的話，則需要使用I100的指標。只要程式處於中斷致能的狀況下，也就是有執行EI指令而尚未執行DI指令的情況下，便可以使用指標I針對特殊事件或訊號發生時進行對應程式的處理。

## 5.3　PLC裝置通訊位址

在傳統或簡單的工業控制應用中，自動化設備可能只需要使用PLC便可以獨立完成控制的應用。但是在較爲複雜或是精密的自動控制設備中，可能需要多組的PLC或是使用人機介面裝置，甚至必須要與中央控制系統進行資料的溝通或是命令的修改，這時候可以利用通訊的方式讀取或調整相關的PLC內部裝置暫存器的內容，達到修改控制設備運動內容的目的。

一般而言，多數廠商會將內部暫存器的資料位址做適當的整理並建立檔案，以便使用者在利用通訊方式進行讀取或修改時可以直接匯入到程式檔案中。以台達DVP-PLC-SV2系列為例，各項內部暫存器的資料位址如表5-10所示。

表5-10 台達DVP-PLC-SV2各式暫存器通訊位址對照表

| 裝置 | 範圍 | 類別 | DVP通訊位址（HEX） | Modbus通訊位址（DEC） |
|---|---|---|---|---|
| S | 000～255 | Bit | 0000～00FF | 000001～000256 |
| S | 256～511 | Bit | 0100～01FF | 000257～000512 |
| S | 512～767 | Bit | 0200～02FF | 000513～000768 |
| S | 768～1023 | Bit | 0300～03FF | 000769～001024 |
| X | 000～377 (Octal) | Bit | 0400～04FF | 001025～001280 |
| Y | 000～377 (Octal) | Bit | 0500～05FF | 001281～001536 |
| T | 000～255 | Bit | 0600～06FF | 001537～001792 |
| | | Word | 0600～06FF | 401537～401792 |
| M | 000～255 | Bit | 0800～08FF | 002049～002304 |
| M | 256～511 | Bit | 0900～09FF | 002305～002560 |
| M | 512～767 | Bit | 0A00～0AFF | 002561～002816 |
| M | 768～1023 | Bit | 0B00～0BFF | 002817～003072 |
| M | 1024～1279 | Bit | 0C00～0CFF | 003073～003328 |
| M | 1280～1535 | Bit | 0D00～0DFF | 003329～003584 |
| M | 1536～1791 | Bit | B000～B0FF | 045057～045312 |
| M | 1792～2047 | Bit | B100～B1FF | 045313～045568 |
| M | 2048～2303 | Bit | B200～B2FF | 045569～045824 |
| M | 2304～2559 | Bit | B300～B3FF | 045825～046080 |
| M | 2560～2815 | Bit | B400～B4FF | 046081～046336 |
| M | 2816～3071 | Bit | B500～B5FF | 046337～046592 |
| M | 3072～3327 | Bit | B600～B6FF | 046593～046848 |
| M | 3328～3583 | Bit | B700～B7FF | 046849～047104 |
| M | 3584～3839 | Bit | B800～B8FF | 047105～047360 |

| 裝置 | 範圍 | | 類別 | DVP通訊位址（HEX） | Modbus通訊位址（DEC） |
|---|---|---|---|---|---|
| M | 3840～4095 | | Bit | B900～B9FF | 047361～047616 |
| C | 0～199 | 16-Bit | Bit | 0E00～0EC7 | 003585～003784 |
| | | | Word | 0E00～0EC7 | 403585～403784 |
| | 200～255 | 32-Bit | Bit | 0EC8～0EFF | 003785～003840 |
| | | | Dword | 0700～076F | 403785～403840 |
| D | 000～256 | | Word | 1000～10FF | 404097～404352 |
| D | 256～511 | | Word | 1100～11FF | 404353～404608 |
| D | 512～767 | | Word | 1200～12FF | 404609～404864 |
| D | 768～1023 | | Word | 1300～13FF | 404865～405120 |
| D | 1024～1279 | | Word | 1400～14FF | 405121～405376 |
| D | 1280～1535 | | Word | 1500～15FF | 405377～405632 |
| D | 1536～1791 | | Word | 1600～16FF | 405633～405888 |
| D | 1792～2047 | | Word | 1700～17FF | 405889～406144 |
| D | 2048～2303 | | Word | 1800～18FF | 406145～406400 |
| D | 2304～2559 | | Word | 1900～19FF | 406401～406656 |
| D | 2560～2815 | | Word | 1A00～1AFF | 406657～406912 |
| D | 2816～3071 | | Word | 1B00～1BFF | 406913～407168 |
| D | 3072～3327 | | Word | 1C00～1CFF | 407169～407424 |
| D | 3328～3583 | | Word | 1D00～1DFF | 407425～407680 |
| D | 3584～3839 | | Word | 1E00～1EFF | 407681～407936 |
| D | 3840～4095 | | Word | 1F00～1FFF | 407937～408192 |
| D | 4096～4351 | | Word | 9000～90FF | 436865～437120 |
| D | 4352～4607 | | Word | 9100～91FF | 437121～437376 |
| D | 4608～4863 | | Word | 9200～92FF | 437377～437632 |
| D | 4864～5119 | | Word | 9300～93FF | 437633～437888 |
| D | 5120～5375 | | Word | 9400～94FF | 437889～438144 |
| D | 5376～5631 | | Word | 9500～95FF | 438145～438400 |
| D | 5632～5887 | | Word | 9600～96FF | 438401～438656 |
| D | 5888～6143 | | Word | 9700～97FF | 438657～438912 |

| 裝置 | 範圍 | 類別 | DVP通訊位址（HEX） | Modbus通訊位址（DEC） |
|---|---|---|---|---|
| D | 6144～6399 | Word | 9800～98FF | 438913～439168 |
| D | 6400～6655 | Word | 9900～99FF | 439169～439424 |
| D | 6656～6911 | Word | 9A00～9AFF | 439425～439680 |
| D | 6912～7167 | Word | 9B00～9BFF | 439681～439936 |
| D | 7168～7423 | Word | 9C00～9CFF | 439937～440192 |
| D | 7424～7679 | Word | 9D00～9DFF | 440193～440448 |
| D | 7680～7935 | Word | 9E00～9EFF | 440449～440704 |
| D | 7936～8191 | Word | 9F00～9FFF | 440705～440960 |
| D | 8192～8447 | Word | A000～A0FF | 440961～441216 |
| D | 8448～8703 | Word | A100～A1FF | 441217～441472 |
| D | 8704～8959 | Word | A200～A2FF | 441473～441728 |
| D | 8960～9215 | Word | A300～A3FF | 441729～441984 |
| D | 9216～9471 | Word | A400～A4FF | 441985～442240 |
| D | 9472～9727 | Word | A500～A5FF | 442241～442496 |
| D | 9728～9983 | Word | A600～A6FF | 442497～442752 |
| D | 9984～10239 | Word | A700～A7FF | 442753～443008 |
| D | 10240～10495 | Word | A800～A8FF | 443009～443246 |
| D | 10496～10751 | Word | A900～A9FF | 443247～443502 |
| D | 10752～11007 | Word | AA00～AAFF | 443503～443758 |
| D | 11008～11263 | Word | AB00～ABFF | 443759～444014 |
| D | 11264～11519 | Word | AC00～ACFF | 444015～444270 |
| D | 11520～11775 | Word | AD00～ADFF | 444271～444526 |
| D | 11776～11999 | Word | AE00～AEFF | 444527～444750 |

例如：要利用外部裝置擷取PLC上Y0的資訊，如果使用台達的DVP通訊方式，則通訊位址必須設定爲H0500（十六進位）；如果使用Modbus通訊方式，則通訊位址必須設定爲1281（十進位）。要寫入或讀取D10暫存器資料時，如果使用台達的DVP通訊方式，則通訊位址必須設定爲H100A（十六進位）；如果使用Modbus通訊方式，則通訊位址必須設定爲404107（十進位）。通常廠商提供的軟體編輯程式可

以自動替使用者轉換相關的位址內容，但是如果使用者自行開發應用，例如在PC上自行撰寫介面程式，就要特別注意相關通訊位址的定義細節。

在第十章「自動化元件間的通訊」中，將會利用這些通訊位址進行自動化元件間資料的溝通，共同完成自動化的協同控制。

# PLC 程式的編輯環境

CHAPTER 6

## 6.1 PLC程式書寫器

早期的PLC程式撰寫主要是透過類似計算機大小的可攜式PLC程式書寫器（Hand Held Programmer, HHP或Handy Programming Panel, HPP），如圖6-1所示，一鍵一鍵地輸入到編輯器，然後再燒錄到PLC的記憶體；或者是利用電腦的文字編輯器，例如：記事本，將程式利用文字指令的方式撰寫完成後再燒錄到PLC。

圖6-1　PLC程式書寫器（Hand Held Programmer, HHP）

而隨著電腦的普及化及圖形介面的發展，PLC程式的編寫、製作與執行也漸漸地以電腦作爲主要的工具。大多數的製造廠商也會提供免費的程式編輯軟體，讓使用者可以更簡單更有效率地撰寫程式。這一類的程式編輯軟體多半也提供程式檢查及模擬執行的功能，讓使用者可以透過適當的介面快速而有效地修改程式，大幅縮短程式開發所需要的時間。而且圖形化的介面更可以讓許多初學者輕易完成程式的編輯，不需要背誦為數眾多的PLC程式指令，有效降低學習的門檻。

一般而言，各個製造廠商的硬體規格不盡相同，所以在使用編輯軟體時也必須要使用廠商相對應的軟體來製作與執行。例如：如果選擇使用台達PLC時，便必須要搭配對應的WPLSoft、ISSoft或者PMSoft。

在本書中將以台達WPLSoft作為範例，可以搭配DVP-PLC-SV2可程式邏輯控制器，讓使用者了解一般的PLC程式編輯環境。

## 6.2 WPLSoft

WPLSoft為台達DVP系列可程式控制器在Windows作業系統環境下所使用之程式編輯軟體。WPLSoft除了一般PLC程式的規劃及Windows的一般編輯功能（例如：剪下、貼上、複製、多視窗……）外，並提供多種中／英文註解編輯及其他便利功能，例如：暫存器編輯、設定、檔案讀取、存檔及各接點圖示監測與設定等。

除了一般電腦的需求外，由於目前可程式邏輯控制器多半仍只有傳統的RS-232通訊介面，使用者在選擇電腦時必須要注意是否有COM通訊埠的功能。大多數的筆記型電腦或者是較新的桌上型電腦如果沒有COM通訊埠的功能時，可以選擇購買USB埠轉COM通訊埠的轉換器，才可以連接PLC上的RS-232通訊埠。

由於WPLSoft是台達所提供的免費軟體，使用者可以到台達的官方網站下載並且安裝到電腦上。安裝的程序僅需要依照過程中的提示即可完成。

### WPLSoft程式執行

程式安裝完成後，WPLSoft程式將建立在指定的預設子目錄下。此時直接以滑鼠點取安裝目錄下或是桌面的WPLSoft圖示（Icon）即可執行編輯軟體。程式開啓之後，將會出現WPL編輯器視窗，第一次進入WPLSoft時且尚未執行【開啓新檔】時，視窗在功能工具列中只有【檔案（F）】、【通訊（C）】、【檢視（V）】、【設定（O）】與【說明（H）】欄。第二次進入WPLSoft後則會直接開啓最後一次編輯的檔案並顯示於編輯視窗。正常的工作視窗如圖6-2所示。

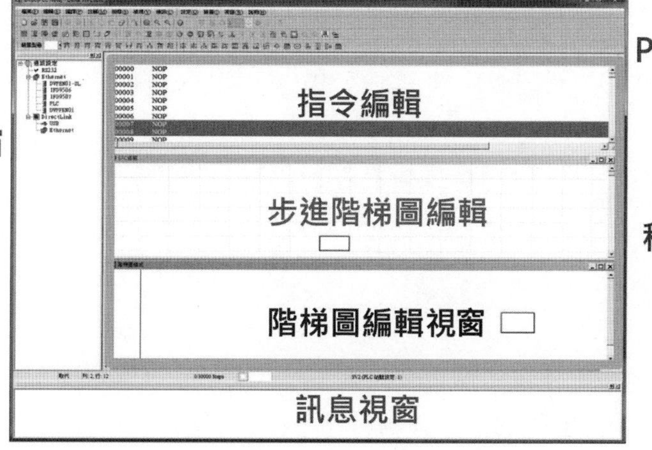


圖6-2　WPLSoft PLC程式編輯軟體畫面說明

工作畫面中各部分的圖示功能說明如下：

1. 畫面名稱列：顯示目前WPLSoft軟體所編輯的檔案名稱。
2. 功能工具列：在WPLSoft編輯軟體的主功能工具列中共有十種功能選項：檔案（F）、編輯（E）、編譯（P）、註解（M）、搜尋（S）、檢視（V）、通訊（C）、設定（O）、視窗（W）及說明（H）。
3. 功能圖示列：提供使用者可直觀地由圖示利用滑鼠直接點選所需功能的命令按鈕列，此列主要有四種：

   (1) 一般工具列：

   (2) 快速工具列：

   (3) 階梯圖工具列：（於階梯圖模式下顯示）

(4) SFC工具列：（於SFC圖模式下顯示）

(5) 偵錯模式工具列：（於模擬器功能偵錯模式下顯示）

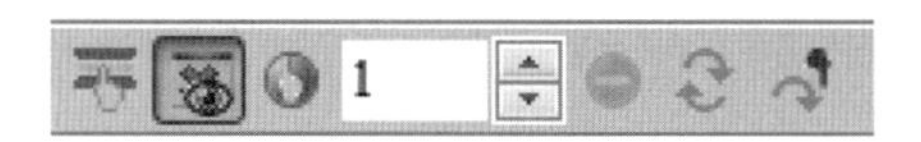

4. 編輯工作區：設計編輯程式的區域，可依使用者習慣選擇指令編輯、階梯圖編輯及步進階梯圖（或稱順序流程圖，SFC）編輯。
5. 狀態列：可顯示的訊息種類包括取代／插入模式、編輯框所在位置、PLC掃描時間、程式編譯後大小、通訊指示燈（連線時閃爍）、PLC狀態訊息（RUN/STOP/HALT/ERROR）、PLC通訊埠（速度）與PLC機種等訊息。

初始設定

當啓動WPLSoft編輯軟體之後，即可開新檔案進行PLC的程式設計，如圖6-3所示。在機種設定視窗中可以指定程式標題、PLC機種設定、程式容量及檔案名稱等有關程式的初始設定，如圖6-4所示。

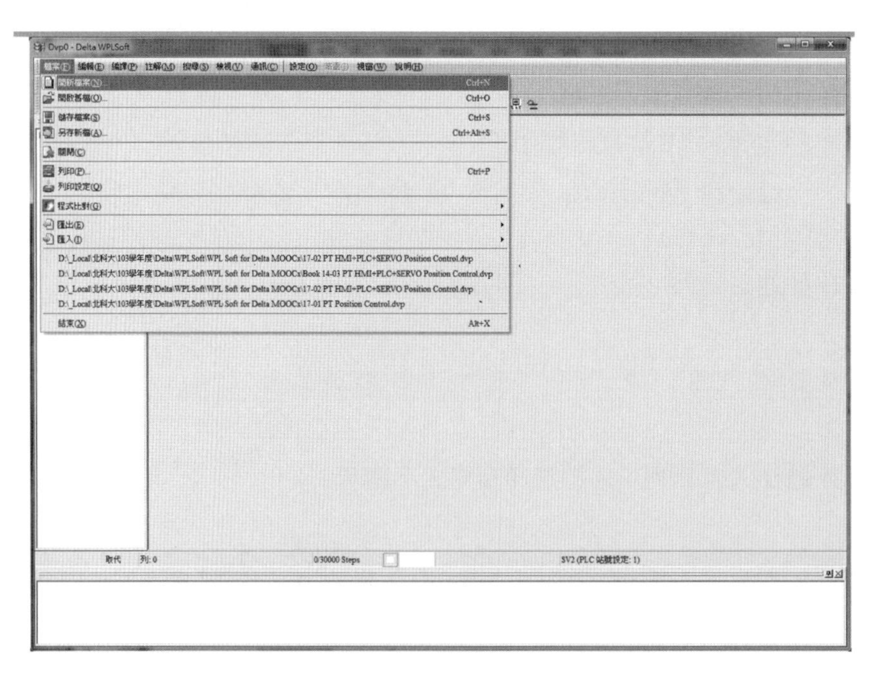

圖6-3　WPLSoft新增程式範例

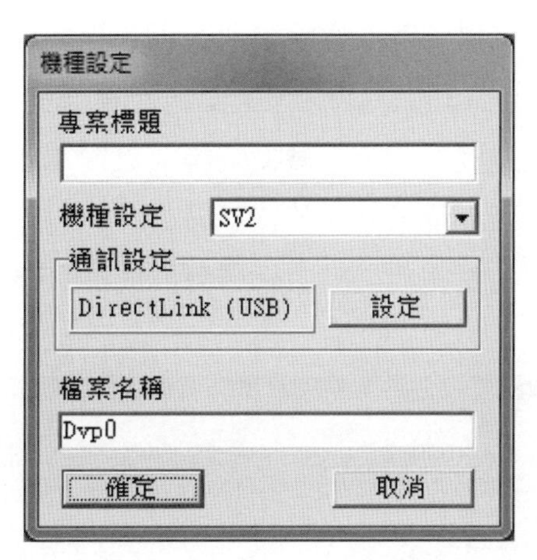


圖6-4　WPLSoft新增程式通訊設定範例

當完成上述設定後，便會出現二個子視窗：一為階梯圖模式視窗，另一為指令模式視窗，如圖6-5。使用者可依熟悉的設計習慣選擇編輯模式來編輯PLC程式。

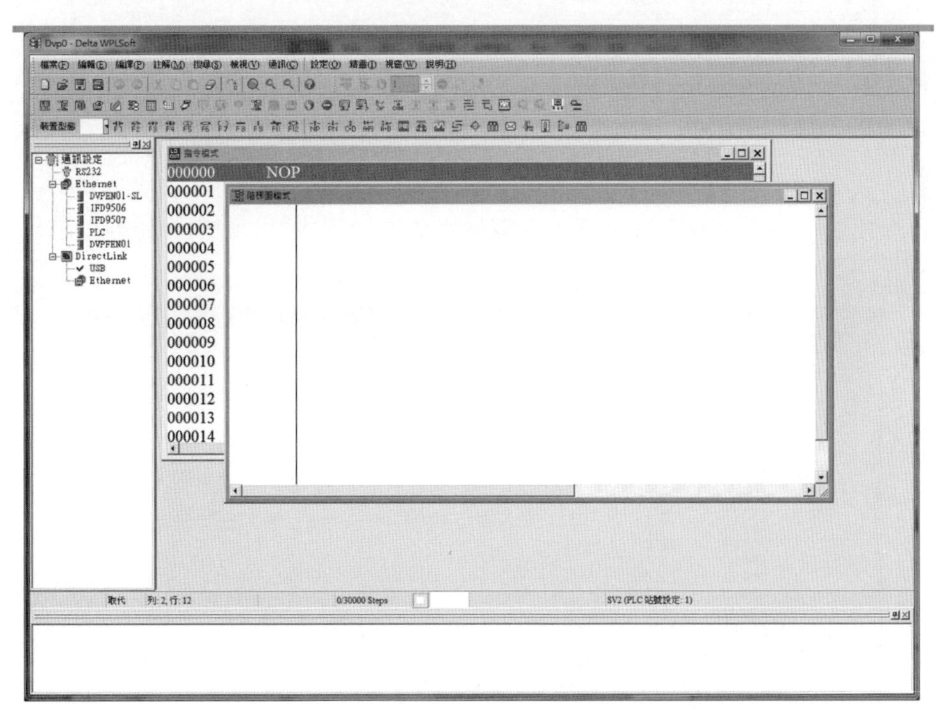


圖6-5　WPLSoft新增程式編輯畫面範例

PLC程式的撰寫模式可以分為階梯圖模式、指令模式以及順序流程圖（SFC）模式三種，使用者可以根據自己的喜好或者是便利性選擇使用。除了指令模式之外，另外兩種模式都必須要經過程式的編譯轉換成指令之後才能下載到PLC程式記憶區執行。這三種編輯模式的畫面以及工具列各有不同。

階梯圖模式（階梯圖編輯完成須經由編譯轉換成指令碼或SFC圖），如圖6-6。

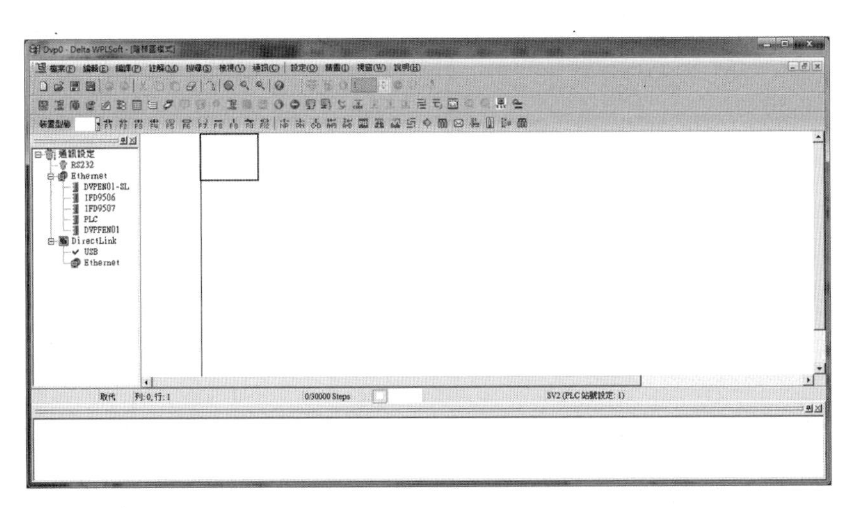


圖6-6　WPLSoft新增階梯圖程式編輯畫面範例

指令模式（指令編輯完成須經由編譯轉換成階梯圖或SFC圖），如圖6-7。

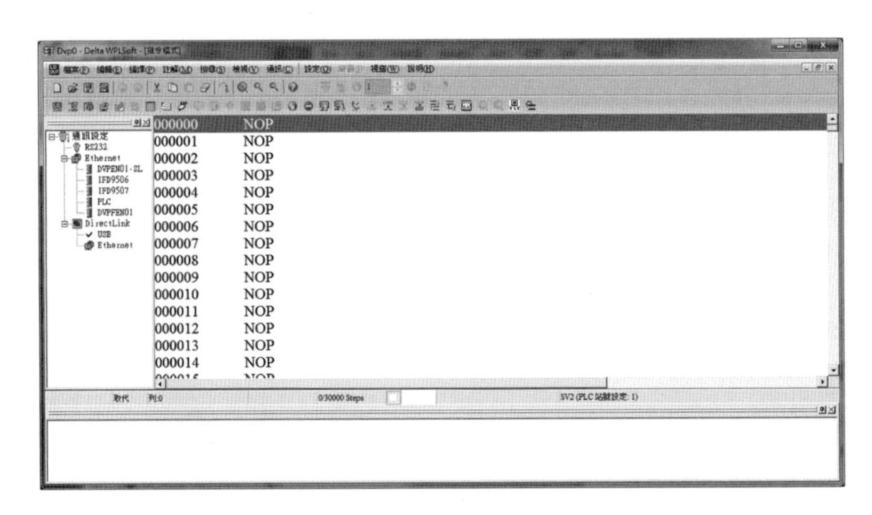


圖6-7　WPLSoft新增指令程式編輯畫面範例

SFC編輯模式（SFC圖編輯完成須經由編譯轉換成指令碼，若要轉換成階梯圖須再經由指令碼編譯轉換成階梯圖），如圖6-8。

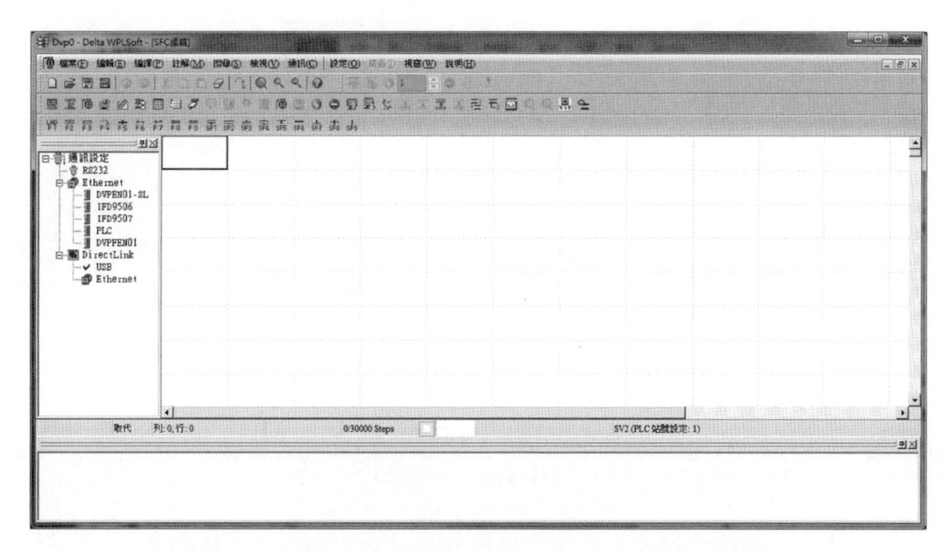


圖6-8 WPLSoft新增步進階梯圖程式編輯畫面範例

## 6.2.1 階梯圖編輯模式

在階梯圖模式視窗上側會顯示出階梯圖工具列圖示，使用者於編輯階梯圖時，可以直接以滑鼠移動到階梯圖工具列的元件圖示上點選，或是將編輯方塊移動到階梯圖工作視窗的適當位置直接以指令輸入編輯，另外也可利用鍵盤功能鍵（F1～F12）作為輸入方式。以下將說明各種操作方式步驟。

### 基本操作

建立階梯圖的方式可以使用圖形化介面及指令輸入的方式完成，不論是使用哪一種方式，所編輯完成的程式都將以階梯圖的型式呈現在電腦畫面上。讓我們以範例6-1進行示範這兩種程式建立的方式。

範例6-1

輸入下圖階梯圖例。

M0
Y0
END

圖形化介面的操作

使用者可以利用滑鼠操作及鍵盤功能鍵（F1～F12）操作。

1. 建立新檔案後進入以下畫面。

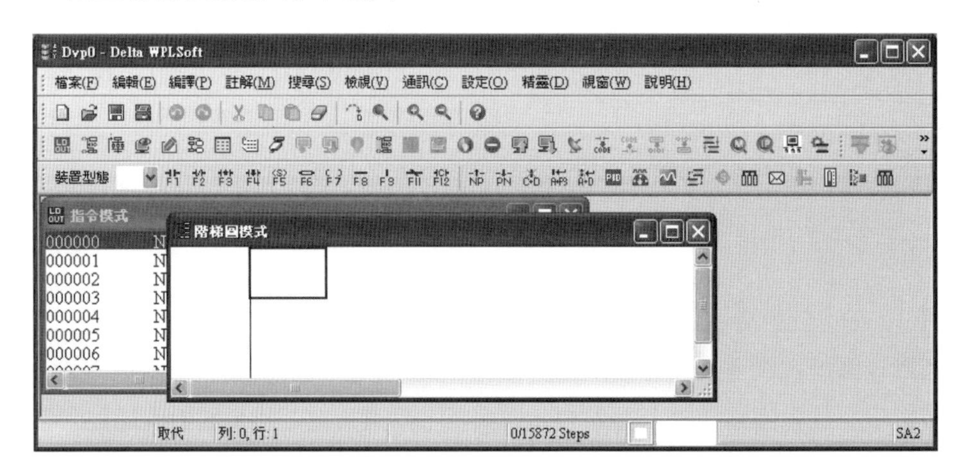


2. 滑鼠點選常開開關圖示 或按功能鍵【F1】。

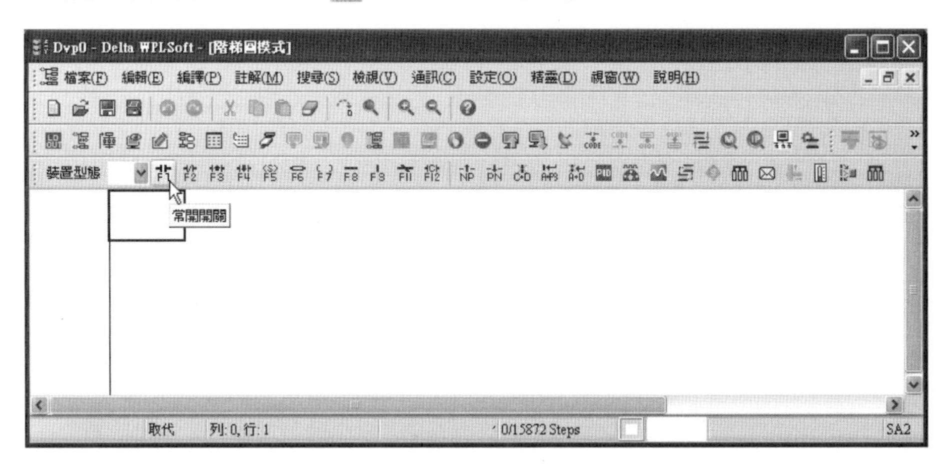

3. 出現輸入裝置名稱與註解對話框後便可選取裝置名稱（例如：M）、裝置編號（例如：0）及輸入註解（例如：輔助接點），完成後即可按下確定鈕。

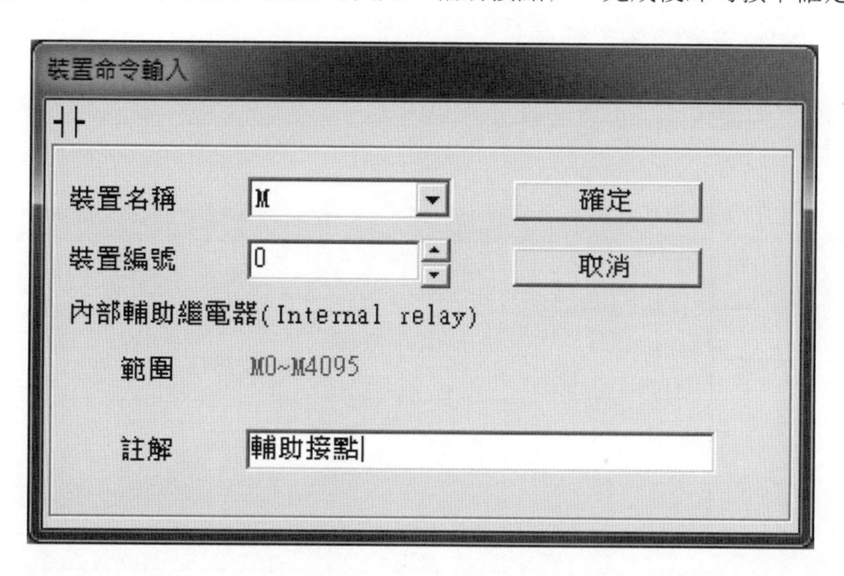


4. 點選輸出線圈圖示 或按功能鍵【F7】，出現輸入裝置名稱與註解對話框後選取裝置名稱（例如：Y）、裝置編號（例如：0）及輸入註解（例如：輸出線圈），完成後即可按下確定鈕。

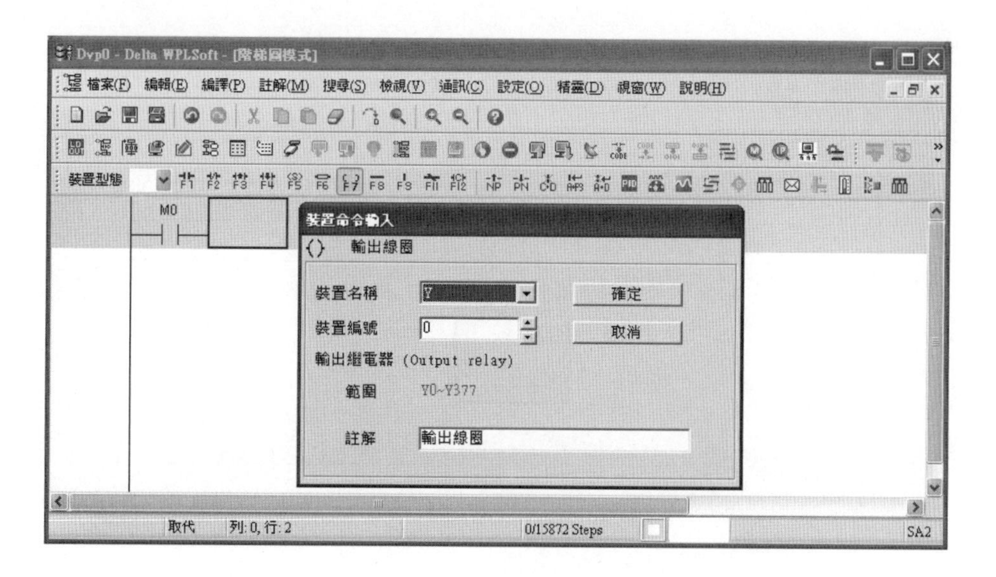

5. 點選應用命令圖示 或按功能鍵【F6】，在功能分類欄位中點選「所有應用命令」，在應用命令下拉選單中點選「END指令」或於該欄位直接鍵盤鍵入「END」後按下確定鈕。

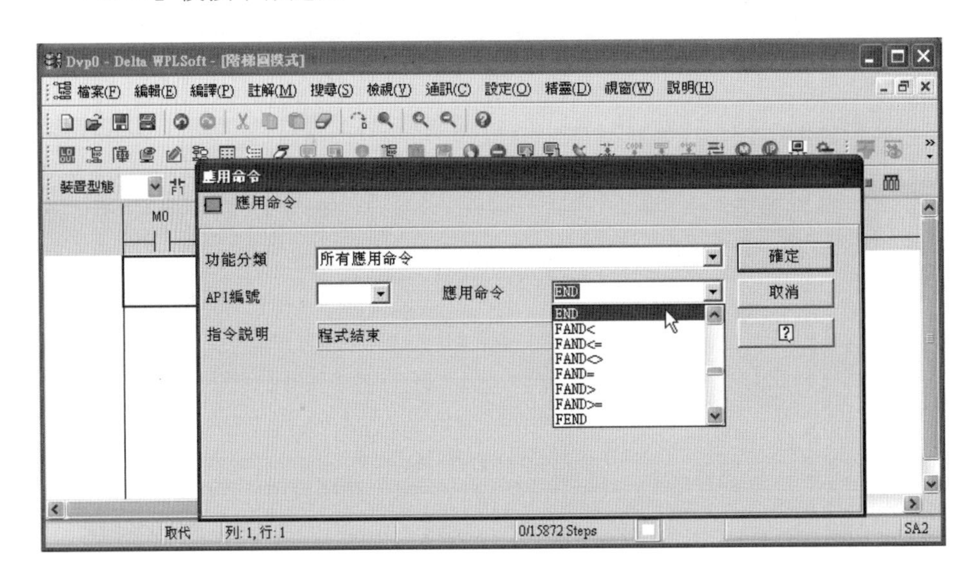


6. 點選 圖示，將編輯完成的階梯圖作編譯轉換成指令程式，編譯完成後母線左邊會出現步級數（Steps）。

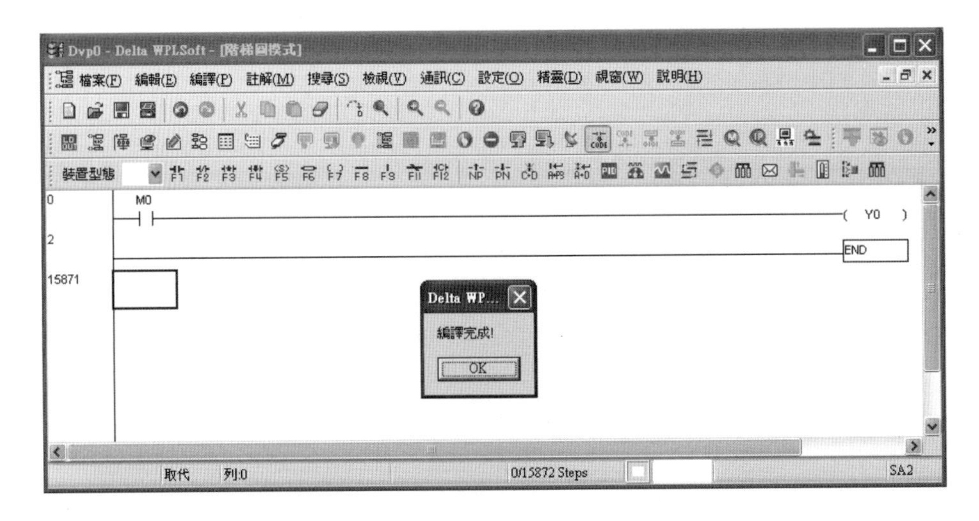

7. 若階梯圖圖形不正確，則編譯後下方訊息區會指出第幾列有誤。

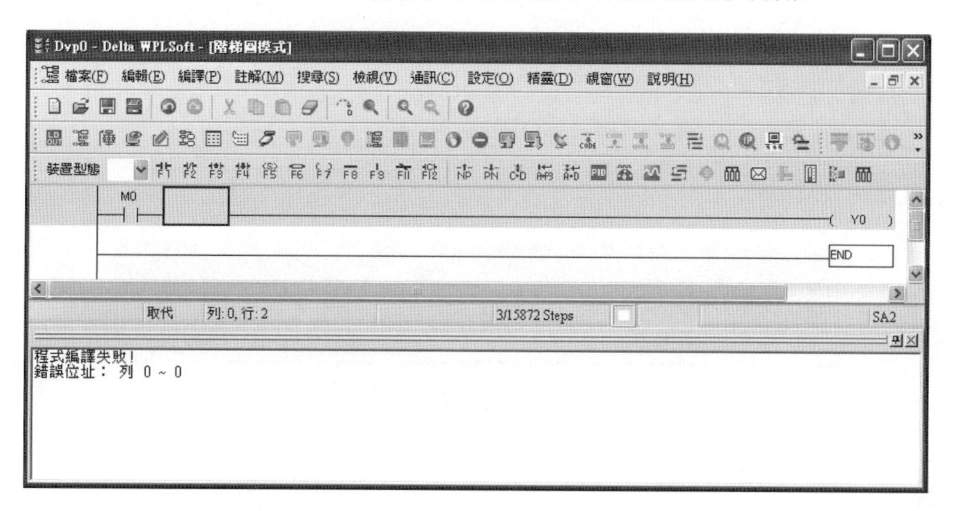


指令碼鍵盤輸入的操作

除了利用滑鼠以及圖形化工具列的輸入外，對於熟悉PLC指令的使用者也可以直接利用鍵盤輸入所需要的指定與裝置元件，可以更快速地完成PLC程式的編輯。使用者可以依照下列的編輯方式進行。

1. 將編輯方塊置於文件開頭（列：0，行：1），由鍵盤輸入LD M0按下電腦鍵盤的【Enter】或用滑鼠點選確定鈕。

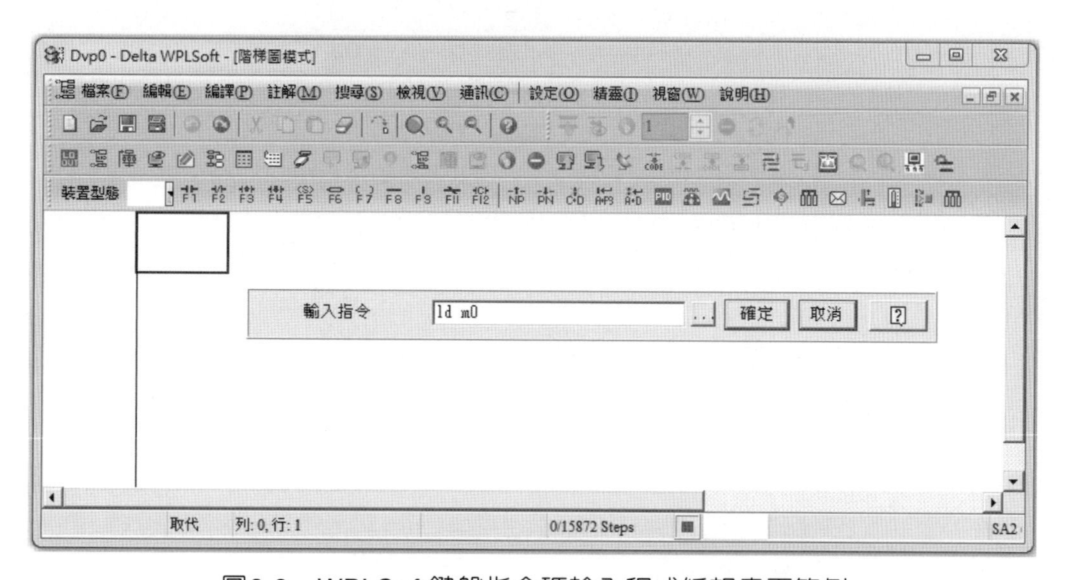


圖6-9　WPLSoft鍵盤指令碼輸入程式編輯畫面範例

2. 鍵盤輸入OUT Y0→按下【Enter】、鍵盤輸入END→按下【Enter】，最後點選 圖示將編輯完成的階梯圖作編譯。以鍵盤指令碼輸入操作時欲同時輸入裝置的註解，可於【設定（O）】功能的下拉選單中選取裝置註解提示，則指令正確輸入後便會出現註解對話框視窗，如圖6-10，此時便可繼續輸入對應的裝置註解。

圖6-10　WPLSoft輸入註解視窗

範例6-2

請依照表6-1順序，依步驟建立下列的階梯圖：

X1 —( Y1 )
X2 / X1 —( Y2 )
X1 M0 — MOV D1 D2
M1 / M2 — CNT C0 K10
END

表6-1　範例6-2階梯圖編輯操作步驟

| 步驟 | 階梯符號 | 游標位置 | 滑鼠點選功能鍵輸入方式 | | 鍵盤輸入方式 |
|---|---|---|---|---|---|
| 1 | ┤├ | 列：0，行：1 | F1 | 元件名稱X<br>元件編號1 | LD X1↵或A X1↵ |
| 2 | ─( ) | 列：0，行：2 | F7 | 元件名稱Y<br>元件編號1 | OUT Y1↵或O Y1↵ |
| 3 | ┤├ | 列：1，行：1 | F1 | 元件名稱X<br>元件編號2 | LD X2↵或A X2↵ |
| 4 | │ | 列：1，行：2 | F9 | | F9 |
| 5 | ─( ) | 列：1，行：2 | F7 | 元件名稱Y<br>元件編號2 | OUT Y2↵或O Y2↵ |
| 6 | ┤├ | 列：2，行：1 | F1 | 元件名稱X<br>元件編號1 | LD X1↵或A X1↵ |
| 7 | ┤├ | 列：3，行：1 | F1 | 元件名稱X<br>元件編號1 | LD X1↵或A X1↵ |
| 8 | ┤├ | 列：3，行：2 | F1 | 元件名稱M<br>元件編號0 | LD M0↵或A M0↵ |
| 9 | ─[ ] | 列：3，行：3 | F6 | 應用命令MOV<br>運算元1：D，元件值：1<br>運算元2：D，元件值：2 | MOV D1 D2↵ |
| 10 | ┤↑├ | 列：4，行：1 | F3 | 元件名稱：M<br>元件編號：1 | LDP M1↵或+ M1 |
| 11 | │ | 列：4，行：2 | F9 | | F9 |
| 12 | ─[ ] | 列：4，行：2 | F6 | 計數命令CNT<br>運算元1：C，元件值：0<br>運算元2：K，元件值：10 | CNT C0 K10↵ |
| 13 | ┤↓├ | 列：5，行：1 | F4 | 元件名稱：M<br>元件編號：1 | LDF M1↵或– M1↵ |
| 14 | ─[ ] | 列：6，行：1 | F6 | 應用命令END | END↵ |

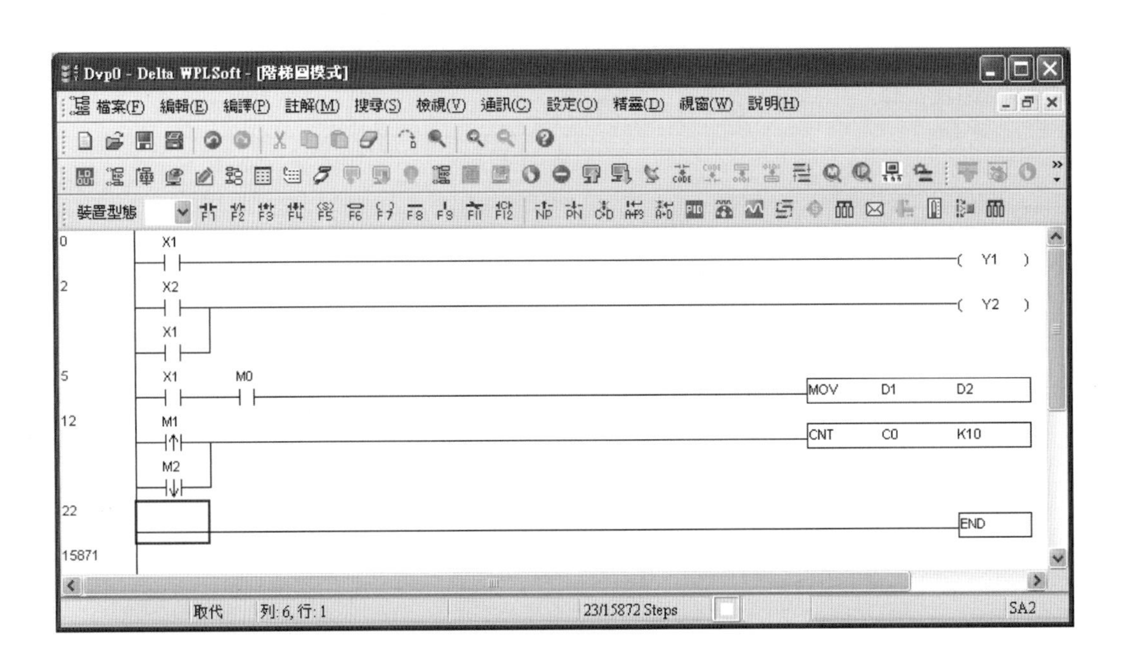


階梯圖輸入完成後經過編譯可轉換成指令碼及SFC圖形。

## 6.2.2 指令編輯模式

WPLSoft提供三種PLC語言編輯模式，其中階梯圖模式程式語言，與指令模式程式語言是大部分使用者會接觸到的方式，而這兩種模式的程式可經由編譯來互相轉換。

### 輸入PLC指令

進入指令模式編輯後，直接鍵入PLC完整指令，若指令的格式合法，按下【Enter】鍵就完成輸入。輸入完成後的指令在編輯區中，左邊爲該指令在PLC主機的程式記憶體位址，使用者可以清楚地得到指令在程式記憶體的相對位址。各指令格式請參考廠商相關的技術手冊。

進入指令編輯模式：

1. 執行WPLSoft建立新的文件（滑鼠點選 ）後，再選取【檢視（V）】功能點選指令視窗（如下圖）或滑鼠點選 圖示。
2. 於編輯位置提示處開始輸入程式。

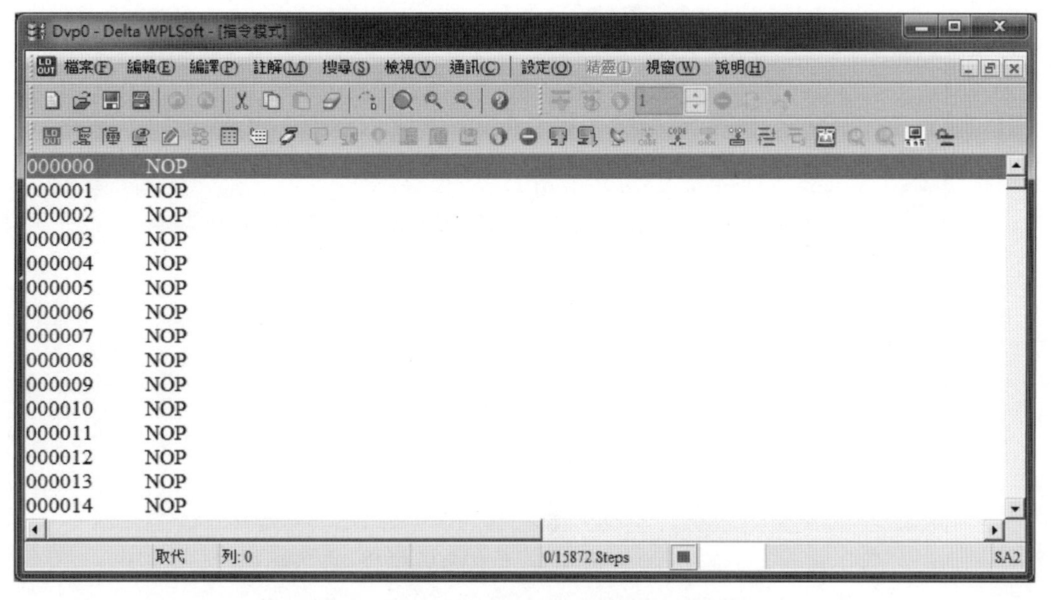


圖6-11　WPLSoft指令程式編輯畫面範例

## 輸入操作範例

依下表輸入程式。

| | | | |
|---|---|---|---|
| 〈0000〉 | LD | X1 | |
| 〈0001〉 | OR | M0 | |
| 〈0002〉 | OUT | Y1 | |
| 〈0003〉 | MOV | D1 | D2 |
| 〈0008〉 | END | | |

指令輸入完成之後經過編譯即可轉換成階梯圖及SFC圖形，例如：圖6-12的程式指令可使用功能選項，自動轉換成階梯圖如圖6-13所示。

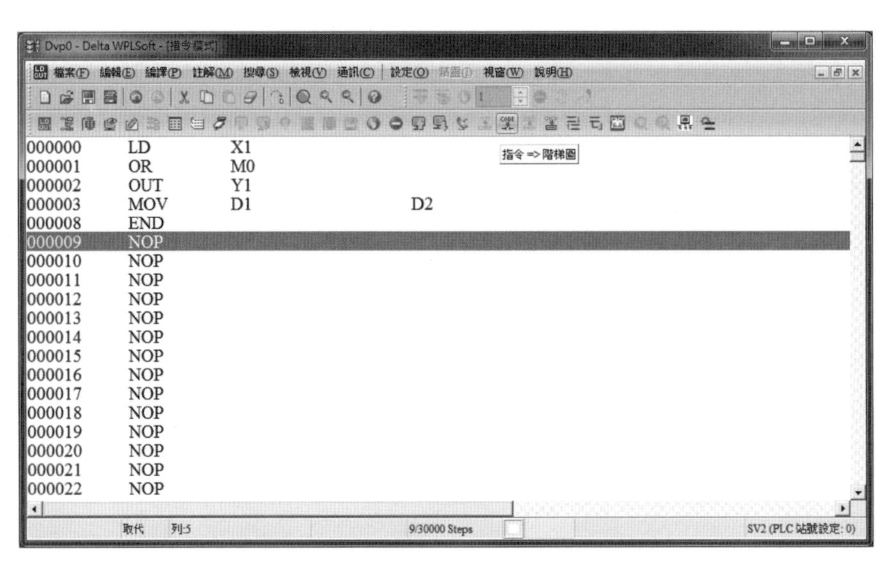


圖6-12　指令程式轉換為階梯圖

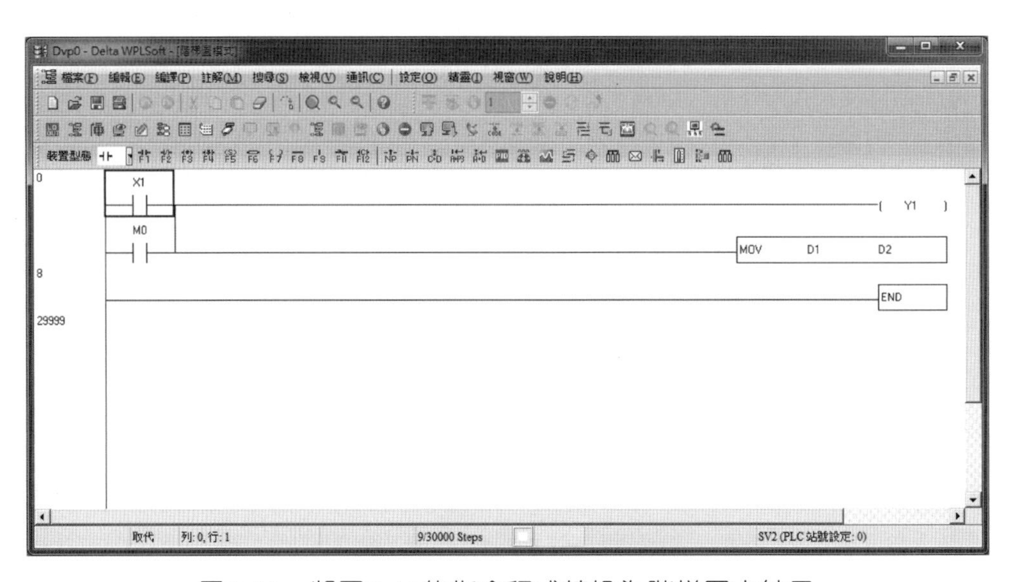


圖6-13　將圖6-12的指令程式轉換為階梯圖之結果

不論是在階梯圖模式或指令模式或SFC編輯模式，當程式編輯或修改完畢後，要寫入PLC主機前一定要先經過編譯。編譯時可點選 圖示進行。

## 6.2.3　SFC編輯模式

執行WPLSoft編輯器後可以開啓新檔案或開啓舊檔，選擇進入SFC模式的編輯環境，使用SFC圖（Sequence Function Chart）來編輯程式，如圖6-14所示。

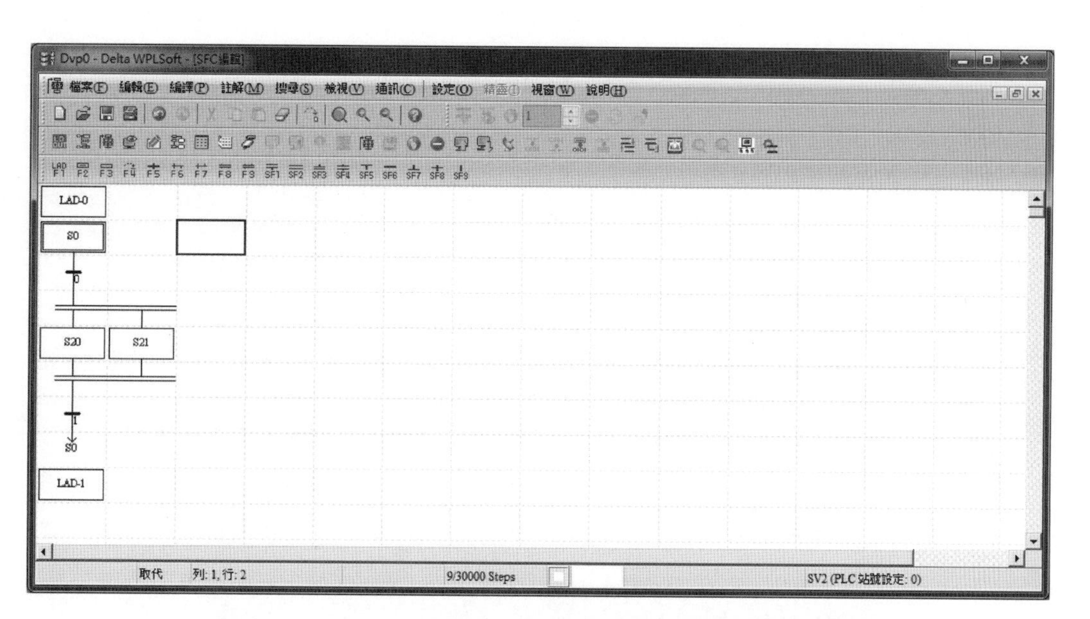

圖6-14　WPLSoft新增步進階梯圖程式編輯畫面範例

在SFC模式視窗上側會顯示出SFC工具列圖示，使用者編輯SFC圖時，可以直接以滑鼠移動到SFC工具列的圖示點選編輯，另外也可利用鍵盤功能鍵（【F1～F9】，【Shift+F1～F9】）作為輸入方式。以下我們將說明各種操作方式步驟。

## SFC編輯原理

SFC的編輯原理，是依據國際標準IEC 61131-3來制定。SFC是屬於圖形編輯模式，整個架構看起來像流程圖，它是利用PLC內部的步進繼電器裝置S，每一個步進繼電器裝置S的編號就當作一個步進點，也相當於流程圖的各個處理步驟。當目前的步驟處理完畢後，再依據設定的條件轉移到所要求的下一步驟，即下一個步進點S，如此便可以一直依照規劃的流程重複循環達到使用者所要的結果。

## SFC工具列圖示及說明

表6-2　WPLSoft步進階梯圖快速功能鍵圖示說明

| SFC工具列 | 圖示名稱 | 說明（用滑鼠點選或鍵盤功能鍵（F1～F9）操作） |
| --- | --- | --- |
| LAD F1 | 一般階梯圖 | 階梯圖形模式，此圖形表示內部編輯程式為一般階梯圖非步進階梯的程式。 |
| F2 | 步進初始圖形 | 步進初始點用圖形，此種雙框的圖形代表是SFC的初始步進點用圖形，可使用的裝置範圍S0～S9。 |

| SFC工具列 | 圖示名稱 | 說明（用滑鼠點選或鍵盤功能鍵（F1～F9）操作） |
|---|---|---|
| F3 | 一般步進圖形 | 一般步進點用圖形，其可使用的裝置範圍爲S10～S1023（ES、EX、SS機種可使用的裝置範圍爲S10～S127）。 |
| F4 | 跳躍圖形 | 步進點跳躍圖形，使用在步進點狀態轉移到非相鄰的步進點時使用（同流程間向上跳躍或向下非相鄰的步進點跳躍或返回初始步進點或不同流程間之跳躍）。 |
| F5 | 條件圖形 | 步進點轉移條件圖形，各個步進點之間狀態轉移的條件。 |
| F6 | 條件分歧圖形 | 選擇分歧圖形，由同一步進點將狀態以不同轉移條件轉移到相對應的步進點（若分歧超出兩點，使用者可使用【Shift+F1～F9】功能鍵操作來增加分歧點）。 |
| F7 | 條件合流圖形 | 選擇合流圖形，由兩個以上不同步進點將狀態轉移經轉移條件轉移到相同的步進點（若合流超出兩點，使用者可使用【Shift+F1～F9】功能鍵操作來增加合流點）。 |
| F8 | 並進分歧圖形 | 並進分歧圖形，由同一步進點將狀態以同一轉移條件轉移至兩個以上之步進點（若分歧超出兩點，使用者可使用【Shift+F1～F9】功能鍵操作來增加分歧點）。 |
| F9 | 並進合流圖形 | 並進合流圖形，由兩個以上不同步進點狀態同時成立時以同一轉移條件轉移到相同的步進點（若合流超出兩點，使用者可使用【Shift+F1～F9】功能鍵操作來增加合流點）。 |

表6-3　WPLSoft步進階梯圖功能列圖示功能說明

| SFC工具列 | 圖示名稱 | 說明（用滑鼠點選或鍵盤功能鍵【Shift+F1～F9】操作） |
|---|---|---|
| SF1 | 輔助線段 | 並進分歧用連接圖形 |
| SF2 | | 並進用連接圖形 |
| SF3 | | 並進合流用連接圖形 |
| SF4 | | 並進用連接圖形 |
| SF5 | | 選擇分歧用連接圖形 |
| SF6 | | 選擇用連接圖形 |
| SF7 | | 選擇合流用連接圖形 |
| SF8 | | 選擇用連接圖形 |
| SF9 | | 垂直線連接圖形 |

## SFC編輯環境

SFC編輯環境可編輯之範圍為水平方向16個單位，垂直方向沒有限制。每一個虛線長方格代表一個單位，所以水平方向最多可有16個SFC圖形在同一水平線上。

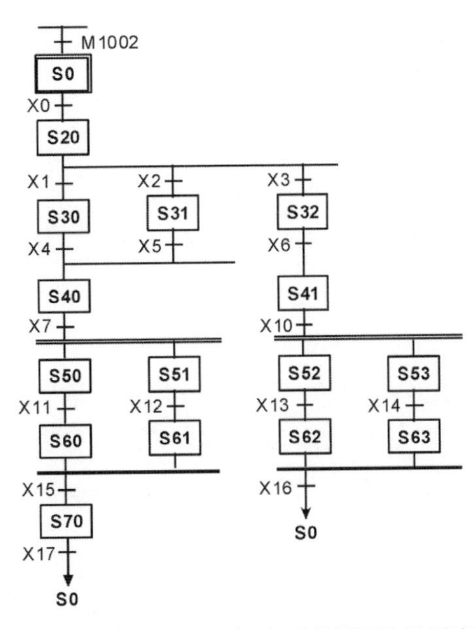


圖6-15　WPLSoft步進階梯圖圖示範例

## SFC編輯方式

比較基本的SFC編輯方式是先將SFC程式架構圖形全部都安排好後再進行個別步進點圖形內部階梯圖模式設計。

步驟1：進入SFC編輯模式後，可以看見SFC工具列圖示（一般來說，第一個出現的是階梯圖模式，鍵盤功能鍵【F1】或滑鼠點選SFC工具列圖示 LAD F1），因為要導入SFC結構之初始步進點裝置S0～S9。正常的PLC程式設計是不會一開始就進入SFC的結構，所以第一個方塊大多使用一般階梯圖LAD-0的圖形內部階梯圖模式來進入SFC結構的前置程式。

步驟2：規劃初始步進點圖形（鍵盤功能鍵【F2】或滑鼠點選SFC工具列圖示 F2）選擇初始步進點S0～S9的其中一個，也就是進入SFC結構的第一個步進狀態點。

初始步進點僅可使用S0～S9，若使用其他編號之步進點來當成初始步進點使用，則在程式最後編譯將出現SFC圖形錯誤訊息。若用階梯圖模式或指令模式編輯之初始步進點不是S0～S9，則程式在最後編譯將無法正確轉換出SFC圖形。

步驟3：不同步進點圖形之間要有轉移條件圖形（鍵盤功能鍵【F5】或滑鼠點選SFC工具列圖示 F5），這樣才能讓程式執行時各個步進點之間能依轉移條件將狀態轉移到其他的步進點。步進點圖形內部階梯圖模式是撰寫執行到此步進點所要執行的階梯圖程式，轉移條件圖形內部階梯圖模式是撰寫步進點之間狀態轉移的條件。

如果轉移條件圖形內部階梯圖模式中所寫的狀態轉移到某一步進點與外部SFC圖形所畫的轉移步進點不同時，在程式整體編譯後會以外部SFC圖形所畫的步進點圖形為準。

步驟4：SFC圖形編輯時，以最左邊單位為基準，依序往下邊單位及右邊單位編輯，由上而下，由左而右，每一個圖形內部尚未編輯程式前，使用者可使用內部階梯圖模式編輯，即按下滑鼠右鍵彈出快捷功能表可選擇內部階梯圖模式進行編輯。

步驟5：SFC圖形編輯時，向下相鄰的步進點可用一般步進點圖形（鍵盤功能鍵【F3】或滑鼠點選SFC工具列圖示 F3）連接。若是向上跳躍或向下非相鄰的步進點跳躍或返回初始步進點或不同流程間之跳躍不相鄰的步進點，就要使用跳躍圖形（鍵盤功能鍵【F4】或滑鼠點選SFC工具列圖示 F4）。一般步進點圖形與初始步進點圖形每個裝置編號只可在SFC圖形編輯時出現一次。

步驟6：SFC圖形編輯完成後，須經過編譯將SFC狀態圖轉換成指令碼，從功能列上選取【編譯（P）】後點選【SFC→】指令，或可用滑鼠點選一般工具列按鈕 或鍵入複合鍵【Ctrl+F6】。

### 6.2.4 其他模式編輯SFC

如果有需要，使用者也可以利用指令模式或一般階梯圖模式進行步進階梯圖的編輯或修改，但是這需要有較完整的規劃與經驗，才能規劃正確的步進階梯圖流程與切換步進點的條件與流程轉換。

# 6.3 程式編譯

當使用者在階梯圖模式下完成階梯圖編輯後，執行此功能便會檢查階梯圖是否合乎語法或執行邏輯。若轉換無誤，則會將階梯圖轉換成指令碼程式及SFC圖形，同時階梯圖編輯區母線左側會出現階梯圖形每個區塊相對於程式記憶體的位址（Step）；若有錯誤，WPLSoft會發出訊息，將錯誤發生的所在行、列及相關錯誤碼顯示出來。

若使用者在指令模式下編輯完成後執行編譯功能便會進行指令檢查。若轉換無誤，則會將指令程式轉換成階梯圖及SFC圖形；若有錯誤，WPLSoft會發出訊息將錯誤發生的所在步級數（Step）及錯誤碼顯示出來。

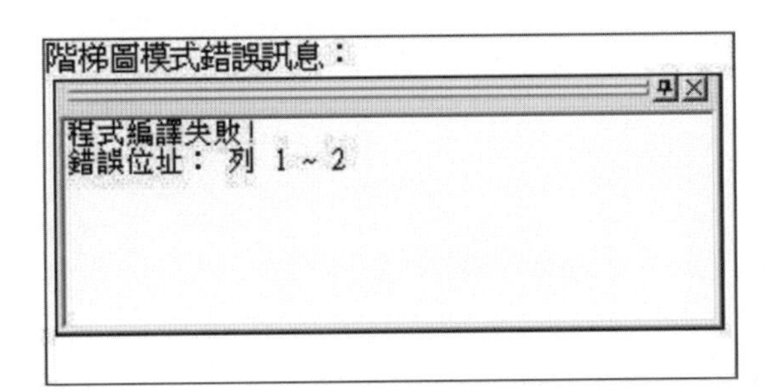


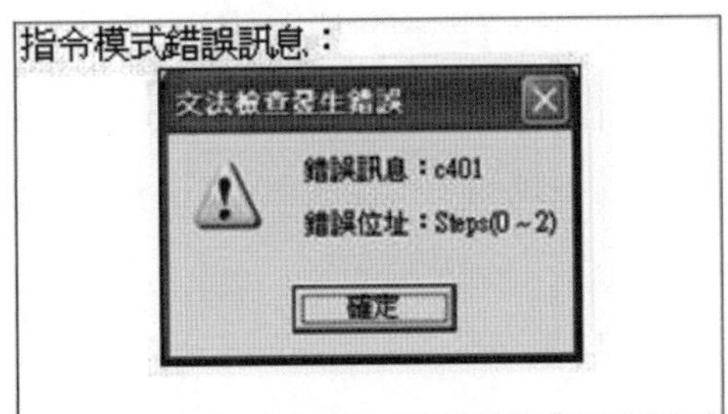


圖6-16 WPLSoft步進階梯圖編譯錯誤範例

# 6.4 PLC各種程式的轉換

1. 階梯圖⇒指令（階梯圖模式下使用）

   方法一：從功能列上選取【編譯（P）】→【階梯圖⇒指令（I）】命令。

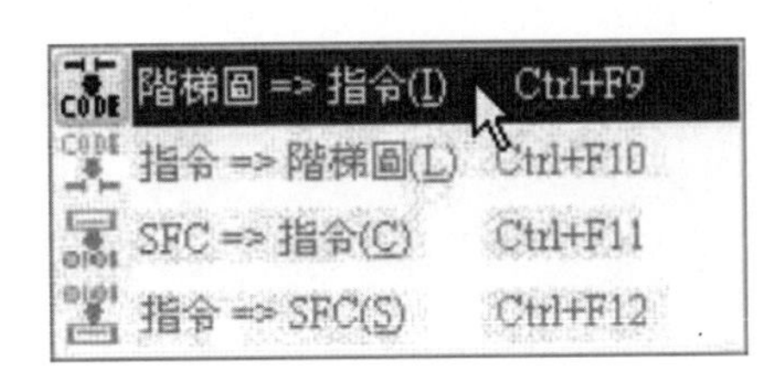


   方法二：滑鼠點選 圖示。

方法三：鍵盤輸入【Ctrl+F9】。

2. 指令⇒階梯圖（指令模式下使用）

方法一：從功能列上選取【編譯（P）】→【指令⇒階梯圖（L）】命令。

方法二：滑鼠點選圖示。

方法三：鍵盤輸入【Ctrl+F10】。

3. 指令⇒SFC（指令模式下使用）

方法一：從功能列上選取【編譯（P）】→【指令⇒SFC(S)】命令。

方法二：滑鼠點選圖示。

方法三：鍵盤輸入【Ctrl+F12】。

4. SFC⇒指令（SFC編輯下使用）

方法一：從功能列上選取【編譯（P）】→【SFC⇒指令（C）】命令。

方法二：滑鼠點選 圖示。

方法三：鍵盤輸入【Ctrl+F11】。

# 6.5 程式執行、模擬與除錯

## 6.5.1 通訊設定

在完成程式的撰寫與編譯之後，爲了要將程式正確的從個人電腦下載到PLC的程式記憶區，必須要正確地設定電腦與PLC之間的通訊方式。此時，使用者可以選擇【設定（O）】功能表中【通訊設定（C）】開啓相關的通訊設定功能。

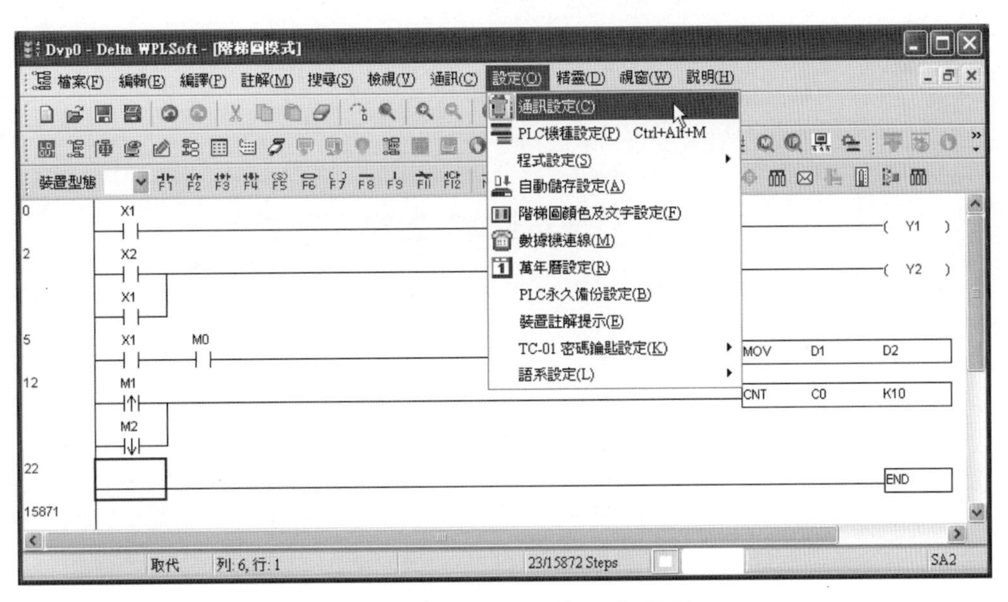


圖6-17 WPLSoft通訊功能設定選項

通訊設定選項

1. 可選擇傳輸方式：RS-232、Ethernet、DirectLink。
2. 通訊埠：目前PC端提供RS-232通訊埠。
3. 資料長度：7、8。
4. 同位元：無、奇、偶。
5. 停止位元：1、2。
6. 傳輸速率：9,600、19,200、38,400、57,600、115,200。

7. 通訊站號：可設定範圍0～255。WPLSoft初始設定為1（即指定PC連線至通訊位址（D1121）為1的PLC主機）。亦可點選圖示工具列上的 做設定。

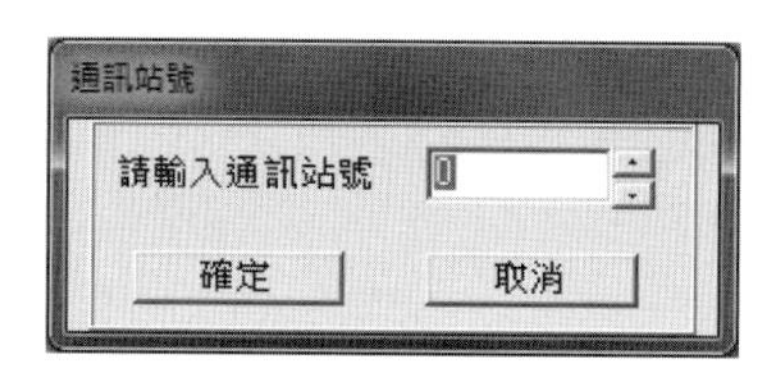


8. 通訊格式：ASCII、RTU。
9. 預設值：9600、7、偶、1（ASCII），9600、8、無、1（RTU）。
10. 指定IP位址：Ethernet連線時使用。
11. 應答時間設定：
    (1) 傳輸錯誤自動詢問次數：0～50。
    (2) 自動詢問時間間隔〈秒〉：3～20。

在完成正確的通訊設定之後，便可以將正確編譯後的程式下載到PLC的程式記憶區執行。

## 6.5.2 讀取與寫入PLC程式與資料

### 讀取PLC

若通訊設定完成，使用者要讀取PLC內部程式進行儲存或備份時，其操作步驟如下：

1. 選擇【通訊（C）】功能點選【PC<=>(PLC｜HPP)(C)】，或滑鼠點選圖示工具列上的，或利用快速鍵【Ctrl+F1】以呼叫通訊對話視窗。

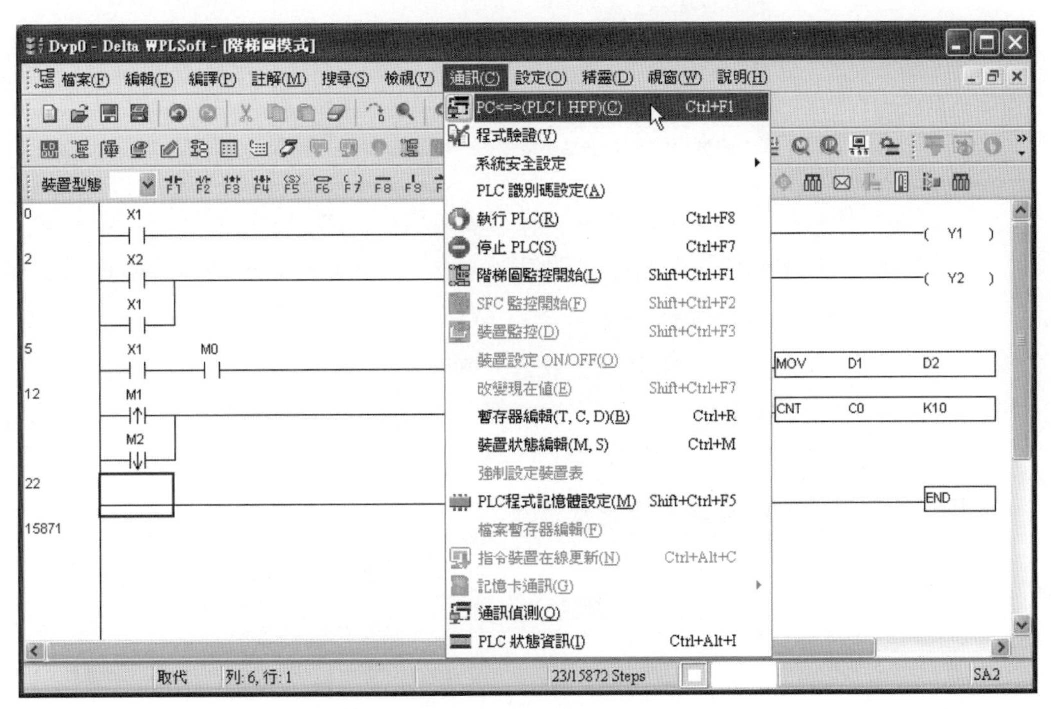

圖6-18　WPLSoft程式讀取或下載至PLC功能選項

2. 出現通訊對話視窗後，通訊模式選擇「PC<=PLC」，按下確定鈕即可讀取PLC主機內部程式資料，及停電保持區範圍。若PLC有支援裝置註解儲存功能，可以勾選讀取裝置註解。

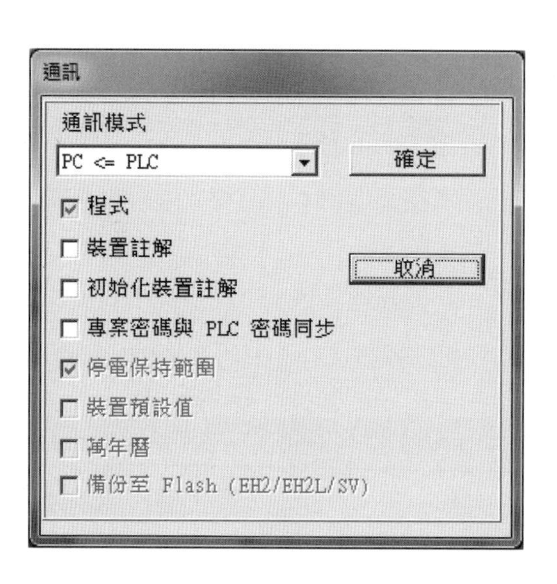


3. 在通訊傳輸時亦提供使用者直接設定專案密碼並與PLC密碼同步。若PLC主機內已設定密碼保護及密碼次數限制，按下確定鈕後會出現密碼檢查視窗，輸入正確密碼後，僅允許讀取一次PLC程式，並不會解開PLC內部密碼。若密碼輸入錯誤會顯示密碼比對錯誤。輸入正確密碼後按下確定鈕即可讀取PLC主機內部程式資料。

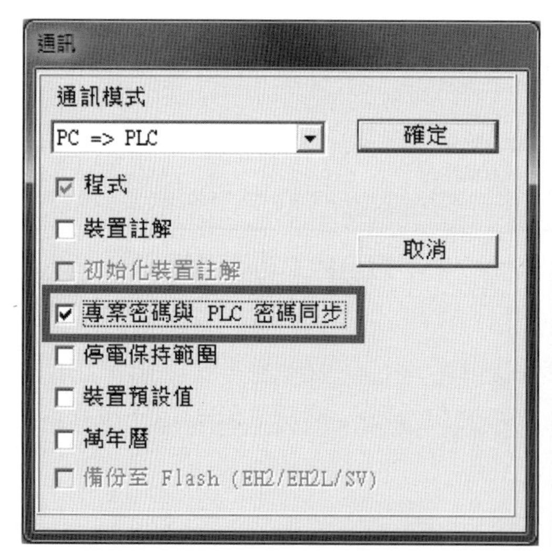


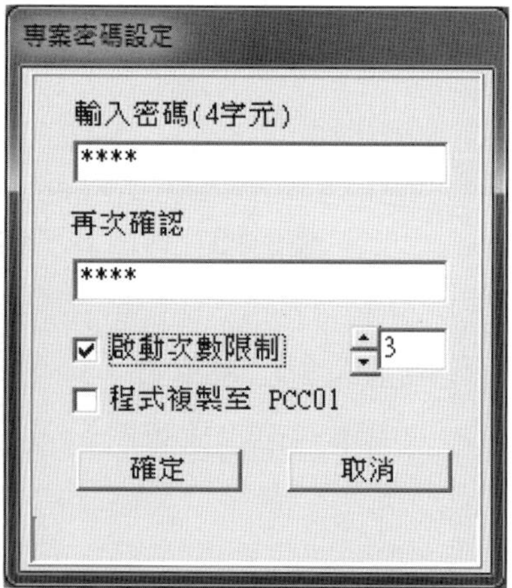


4. 在傳送資料時，WPLSoft會讀取PLC主機內的程式到第一個END指令，將程式上載至WPLSoft。

寫入PLC

1. 使用者執行WPLSoft並從指定的磁碟路徑讀取專案，或由階梯圖編輯、指令編輯設計一個新的PLC程式，要傳送至DVP-PLC主機時，選擇【通訊（C）】功能點選【PC<=>(PLC｜HPP)(C)】，或滑鼠點選圖示工具列上的，或利用快速鍵【Ctrl+F1】以呼叫通訊對話視窗。
2. 出現通訊對話視窗後，通訊模式選擇「PC=>PLC」，可勾選裝置註解、專案密碼與PLC密碼同步、裝置預設值、萬年曆等選項是否一起寫入PLC主機，按下確定鈕即可將程式寫入PLC主機內部程式區。

3. 在通訊傳輸時亦提供使用者直接設定專案密碼並與PLC密碼同步。若PLC主機內已設定密碼保護，按下確定鈕後會出現密碼檢查視窗，輸入正確密碼內容，此密碼並不會解開PLC內部密碼，僅允許寫入一次PLC程式。若密碼輸入錯誤會顯示密碼比對錯誤。輸入正確密碼後按下確定鈕即可將程式寫入PLC主機內部程式區。
4. 於傳送資料對話視窗選擇寫入PLC工作方式，WPLSoft提供兩種傳送方式：全部寫入與部分寫入。WPLSoft會傳送到第一個END指令，將程式寫入DVP-PLC主機。

在執行寫入功能前，必須注意PLC必須在停止（Stop）的狀態，若PLC為執行（Run）狀態，則WPLSoft會發出PLC執行中禁止寫入的警告訊息（如下圖）。

若選擇繼續則WPLSoft會將連線PLC由RUN變成STOP後將程式傳入PLC內，完成後並詢問是否恢復PLC爲RUN狀態。

## 6.5.3 執行／停止PLC

執行PLC

選取【通訊（C）】功能點選【執行PLC】，或利用快速鍵【Ctrl+F8】，或用滑鼠點選 圖示，進入確認對話框，按是（Y）鈕，PLC主機進入執行（Run）狀態。

停止PLC

選取【通訊（C）】功能點選【停止PLC】，或利用快速鍵【Ctrl+F7】，或滑鼠點選圖示，進入確認對話框，按是（Y）鈕，PLC主機即進入停止狀態。

## 6.5.4 階梯圖監控

使用此功能可將階梯圖編輯模式切換到階梯圖監控模式。在監控模式中，禁止任何的編輯動作。程式的各種執行狀況可由視窗上顯示來觀察，通常階梯圖監控對於程式的除錯與運作結果有相當大的益處。

1. 使用者要在PC視窗上監控PLC的狀態，首先須將階梯圖視窗呈現於PC上（如圖6-19），再選取【通訊（C）】功能點選【階梯圖監控開始】，或用滑鼠點選或圖示。

圖6-19　階梯圖監控執行啓動畫面

2. 開始監控後，視窗中顯示綠色方框的部分表示該裝置接點處於導通狀態或輸出線圈正處於激磁狀態。反之，若接點或輸出線圈位置上沒有顯示綠色方框，則表示該裝置元件目前沒有動作。另外，在暫存器元件（T、C、D）上方會顯示目前暫存器內的現在數值，如圖6-20。

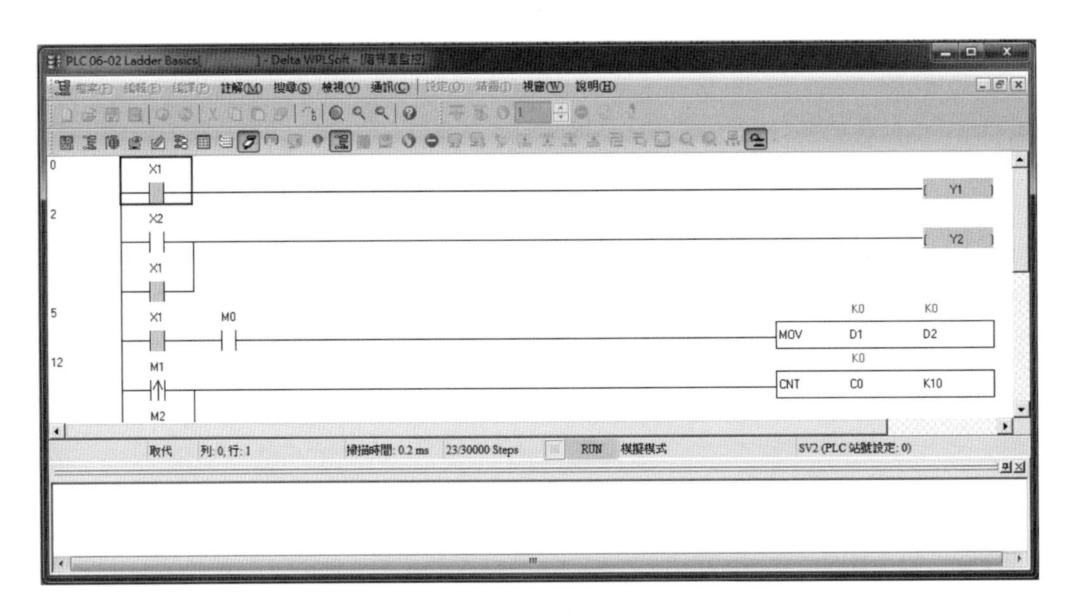


圖6-20　階梯圖各項裝置監控顯示畫面

3. 若選取【檢視（V）】功能點選【監控數值型態】，使用者可選擇【有號10進制】、【16進制】、【ASCII】或【浮點數】等數值來顯示。階梯圖監控模式下，暫存器顯示的數值若爲10進制數值，前方以K（例如：K1234）表示；若爲16進制數值，前方爲H（例如：HABCD）表示；若爲ASCII碼符號則該數值須是可顯示ASCII碼才會顯示，否則會顯示「*」；若爲浮點數，則前方爲F（例如：F1.401298e-43）表示。浮點數顯示位數可由浮點位數設定來決定，0～50位數。

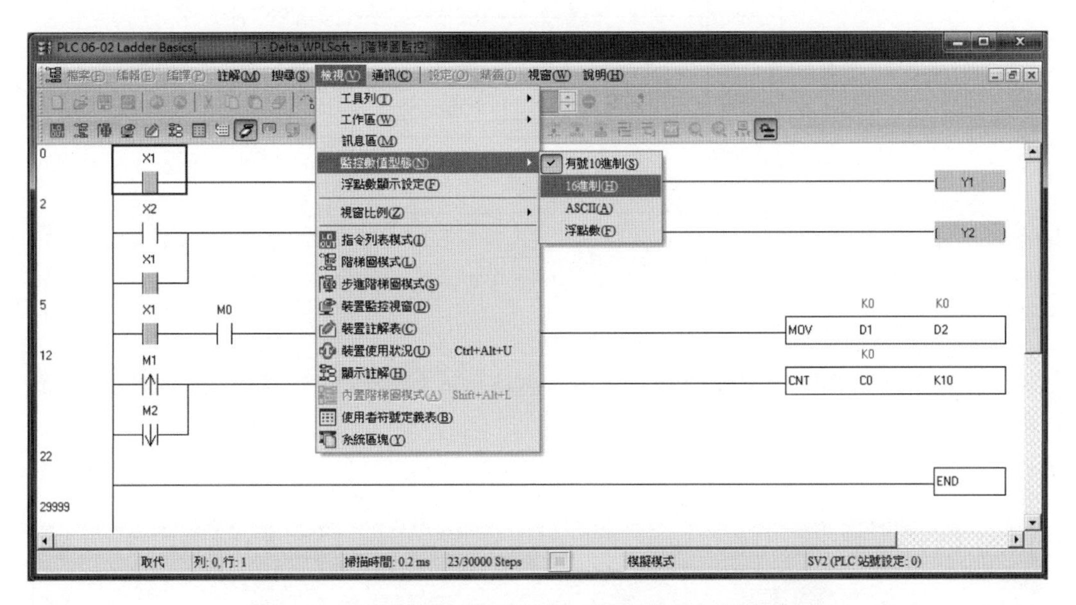


圖6-21 階梯圖各項裝置監控顯示格式變更畫面

## 6.5.5 裝置設定ON/OFF

可以設定某些裝置元件狀態進入ON或OFF，在進行設定ON/OFF操作前請先確認不會對設備造成影響。當使用者外部的配線已全部完成，想要測試所配接的線材與端子訊號是否有錯誤時，可以使用裝置設定ON/OFF的功能來作測試。以下利用範例6-3的操作來說明：

範例6-3

```
 M0
─┤ ├──────────────────( Y0 )
 M1
─┤ ├──────────────────( Y1 )
 M2
─┤ ├──────────────────( Y2 )
 M4
─┤ ├──────[MOV  D0  D1]
─────────────────────[END]
```

方法一：

1. 將上面階梯圖程式編譯後寫入PLC主機內，以滑鼠點選▣圖示，進入階梯圖監控模式，如下圖。

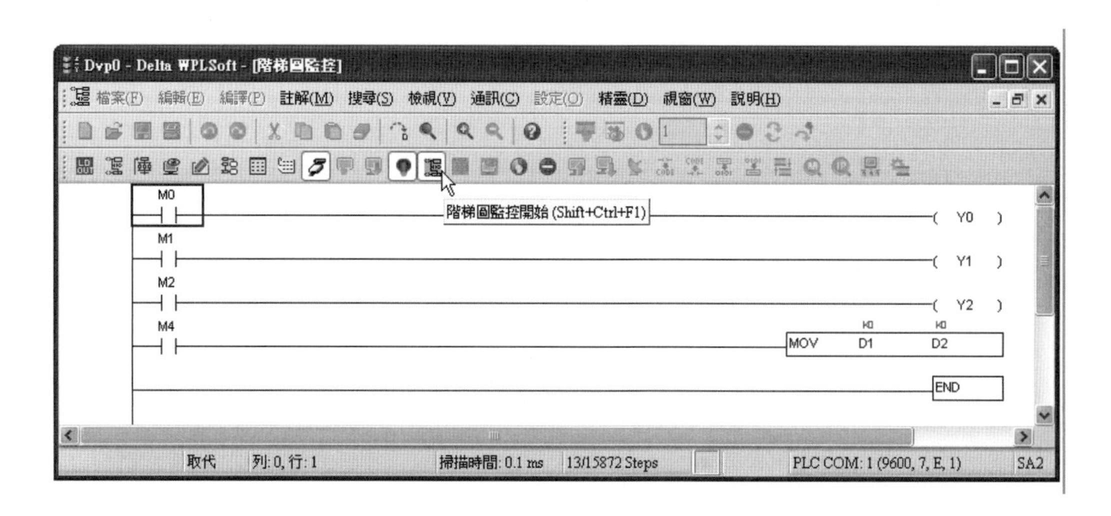


2. 在階梯圖監控模式時，工具列圖示上有部分功能不允許使用，此時WPLSoft會將禁止使用的功能圖示予以反白顯示。

3. 將滑鼠移至欲設定ON/OFF的裝置元件（M0）上按下滑鼠右鍵會出現快捷選擇對話視窗，點選【設定ON】功能，如圖6-22所示（此項功能亦可在裝置監控模式視窗中使用，如圖6-23所示）。

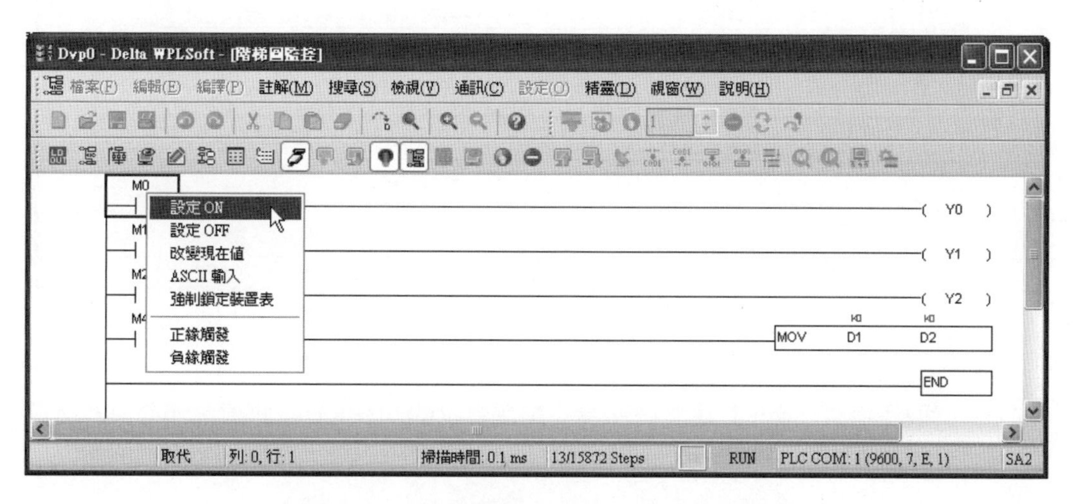


圖6-22　階梯圖監控模式下裝置設定畫面

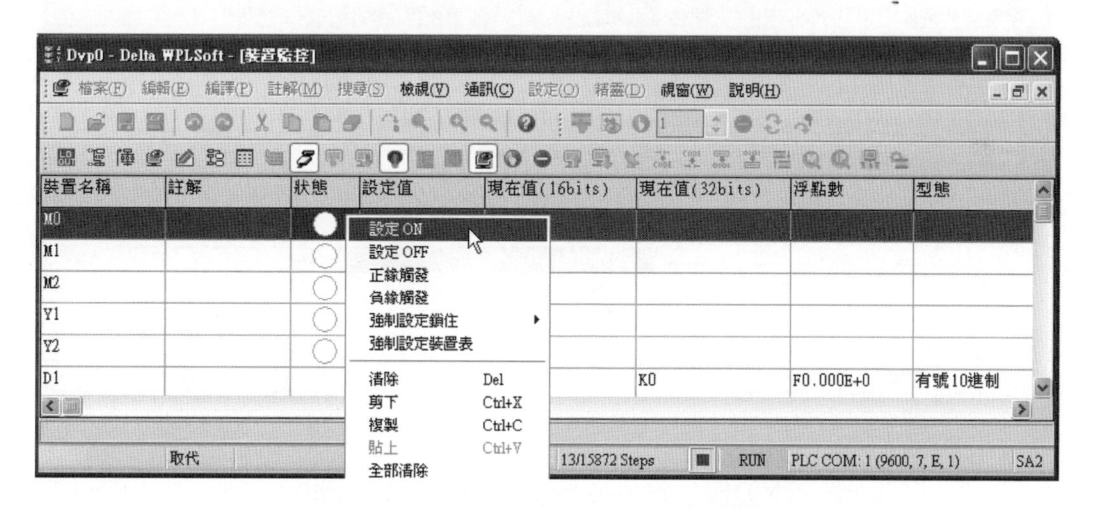


圖6-23　裝置監控模式下裝置設定畫面

4. 此時PLC狀態若是執行（Run）則輸出線圈Y0亦會導通；狀態若是停止（Stop）則僅有設定的裝置元件會動作（ON/OFF）。

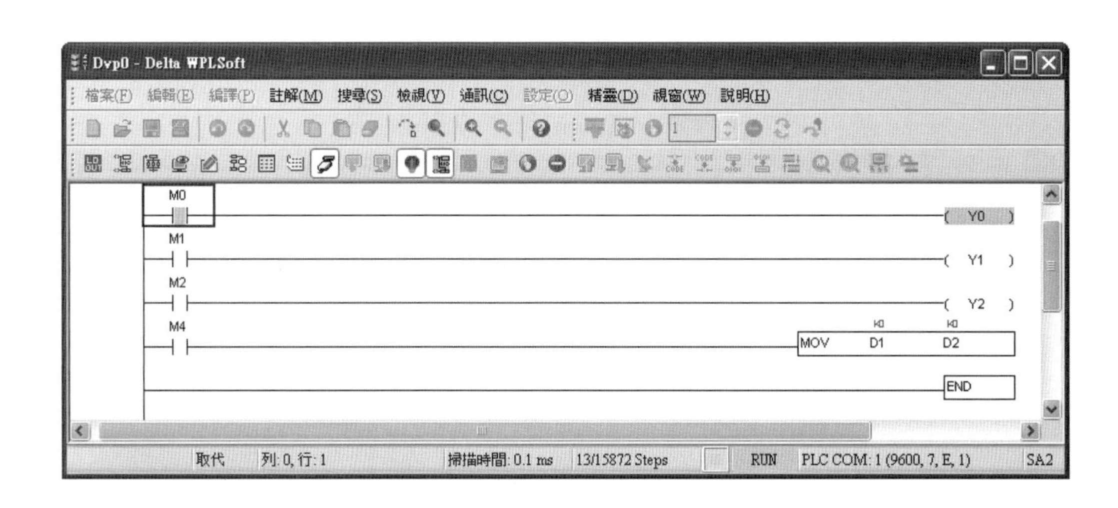


方法二：

1. 選取【通訊（C）】功能後點選【裝置設定ON/OFF】（此項功能亦可在裝置監控模式視窗中使用）。

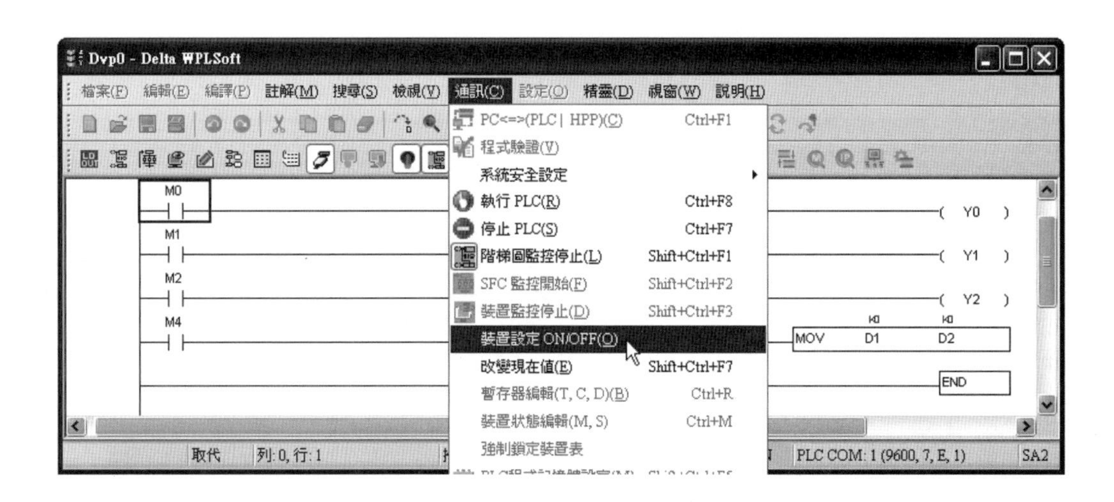


2. 於「裝置設定ON/OFF」對話視窗的裝置名稱欄鍵入M0，勾選「設定ON」選項或「設定OFF」選項，按下確定鈕。

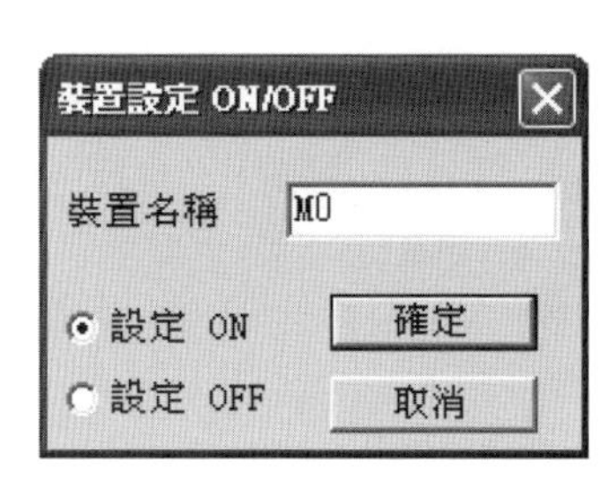

方法三：

將編輯游標移至欲設定ON/OFF的裝置元件，利用鍵盤按【+】來設定ON，鍵盤按鍵【-】來設定OFF（此項功能可在階梯圖監控及裝置監控模式視窗中使用）。

PLC模擬器

在應用程式開發階段，如果PLC應用程式並沒有太多外部輸入訊號需要測試，也不需要與外部進行資料交換的通訊功能時，可以利用WPLSoft提供的模擬器功能進行測試，如圖6-24。使用者可以在工具列中點選圖示即可開啓模擬器。其他的操作與一般實體PLC測試相同。使用者仍需編譯並下載程式至模擬器，也可以運用線上模式與階梯圖監控的功能進行各個元件與階梯圖的設定與狀態監控。

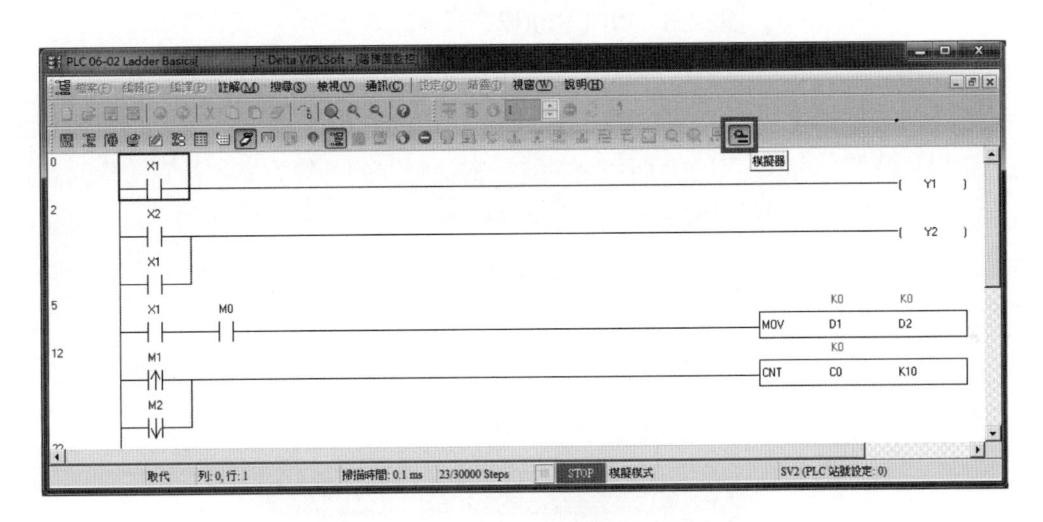


圖6-24　WPLSoft模擬器視窗範例

## 6.5.6　偵錯模式

WPLSoft軟體爲了提高程式開發的效率，提供模擬器中的偵錯模式讓使用者可以在程式中任一個位置設定暫停程式執行的中斷點，以便使用者檢查程式執行的狀態與效果。

使用時，點選圖示，進入偵錯模式，此時下方有訊息區與偵錯模式裝置監控區，供使用者檢視程式進行的狀態與相關暫存器的數值變化監控視窗，如圖6-25所示。

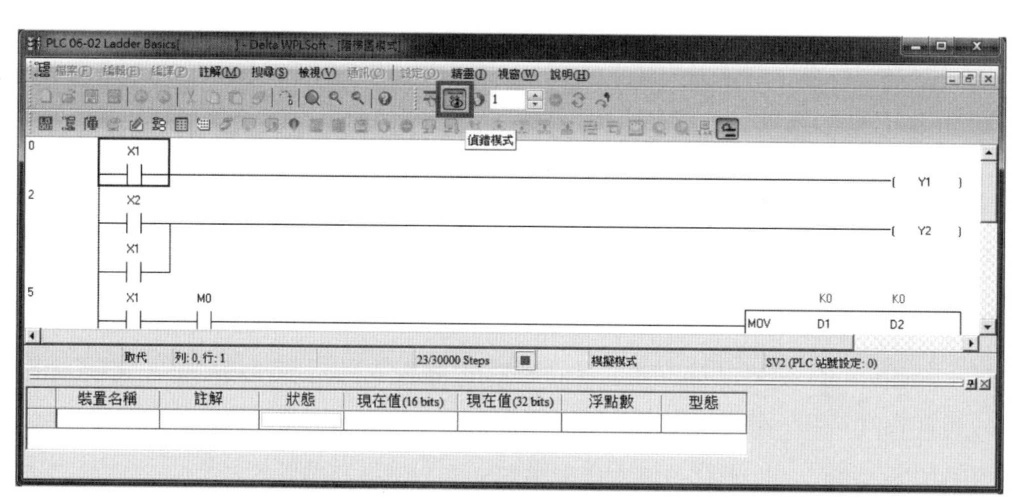

圖6-25　WPLSoft偵錯模式視窗範例

進入偵錯模式時，WPLSoft會先將程式寫入模擬器或實際裝置，且掃描時間會變成固定掃描時間100ms。可由D1039來設定，掃描時間的計算方式，計算大約的實際PLC掃描時間。進入偵錯模式後，在階梯圖模式視窗及指令模式視窗下，可以設定中斷點（Break Point），程式中可設定多個中斷點，當按下【連續單步執行】按鍵時，可以使程式執行到中斷點停止。

在階梯圖模式視窗，點滑鼠右鍵可對游標停留處的指令元件設定中斷點，被設定中斷點後指令左邊會出現一個紅色圓點，如圖6-26所示：

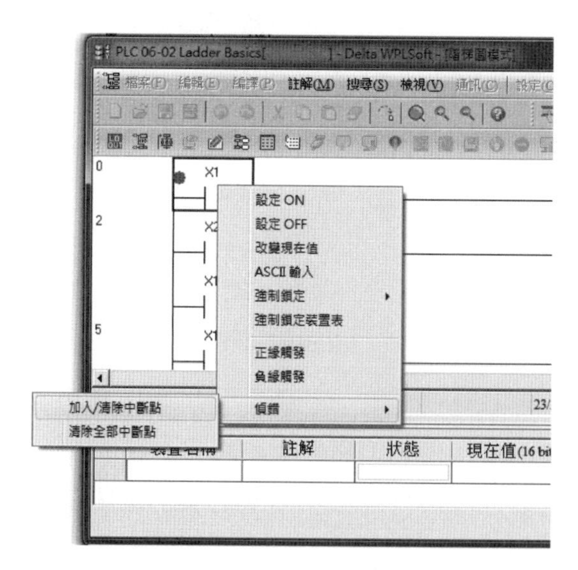

圖6-26　WPLSoft偵錯模式下加入或刪除中斷點

每一次程式循環時，遇到設定有中斷點的元件便會停止，並自動更新監控視窗中相關的狀態與數值內容，可以有效地協助使用者檢查程式執行的正確性。

在熟悉上述的軟體編輯環境與測試操作方式之後，使用者便可以利用這些簡易的操作工具進行程式的編輯測試與驗證。

除此之外，如果讀者在練習時需要有較爲簡單的輸入訊號Xn，可以在PLC以外加元件的方式，擴充指撥開關模組，如台達DVP08ST11N，如圖6-27所示，便可以改變輸入訊號的狀態。但是擴充模組的輸入訊號使用位址爲X20～X27，所以如果讀者要練習，可以將範例中的輸入訊號點位址略作修改即可。例如：X0可以改爲X20。

圖6-27　台達DVP08ST11N數位輸入擴充模組

# PLC 階梯圖原理與基本指令

CHAPTER 7

## 7.1 階梯圖發展歷史

階梯圖為二次世界大戰期間所發展出來之自動控制圖形語言，是歷史最久、使用最廣之自動控制語言，最初只有A（常開）接點、B（常閉）接點、輸出線圈、計時器、計數器等基本裝置（今日仍在使用之配電盤即是）。直到可程式邏輯控制器（PLC）出現後，階梯圖之中可表示的裝置，除上述外，另外增加了如微分接點、保持線圈等裝置以及傳統配電盤無法達成之應用指令，例如：加、減、乘及除等數值運算功能。無論傳統階梯圖或PLC階梯圖，其工作原理均相同，只是在符號表示上，傳統階梯圖以較接近實體之符號表示，而PLC則採用較簡明且易於電腦或報表上表示之符號，兩者圖形的比較可參考圖7-1。

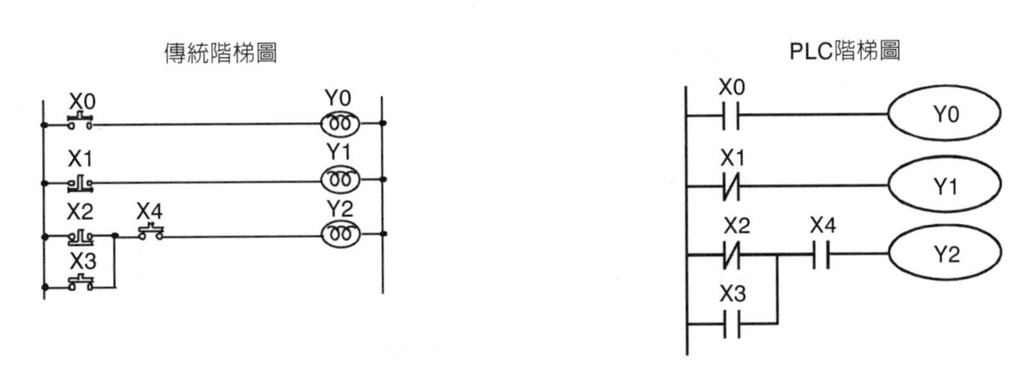


圖7-1　傳統階梯圖與PLC階梯圖之比較

由傳統的階梯圖中可以看到，階梯圖程式撰寫的觀念是源自於配線工程的邏輯概念所衍生出來的。例如：在第一列中我們看到X0是一個開關，而它的狀態會影響到輸出元件Y0的作用。正常時候X0是開路的，一般簡稱為A型態的開關，或者是Normal Open（NO）的開關，這時候輸出元件Y0是處於不導通的狀態而不會有任何的動作；但是當X0是導通的時候，也就是被觸發（開關被觸發導通）的時候，輸出元件Y0將會進入導通的運作狀態而產生輸出的動作。

同樣地，在第二列所看到的X1是一個開關，而它的狀態會影響到輸出元件Y1的作用。正常時候（也就是未被觸發導通）的時候X1是開路的，一般簡稱為B型態的開關，或者是Normal Close（NC）的開關，這時候輸出元件Y1是處於導通的運作狀態；但是當X1是開路的時候，也就是未被觸發導通的時候，輸出元件Y1將會進入開路的狀態而停止輸出的動作。

而這樣的控制關係可以藉由開關的串聯和並聯組成複雜的邏輯關係，例如：第三列與第四列的階梯圖所表達的邏輯關係可以用下列的邏輯式表示：

$$Y2 = (\overline{X2} + X3) \cdot X4$$

也就是說，輸出元件Y2的運作條件是在：(1)X2未觸發或X3觸發；而且(2)X4觸發。因此，藉由階梯圖的規劃撰寫可以將相關的輸入元件狀態經過邏輯的判斷運作後，有系統地規劃輸出元件是否會做相對應的運作。

## 7.2 PLC階梯圖邏輯

由於傳統的階梯圖是根據配線工程的元件符號所繪製，圖形複雜而且製作費時。因此，在PLC發展的過程中便將相關的圖形簡化，以便相關人員繪製與檢視。基本的輸出入元件圖形，如圖7-2所示。

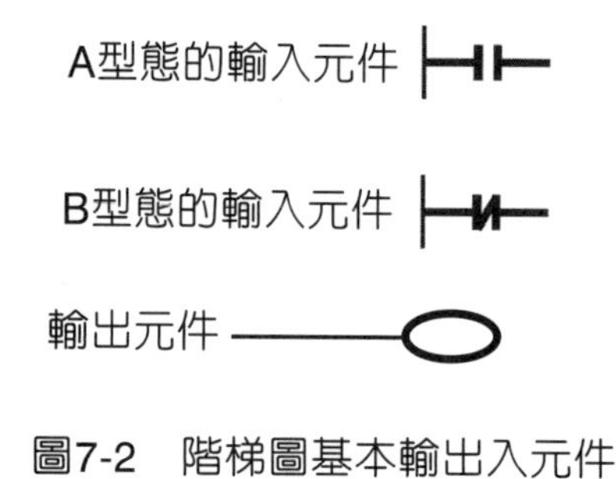


圖7-2　階梯圖基本輸出入元件

使用者只要具備基礎的邏輯概念，便可以由上至下、由左至右地分析相關的邏輯運作關係，進而決定各個輸出元件的運作狀態。

如同數位邏輯的關係一樣，PLC階梯圖的製作也可以區分成組合邏輯與順序邏輯兩大類別。

組合邏輯

如果在階梯圖的狀態元件判斷上，所有的元件皆是以輸入訊號的導通或開路的狀態來決定，這樣的階梯圖程式屬於組合邏輯的作用。例如：圖7-1所介紹的階梯圖即屬於這一類的組合邏輯。

順序邏輯

如果在階梯圖的狀態元件判斷上，加入了輸出元件的狀態或是利用內部記憶體記錄過去曾經發生過特定事件的判斷，這種階梯圖程式即屬於順序邏輯的作用。以圖7-3爲例，在階梯圖的左方存在著一個輸出元件Y3是否導通的判斷，因此是否改變輸出狀態必須取決於過去（也就是前一個程式循環執行後）Y3的狀態。所以在邏輯判斷上有著事件發生先後的關係，必須要先有某一特定事件發生的必要條件，才能夠決定輸出元件是否導通運作的結果。

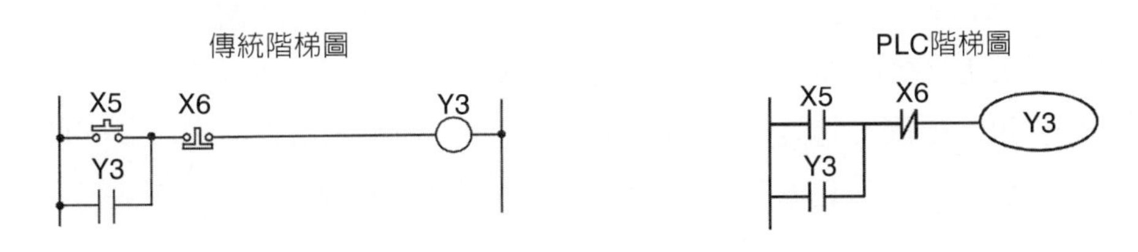


圖7-3 順序邏輯的階梯圖

順序邏輯爲具有回授結構之迴路，亦即將迴路輸出結果拉回當輸入條件，如此在相同輸入條件下，會因前次狀態或動作順序之不同，而得到不同之輸出結果。

例如在圖7-3中，在此迴路剛接上電源時，雖X6開關爲ON，但X5開關爲OFF，故Y3不動作。在啓動開關X5按下後，Y3動作，一旦Y3動作後，即使斷開啓動開關（X5變成OFF），Y3因爲自身之接點回授而仍可繼續保持動作（此即爲自我保持迴路），其動作可以表7-1表示：

表7-1　圖7-3中順序邏輯下的元件操作狀態

| 動作順序 ＼ 裝置狀態 | X5開關 | X6開關 | Y3狀態 |
| --- | --- | --- | --- |
| 1 | 不動作 | 不動作 | OFF |
| 2 | 動作 | 不動作 | ON |
| 3 | 不動作 | 不動作 | ON |
| 4 | 不動作 | 動作 | OFF |
| 5 | 不動作 | 不動作 | OFF |

由表7-1中可以觀察到，即使是兩個開關的動作狀態是相同，輸出元件的狀態會因為先前的操作動作不同而有不同的反應。例如：在動作順序1、3、5中，雖然開關的狀態組合是一樣的，但是輸出元件的反應卻不相同，這就是順序邏輯所具有的特性。

## 7.3　PLC階梯圖的執行

雖然PLC階梯圖的工作原理與傳統階梯圖的基礎一樣，但是兩者之間在實際的執行上還是有相當程度的差異。傳統階梯圖是應用在實際的電器訊號配線上，所以任何一個元件的訊號改變將會即時的引起其他元件相對應的作用。另一方面，PLC階梯圖的執行是利用微處理器的程式來模擬階梯圖的運作，但微處理器本身是一個狀態機器（State Machine），也就是說在任何一個時間點只能夠執行一個程式指令，所以PLC階梯圖是不可能將所有的階梯圖程式列在同一個時間進行判斷與改變。在這個狀態機器限制下，PLC階梯圖是利用掃描的方式逐一地查看所有輸入裝置及輸出線圈之狀態，再將此等狀態依階梯圖之組態邏輯作演算，然後和傳統階梯圖一樣產生輸出結果。PLC階梯圖程式掃描之示意圖，如圖7-4所示。但因微處理器只有一個，只能逐一地查看階梯圖程式，並依該程式及輸入／輸出狀態演算輸出結果，再將結果送到輸出介面，然後又重新讀取輸入狀態→演算→輸出，如此週而復始地循環執行上述動作，此一完整之循環動作所需要的時間稱之為掃描時間。掃描時間會隨著程式之增大而加長。掃描時間將造成PLC從輸入檢知、程式演算到產生輸出反應間的時間延遲，延遲時間越長對控制所造成之誤差越大，甚至造成無法勝任控制要求之情況，此時就必須選用掃描速度更快之PLC，因此掃描時間是PLC之重要規格。

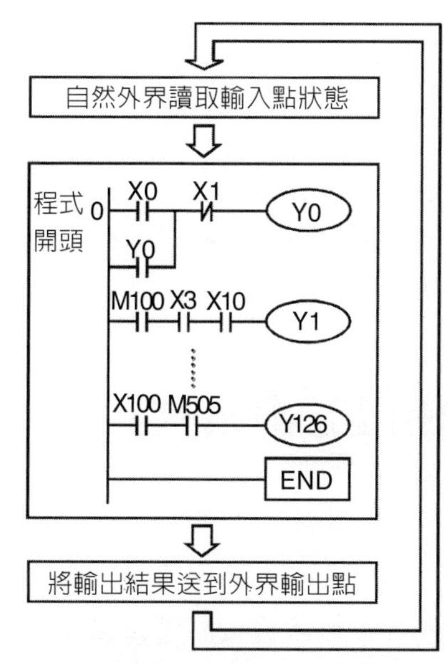


依階梯圖組態演算出輸出結果（外部輸入點在每一次循環開始時更新對應的記憶體內容；但輸入點內部裝置記憶體內容會在循環中即時更新，實際的輸出點電氣訊號則是在循環結束後才更新）

週而復始的執行

圖7-4　PLC階梯圖程式掃描之示意圖

特別值得注意的是，PLC輸入元件的狀態是在每一次掃描開始前先行擷取到微電腦中作運算，而輸出元件的狀態則是在每一次掃描結束後作更新。除了內部記憶體的狀態之外，輸入元件及輸出元件的狀態在程式執行的過程中並不會在每一行程式執行的當下立即進行更新。這種讀取輸入狀態→演算→輸出結果的掃描執行觀念是與一般的電腦和微處理器程式的執行觀念有所不同。

逆向回流

除上述掃描時間差異外，PLC階梯圖和傳統階梯圖尚有「逆向回流」之差異，如圖7-5所示。圖7-5中，若X0，X1，X4，X6爲導通，其他爲不導通，在傳統之階梯圖迴路上輸出Y0會如虛線所示形成迴路而爲ON。這是因爲傳統階梯圖表達的是一個電氣配線的概念，因此只要有元件導通便會造成一個訊號通路的狀態，彼此之間並沒有方向性的限制。但在PLC階梯圖中，因演算階梯圖程式係由上而下，由左而右地掃描。在同樣輸入條件下，一般的PLC階梯圖編輯軟體會檢查出階梯圖「逆向回流」的錯誤。

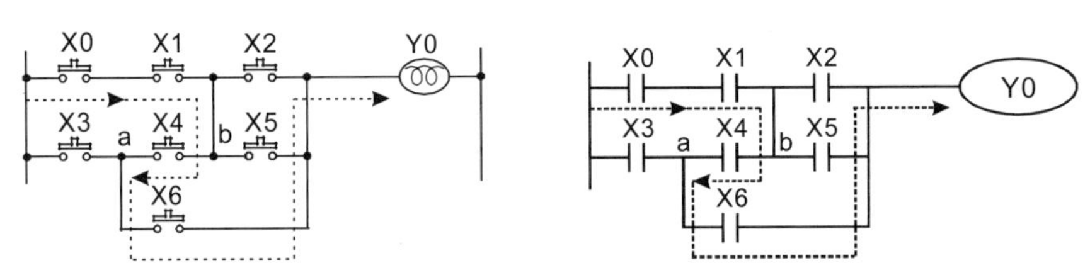


圖7-5 傳統階梯圖與PLC階梯圖之逆向回流

# 7.4 PLC階梯圖的編輯

由圖7-1與圖7-3的基本舉例可以知道，每一列的階梯圖程式都包含了PLC元件以及所需要進行的程序。例如：在上述例子中所使用的輸出入元件，以及所進行的邏輯功能（也就是以並聯和串聯所構成的邏輯關係）。一般而言，圖形化的表示方式對使用人員來說是比較容易了解的型式。但是，任何一種以微電腦作爲處理核心的程式都必須要使用以文字指令的方式撰寫。就如同一般在電腦上所使用的C程式語言或是微處理器所使用的組合語言，都是以文字爲基礎的程式撰寫型式。在PLC發展的漫長歷史中，的確有一段時間是利用文字編輯輸入器作爲主要的工具，部分的原因是因爲早期的個人電腦並不如現在的發達與普遍。而在現今資訊設備普及的情況下，特別是對於初學者而言，使用圖形化的編輯工具相對是較爲簡單的途徑。因此，所有的PLC設備廠商都會免費提供對應的程式編輯軟體供使用者撰寫程式使用，例如：台達的WPLSoft階梯圖編輯軟體。同時，這些軟體也有檢查、編譯、模擬、程式燒錄與讀取等等的高階功能。而使用者只要有一台電腦便可以快速地進行程式的撰寫和修改。

階梯圖的圖形元件

在階梯圖中很多基本符號及動作都是根據在傳統自動控制配電線路中常見的機電裝置，例如：按鈕、開關、繼電器（Relay）、計時器（Timer）及計數器（Counter）等等。除了先前所介紹的數位輸入開關（X）與輸出元件（Y）外，PLC還設計了許多的內部裝置以完成各種自動控制的功能。PLC內部裝置的種類及數量隨各廠牌產品而不同，內部裝置雖然沿用了傳統電氣控制電路中的繼電器、線圈及接點等名稱，但PLC內部並不存在這些實際物理裝置，與它對應的只是PLC內部記憶體的一個基本單元（一個位元，Bit），若該位元爲1表示該線圈受電（啓動），該位元爲0表示線圈不受電（不啓動），使用常開接點（Normal Open, NO或A接點）即直接讀取該對應位元的值，若使用常閉接點（Normal Close, NC或B接點）則讀取該對應位元值的反相。多個繼電器將分別占有多個位元，8個位元組成一個位元組（或稱爲Byte），二個位元組稱爲一個字元（Word），兩個字元組合成雙字元（Double Word）。當多個繼電器狀態一併處理時（如加／減法、移位等）則可使用位元組、字元或雙字元運算進行。且PLC內部的另外兩種裝置：計時器及計數器，不僅有線圈啓動與否的狀態（位元），還有進行中的計時值與計數值。因此，程式必要時還要進行一些數值的處理，這些數值因爲計算範圍較大，大多屬於位元組、字元或雙字元的型式。

各種內部裝置在PLC內部的數值儲存區，各自占有一定數量的儲存單元與位址，所以必須賦予適當的編號以便正確的對應使用。特別是與硬體相關的儲存單元，用來顯示或設定硬體功能的儲存元件，更需要依照PLC使用手冊的規定撰寫特定的編號，以免產生錯誤的控制行爲。當使用這些裝置，實際上就是將相對應的儲存內容以位元或位元組或字元的形式進行讀取。

### PLC的基本內部裝置

常用的PLC的基本內部裝置如表7-2所示，詳細的數量、編號、功能必須依據廠牌型號確認使用方式。

表7-2　PLC的基本內部裝置

| 裝置種類 | 裝置表示 |
|---|---|
| 輸入繼電器（Input Relay） | X0, X1, …, X7, X10, X11, …，裝置符號以X表示，順序以八進制編號。在主機及擴充機上均有輸入點編號的標示。 |
| 輸出繼電器（Output Relay） | Y0, Y1, … ,Y7, Y10, Y11, …，裝置符號以Y表示，順序以八進制編號。在主機及擴充機上均有輸出點編號的標示。 |
| 內部輔助繼電器（Internal Relay） | M0, M1, … , M4095，裝置符號以M表示，順序以十進制編號。 |
| 步進點（Step） | S0, S1, … , S1023，裝置符號以S表示，順序以十進制編號。 |
| 計時器（Timer） | T0, T1, … , T255，裝置符號以T表示，順序以十進制編號。不同的編號範圍，對應不同的時鐘週期。 |
| 計數器（Counter） | C0, C1, … , C255，裝置符號以C表示，順序以十進制編號。 |

| 裝置種類 | 裝置表示 |
|---|---|
| 資料暫存器（Data Register） | D0, D1, ⋯, D11999，裝置符號以D表示，順序以十進制編號。 |
| 檔案暫存器（File Register） | K0～K9999，無裝置符號，順序以十進制編號。 |
| 間接指定暫存器（Index Register） | E0～E7、F0～F7，裝置符號以E、F表示，順序以十進制編號。 |

表7-2中的PLC基本內部裝置元件就是在繪製階梯圖時所需要檢查狀態的目標元件，而利用階梯圖的邏輯關係便可將使用者的自動控制設計規劃改變輸出元件或其他內部裝置的運作狀態。

階梯圖組成圖形

階梯圖的邏輯關係可以利用表7-3的圖形元件進行組合，以表達特定的自動控制邏輯運作關係。

表7-3　階梯圖組成圖形

| 階梯圖形結構 | 命令解說 | 指令 | 使用裝置 |
|---|---|---|---|
|  | 常開開關，A接點 | LD | X、Y、M、S、T、C |
|  | 常閉開關，B接點 | LDI | X、Y、M、S、T、C |
|  | 串接常開 | AND | X、Y、M、S、T、C |
|  | 串接常閉 | ANI | X、Y、M、S、T、C |
|  | 並接常開 | OR | X、Y、M、S、T、C |
|  | 並接常閉 | ORI | X、Y、M、S、T、C |
|  | 正緣觸發開關 | LDP | X、Y、M、S、T、C |
|  | 負緣觸發開關 | LDF | X、Y、M、S、T、C |
|  | 正緣觸發串接 | ANDP | X、Y、M、S、T、C |

| 階梯圖形結構 | 命令解說 | 指令 | 使用裝置 |
|---|---|---|---|
|  | 負緣觸發串接 | ANDF | X、Y、M、S、T、C |
|  | 正緣觸發並接 | ORP | X、Y、M、S、T、C |
|  | 負緣觸發並接 | ORF | X、Y、M、S、T、C |
|  | 區塊串接 | ANB | 無 |
|  | 區塊並接 | ORB | 無 |
|  | 多重輸出 | MPS<br>MRD<br>MPP | 無 |
|  | 線圈驅動輸出指令 | OUT | Y、M、S |
| S | 步進階梯 | STL | S |
|  | 基本指令、應用指令 | 應用指令 | 請參考基本指令（RST/SET及CNT/TMR）及第八章應用指令說明 |
|  | 反向邏輯 | INV | 無 |

表7-3中的圖形元件組合方式可以使用文字式的指令撰寫或者是圖形化的元件結構組合。以台達的WPLSoft為例，使用者可以開啓新專案視窗後，在工具列中選取新增元件至專案視窗中組合，如圖6-8所示；或者在專案視窗開啓指令輸入視窗進行指令輸入，也可以在專案中產生同樣的效果，如圖6-9所示。

# 7.5 PLC階梯圖各項基本指令介紹

一般指令

| 指令碼 | 功能 | 運算元 |
|---|---|---|
| LD | 載入A接點 | X、Y、M、S、T、C |
| LDI | 載入B接點 | X、Y、M、S、T、C |
| AND | 串聯A接點 | X、Y、M、S、T、C |
| ANI | 串聯B接點 | X、Y、M、S、T、C |
| OR | 並聯A接點 | X、Y、M、S、T、C |
| ORI | 並聯B接點 | X、Y、M、S、T、C |
| ANB | 串聯迴路方塊 | 無 |
| ORB | 並聯迴路方塊 | 無 |
| MPS | 存入堆疊 | 無 |
| MRD | 堆疊讀取（指標不動） | 無 |
| MPP | 讀出堆疊 | 無 |
| LDP | 正緣檢出動作開始 | X、Y、M、S、T、C |
| LDF | 負緣檢出動作開始 | X、Y、M、S、T、C |
| ANDP | 正緣檢出串聯連接 | X、Y、M、S、T、C |
| ANDF | 負緣檢出串聯連接 | X、Y、M、S、T、C |
| ORP | 正緣檢出並聯連接 | X、Y、M、S、T、C |
| ORF | 負緣檢出並聯連接 | X、Y、M、S、T、C |
| END | 程式結束 | 無 |

1. LD（LDI）命令：一區塊的起始給予LD或LDI的命令。

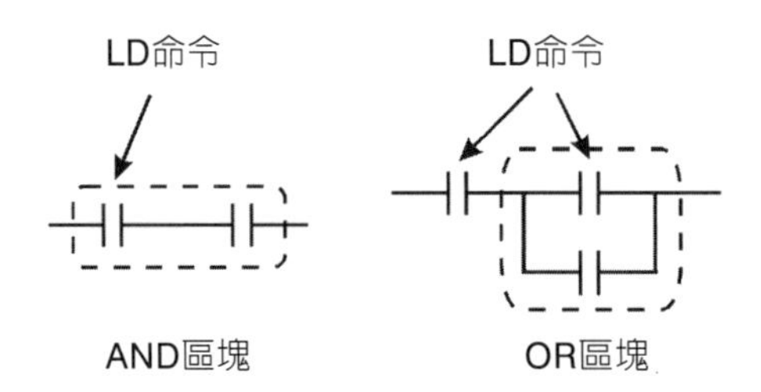

LDP及LDF的命令結構也是如此，不過其動作狀態有所差別。LDP、LDF在動作時是在接點導通的上升緣或下降緣時才有動作。如下圖所示：

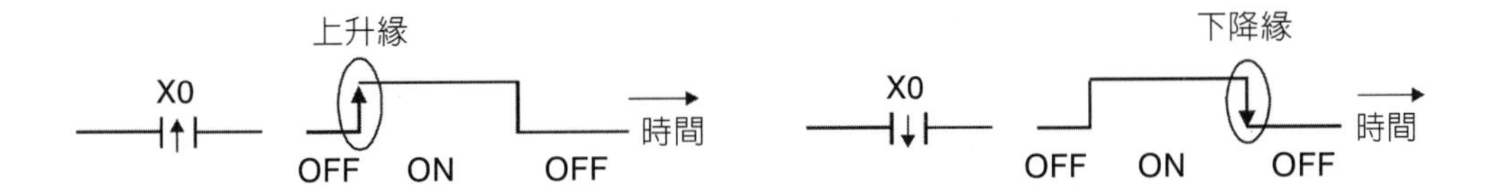


2. AND（ANI）命令：單一裝置串聯接於一裝置或一區塊之後的串聯組合。

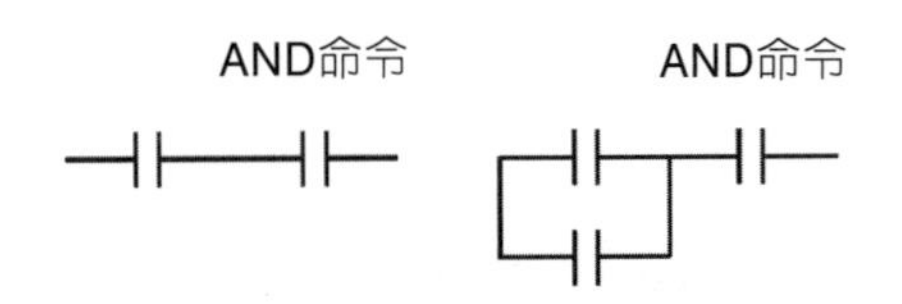


ANDP、ANDF的結構也是如此，只是其動作發生情形是在上升緣與下降緣時。

3. OR（ORI）命令：單一裝置並聯接於一裝置或一區塊的組合。

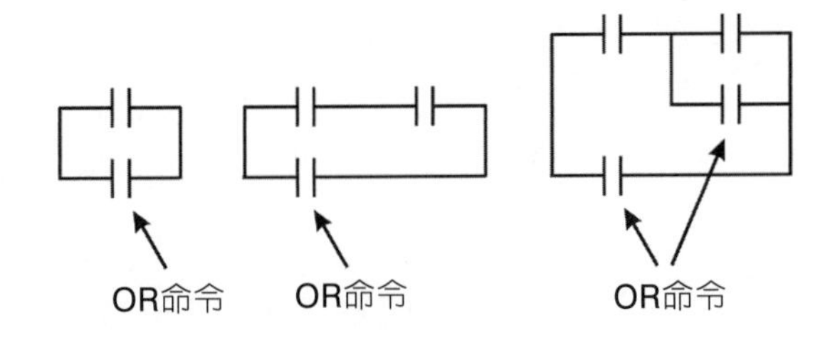


ORP、ORF也是相同的結構，不過其動作發生時是在上升緣及下降緣。

4. ANB命令：一區塊與一裝置或一區塊的串接組合。

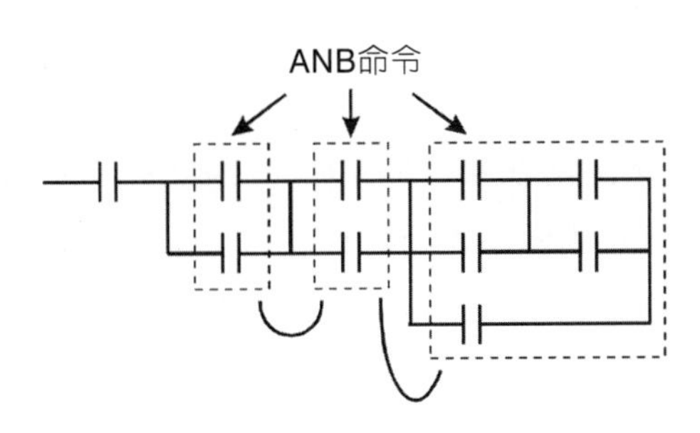


5. ORB命令：一區塊與一裝置或與一區塊並接的組合。

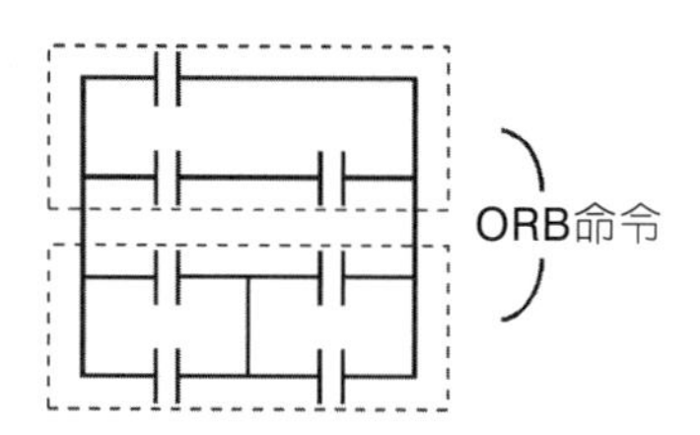


ANB及ORB運算，如果有好幾個區塊結合，應該由上而下或是由左而右，依序合併成區塊或是網路。

6. MPS、MRD、MPP命令：多重輸出的分歧點記憶，這樣可以產生多個並且具有變化的不同輸出，如下圖所示。

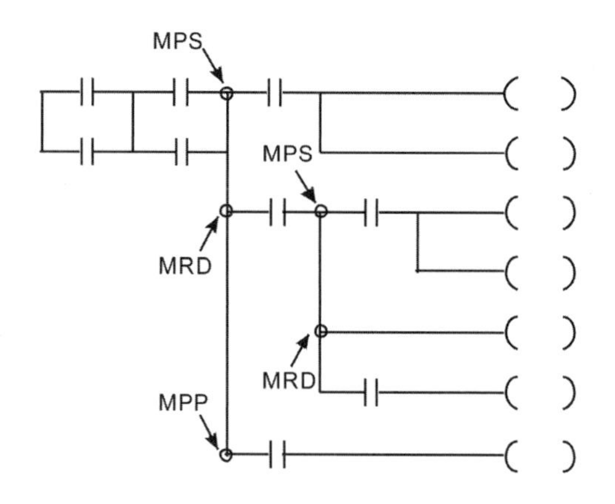


MPS指令是分歧點的開始，所謂分歧點是指水平線與垂直線相交之處，我們必須經由同一垂直線的接點狀態來判定是否應該下接點記憶命令，基本上每個接點都可以下記憶命令，但是顧慮到PLC的運作方便性及其容量的限制，所以有些地方在階梯圖轉換時就會有所省略，可以由階梯圖的結構來判斷是屬於何種接點儲存命令。MPS可以由路徑圖形「┬」來做分辨，一共可以連續執行此路徑分岐命令8次。

MRD指令是分歧點記憶讀取（Read），因為同一垂直線的邏輯狀態是相同的，所以為了繼續其他階梯圖的解析進行，必須要再把原接點的狀態讀出。MRD可以由路徑圖形「├」來做分辨。

MPP指令是將最上層分歧點開始的狀態讀出並且把它自堆疊中推出（Pop），因為它是同一垂直線的最後一筆，表示此垂直線的狀態可以結束了。MPP可以由路徑圖形「└」來做判定。基本上使用上述的方式解析不會有誤，但是有時相同的狀態輸出，編譯程式會將之省略。

輸出指令

| 指令碼 | 功能 | 運算元 |
|---|---|---|
| OUT | 驅動線圈 | Y、M、S |
| SET | 動作保持（ON） | Y、M、S |
| RST | 接點或暫存器清除 | Y、M、S、T、C、D、E、F |

1. OUT命令：將OUT指令之前的邏輯運算結果輸出至指定的元件。線圈接點動作如下：

| 運算結果 | OUT指令 | | |
|---|---|---|---|
| | 線圈 | 接點 | |
| | | A接點（常開） | B接點（常閉） |
| FALSE | OFF | 不導通 | 導通 |
| TRUE | ON | 導通 | 不導通 |

階梯圖：

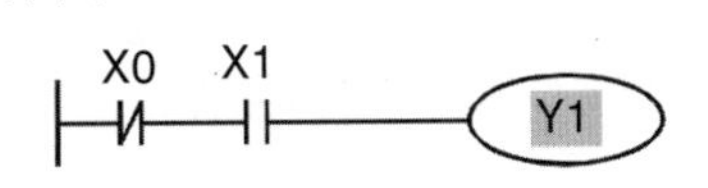


| 指令碼 | | 說明 |
|---|---|---|
| LDI | X0 | 載入X0之B接點 |
| AND | X1 | 串聯X1之A接點 |
| OUT | Y1 | 驅動Y1線圈 |

2. SET命令：當SET指令被驅動，其指定的元件被設定爲ON，且被設定的元件會維持ON，不管SET指令是否仍繼續被驅動。可利用RST指令將該元件設爲OFF。

階梯圖：

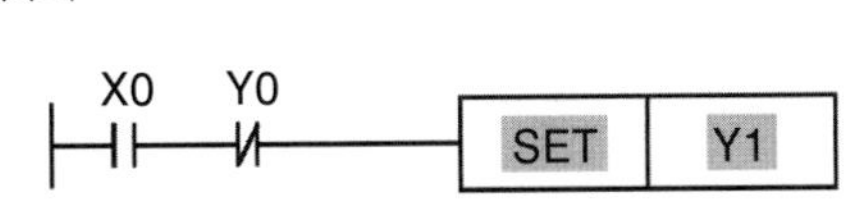


| 指令碼 | | 說明 |
|---|---|---|
| LD | X0 | 載入X0之A接點 |
| ANI | Y0 | 串聯Y0之B接點 |
| SET | Y1 | Y1動作保持（ON） |

CHAPTER 7

3. RST命令：當RST指令被驅動，其指定的元件的動作如下，若RST指令沒有被執行，其指定元件的狀態保持不變。

| 元件 | 狀態 |
|---|---|
| S, Y, M | 線圈及接點都會被設定爲OFF。 |
| T, C | 目前計時或計數值會被設爲0，且線圈及接點都會被設定爲OFF。 |
| D, E, F | 內容值會被設爲0。 |

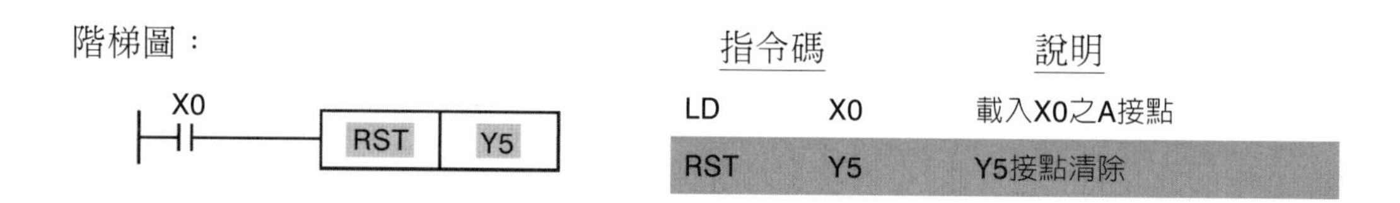


計時器、計數器

| 指令碼 | 功能 | 運算元 |
|---|---|---|
| TMR | 16位元計時器 | T-K或T-D |
| CNT | 16位元計數器 | C-K或C-D（16位元） |
| DCNT | 32位元計數器 | C-K或C-D（32位元） |

1. TMR命令：當TMR指令執行時，其所指定的計時器線圈受電，計時器開始計時，當到達所指定的定時值（計時值＞＝設定值），其接點動作如下：

| NO（Normally Open）接點 | 開路 |
|---|---|
| NC（Normally Close）接點 | 閉合 |

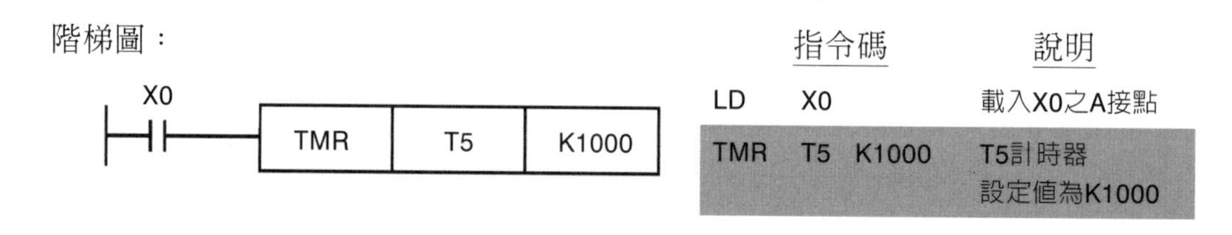

2. ATMR命令：ATMR指令相當於AND + TMR指令之組合，其前一接點成立時，此指定之計時器將開始計時，當計時值到達時（計時值 >= 設定值），其AND接點動作成立；當前面接點不成立時，則ATMR自動清除計時值。

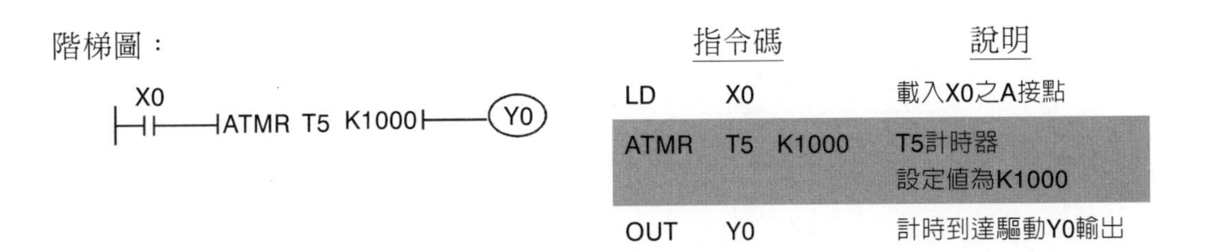


3. CNT命令：當CNT指令由OFF→ON執行，表示所指定的計數器線圈由失電→受電，則該計數器計數值加1，當計數到達所指定的數值（計數值 = 設定值），其接點動作如下：

| NO（Normally Open）接點 | 開路 |
|---|---|
| NC（Normally Close）接點 | 閉合 |

當計數到達之後，若再有計數脈波輸入，其接點及計數值均保持不變，若要重新計數或作清除的動作，必須利用RST指令。

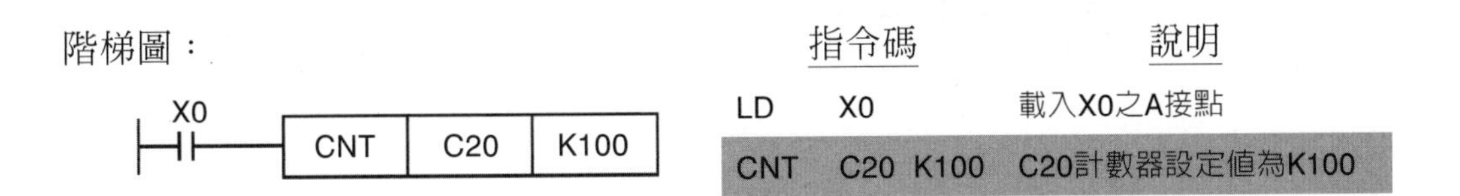


4. DCNT命令：DCNT爲32位元計數器C200～C255之啓動指令。一般用加減算計數器C200～C234，當DCNT指令由OFF→ON時，依照特殊暫存器M1200～M1234的設定模式，計數器之現在值將執行遞增上數（加一）的動作或遞減下數（減一）的動作。高速用加減計數器C235～C255，當該計數器的指定高速計數脈衝輸入由OFF→ON，則執行計數動作。有關高速計數脈衝輸入端（X0～X17）及計數動作（上數，計數值加一及下數，計數值減一）可以參考相關資料手冊計數器的編號及功能[C]。

當DCNT指令OFF時，該計數器停止計數，但原有計數值不會被清除，可使用指令RST C2XX清除計數值及其接點，高速加減計數器C235～C255可使用外部指定輸入點清除計數值及其接點。

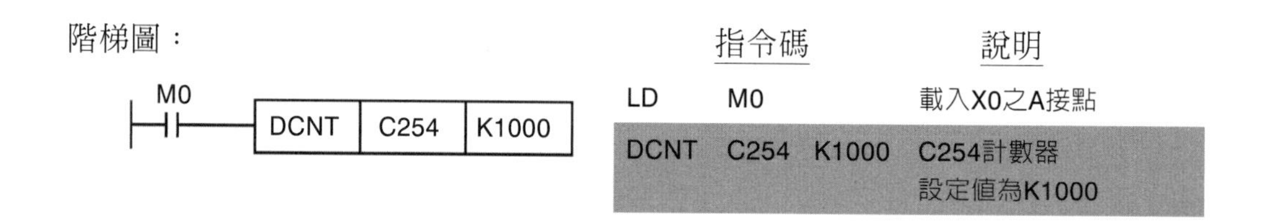


## 7.6 PLC階梯圖製作概念

階梯圖製作的概念基本上是以左邊輸入訊號或是裝置狀態作爲依據，並且將各個訊號或狀態的邏輯條件藉由並聯（OR）或者是串聯（AND）的關係確定輸出裝置的改變與否。因此，當邏輯條件變得更爲複雜時，必須要將輸入訊號或是裝置狀態利用區塊的方式進行規劃，再利用串聯或並聯的方式完成邏輯的判斷，如圖7-6。

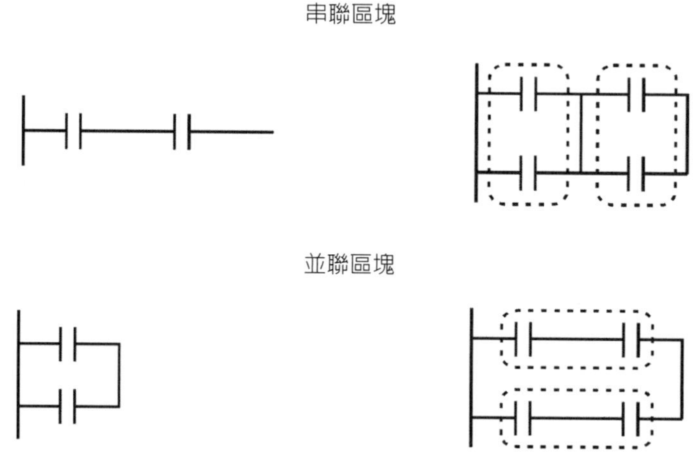


圖7-6　並聯區塊及串聯區塊

所謂的區塊是指兩個以上的裝置做串接或並接的運算組合而形成的階梯圖形，依其運算性質可產生並聯區塊及串聯區塊，如圖7-7所示。往下垂直線的使用是對左右區塊裝置來區分，對於左邊的區塊來說是合併線（表示左邊至少有兩列以上的迴路與此垂直線相連接），對於右邊的裝置及區塊來說是分歧線（表示此垂直線的右邊至少有兩列以上的迴路相連接）。

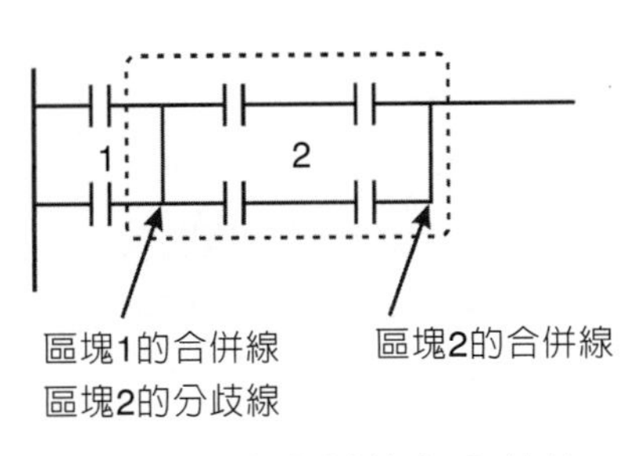


圖7-7　區塊合併線與分歧線

## PLC階梯圖之編輯與分析

PLC階梯圖編輯與分析方式是由左母線開始至右母線（在WPLSoft編輯省略右母線的繪製）結束，一列編完再換下一列，一列的接點個數最多能有11個，若是還不夠，會產生連續線繼續連接，進而續接更多的裝置，連續編號會自動產生，相同的輸入點可重複使用，如圖7-8所示。

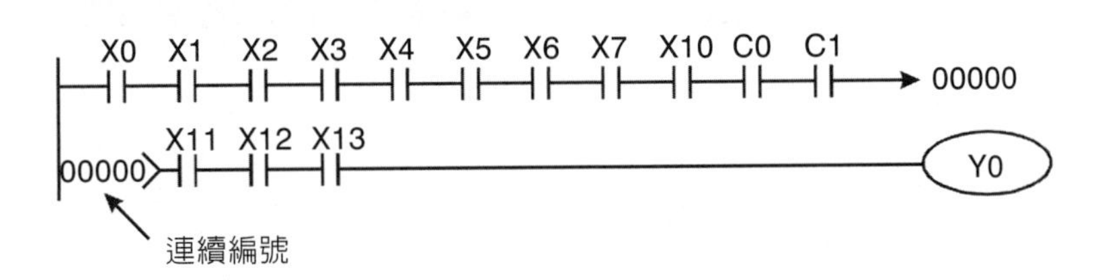


圖7-8　連續線連接的階梯圖

階梯圖程式的運作方式是由左到右，由上到下的掃描。線圈及應用命令運算框等屬於輸出處理，在階梯圖形中置於最右邊。以圖7-9爲例，逐步分析階梯圖的流程順序，右上角的編號爲其順序。

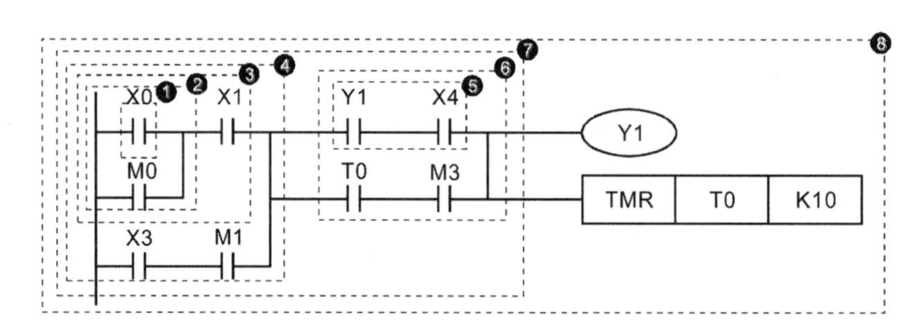


圖7-9　階梯圖的流程順序範例

接著，利用這個簡單的例子說明階梯圖的編輯以及命令執行的順序，同時也可以了解這個階梯圖所代表的邏輯運作關係。依照這樣的分析流程順序，階梯圖的命令執行，或是程式撰寫的方式，可以利用下列的文字方式呈現：

| | | | | |
|---|---|---|---|---|
| 1 | LD | X0 | | 載入一個輸入訊號X0 |
| 2 | OR | M0 | | 載入一個裝置狀態M0與X0並聯成一個區塊A |
| 3 | AND | X1 | | 與前面的區塊串聯輸入訊號X1 |
| 4 | LD | X3 | | 載入一個輸入訊號X3 |
| | AND | M1 | | 載入一個裝置狀態M1與X3串聯成一個區塊B |
| | ORB | | | 與前一個區塊A並聯 |
| 5 | LD | Y1 | | 載入一個裝置狀態Y1 |
| | AND | X4 | | 載入一個輸入訊號X4與Y1串聯成一個區塊C |
| 6 | LD | T0 | | 載入一個計時器裝置T0 |
| | AND | M3 | | 載入一個裝置狀態M3與T0串聯成一個區塊D |
| | ORB | | | 與前一個區塊C並聯 |
| 7 | ANB | | | 與前一個區塊（A OR B），串聯<br>得到完整的邏輯關係<br>(A OR B) AND (C OR D)<br>= ((M1 AND X3) OR (X1 OR X3))<br>AND ((M3 AND T0) OR (Y1 AND X4)) |
| 8 | OUT | Y1 | | 如果上述的邏輯關係成立，設定輸出裝置Y1 |
| | TMR | T0 | K10 | 如果上述的邏輯關係成立，設定啓動計時器T0 |

從上述的例子中，可以看到階梯圖的基本運作概念主要是以訊號與訊號之間的邏輯關係（AND及OR），以及區塊與區塊之間的邏輯關係進行組合。如果只需要對單一裝置進行邏輯關係組合的話，可以直接使用OR或者AND指令；如果是要建立區塊的運作關係時，每一個區塊的起始都是以LD（LDI），再利用區塊的並聯（ORB）或是串聯（ANB）將各個邏輯區塊的運作整合，而達到判斷是否要設定輸出元件的邏輯運作條件。

# 7.7 常用基本程式設計範例

## 7.7.1 啓動、停止及自保

PLC階梯圖可以依據輸入訊號或裝置狀態的邏輯條件來進行輸出裝置或是內部裝置元件的狀態更改，所以輸出裝置或內部裝置元件的狀態必然是根據使用者的階梯圖設計進行的。所以，不管是裝置的啓動或是停止，使用者必須要小心的設計相對應的邏輯條件。但是更重要的是，實際的控制設備中，訊號的發生往往只是短短的一瞬間。因此，在PLC階梯圖中的邏輯條件成立的時間也就只有那短短的一瞬間。有些應用場合需要利用按鈕的瞬間閉合及瞬間斷開作爲設備的啓動與停止。可是機器設備的運作，不論是經由工作人員的命令輸入或是設備運作的狀態改變所造成的調整，往往都需要能夠持續地維持運作的狀態。這時候，所謂的自保（也就是自我保持）的設計也必須要融入在階梯圖的運作當中。

舉例而言，工作人員需要按下啓動按鍵讓機器運轉時，當按鍵鬆開時仍須要繼續維持機器的運轉，不會因爲按鍵鬆開而停止機器的運作，這就是控制元件所造成的自我保持功能。但是，自保功能也必須要有能夠解除的設計，否則一旦啓動之後，將會永久不停地運轉。接下來，讓我們介紹幾個常用的自保功能。

1. 停止優先的自保迴路

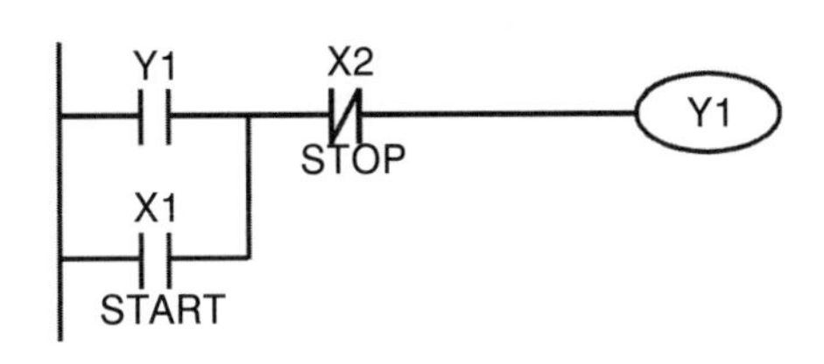


圖7-10 停止優先的自保迴路

當啓動常開接點X1 = ON，停止常閉接點X2 = OFF時，Y1將被設定爲ON。此時如果將X2設定爲ON，則線圈Y1停止受電，所以稱爲停止優先。

2. 啓動優先的自保迴路

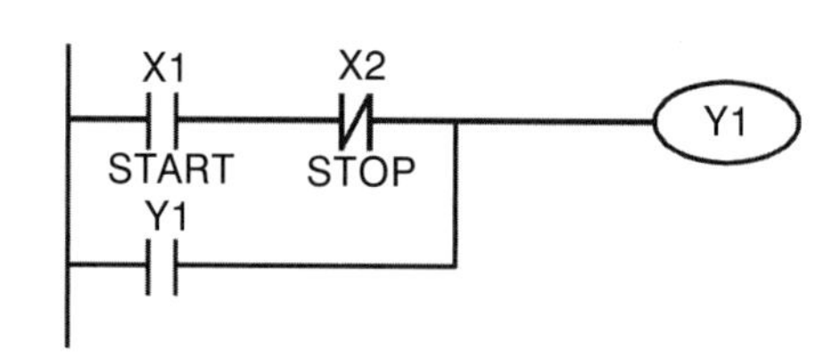


圖7-11　啓動優先的自保迴路

當啓動常開接點X1 = ON，停止常閉接點X2 = OFF時，Y1將被設定爲ON，線圈Y1將受電且自保。此時如果將X2設定爲ON，線圈Y1仍因自保接點而持續受電，所以稱爲啓動優先。

設定（SET）、復位（RST）指令的自保迴路

1. 停止優先

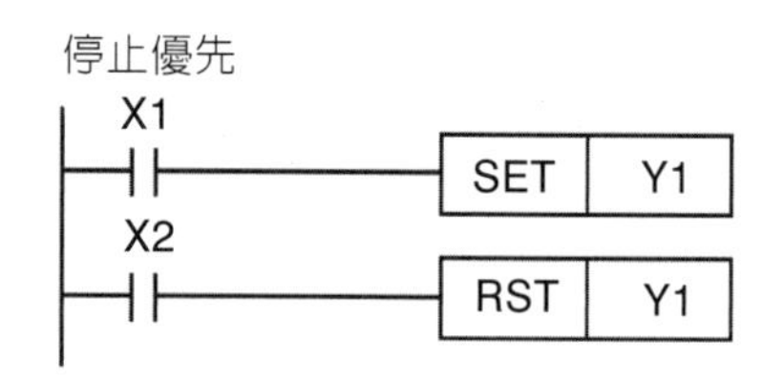


圖7-12　使用SET/RST的停止優先自保迴路

如圖7-12，RST指令設置在SET指令之後，爲停止優先。由於PLC執行程式時，是由上而下，因此會以程式最後，Y1的狀態作爲Y1的線圈是否受電。所以當X1與X2同時動作時，Y1將失電，因此爲停止優先。

2. 啓動優先

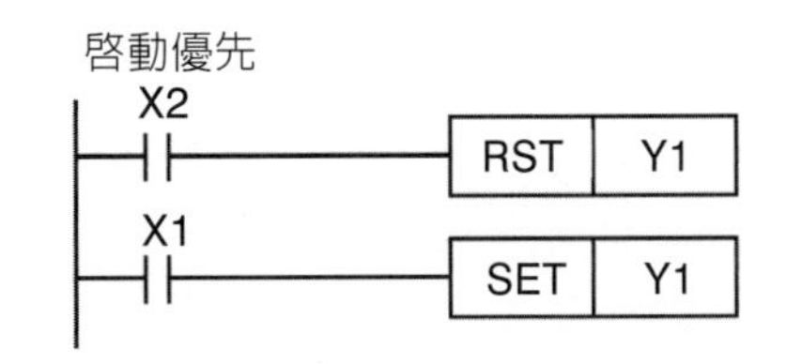


圖7-13　使用SET/RST的啓動優先自保迴路

如圖7-13，SET指令設置在RST指令之後，爲啓動優先。當X1與X2同時動作時，Y1將受電，因此爲啓動優先。

## 7.7.2　停電保持

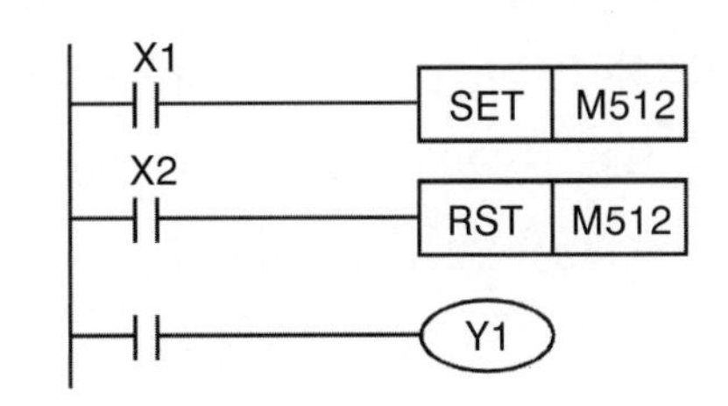


圖7-14　使用SET/RST的停電保持迴路

如圖7-14，輔助繼電器M512（以台達PLC爲例）爲停電保持，則圖中的電路不僅在通電狀態下能自保，而且一旦停電再復電，還能保持停電的自保狀態，因而使原控制保持連續性。

## 7.7.3 條件控制

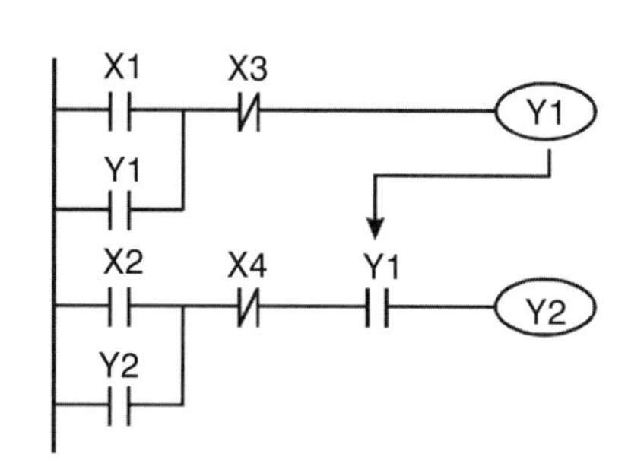


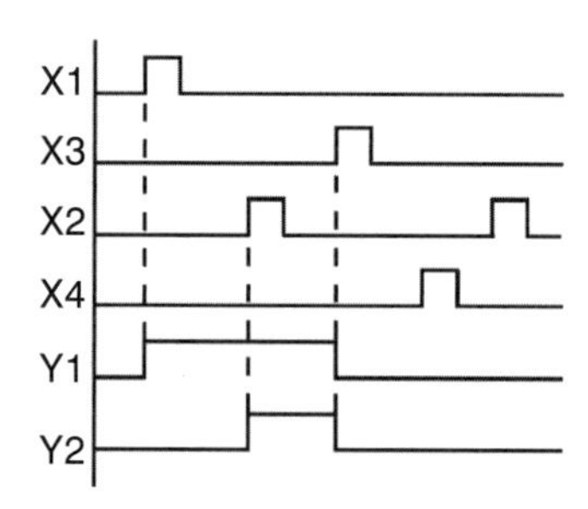


圖7-15 條件控制迴路

自動控制中常需要建立一個啓動的條件，在滿足條件後才會進行後續狀態的檢測與判斷。這種控制的手段稱作條件控制，其應用可以用圖7-15來說明。

圖7-15中，X1、X3分別啓動／停止Y1，X2、X4分別啓動／停止Y2，而且均有自保回路。由於Y1的常開接點串聯了Y2的電路，成爲Y2動作的一個AND的條件，所以Y2動作要以Y1動作爲條件，Y1動作Y2才可能動作。

## 7.7.4 順序控制

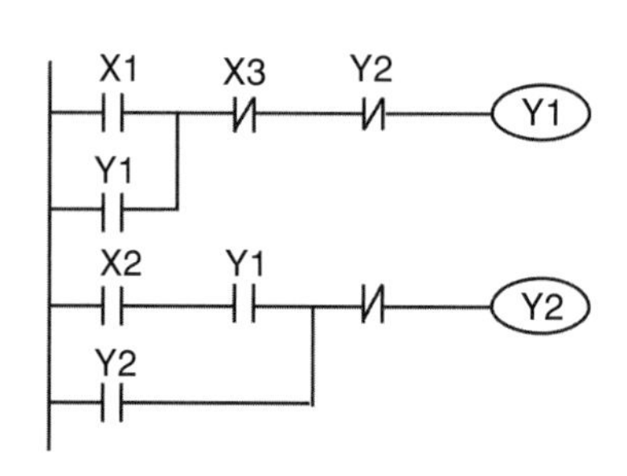


圖7-16 順序控制迴路

在控制上，有時候需要將特定的設備群組按照一定的順序啓動，而且在啓動下一個設備後，必須要將前一個設備停止。這種控制方式稱之爲順序控制。

如圖7-16，Y1的角色是作爲判斷條件成立與否的狀態。因此，在條件成立之後便將Y1自鎖維持。若把Y2的常閉接點串入到Y1的電路中，作爲Y1動作的一個AND條件，則這個電路不僅Y1作爲Y2動作的條件，而且當Y2動作後還能停止Y1的動作，這樣就能使Y1及Y2確實執行順序動作的程序。

## 7.7.5 互鎖控制

工業控制上常常設計有一個排他性的控制方式，也就是說當甲設備啓動時，乙設備或其他設備便不可以啓動；反之亦然，乙設備啓動時其他設備便不可以啓動。這樣的設計，可以防止設備同時啓動的互相干擾。互鎖控制可以使用如圖7-17中的階梯圖達成。

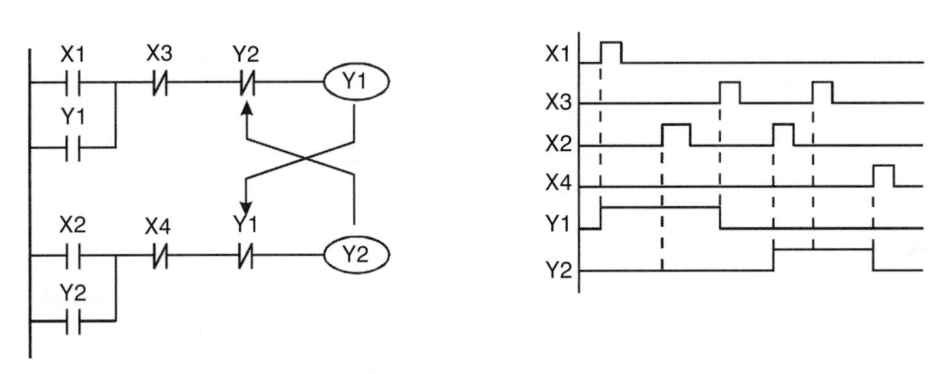


圖7-17 互鎖控制迴路

圖7-17爲互鎖控制回路，啓動接點X1、X2哪一個先有效，對應的輸出Y1、Y2將先動作，而且其中一個動作了，另一個就不會動作，也就是說Y1、Y2不會同時動作（互鎖作用）。即使X1、X2同時有效，由於階梯圖程式是自上而下掃描，Y1、Y2也不可能同時動作。本階梯圖形只有讓Y1優先。

## 7.7.6 振盪電路

在某些工業設備上，必須要造成設備或是元件的反覆啓動與停止，例如：燈號的閃爍或是溶液間歇性的供給。這時候便需要提供一個所謂的振盪訊號。而這樣的振盪訊號可以區分成簡易的振盪電路與較爲精確的振盪電路。

簡易的振盪電路

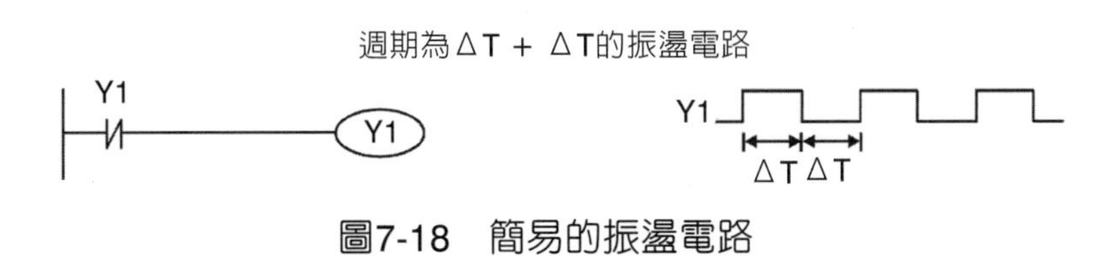


圖7-18 簡易的振盪電路

圖7-18爲一個很簡單的階梯圖形。當開始掃描Y1常閉接點時，由於Y1線圈爲失電狀態，所以Y1常閉接點閉合，接著掃描Y1線圈時，使之受電，輸出爲1。下次掃描週期再掃描Y1常閉接點時，由於Y1線圈受電，所以Y1常閉接點打開，進而使線圈Y1失電，輸出爲0。重複掃描的結果，Y1線圈上輸出了週期爲ΔT(ON) + ΔT(OFF)的振盪波形。在這裡，振盪週期ΔT是一個完整階梯圖程式掃描執行所需要的時間，所以當PLC程式越爲複雜時，ΔT的時間也會越長。

較爲精確的振盪電路

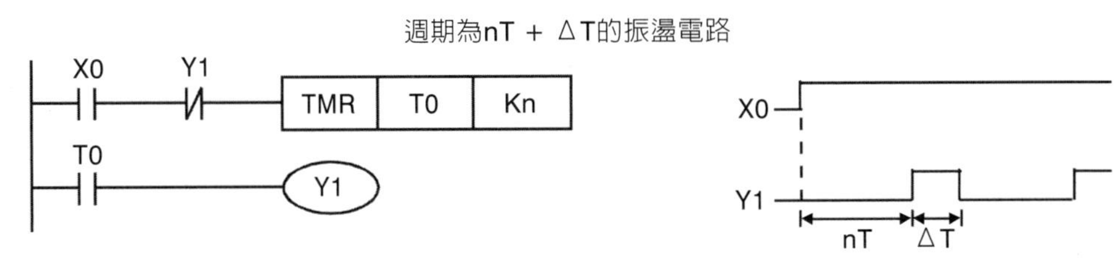


圖7-19　精確的振盪電路

爲了要較精確的控制正當電路的週期，可以在階梯圖中使用計時器元件進行較爲精準的時間控制，如圖7-19。

圖7-19的階梯圖程式使用計時器T0控制線圈Y1的受電時間，Y1受電後，它在下個掃描週期又會使計時器T0關閉，進而使Y1的輸出成了圖7-19右方的振盪波形。其中n爲計時器的十進制設定值，T爲該計時器基本計時單位（時鐘週期）。所以在振盪週期中，將會使輸出時間nT爲ON的訊號，時間ΔT爲OFF的訊號。

### 7.7.7 閃爍電路

如果要建立一個ON及OFF時間相同或是特定時間長度的振盪訊號電路時，可以利用閃爍電路，如圖7-20。

圖7-20是常用在使指示燈閃爍或使蜂鳴器報警用的振盪電路。它使用了兩個計時器，以控制Y1線圈的ON及OFF時間。其中n1、n2分別爲T1與T2的計時設定值，T爲該計時器時基（時鐘週期）。

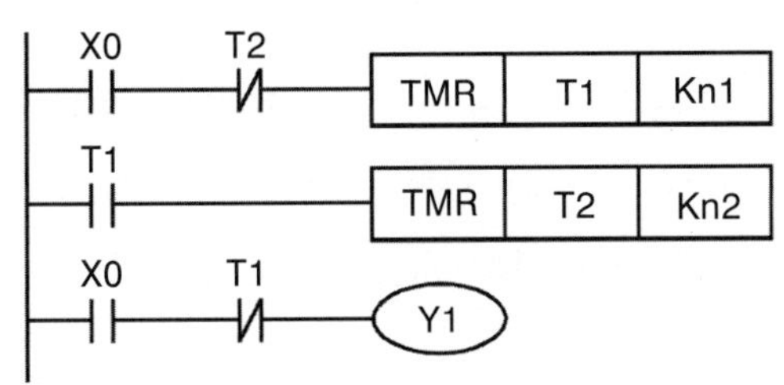


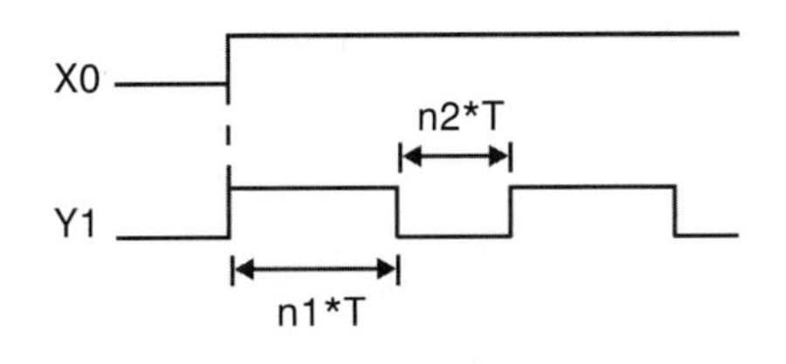


圖7-20　閃爍電路



## 7.7.8　觸發電路

在工業控制設備上，為了要精確地定義觸發啓動和停止的時間，避免因為訊號干擾而產生的跳動，以降低長時間維持訊號狀態的電力消耗，許多設備採用訊號變動時的邊緣觸發方式進行控制。所謂邊緣觸發就是利用訊號電壓準位由低變成高（即上升邊緣），或者是由高變成低（即下降邊緣）的訊號變化作為觸發設備狀態依據的控制方式。因此，在訊號改變後並不需要長時間的維持改變後的狀態，便可以回復到原始的訊號準位。這樣的觸發訊號也可以利用圖7-20的階梯圖來完成。

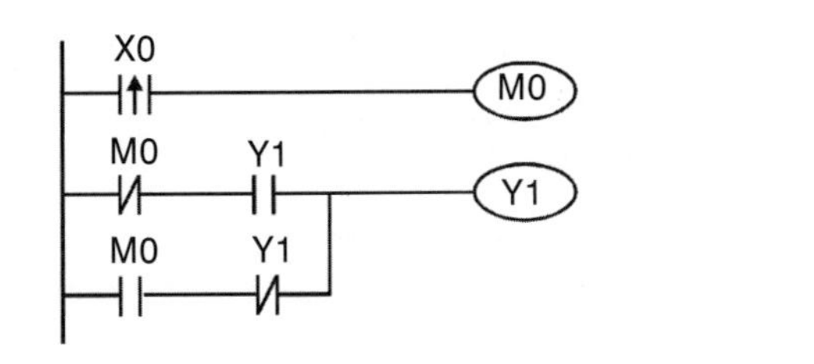


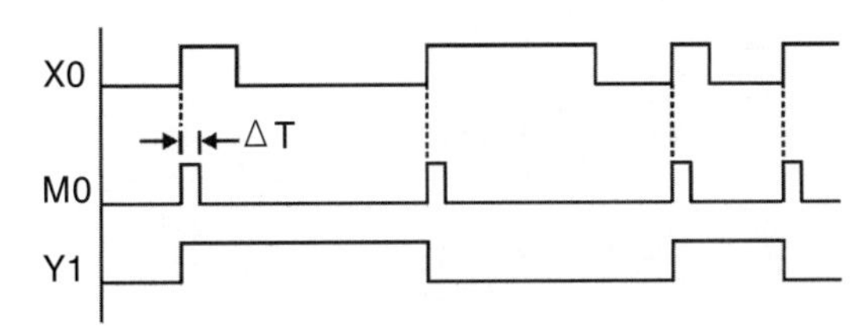


圖7-20　觸發電路

在圖7-20中，X0的上升緣微分指令使線圈M0產生ΔT（一個掃描週期時間）的單脈衝，在這個掃描週期內線圈Y1也受電。下個掃描週期線圈M0失電，其常閉接點M0與常閉接點Y1都閉合著，進而使線圈Y1繼續保持受電狀態，直到輸入X0又來了一個上升緣，再次使線圈M0受電一個掃描週期，同時導致線圈Y1失電…。其動作時序如圖7-20右方。這種電路常用於靠一個輸入使兩個動作交替執行。另外由圖7-20中的時序圖形可看出：當輸入X0是一個週期為T的方波信號時，線圈Y1輸出便是一個週期為2T的方波信號。

### 7.7.9 延遲電路

在某些工業設備上，當訊號觸發後必須要讓設備等待某一個特定時間後再開始啓動或者停止，以達到設備動作延遲或者分隔的目的。有時候爲了保護操作人員的安全，也可以利用這樣的延遲電路提供人員疏散的時間。這樣的延遲電路，可以利用PLC的計時器功能來達成。

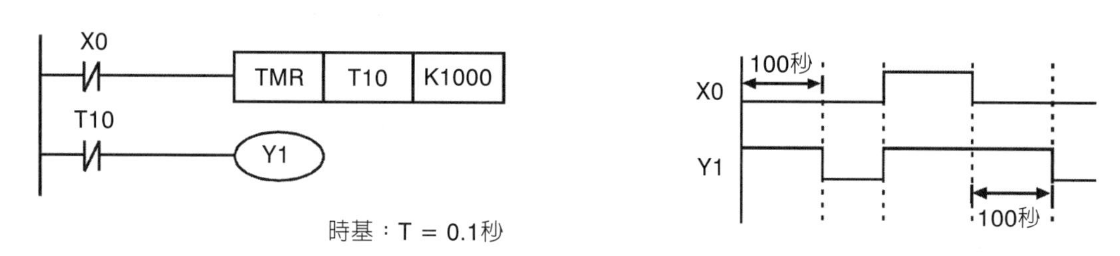


圖7-21 延遲電路

如圖7-21，當輸入X0爲ON時，由於其對應常閉接點OFF，使計時器T10處於失電狀態停止計時，所以輸出線圈Y1受電啓動，直到輸入X0爲OFF時，T10受電並開始計時，輸出線圈Y1延時100秒（K1000* 0.1秒 = 100秒）後失電。

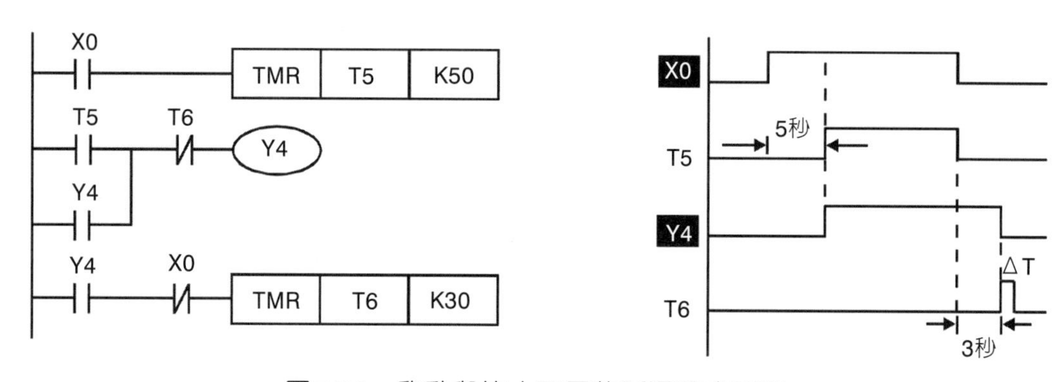


圖7-22 啓動與停止不同的延遲設定電路

必要時，也可以將設備的啓動與停止分別設定不同的延遲時間，以達到動作分隔的目的。如圖7-22所示，使用兩個計時器組成的電路，當X0輸入ON與OFF訊號時，輸出Y4都會產生不同計時器T5與T6所設定的延遲時間。

### 7.7.10 擴大計數範圍

在PLC的計數器內計數範圍都有一定的限制，例如：16位元的計數器，計數範圍爲0～32767。如果所需要的計數範圍超過限制時，必須要利用兩個以上的計數器計數範圍相乘的方式增加計數的範圍。在第一計數器達到計數範圍時觸發第二個計數器的累加，並重置一個計數器的內容，以達到計數分爲相乘的效果。

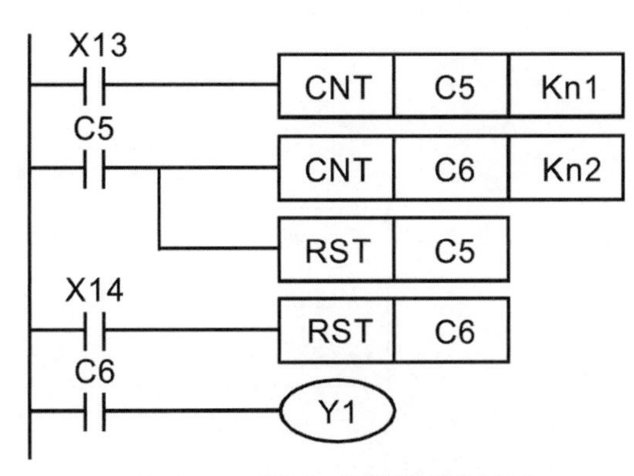


圖7-23 擴大計數範圍電路

如圖7-23中的電路，用兩個計數器，可使計數數值擴大到n1*n2。當計數器C5計數到達n1時，將使計數器C6計數一次，同時將自己復位（Reset），以接著對來自X13的脈衝計數。當計數器C6計數到達n2時，則自X13輸入的脈衝正好是n1*n2次。

## 7.8 實作範例

在學習上述的PLC基本電路設計之後，可以利用它們作爲基礎來發展設計複雜的工業自動化控制功能。使用者只要小心的調整或是組合上述的基本電路就可以完成許多自動化設備的基本功能，特別是加上步進階梯指令的應用可以利用設計流程的程序步驟觀念來完成，大幅降低開發階梯圖程式的困難。最後，讓我們用一個日常生活常見的交通號誌控制作爲範例，讓讀者可以了解基本的程序控制設計概念。

範例7-1

紅綠燈控制（使用基本指令）

路口的紅綠燈交通號誌，最基本的要求是要有固定的時間控制，每一個顏色的燈號都有不同的時間，而且可能在切換過程中必須要有閃爍的變化，例如：下表所示的燈號變化時間定義。更進一步地，必須考量不同行進方向的燈號協同變化，例如：直行為綠燈或黃燈時，橫行就一定是紅燈，以避免衝突。

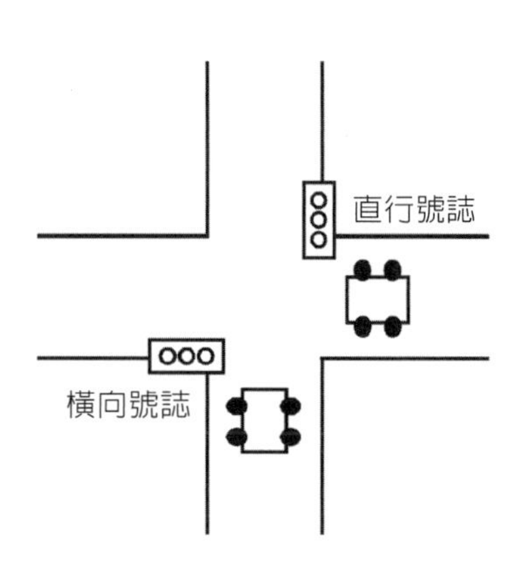


| | 紅燈 | 黃燈 | 綠燈 | 綠燈閃爍 |
|---|---|---|---|---|
| 直向號誌 | Y0 | Y1 | Y2 | Y2 |
| 橫向號誌 | Y10 | Y11 | Y12 | Y12 |
| 燈號時間 | 35秒 | 5秒 | 25秒 | 5秒 |

時序圖：

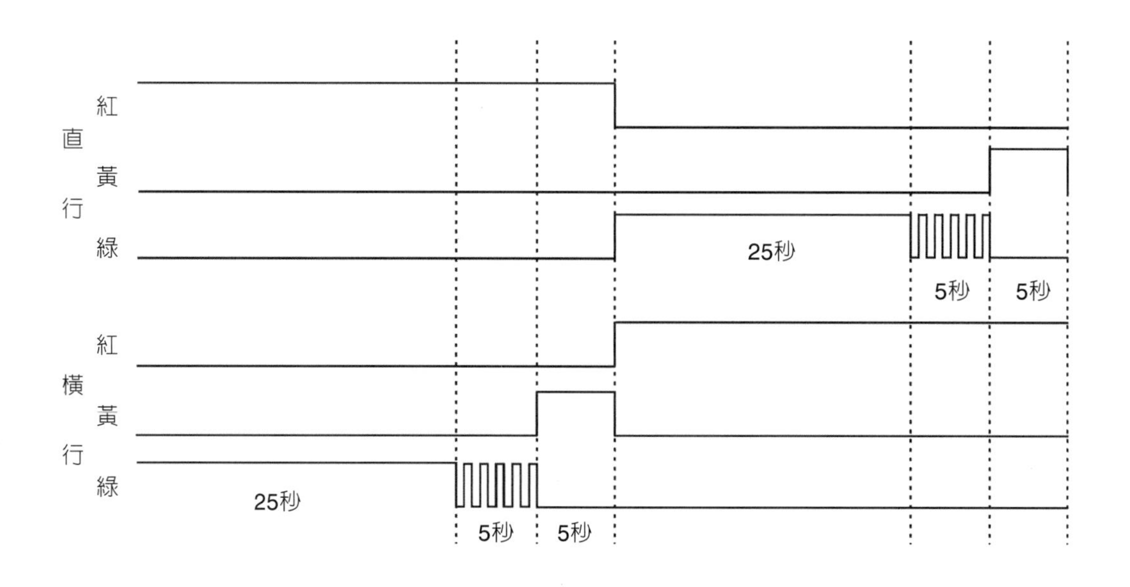

在規劃程式時，這個範例基本上只需要使用輸出元件，作爲開關燈號的訊號控制。而如何在固定時間切換燈號，就可以有各種不同的方法或技巧。例如：在這一章所介紹的計時器就是最基本而直接的手段。同時，藉由一些基本特殊暫存器的輔助，可以讓程式進行初始化的程序（M1002），或每秒的定時程序處理（M1013）。而利用M輔助暫存器，則可以做爲狀態的記錄或更新，以作爲程式步驟調整的依據。

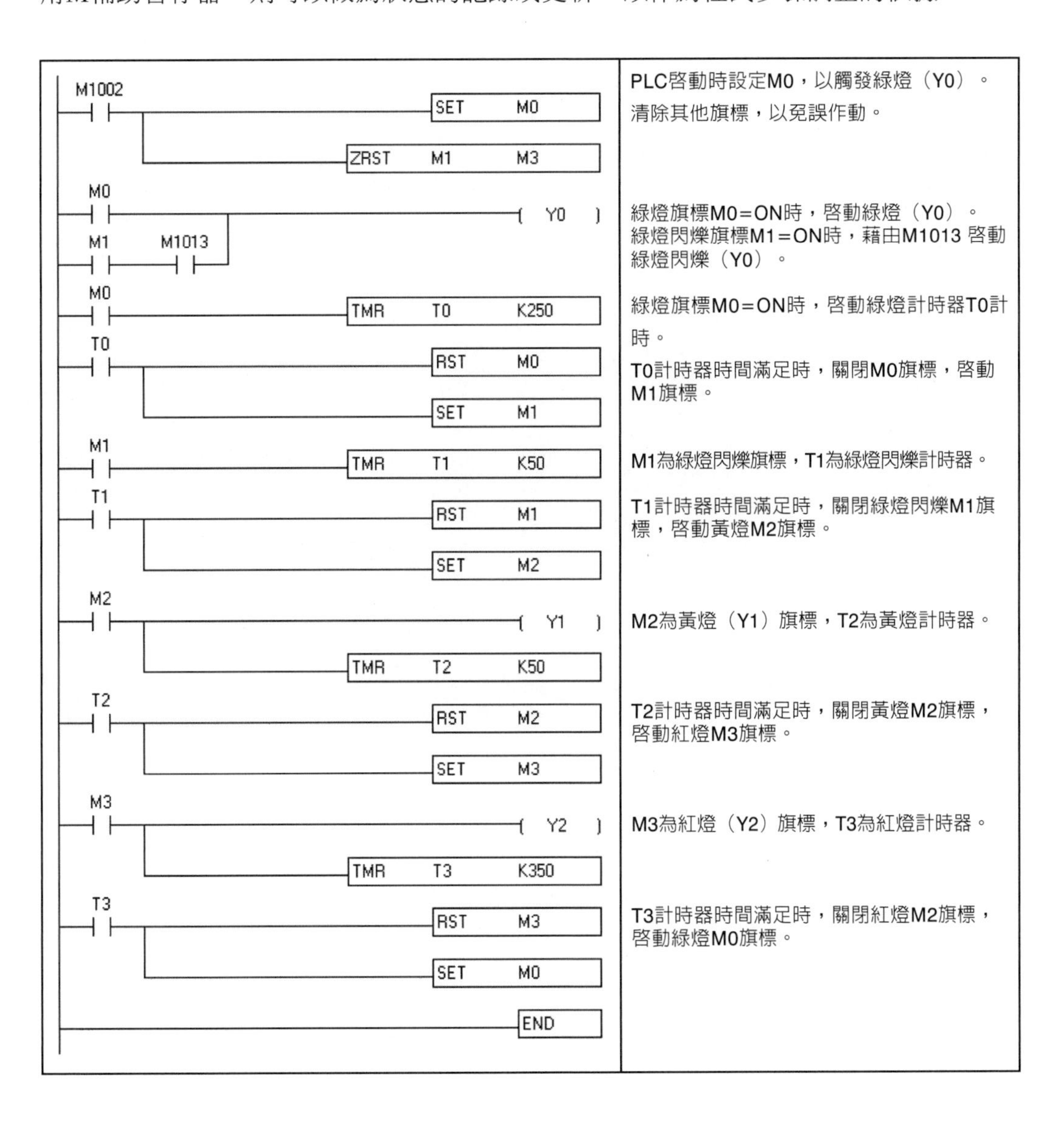


練習7-1

請參考範例7-1，完成橫向燈號的同步控制。

練習7-2

請參考範例7-1，加入輸入接點的訊號，並藉以判斷燈號調整是否持續進行或暫停。暫停時，必須讓直行黃燈閃爍、橫行紅燈閃爍。

# PLC 應用指令簡介

CHAPTER 8

雖然可程式邏輯控制裝置（PLC）的基本應用是如同傳統工業配線設計的邏輯控制，但是因爲使用了高階的資料處理器運算晶片，因此它的作用不再僅僅限制於一般的邏輯程序控制，也能夠利用資料處理器內強大的資料運算能力進行各式各樣的訊號處理。所以可程式邏輯控制裝置除了一般的基本指令外，也開發出許多進行資料處理運算的應用指令。由於這些應用指令是各家廠商自行開發提供的，所以各個廠牌型號的可程式邏輯控制裝置所具備的應用指令並不一定相同，特別是屬於特殊功能或是高階運算的應用指令更是如此。

## 8.1 應用指令分類與型式

以台達的可程式控制裝置爲例，其所提供的應用指令可分爲下列的類別：

1. 迴路控制
2. 傳送比較
3. 四則算術與邏輯運算
4. 旋轉位移
5. 資料處理
6. 高速處理
7. 便利指令
8. 外部設定顯示
9. 串列I/O
10. 基本指令
11. 通訊
12. 浮點運算

13.定位控制

14.萬年曆

15.格雷碼

16.矩陣

17.接點型態邏輯運算

18.接點型態比較指令

19.字元裝置位元指令

20.浮點接點型態比較指令

21.其他

這些為數眾多的應用指令，不但可以讓使用者在進行設備自動化控制時，針對訊號變化的邏輯條件進行元件的啓動或停止控制，更可以進行複雜的資料運算處理讓控制程式可以應付各種不同的需求，並提供相關的資料運算能力而不需要使用複雜的資料處理設備，例如電腦，使得整個設備的設計、運作及維護可以使用PLC作為核心而更為單純。

### 應用指令的組成

應用指令的結構可分為兩部分：

1. 指令名稱：表示指令執行功能。
2. 運算元：表示該指令運算處理的裝置。

應用指令的指令部分通常占1個位址（Step），其中的每個運算元會根據16位元指令或32位元指令的不同而使用2或4個位址。

### 應用指令的輸入

應用指令中有些指令僅有指令部分（指令名稱）構成，例如：EI、DI……或WDT等等，但是大部分都是指令部分再加上多個運算元所組合而成。

DVP系列PLC的應用指令是以指令號碼API 000～API nnn來指定的，同時每個指令均有其專用的名稱符號，例如：API 12的指令名稱符號為MOV（資料搬移）。若利用階梯圖編輯軟體（WPLSoft）作該指令的輸入，只需要直接輸入該指令的名稱「MOV」即可，若以程式書寫器（HPP）輸入程式，則必須輸入其API指令號碼。而應用指令都會有不同的運算元指定，以MOV指令而言：

此指令是將S指定的運算元數值搬移至D所指定的目的運算元。其中：

| S | 來源運算元：若來源運算元有一個以上，以S1，S2…分別表示。 |
|---|---|
| D | 目的運算元：若目的運算元有一個以上，以D1，D2…分別表示。 |



### 運算元長度（16位元指令或32位元指令）

運算元的數值內容，其長度可分爲16位元及32位元，因此部分指令處理不同長度的資料可分爲16及32位元的指令，用以區分32位元的指令只需要在16位元指令前加上「D」來表示即可。

16位元MOV指令

X0 — MOV K10 D10　　當X0 = ON時，K10被傳送至D10

32位元DMOV指令

X1 — DMOV D10 D20　　當X1 = ON時，(D11, D10)的內容被傳送至(D21, D20)

### 連續執行型及脈波執行型

以指令的執行方式來說，應用指令可分成「連續執行型」及「脈波執行型」兩種。由於指令不被執行時，所需的執行時間比較短，因此程式中儘可能地使用脈波執行型指令可減少掃描週期。在指令後面加上「P」記號的指令即爲脈波執行型指令。有些指令大部分的應用都是使用脈波執行型方式，如INC、DEC及位移相關等指令，使用者可以查閱各家廠商的資料手冊了解各個指令的執行方法，以免產生錯誤。

### 脈波執行型

當X0由OFF→ON變化時，MOVP指令被執行一次，該次掃描指令不再被執行，因此稱之爲脈波執行型指令。

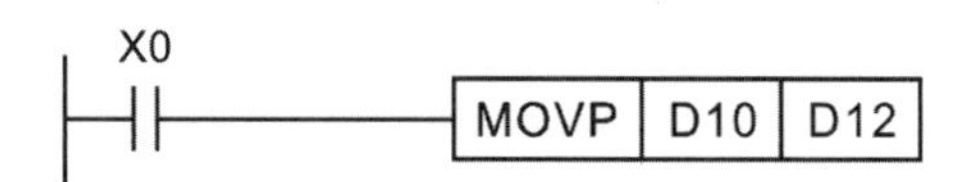


連續執行型

於X1 = ON的每次掃描週期，MOV指令均被執行一次，因此稱之爲連續執行型指令。

X1
MOV D10 D12

接下來，讓我們介紹一些常用的可程式控制裝置應用實例，以便學習開發更複雜的控制應用。

## 8.2 傳送比較

表8-1　資料傳送比較應用指令

| API編號 | 指令名稱 | | 脈衝型指令 | 功能 |
|---|---|---|---|---|
| | 16位元 | 32位元 | | |
| 10 | CMP | DCMP | ✓ | 比較設定輸出 |
| 11 | ZCP | DZCP | ✓ | 區域比較 |
| 12 | MOV | DMOV | ✓ | 資料移動 |
| 13 | SMOV | – | ✓ | 位數移動 |
| 14 | CML | DCML | ✓ | 反轉傳送 |
| 15 | BMOV | – | ✓ | 全部傳送 |
| 16 | FMOV | DFMOV | ✓ | 多點移動 |
| 17 | XCH | DXCH | ✓ | 資料的交換 |
| 18 | BCD | DBCD | ✓ | BIN→BCD變換 |
| 19 | BIN | DBIN | ✓ | BCD→BIN變換 |

應用指令編號係以台達DVP系列爲例。

接下來介紹表8-1傳送比較應用指令中較常用的幾個應用指令。

## 比較設定輸出

| CMP | $S_1$ | $S_2$ | D |
|---|---|---|---|

| 編號 | 指令名稱 | 16/32位元指令[1] | | 脈衝執行型[2] | | 運算元格式 | 功能 |
|---|---|---|---|---|---|---|---|
| 10 | CMP | ✓ | D | ✓ | P | $S_1$ $S_2$ D | 比較設定輸出 |

註：1.左方框表示有無具有16位元指令，若爲X表示此應用指令無16位元指令。右方框表示有無具有32位元指令，若爲X表示此應用指令無32位元指令；若有32位元指令方框內以D表示（例：API 12 DMOV）。
2.左方框表示有些指令在應用上通常是使用脈波指令，方框內以✓表示。右方框表示具有脈波執行型指令，方框內以P表示（例：API 12 MOVP）。

指令說明：

1. $S_1$：比較值1。$S_2$：比較值2。D：比較結果。
2. 將運算元$S_1$和$S_2$的內容作大小比較，其比較結果在D作表示。
3. 大小比較是以代數來進行，全部的資料是以有號數（帶正負號）數值來作比較。因此16位元指令，b15爲1時，表示爲負數，32位元指令，則b31爲1時，表示爲負數。

範例8-1

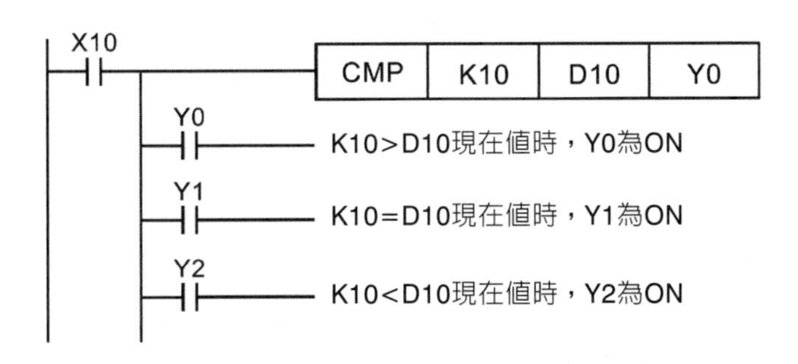


1. 指定裝置爲Y0，則自動占有Y0、Y1及Y2。
2. 當X10 = ON時，CMP指令執行，Y0、Y1及Y2其中之一會ON，當X10 = OFF時，CMP指令不執行，Y0、Y1及Y2狀態保持在X10 = OFF之前的狀態。
3. 若需要得到≧、≦、≠之結果時，可將Y0～Y2串並聯即可取得。

4. 若要清除其比較結果，可使用RST或ZRST指令。

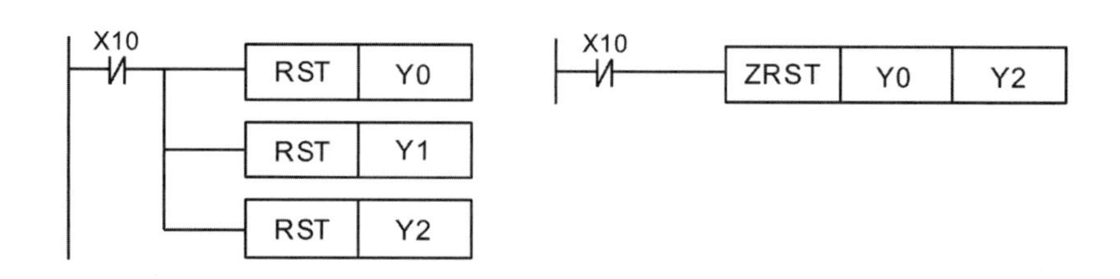


區域比較

| ZCP | $S_1$ | $S_2$ | S | D |
|---|---|---|---|---|

| 編號 | 指令名稱 | 16/32位元指令 | | 脈衝執行型 | | 運算元格式 | 功能 |
|---|---|---|---|---|---|---|---|
| 11 | ZCP | ✓ | D | ✓ | P | $S_1$ $S_2$ S D | 區域比較 |

指令說明：

1. $S_1$：區域比較之下限值。$S_2$：區域比較之上限值。S：比較值。D：比較結果。
2. 比較值S與下限$S_1$及上限$S_2$作比較，其比較結果在D作表示。
3. 當下限$S_1$ > 上限$S_2$時，則指令以下限$S_1$作爲上下限值進行比較。
4. 大小比較是以代數來進行，全部的資料是以有號數（帶正負號）數值來作比較。因此16位元指令，b15爲1時，表示爲負數；32位元指令，則b31爲1時，表示爲負數。

範例8-2

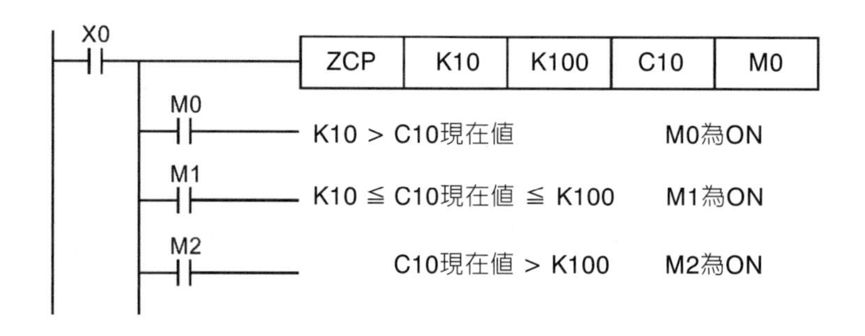

1. 指定裝置爲M0，則自動占有M0、M1及M2。
2. 當X0 = ON時，ZCP指令執行，M0、M1及M2其中之一會ON，當X0 = OFF時，ZCP指令不執行，M0、M1及M2狀態保持在X0 = OFF之前的狀態。
3. 若要清除其結果，可使用RST或ZRST指令。

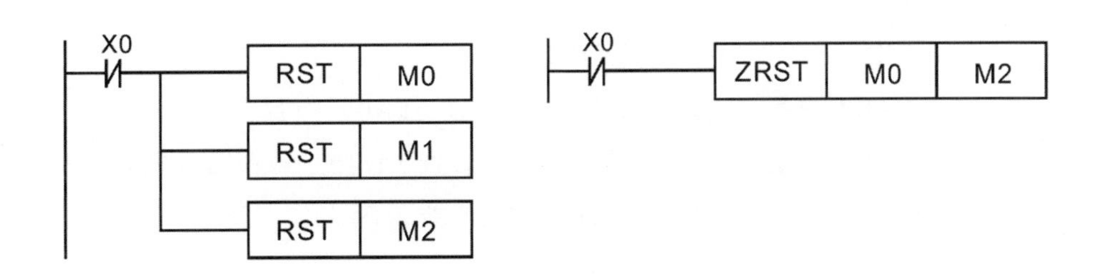




資料移動

| MOV | S | D |
|---|---|---|

| 編號 | 指令名稱 | 16/32位元指令 | | 脈衝執行型 | | 運算元格式 | 功能 |
|---|---|---|---|---|---|---|---|
| 12 | MOV | ✓ | D | ✓ | P | (S)(D) | 資料移動 |

指令說明：

1. S：資料之來源。D：資料之搬移目的地。
2. 當該指令執行時，將S的內容直接搬移至D內。當指令不執行時，D內容不會變化。
3. 若演算結果爲32位元輸出時（如應用指令MUL等），和32位元裝置高速計數器的現在值資料搬動則必須要用DMOV指令。

範例8-3

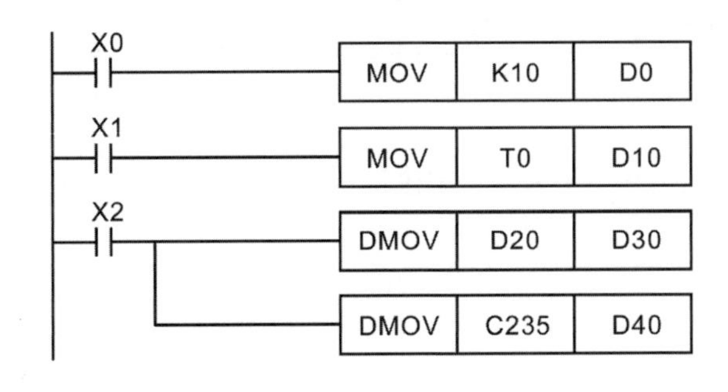

1. 16位元資料搬移，須使用MOV指令。
   (1) 當X0 = OFF時，D10內容沒有變化；若X0 = ON時，將數值K10傳送至D10資料暫存器內。
   (2) 當X1 = OFF時，D10內容沒有變化；若X1 = ON時，將T0現在值傳送至D10資料暫存器內。
2. 32位元資料搬移，須使用DMOV指令。
3. 當X2 = OFF時，（D31，D30）、（D41，D40）內容沒有變化，若X2 = ON時，將（D21，D20）現在值傳送至（D31，D30）資料暫存器內。同時，將C235現在值傳送至（D41，D40）資料暫存器內。

全部傳送

| BMOV | S | D | n |
|---|---|---|---|

| 編號 | 指令名稱 | 16/32位元指令 | | 脈衝執行型 | | 運算元格式 | 功能 |
|---|---|---|---|---|---|---|---|
| 15 | BMOV | ✓ | X | ✓ | P | (S)(D)(n) | 全部傳送 |

指令說明：

1. S：來源裝置之起始。D：目的地裝置之起始。n：傳送區塊長度。
2. S所指定的裝置開始算n個暫存器的內容被傳送至D所指定的裝置開始算n個暫存器中，如果n所指定點數超過該裝置的使用範圍時，只有有效範圍被傳送。

範例8-4

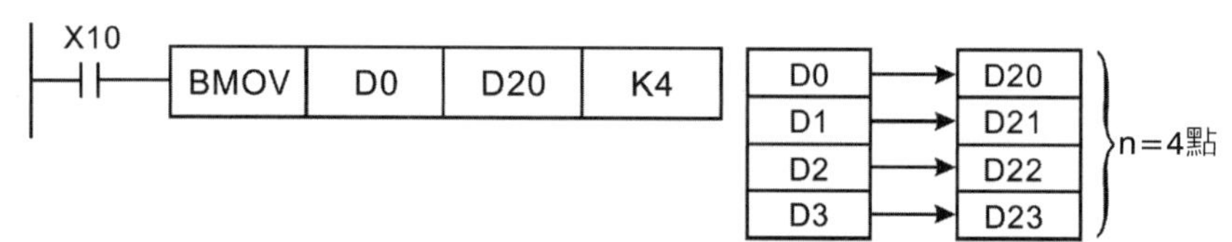


當X10 = ON時，D0～D3共4個暫存器的內容被傳送至D20～D23的4個暫存器內。

多點移動

| FMOV | S | D | n |
|---|---|---|---|

| 編號 | 指令名稱 | 16/32位元指令 | | 脈衝執行型 | | 運算元格式 | 功能 |
|---|---|---|---|---|---|---|---|
| 16 | FMOV | ✓ | D | ✓ | P | (S)(D)(n) | 多點移動 |

指令說明：

1. S：資料之來源。D：目的地裝置之起始。n：傳送區塊長度。
2. S的內容被傳送至D所指定的裝置起始號碼開始算n個暫存器當中，如果n所指定點數超過該裝置的使用範圍時，只有有效範圍被傳送。

範例8-5

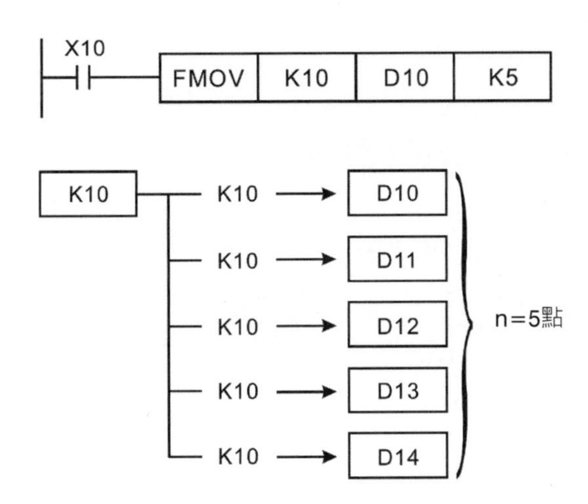


當X10 = ON時，K10被傳送到由D10開始的連續5個暫存器中。

資料交換

| XCH | $D_1$ | $D_2$ |
|---|---|---|

| 編號 | 指令名稱 | 16/32位元指令 | | 脈衝執行型 | | 運算元格式 | 功能 |
|---|---|---|---|---|---|---|---|
| 17 | XCH | ✓ | D | ✓ | P | $D_1$ $D_2$ | 資料交換 |

指令說明：

1. $D_1$：互相交換之資料1。$D_2$：互相交換之資料2。
2. $D_1$及$D_2$所指定之裝置內容值互相交換。

範例8-6

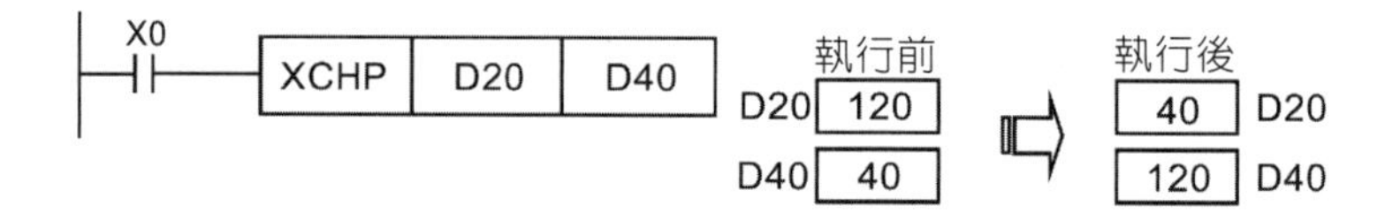


X0 = OFF→ON時，D20與D40的內容互相交換。

## 8.3 四則算術與邏輯運算

表8-2　四則算術與邏輯運算應用指令

| API編號 | 指令名稱 | | 脈衝型指令 | 功能 |
|---|---|---|---|---|
| | 16位元 | 32位元 | | |
| 20 | ADD | DADD | ✓ | BIN加法 |
| 21 | SUB | DSUB | ✓ | BIN減法 |
| 22 | MUL | DMUL | ✓ | BIN乘法 |
| 23 | DIV | DDIV | ✓ | BIN除法 |
| 24 | INC | DINC | ✓ | BIN加一 |
| 25 | DEC | DDEC | ✓ | BIN減一 |
| 26 | WAND | DAND | ✓ | 邏輯及（AND）運算 |
| 27 | WOR | DOR | ✓ | 邏輯或（OR）運算 |
| 28 | WXOR | DXOR | ✓ | 邏輯互斥或（XOR）運算 |
| 29 | NEG | DNEG | ✓ | 取負數（取2的補數） |

| API編號 | 指令名稱 | | 脈衝型指令 | 功能 |
|---|---|---|---|---|
| | 16位元 | 32位元 | | |
| 114 | MUL16 | MUL32 | ✓ | 16/32位元專用BIN乘法 |
| 115 | DIV16 | DIV32 | ✓ | 16/32位元專用BIN除法 |



接下來介紹表8-2中較爲常用的幾個應用指令。

二進位加法

| ADD | $S_1$ | $S_2$ | D |
|---|---|---|---|

| 編號 | 指令名稱 | 16/32位元指令 | | 脈衝執行型 | | 運算元格式 | 功能 |
|---|---|---|---|---|---|---|---|
| 20 | ADD | ✓ | D | ✓ | P | $S_1$ $S_2$ D | 二進位加法 |

指令說明：

1. $S_1$：被加數。$S_2$：加數。D：和。
2. 將兩個資料源$S_1$及$S_2$，以BIN方式相加的結果存於D。
3. 各資料的最高位位元爲符號位元，0表正、1表負，因此可做代數加法運算（例如：$3 + (-9) = -6$）。
4. 加法相關旗號變化。

16位元BIN加法：

1. 演算結果爲0時，零旗號（Zero Flag）M1020爲ON。
2. 演算結果小於−32768時，借位旗號（Borrow Flag）M1021爲ON。
3. 演算結果大於32767時，進位旗號（Carry Flag）M1022爲ON。

32位元BIN加法：

1. 演算結果爲0時，零旗號（Zero Flag）M1020爲ON。
2. 演算結果小於$-2^{31}$時，借位旗號（Borrow Flag）M1021爲ON。
3. 演算結果大於$+2^{31}-1$時，進位旗號（Carry Flag）M1022爲ON。

範例8-7

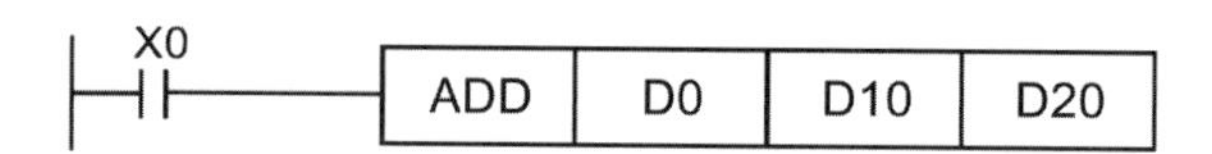


1. 16位元BIN加法：當X0 = ON時，將D0內容加上D10之內容將結果存在D20之中。

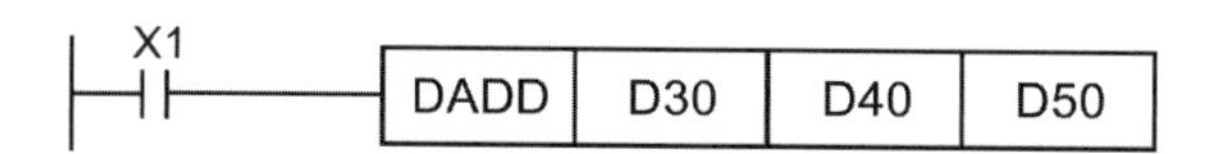


2. 32位元BIN加法：當X1 = ON時，（D31，D30）內容加上（D41，D40）之內容將結果存在（D51，D50）之中（其中D30，D40，D50為低16位元資料，D31、D41、D51為高16位元資料）。

二進位減法

| SUB | $S_1$ | $S_2$ | D |
|---|---|---|---|

| 編號 | 指令名稱 | 16/32位元指令 | | 脈衝執行型 | | 運算元格式 | 功能 |
|---|---|---|---|---|---|---|---|
| 21 | SUB | ✓ | D | ✓ | P | $S_1$ $S_2$ D | 二進位減法 |

指令說明：

1. $S_1$：被減數。$S_2$：減數。D：差。
2. 將兩個資料源$S_1$及$S_2$，以BIN方式相減的結果存於D。
3. 各資料的最高位位元為符號位元，0表正、1表負，因此可做代數減法運算。
4. 減法相關旗號變化。

16位元BIN減法：

1. 演算結果為0時，零旗號（Zero Flag）M1020為ON。
2. 演算結果小於–32768時，借位旗號（Borrow Flag）M1021為ON。
3. 演算結果大於32767時，進位旗號（Carry Flag）M1022為ON。

32位元BIN減法：

1. 演算結果爲0時，零旗號（Zero Flag）M1020爲ON。
2. 演算結果小於$-2^{31}$時，借位旗號（Borrow Flag）M1021爲ON。
3. 演算結果大於$+2^{31}-1$時，進位旗號（Carry Flag）M1022爲ON。

範例8-8

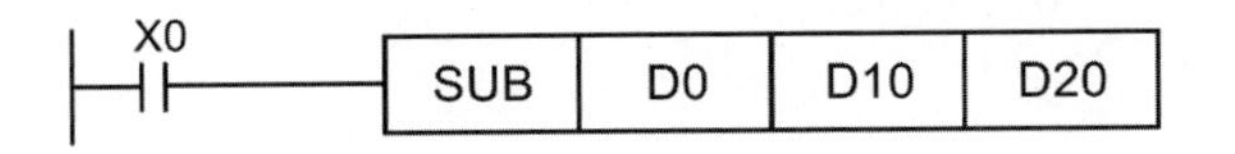


1. 16位元BIN減法：當X0 = ON時，將D0內容減掉D10內容將差存在D20之中。

X1 DSUB D30 D40 D50

2. 32位元BIN減法：當X1 = ON時，（D31，D30）內容減掉（D41，D40）之內容將差存在（D51，D50）之中（其中D30、D40、D50爲低16位元資料，D31、D41、D51爲高16位元資料）。

二進位乘法

| MUL | $S_1$ | $S_2$ | D |
|---|---|---|---|

| 編號 | 指令名稱 | 16/32位元指令 | | 脈衝執行型 | | 運算元格式 | 功能 |
|---|---|---|---|---|---|---|---|
| 22 | MUL | ✓ | D | ✓ | P | $S_1$ $S_2$ D | 二進位乘法 |

指令說明：

1. $S_1$：被乘數。$S_2$：乘數。D：積。

2. 將兩個資料源$S_1$及$S_2$，以有號數二進制方式相乘後的積存於D。必須注意16位元及32位元運算時，$S_1$、$S_2$及D的正負號位元。

16位元BIN乘法：

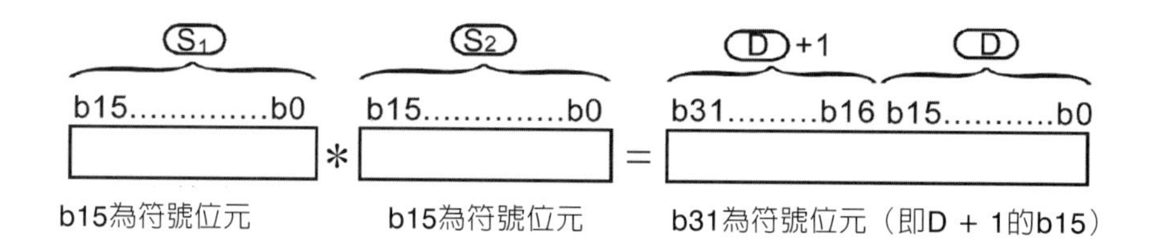


符號位元 = 0爲正數，符號位元 = 1爲負數。

16位元×16位元 = 32位元。

D爲位元裝置時，可指定K1～K4構成16位元，占用連續2組，ES/EX/SS機種只儲存低16位元資料。

若16位元指令相乘結果只要16位元的數值（16位元×16位元 = 16位元），請改用API114 MUL16/MUL16P指令，詳細說明請參考該指令。

32位元BIN乘法：

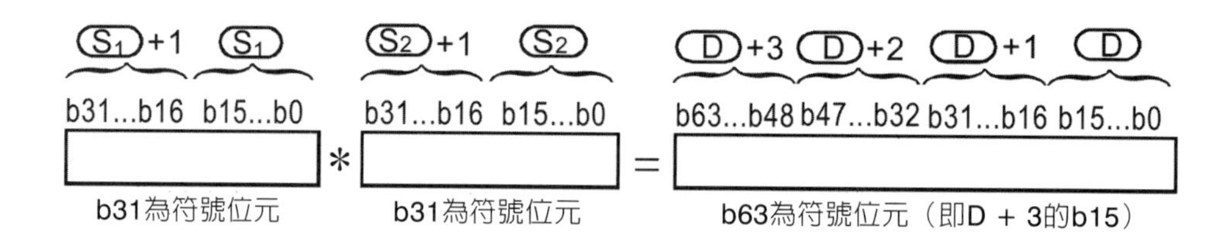


符號位元 = 0爲正數，符號位元 = 1爲負數。

32位元×32位元 = 64位元。

D爲位元裝置時，可指定K1～K8構成32位元，占用連續2組32位元資料。

若32位元指令相乘結果只要32位元的數值（32位元×32位元 = 32位元），請改用API114 MUL32/MUL32P指令，詳細說明請參考該指令。

範例8-9

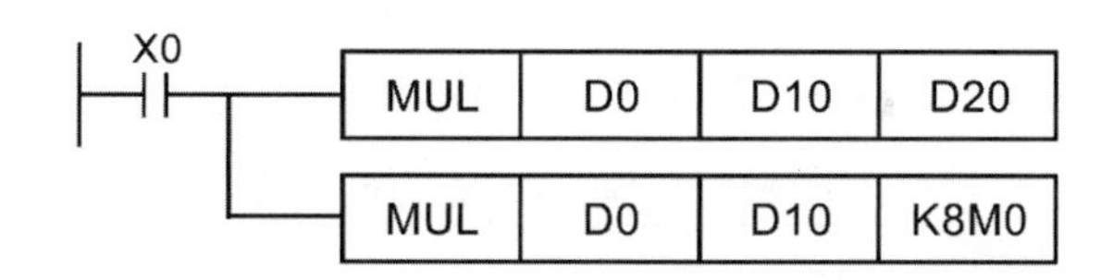


16位元D0乘上16位元D10其結果是32位元之積，上16位元存於D21，下16位元存於D20內，所得結果之正負由最左邊位元之OFF/ON來代表正負值。

二進位除法

| DIV | $S_1$ | $S_2$ | D |
|---|---|---|---|

| 編號 | 指令名稱 | 16/32位元指令 | | 脈衝執行型 | | 運算元格式 | 功能 |
|---|---|---|---|---|---|---|---|
| 23 | DIV | ✓ | D | ✓ | P | $S_1$ $S_2$ D | 二進位除法 |

指令說明：

1. $S_1$：被除數。$S_2$：除數。D：商及餘數。
2. 將兩個資料源$S_1$及$S_2$，以有號數二進制方式相除後的商及餘數存於D。必須注意16位元及32位元運算時，$S_1$、$S_2$及D的正負號位元。
3. 除數為0時，指令不執行，M1067、M1068=ON，D1067記錄錯誤碼0E19（HEX）。

16位元BIN除法：

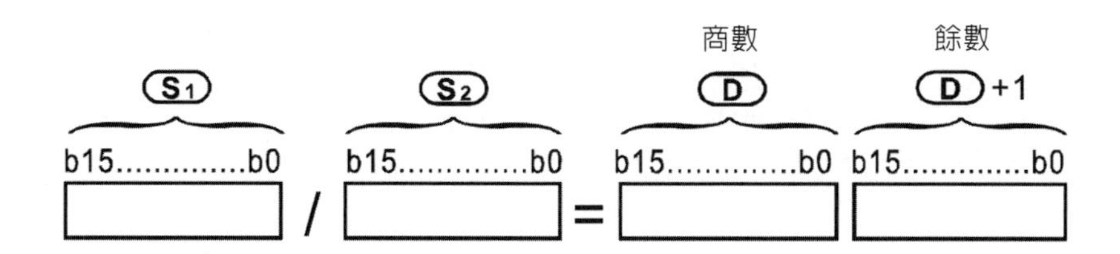


D為位元裝置時，可指定K1～K4構成16位元，占用連續2組得到商及餘數。若16位元指令僅需要記錄商（捨棄餘數），請改用API115 DIV16/DIV16P指令，詳細說明請參考該指令。

32位元BIN除法：

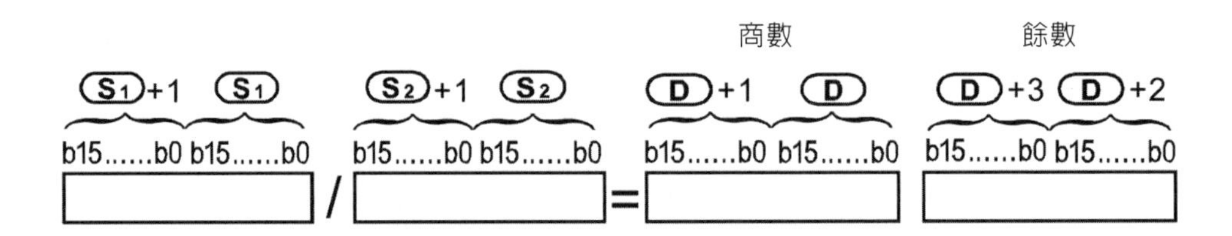


D為位元裝置時，僅可指定K1～K8構成32位元，占用連續2組得到商及餘數。

若32位元指令僅需要記錄商（捨棄餘數），請改用API115 DIV32/DIV32P指令，詳細說明請參考該指令。

範例8-10

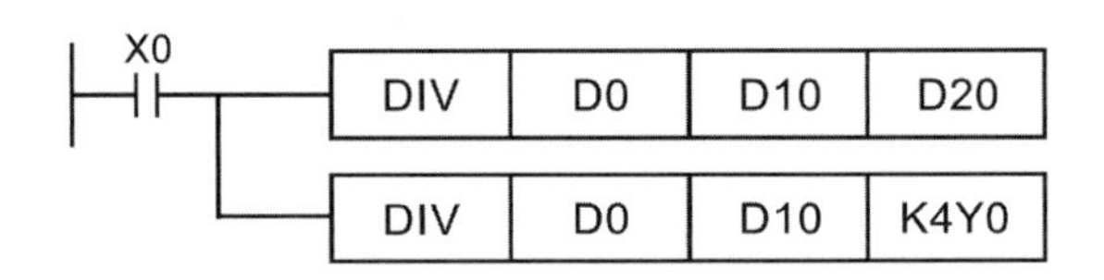


當X0 = ON時，D0除以D10之結果商被指定放於D20，餘數指定放於D21內。所得結果之正負由最左邊位元之OFF/ON來代表正負值。

二進位遞加一

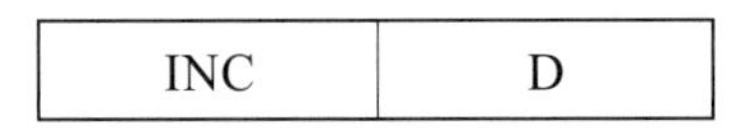


| 編號 | 指令名稱 | 16/32位元指令 | | 脈衝執行型 | | 運算元格式 | 功能 |
|---|---|---|---|---|---|---|---|
| 24 | INC | ✓ | D | ✓ | P | (D) | 二進位遞加一 |

指令說明：

1. D：目的地裝置。
2. 若指令不是脈波執行型，則當指令執行時，程式每次掃描週期被指定的裝置D內容都會加1。

3. 本指令一般都是使用脈波執行型指令（INCP、DINCP）。
4. 16位元運算時，32767再加1則變為–32768。32位元運算時，2147483647再加1則變為–2147483648。

本指令運算結果不會影響旗標信號M1020～M1022。

範例8-11

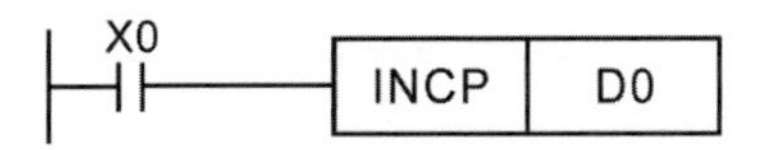


當X0 = OFF→ON時，D0內容自動加1。



二進位遞減一

| DEC | D |
|---|---|

| 編號 | 指令名稱 | 16/32位元指令 | | 脈衝執行型 | | 運算元格式 | 功能 |
|---|---|---|---|---|---|---|---|
| 25 | DEC | ✓ | D | ✓ | P | (D) | 二進位遞減一 |

指令說明：

1. D：目的地裝置。
2. 若指令不是脈波執行型，當指令執行時，程式每次掃描週期被指定的裝置D內容都會減1。
3. 本指令一般都是使用脈波執行型指令（DECP、DDECP）。
4. 16位元運算時，–32768再減1則變為32767。32位元運算時，–2147483648再減1則變為2147483647。

本指令運算結果不會影響旗標信號M1020～M1022。

範例8-12

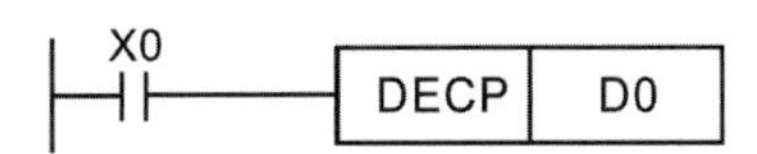

當X0 = OFF→ON時，D0內容自動減1。

邏輯且（AND）運算

| AND | $S_1$ | $S_2$ | D |
|---|---|---|---|

| 編號 | 指令名稱 | 16/32位元指令 | | 脈衝執行型 | | 運算元格式 | 功能 |
|---|---|---|---|---|---|---|---|
| 26 | AND | W | D | ✓ | P | $S_1$ $S_2$ D | 邏輯且（AND）運算 |

註：16位元指令為WAND。

指令說明：

1. $S_1$：資料來源裝置1。$S_2$：資料來源裝置2。D：運算結果。
2. 兩個資料源$S_1$及$S_2$，作邏輯的「及」（AND）運算並將結果存於D。
3. 邏輯的「及」（AND）運算之規則為任一為0結果為0。

範例8-13

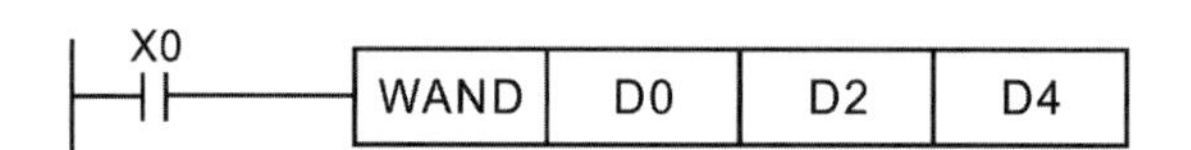


當X0 = ON時，16位元D0與D2作WAND，邏輯及（AND）運算將結果存於D4中。

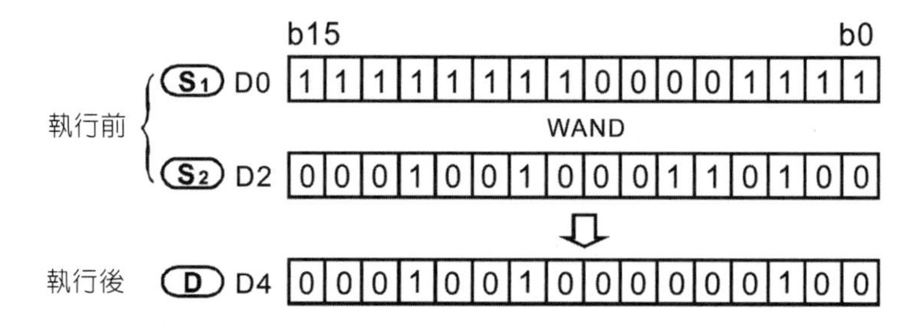

邏輯或（OR）運算

| OR | $S_1$ | $S_2$ | D |
|---|---|---|---|

| 編號 | 指令名稱 | 16/32位元指令 | | 脈衝執行型 | | 運算元格式 | 功能 |
|---|---|---|---|---|---|---|---|
| 27 | OR | W | D | ✓ | P | $S_1$ $S_2$ D | 邏輯或（OR）運算 |

指令說明

1. $S_1$：資料來源裝置1。$S_2$：資料來源裝置2。D：運算結果。
2. 兩個資料源$S_1$及$S_2$，作邏輯的「或」（OR）運算結果存於D。
3. 邏輯的「或」（OR）運算之規則為任一為1結果為1。

範例8-14

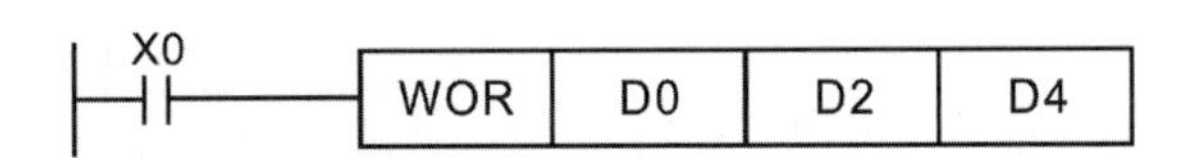


當X0 = ON時，16位元D0與D2作WOR，邏輯或（OR）運算將結果存於D4中。

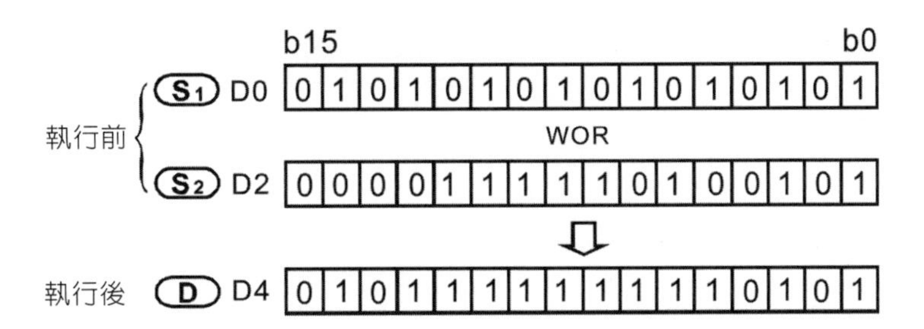


邏輯互斥或（XOR）運算

| XOR | $S_1$ | $S_2$ | D |
|---|---|---|---|

| 編號 | 指令名稱 | 16/32位元指令 | | 脈衝執行型 | | 運算元格式 | 功能 |
|---|---|---|---|---|---|---|---|
| 28 | XOR | W | D | ✓ | P | $S_1$ $S_2$ D | 邏輯互斥或（OR）運算 |

指令說明：

1. $S_1$：資料來源裝置1。$S_2$：資料來源裝置2。D：運算結果。
2. 兩個資料源$S_1$及$S_2$，作邏輯的「互斥或」（XOR）運算結果存於D。
3. 邏輯的「互斥或」（XOR）運算之規則為兩者相同結果為0，兩者不同結果為1。

範例8-15

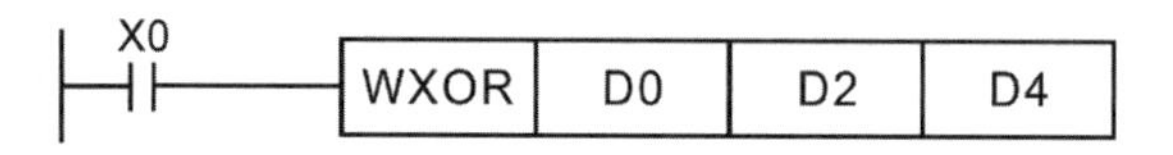


當X0 = ON時，16位元D0與D2作WXOR，邏輯互斥或（XOR）運算將結果存於D4中。

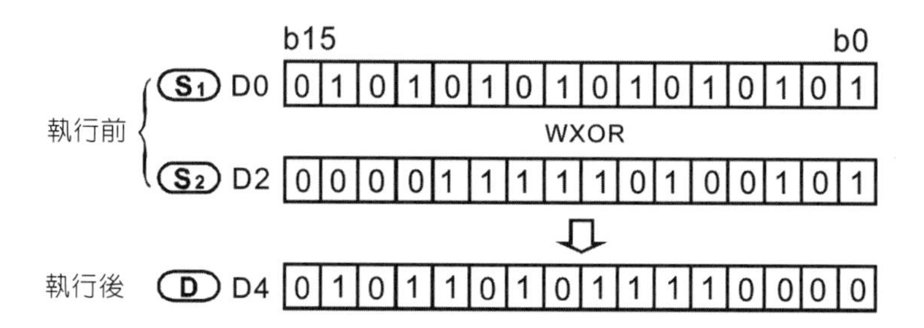


## 8.4 旋轉位移

資料旋轉位移為二進位處理資料的一種特殊手段，特別是在擷取片段資料，或處理通訊資料時，有其特殊的作用。DVP-PLC-SV2提供的資料旋轉位移應用指令如表8-3所示。

表8-3 資料旋轉位移應用指令

| API 編號 | 指令名稱 | | 脈衝型指令 | 功能 |
|---|---|---|---|---|
| | 16位元 | 32位元 | | |
| 30 | ROR | DROR | ✓ | 右旋轉 |
| 31 | ROL | DROL | ✓ | 左旋轉 |
| 32 | RCR | DRCR | ✓ | 附進位旗標右旋轉 |
| 33 | RCL | DRCL | ✓ | 附進位旗標左旋轉 |
| 34 | SFTR | – | ✓ | 位元右移 |
| 35 | SFTL | – | ✓ | 位元左移 |
| 36 | WSFR | – | ✓ | 暫存器右移 |
| 37 | WSFL | – | ✓ | 暫存器左移 |
| 38 | SFWR | – | ✓ | 位移寫入 |
| 39 | SFRD | – | ✓ | 位移讀出 |

接下來介紹表8-3中較爲常用的幾個應用指令。

### 位元內容右旋轉

| ROR | D | n |
|---|---|---|

| 編號 | 指令名稱 | 16/32位元指令 | | 脈衝執行型 | | 運算元格式 | 功能 |
|---|---|---|---|---|---|---|---|
| 30 | ROR | ✓ | D | ✓ | P | (D)(n) | 位元內容右旋轉 |

指令說明：

1. D：欲旋轉之裝置。n：一次旋轉之位元數。
2. 將D所指定的裝置內容一次向右旋轉n個位元。
3. 本指令一般都是使用脈波執行型指令（RORP、DRORP）。

範例8-16

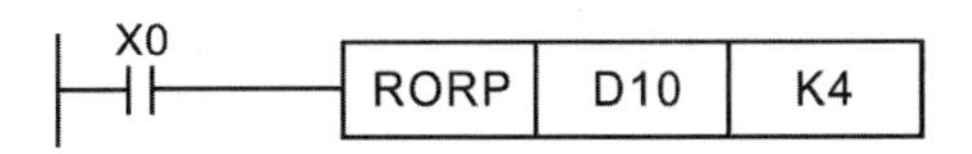

當X0從OFF→ON變化時，D10的16個位元以4個位元爲一組往右旋轉，如下圖所標明※的位元內容被傳送至進位旗標信號M1022內。

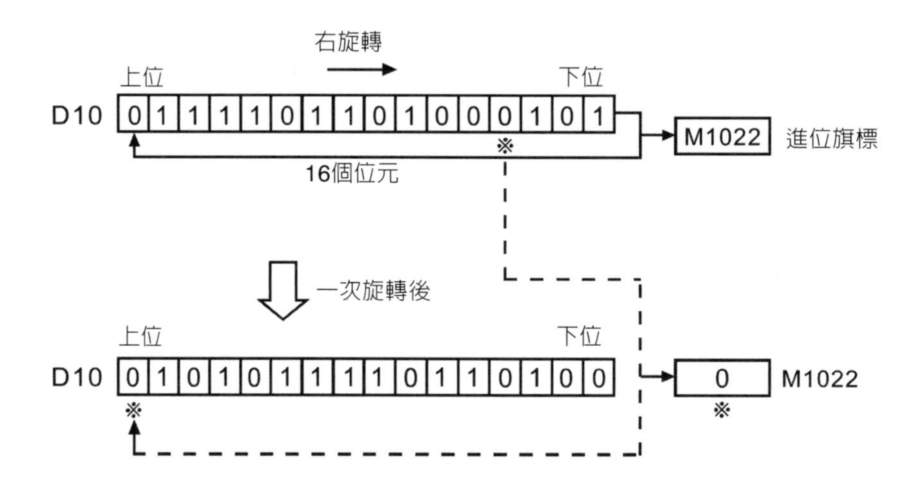


位元內容左旋轉

| ROL | D | n |
|---|---|---|

| 編號 | 指令名稱 | 16/32位元指令 | | 脈衝執行型 | | 運算元格式 | 功能 |
|---|---|---|---|---|---|---|---|
| 31 | ROL | ✓ | D | ✓ | P | (D)(n) | 位元內容左旋轉 |

指令說明：

1. D：欲旋轉之裝置。n：一次旋轉之位元數。
2. 將D所指定的裝置內容一次向左旋轉n個位元。
3. 本指令一般都是使用脈波執行型指令（ROLP、DROLP）。

範例8-17

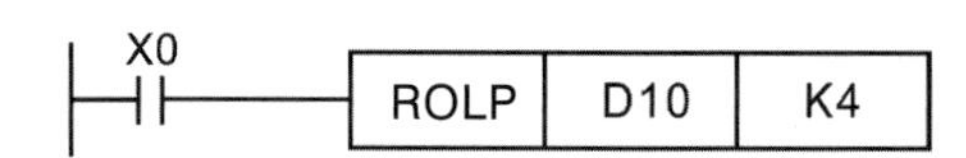

當X0從OFF→ON變化時，D10的16個位元以4個位元一組往左旋轉，如下圖所標明※的位元內容被傳送至進位旗標信號M1022內。

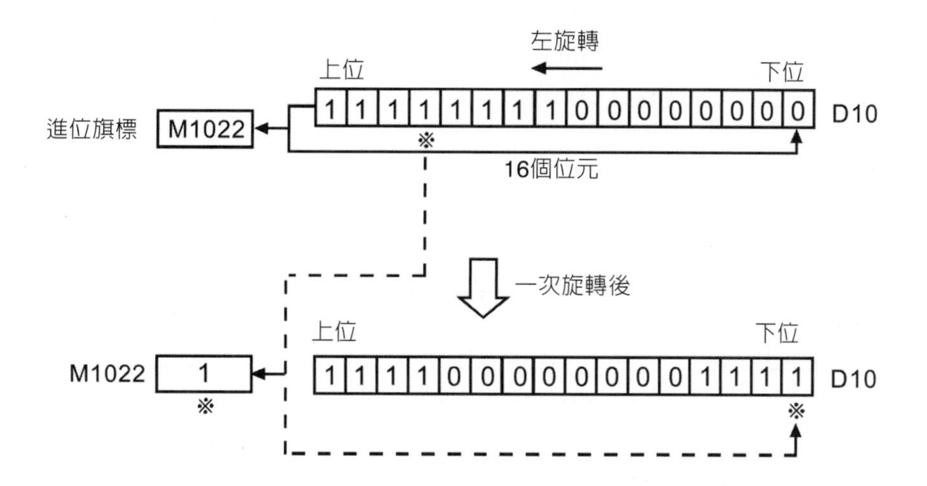


位元內容右移位

| SFTR | S | D | $n_1$ | $n_2$ |
|---|---|---|---|---|

| 編號 | 指令名稱 | 16/32位元指令 | | 脈衝執行型 | | 運算元格式 | 功能 |
|---|---|---|---|---|---|---|---|
| 34 | SFTR | ✓ | X | ✓ | P | (S)(D)($n_1$)($n_2$) | 位元內容右移位 |

指令說明：

1. S：移位裝置之起始編號。D：欲移位裝置之起始編號。$n_1$：欲移位之資料長度。$n_2$：一次移位之位元數。
2. 將D開始之起始編號，具有$n_1$個數位元（位移暫存器長度）的位元裝置，以$n_2$位元個數來右移。而S開始起始編號以$n_2$位元個數移入D中來填補位元空位。
3. 本指令一般都是使用脈波執行型指令（SFTRP）。

範例8-18

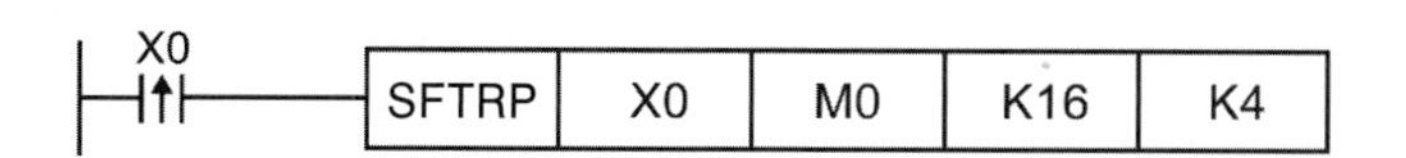

1. 在X0上升緣時，由M0～M15組成16位元，以4位元作右移。
2. 掃描一次的位元右移動作依照下列編號❶～❺動作。

| | | |
|---|---|---|
| ❶M3～M0 | → | 進位 |
| ❷M7～M4 | → | M3～M0 |
| ❸M11～M8 | → | M7～M4 |
| ❹M15～M12 | → | M11～M8 |
| ❺X3～X0 | → | M15～M12完成 |

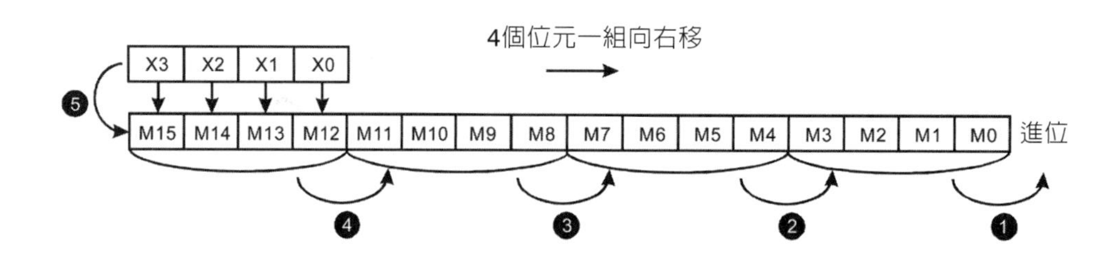


位元內容左移位

| SFTR | S | D | $n_1$ | $n_2$ |
|---|---|---|---|---|

| 編號 | 指令名稱 | 16/32位元指令 | | 脈衝執行型 | | 運算元格式 | 功能 |
|---|---|---|---|---|---|---|---|
| 35 | SFTL | ✓ | X | ✓ | P | S D $n_1$ $n_2$ | 位元內容左移位 |

指令說明：

1. S：移位裝置之起始編號。D：欲移位裝置之起始編號。$n_1$：欲移位之資料長度。$n_2$：一次移位之位元數。
2. 將D開始之起始編號，具有$n_1$個數位元（位移暫存器長度）的位元裝置，以$n_2$位元個數來左移。而S開始起始編號以$n_2$位元個數移入D中來填補位元空位。
3. 本指令一般都是使用脈波執行型指令（SFTLP）。

範例8-19

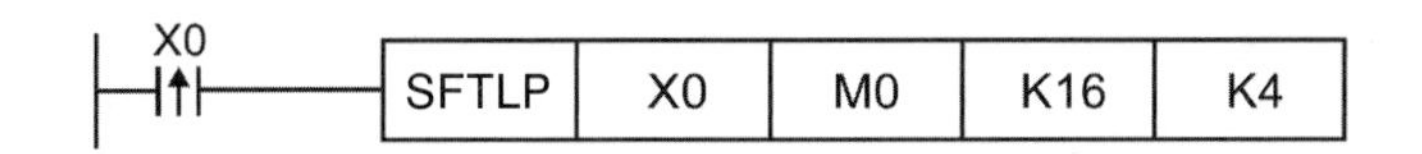


1. 在X0上升緣時，由M0～M15組成16位元，以4位元作左移。
2. 掃描一次的位元左移動作依照下列編號❶～❺動作。

| | | |
|---|---|---|
| ❶M15～M12 | → | 進位 |
| ❷M11～M8 | → | M15～M12 |
| ❸M7～M4 | → | M11～M8 |
| ❹M3～M0 | → | M7～M4 |
| ❺X3～X0 | → | M3～M0完成 |

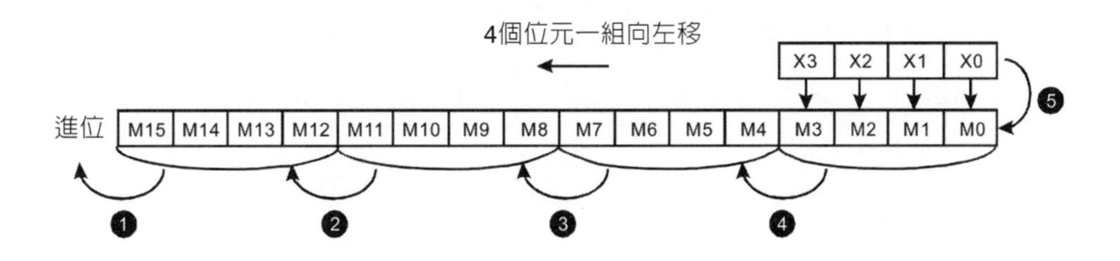


# 8.5 資料處理

DVP-PLC-SV2提供常見的資料處理應用指令如表8-4所示。

表8-4 資料處理應用指令

| ✓ | 指令名稱 | | 脈衝型指令 | 功能 |
|---|---|---|---|---|
| | 16位元 | 32位元 | | |
| 40 | ZRST | – | ✓ | 區域清除 |
| 41 | DECO | – | ✓ | 解碼器 |
| 42 | ENCO | – | ✓ | 編碼器 |
| 43 | SUM | DSUM | ✓ | ON位元數量 |
| 44 | BON | DBON | ✓ | ON位元判定 |

| ✓ | 指令名稱 | | 脈衝型指令 | 功能 |
|---|---|---|---|---|
| | 16位元 | 32位元 | | |
| 45 | MEAN | DMEAN | ✓ | 平均值 |
| 46 | ANS | – | – | 警報點輸出 |
| 47 | ANR | – | ✓ | 警報點復歸 |
| 48 | SQR | DSQR | ✓ | BIN開平方根 |
| 49 | FLT | DFLT | ✓ | BIN整數→二進制浮點數變換 |

接下來介紹表8-4中較為常用的幾個應用指令。

區域清除

| ZRST | $D_1$ | $D_2$ |
|---|---|---|

| 編號 | 指令名稱 | 16/32位元指令 | | 脈衝執行型 | | 運算元格式 | 功能 |
|---|---|---|---|---|---|---|---|
| 40 | ZRST | ✓ | X | ✓ | P | $D_1$ $D_2$ | 區域清除 |

指令說明：

1. $D_1$：區域清除起始裝置。$D_2$：區域清除結束裝置。
2. ES系列機種16位元計數器與32位元計數器不可混在一起使用ZRST指令。
3. SA/EH系列機種16位元計數器與32位元計數器可混在一起使用ZRST指令。
4. 當$D_1$運算元編號 > $D_2$運算元編號時，只有$D_2$指定之運算元被清除。

範例8-20

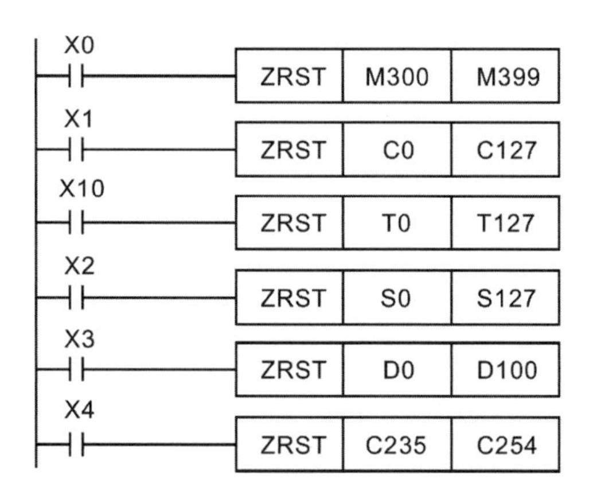

1. 當X0為ON時，輔助繼電器M300～M399被清除成OFF。
2. 當X1為ON時，16位元計數器C0～C127全部清除（寫入0，並將接點及線圈清除成OFF）。
3. 當X10為ON時，計時器T0～T127全部清除（寫入0，並將接點及線圈清除成OFF）。
4. 當X2為ON時，步進點S0～S127被清除成OFF。
5. 當X3為ON時，資料暫存器D0～D100資料被清除為0。
6. 當X4為ON時，32位元計數器C235～C254全部清除（寫入0，並將接點及線圈清除成OFF）。

ON位元數量

| SUM | $D_1$ | $D_2$ |
|---|---|---|

| 編號 | 指令名稱 | 16/32位元指令 | | 脈衝執行型 | | 運算元格式 | 功能 |
|---|---|---|---|---|---|---|---|
| 43 | SUM | ✓ | D | ✓ | P | (S)(D) | ON位元數量 |

指令說明：

1. S：來源裝置。D：存放計數值的目的地裝置。
2. 如果來源裝置S的16個位元全部為「0」時，零旗標信號M1020 = ON。
3. 使用32位元指令時，D仍會占用2個暫存器。

範例8-21

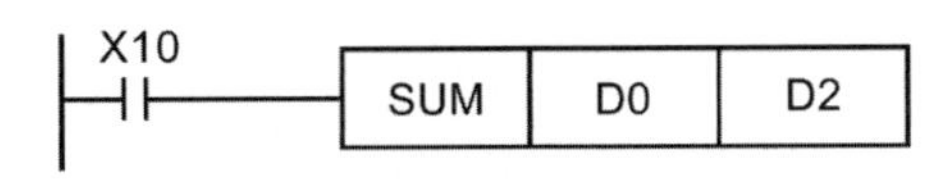


當X10為ON時，D0的16個位元中，內容為「1」的位元總數被存於D2當中。

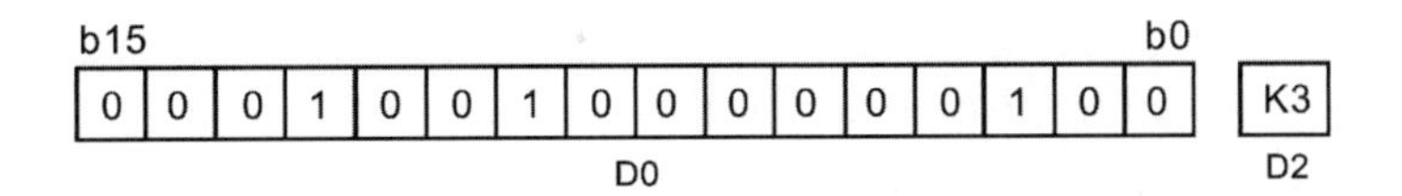

判定位元是否爲ON

| BON | S | D | n |
|---|---|---|---|

| 編號 | 指令名稱 | 16/32位元指令 | | 脈衝執行型 | | 運算元格式 | 功能 |
|---|---|---|---|---|---|---|---|
| 44 | BON | ✓ | D | ✓ | P | S D n | 判定位元是否爲ON |

指令說明：

S：來源裝置。D：存放判定結果之裝置。n：指定判定之位元（自0開始編號）。

範例8-22

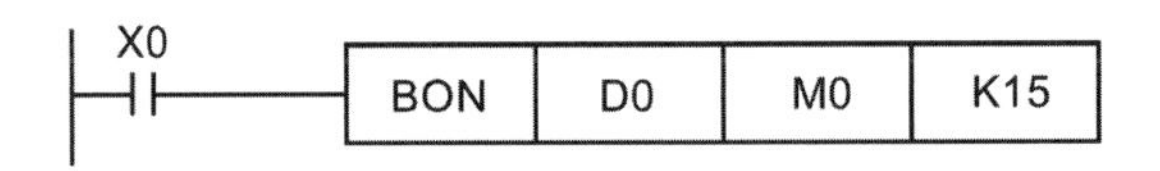


1. 當X0 = ON時，若D0的第15個位元爲「1」時，M0 = ON；爲「0」時，M0 = OFF。
2. X0變成OFF時，M0仍保持之前的狀態。

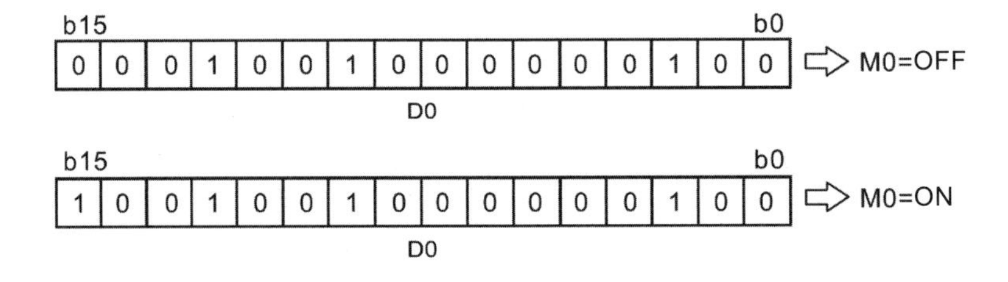


平均值

| MEAN | S | D | n |
|---|---|---|---|

| 編號 | 指令名稱 | 16/32位元指令 | | 脈衝執行型 | | 運算元格式 | 功能 |
|---|---|---|---|---|---|---|---|
| 45 | MEAN | ✓ | D | ✓ | P | S D n | 平均值 |

指令說明：

1. S：欲取平均值之起始裝置。D：存放平均值之裝置。n：取平均值之裝置個數。
2. 將S起始之n個裝置內容值相加後取平均值存入D中。
3. 如果計算中出現餘數時，餘數會被捨去。
4. 如果指定的裝置號碼超過該裝置可使用的正常範圍時，只有正常範圍內的裝置編號被處理。
5. n如果是1～64以外的數值時，PLC認定為「指令運算錯誤」。

範例8-23

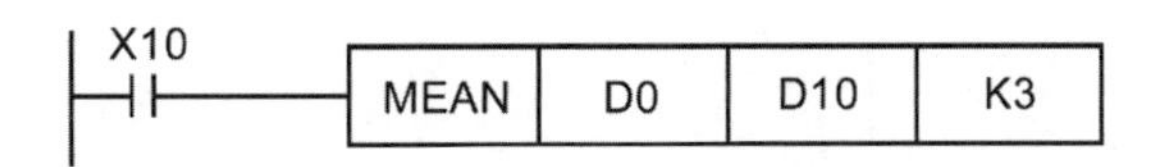


當X10 = ON時，D0開始算3個（n = 3）暫存器的內容全部相加，相加之後再除以3以求得平均值並存於指定的D10當中，餘數被捨去。

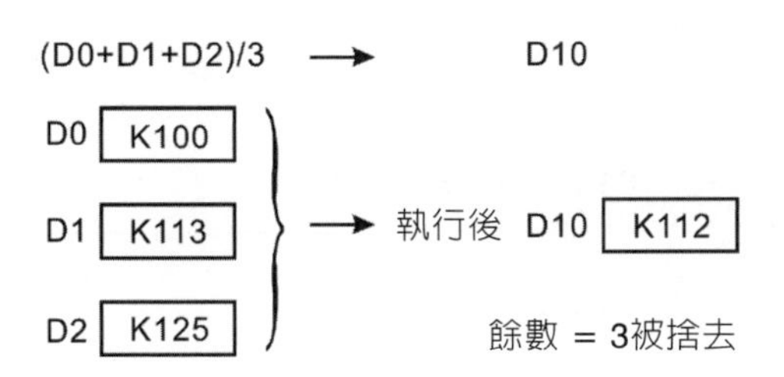


## 8.6 實作範例

除了使用基本的計時器進行時間控制之外，PLC也提供許多應用指令讓各種應用開發可以更容易撰寫完成。使用應用指令時，必須要詳讀使用手冊，了解其應用方式，才能正確完成程序控制。雖然撰寫時較為容易，但是部分應用指令會使用較多記憶體與掃描時間，這些額外使用的資源需要注意。特別是應用指令的記憶體使用，常常只有定義起始位址，實際上會延續使用多個後續位址的暫存器。如果沒有注意的話，常會造成與其他程式使用的記憶體衝突而產生錯誤。在接下來的範例8-24，讓我們以INCD應用指令完成與範例7-1相同的交通號誌控制。

範例8-24

交通燈控制（使用相對凸輪INCD應用指令）

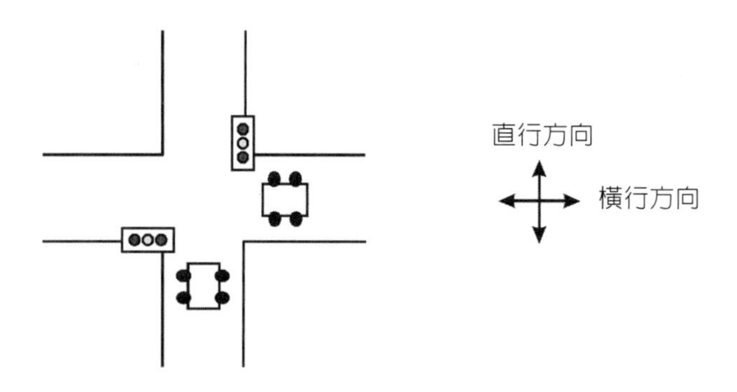


開關在十字路口實現紅黃綠交通燈的自動控制，直行時紅燈亮時間爲60秒，黃燈亮時間爲3秒，綠燈亮時間爲52秒，綠燈閃爍時間爲5秒，橫行時的紅黃綠燈也是按照這樣的規律變化。

直行和橫行方向紅黃綠燈時序圖：

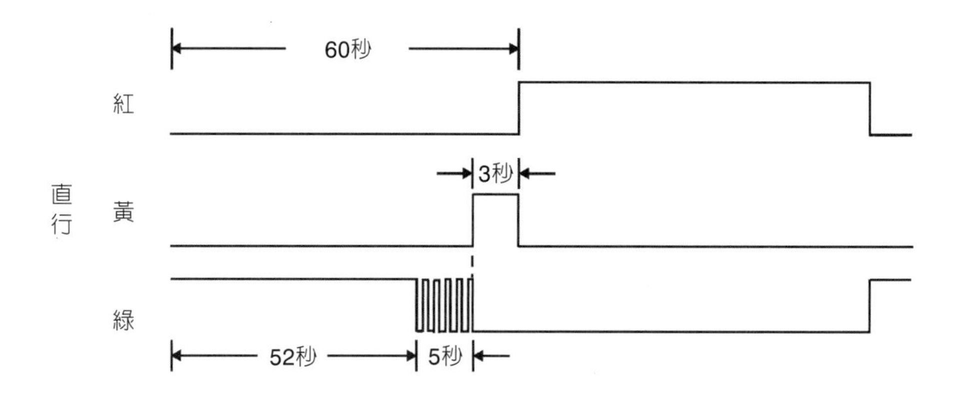

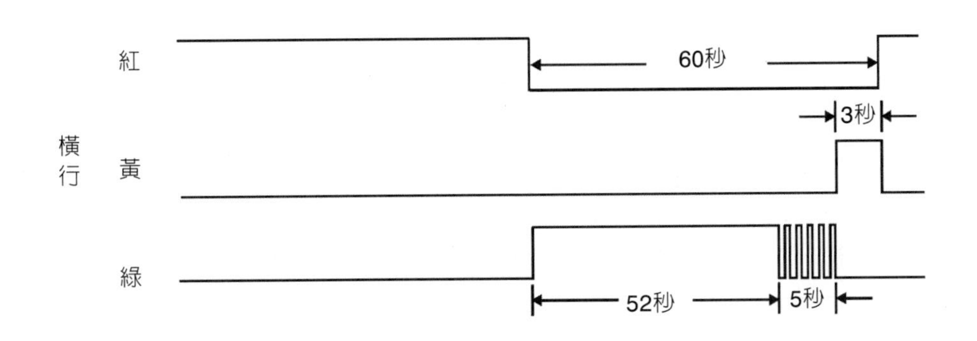


PLC接點說明

| PLC裝置 | 控制說明 |
|---|---|
| X1 | 交通燈啓動控制接點 |
| Y0 | 紅燈（直行訊號標誌） |
| Y1 | 黃燈（直行訊號標誌） |
| Y2 | 綠燈（直行訊號標誌） |
| Y10 | 紅燈（橫行訊號標誌） |
| Y11 | 黃燈（橫行訊號標誌） |
| Y12 | 綠燈（橫行訊號標誌） |

所謂相對凸輪控制，是指計數器C現在值到達設定的一段相對時間後，對應輸出裝置會ON，同時計數器C被復位，進行下一段的比較輸出。本例中，C0與6段設定值（D500～D505）進行比較，每比較完成一段，對應的M100～M105中的一個裝置狀態輸出爲ON。程式中使用INCD（相對方式凸輪控制）指令來實現交通紅綠燈的控制，使程式變得更簡便。在INCD指令被執行前，請使用MOV指令預先將各設定值寫入到D500～D505中。

| 設定值 | 輸出裝置 | 設定值 | 輸出裝置 |
|---|---|---|---|
| D500 | M100 | D503 | M103 |
| D501 | M101 | D504 | M104 |
| D502 | M102 | D505 | M105 |

程式說明

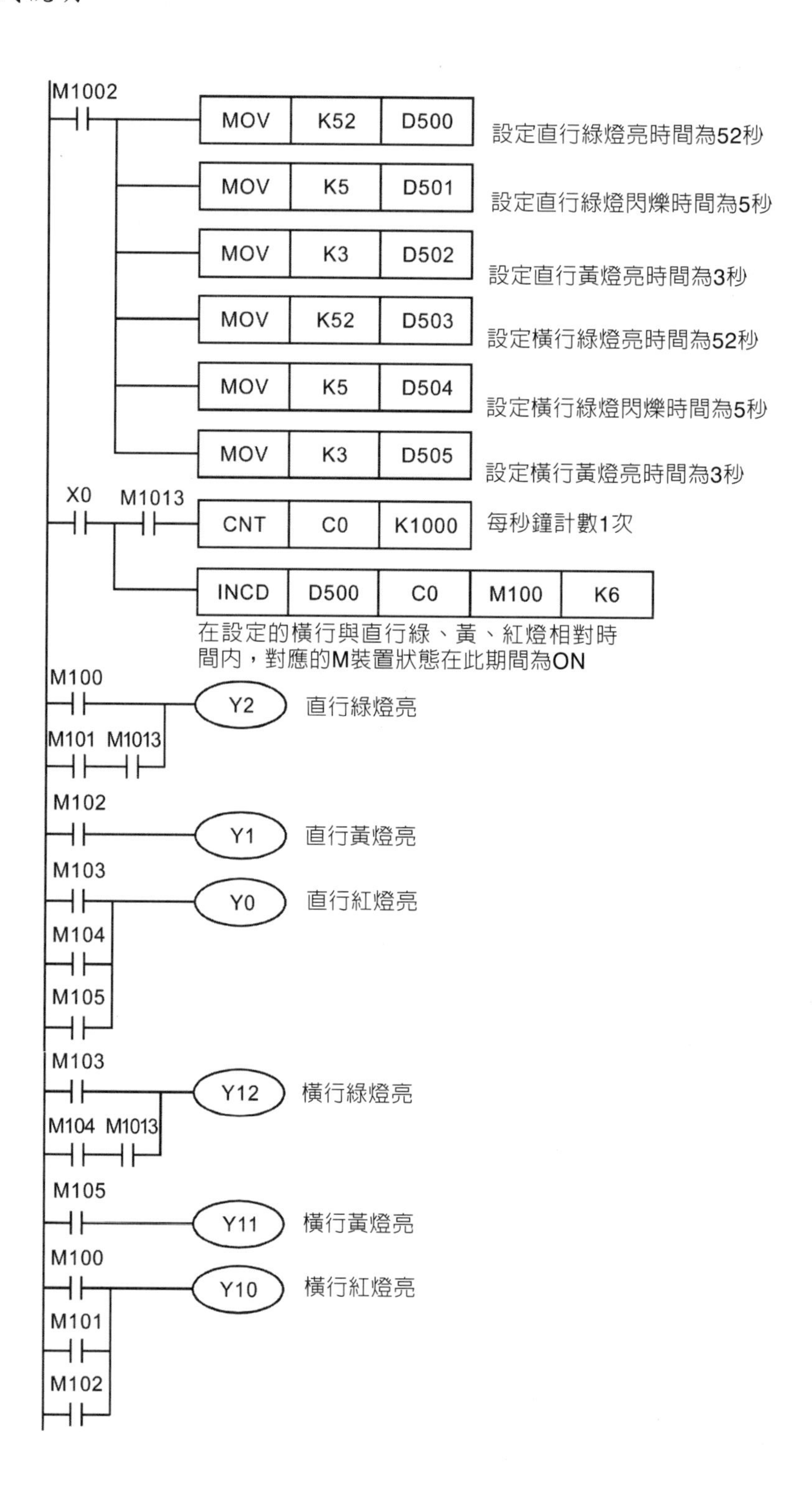

M1002
MOV K52 D500
設定直行綠燈亮時間為52秒
MOV K5 D501
設定直行綠燈閃爍時間為5秒
MOV K3 D502
設定直行黃燈亮時間為3秒
MOV K52 D503
設定橫行綠燈亮時間為52秒
MOV K5 D504
設定橫行綠燈閃爍時間為5秒
MOV K3 D505
設定橫行黃燈亮時間為3秒
X0 M1013
CNT C0 K1000
每秒鐘計數1次
INCD D500 C0 M100 K6
在設定的橫行與直行綠、黃、紅燈相對時間內，對應的M裝置狀態在此期間為ON
M100
Y2
直行綠燈亮
M101 M1013
M102
Y1
直行黃燈亮
M103
Y0
直行紅燈亮
M104
M105
M103
Y12
橫行綠燈亮
M104 M1013
M105
Y11
橫行黃燈亮
M100
Y10
橫行紅燈亮
M101
M102

# PLC 步進階梯指令

CHAPTER 9

## 9.1 順序功能圖

在自動控制的領域，經常需要電氣控制與機械控制做密切配合來達成自動控制的目的。而順序控制的全部過程，可以分成有序的若干步驟（Step），或說若干個階段，各步驟都有自己應完成的動作（Action）。從每一步驟轉移（Transition）到下一步，一般都是有條件（Condition）的，條件滿足則上一步驟動作結束，下一步驟動作開始，此時上一步驟的動作會被清除且不再處理，這就是順序功能圖（SFC, Sequential Function Chart）的設計概念。

順序功能圖主要特點包括：

1. 對於經常的狀態步進動作不需做順序設計，PLC會自動執行各狀態間的互鎖及雙重輸出等處理。只要針對各狀態做簡單之順序設計即可使機械正常動作。
2. 動作易了解，可輕易作試運轉調整、偵錯及維護保養的工作。
3. SFC的編輯原理，是屬於圖形編輯模式，整個架構看起來像流程圖。它是利用PLC內部的步進繼電器裝置S，每一個步進繼電器裝置S的編號就當做一個步進點，也相當於流程圖的各個處理步驟。當目前的步驟處理完畢後，再依據所設定的條件轉移狀態決定是否轉移到所要求的下一步驟，即下一個步進點S，如此，可以一直重複循環進而達到使用者所要的結果。

如圖9-1的SFC圖所示，初始步進點S0以狀態轉移條件X0成立與否決定是否轉移到一般步進點S20內，而S20中將啓動Y0並以狀態轉移條件X1成立與否決定是否轉移到步進點S30；S30中以狀態轉移條件X2成立來決定轉移到步進點S40，直到步進點S40中狀態轉移條件X3成立回到初始步進點S0，進而完成一次完整之流程，而前述的步驟程序可以一直重複循環達到循環的控制。

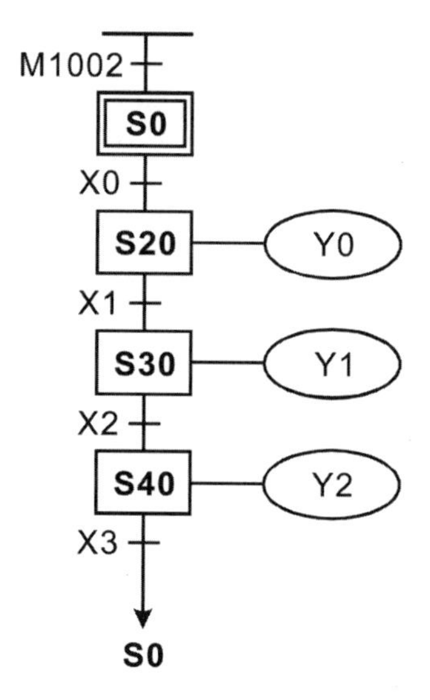


圖9-1　基本順序功能圖範例

## 9.2　步進階梯指令

步進階梯指令是用來做爲順序功能圖設計語法的指令。此種命令可以讓程式設計人員在程式規劃時，能夠像平時畫流程圖時一樣，對於程式的步驟規劃更爲清楚，更具可讀性。如圖9-2所示，可以很清楚地看出所要規劃的流程順序，每個步進點S轉移至下一個步進點後，原步進點會執行「斷電」的動作，使用者可以依據這種流程轉換成圖9-2右邊的PLC階梯圖形式，稱之爲步進階梯圖。在步進階梯程式完成之後要加上RET指令，而RET也一定要加在STL的後面。

STL指令：程式跳至副母線（步進階梯開始）。步進階梯指令STL Sn構成一個步進點，當STL指令出現在程式中，代表程式進入以步進流程控制的步進階梯圖狀態。初始狀態必須由S0～S9開始，步進階梯指令RET則代表以S0～S9爲起始的步進階梯圖結束，母線回歸到一般階梯圖的命令，而SFC圖即利用STL/RET所組成的步進階梯圖完成電路動作。使用時請注意步進點S編號不能重複。

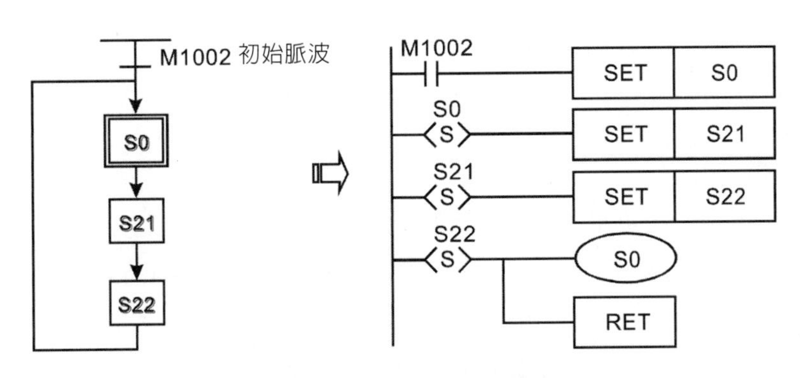


圖9-2　步進階梯圖範例

RET指令：程式返回主母線（步進階梯結束）。RET指令代表一個步進流程的結束，所以一連串步進點的最後一定要有RET指令。一個PLC程式最多可寫入S0～S9共10個步進流程，而每一個步進流程結束就要有RET指令。

範例9-1

作爲初步練習，使用WPLSoft建立下列的步進階梯圖。

階梯圖：

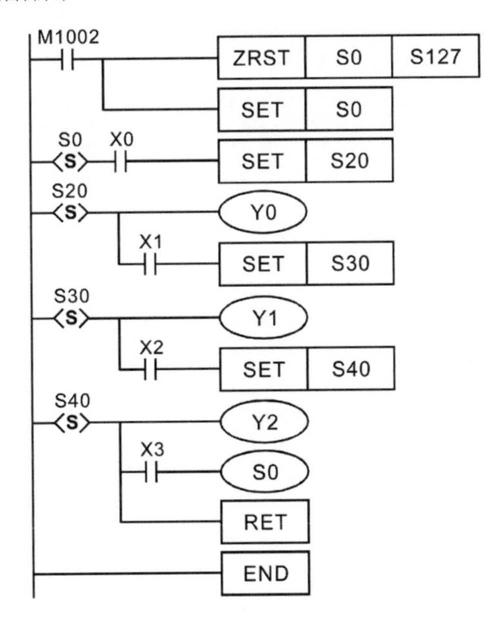


SFC：

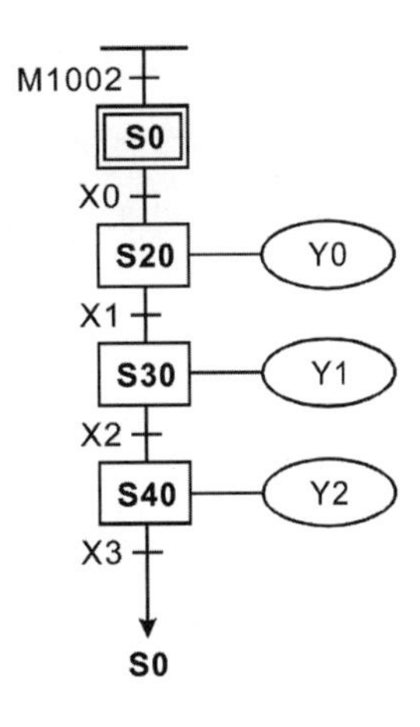

有關WPLSoft SFC編輯器SFC繪製的基本圖示請參考第六章表6-1的說明。

步進階梯指令動作說明

1. STL指令

STL指令，是順序功能圖設計語法的指令。此種命令在程式規劃時，能夠像流程圖一樣，對於程式的步驟規劃更爲清楚。撰寫程式時，如果輸入STL Sn，即會建立一個步進點Sn；例如輸入STL S0即會建立一個初始步進點S0，如圖9-2左邊第二行的符號。而利用步進點的建立，可以很清楚地看出所要規劃的流程順序。使用者可以依據這種流程規劃順序功能圖，利用WPLSoft轉換成圖9-2左方的步進階梯圖。

2. RET指令

一個程式可寫入不只一個步進流程，因此一個步進流程的結束最後一定要寫入RET指令。RET指令代表著一個步進流程的結束，RET指令的使用次數沒有限制，搭配初始步進點（S0～S9）使用。若步進流程結束沒有寫入RET指令，則WPLSoft編譯器會檢查出錯誤。

3. 步進階梯動作

步進階梯是由很多個步進點組成，每一個步進點代表控制流程的一個動作，一個步進點必須執行三個任務：

(1) 執行規劃程式，依輸入訊號及邏輯條件驅動輸出線圈。

(2) 指定轉移條件。

(3) 指定步進點的控制權要轉移給哪一個步進點。

讓我們以範例9-2說明步進階梯圖的運作。

範例9-2

利用步進階梯圖的模式，編輯建立如下圖的程式。利用模擬器或輸入開關改變X0與X1的狀態，並觀察程式行進的變化與輸出訊號的狀態。

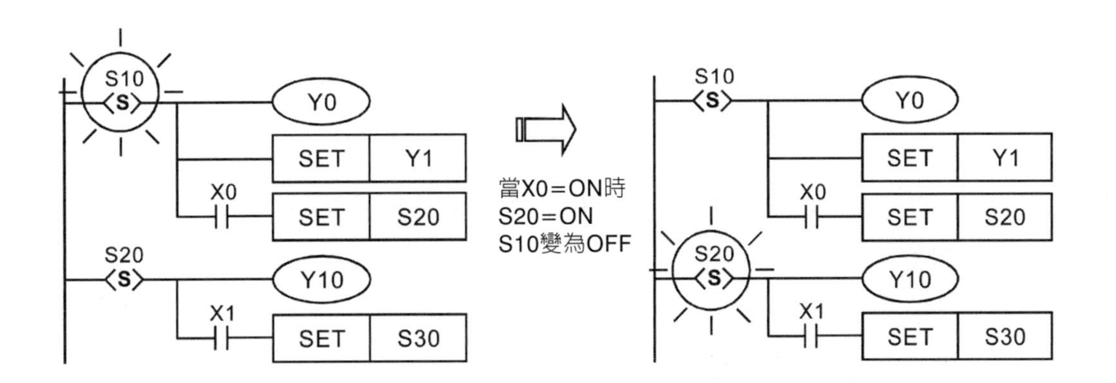


S10 = ON時，Y0、Y1為ON；X0 = ON時，S20 = ON，Y10為ON；而S10變為OFF，Y0為OFF，Y1則繼續為ON（因Y1使用SET指令所以仍保持ON狀態）。

步進階梯動作時序

當狀態接點Sn ON時，則電路動作；Sn OFF時，電路不動作（以上動作會延遲1個掃描時間執行）。以圖9-3為例，由以下執行的時序圖，在狀態點移行的過程中S10與S12轉態後（同時發生），延遲1個掃描時間執行Y10→OFF、Y11→ON（不會有重疊輸出的現象）。

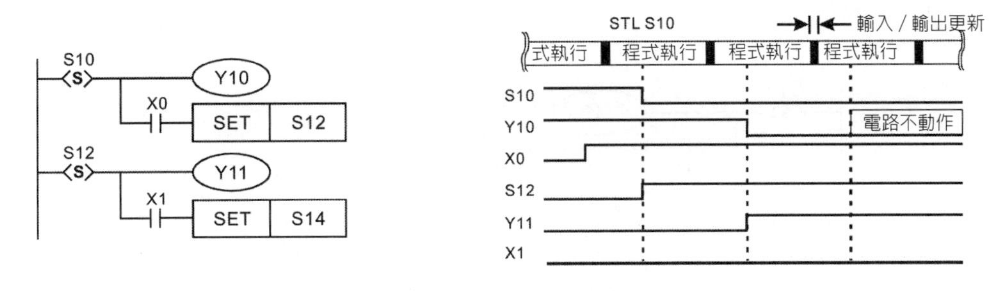


圖9-3 步進階梯動作時序

# 9.3 步進點移轉方法

使用指令SET Sn及OUT Sn都是用來啓動（或稱轉移至）另一個步進點。當控制權移動到另一個步進點後，原步進點S的狀態及其輸出點的動作都會被清除。由於程式中可同時存在有多個步進控制流程（分別以S0～S9為起始所引導的步進階梯圖）。而步進的轉移，可在同一步進流程，也可能轉移至不同的步進流程，因此步進點轉移指令SET Sn及OUT Sn在用法上有些許差異。

SET Sn

同一流程，用來驅動下一個狀態步進點，狀態轉移後，前一個動作狀態點的所有輸出會被清除，如圖9-4。

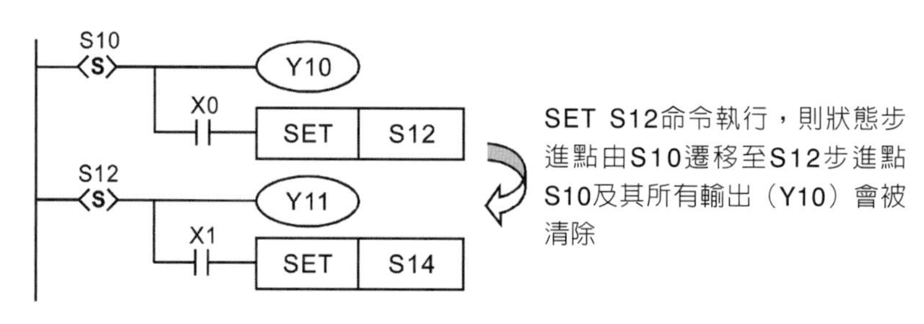


圖9-4　SET Sn步進點移轉

M1040步進禁止使用

配合特殊暫存器M1040步進禁止使用時，當M1040為ON時，步進點的移動全部禁止，步進點維持原來狀態，如圖9-5所示。

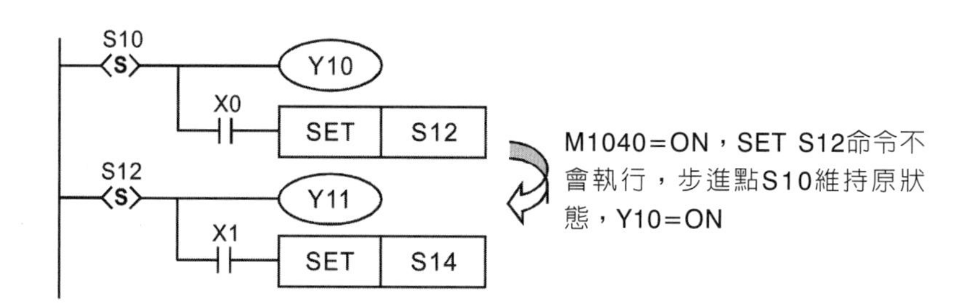


圖9-5　特殊暫存器M1040步進禁止使用

OUT Sn的使用

如圖9-6及圖9-7所示，OUT Sn可用於：

1. 同一流程中返回初始步進點。
2. 同一流程中之步進點向上或向下非相鄰之步進點跳躍。
3. 不同流程用來驅動分離步進點。

SFC圖：

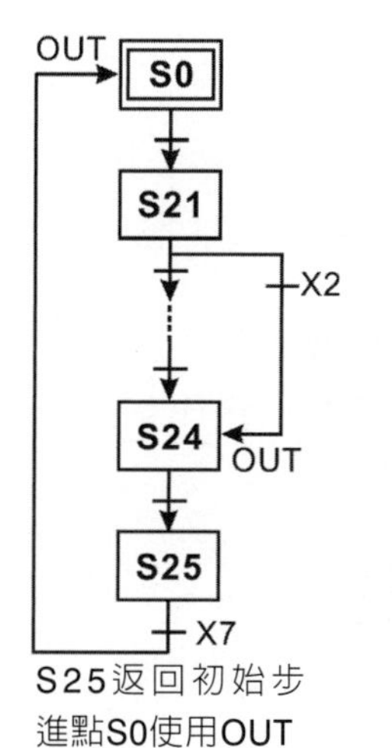


階梯圖：

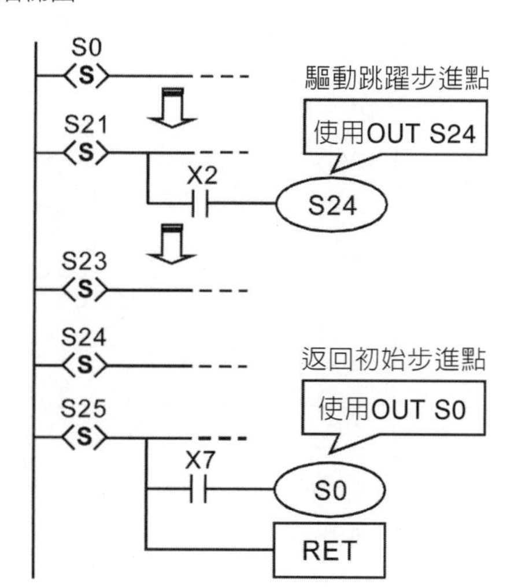


圖9-6　OUT Sn於同一流程的使用

SFC圖：

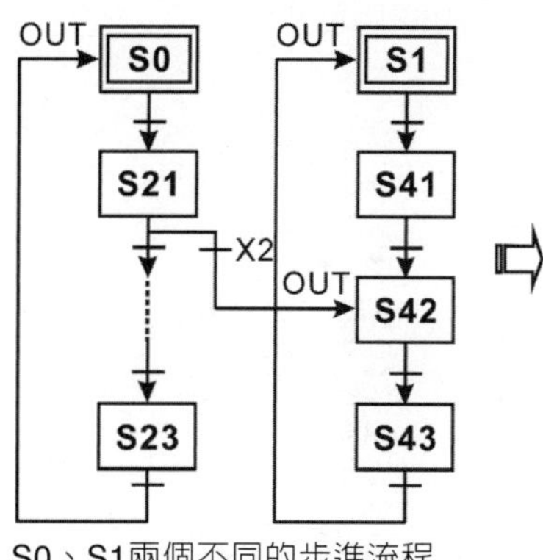


階梯圖：

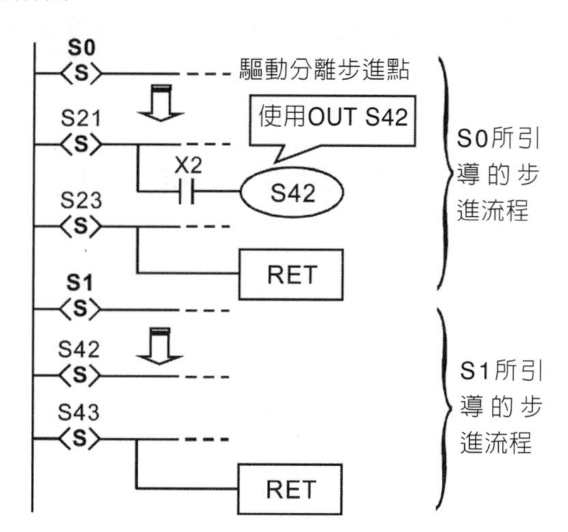


圖9-7　OUT Sn於不同流程驅動分離步進點的使用

配合M1040步進禁止使用時，當M1040爲ON時，同流程步進點的狀態會被清除爲OFF，如圖9-8。

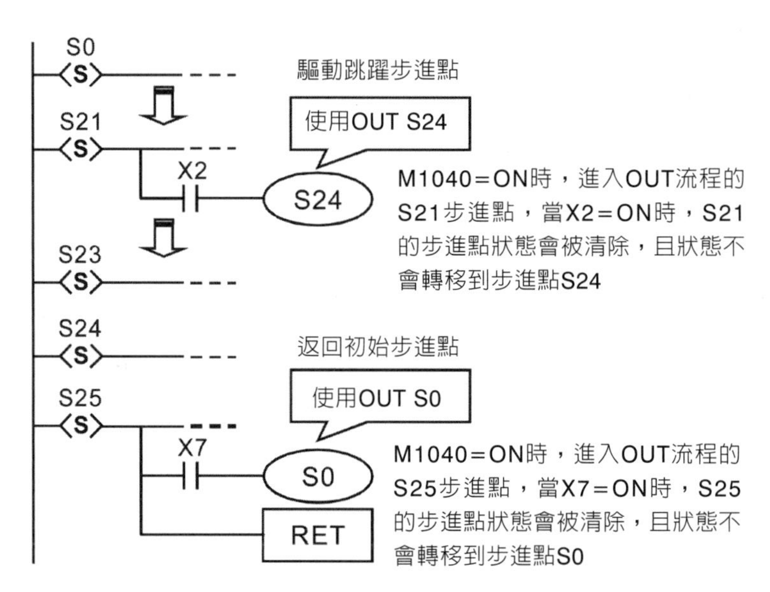


圖9-8　使用特殊暫存器M1040步進禁止使用範例

## 9.4　功能元件的重複使用

### 輸出線圈的重複使用

不同的步進點流程中可使用相同編號的輸出線圈。以圖9-9爲例，不同狀態之間可以有同一裝置輸出（Y0），無論S10或S20狀態步進點爲ON時，Y0都會是ON。在狀態步進點由S10轉移至S20的移行過程中，會將Y0關閉，最後S20 ON之後再將Y0輸出，因此在這種情況下，無論是S10或S20 = ON時，Y0都會是ON。

一般階梯圖中應避免輸出線圈的重複使用。而在步進點所使用的輸出線圈號碼，最好在步進階梯圖回到一般階梯圖後，也同樣避免使用。

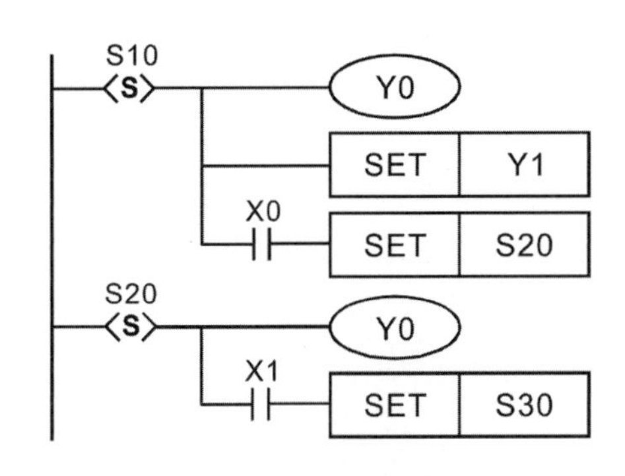

圖9-9　輸出線圈的重複使用



### 計時器的重複使用

部分機種計時器與一般的輸出點一樣的，可在不同的步進點中重複使用，如圖9-10。這是步進階梯圖的特點之一，但在一般階梯圖當中最好避免有輸出線圈重複使用，而在步進點所使用的輸出線圈號碼最好在步進階梯圖回到一般階梯圖後，也同樣避免使用。

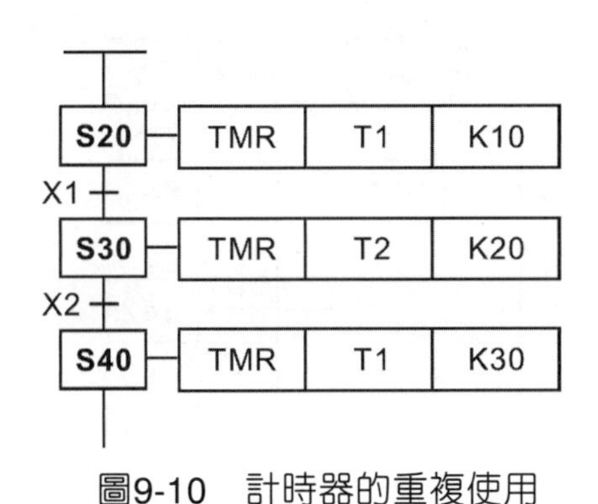

圖9-10　計時器的重複使用

### 步進階梯設計程式須知

1. SFC最前端的步進點稱之爲初始步進點（S0～S9）。使用初始步進點作爲流程的開始，以RET指令做結束，構成一個完整的流程。
2. 當STL指令完全不被使用時，步進點S可當成一般輔助繼電器來使用。
3. 當STL指令使用時，步進點S的號碼不可重複使用。

## 9.5 流程分類

SFC圖的流程設計可視應用需要，規劃爲下列幾種類型：

1. 單一流程：一個程式中只有一個流程且不含選擇分歧、選擇合流、並進分歧、並進合流之簡單流程。
2. 複雜單一流程：一個程式中只有一個流程包含選擇分歧、選擇合流、並進分歧、並進合流等流程。
3. 複數流程：一個程式中有數個單一流程，最多可有S0～S9共10個流程。

### 流程分歧

步進階梯圖允許寫入數個流程，並在適當事件發生時，產生流程分歧的啓動訊號。例如圖9-11有S0、S1兩個單一流程，程式順序先寫入S0～S30，再寫入S1～S43。流程中的某一步進點可指定跳到另一個流程的任一個步進點。如圖中S21下方的條件成立時，指定跳至S1流程的S42步進點，此動作稱之爲分歧步進點。

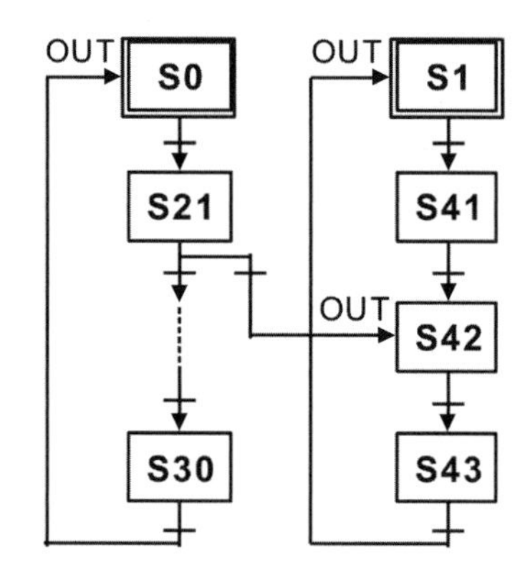


圖9-11　多個流程的程序分歧

### 步進點的復歸

可以利用ZRST指令將與某一流程相關的一群連續編號的步進點全部重置（Reset）爲OFF。

流程種類

1. 簡單的單一流程

步進動作的最基本表現就是單一流程的控制動作。步進階梯圖的第一個步進點稱之為初始步進點，編號S0～S9。初始步進點以下的步進點為一般步進點，編號S10～S1023。

(1)沒有分歧、合流的單一流程：一個流程結束，將步進點控制權移轉到初始步進點。以圖9-12為例。

步進階梯圖：

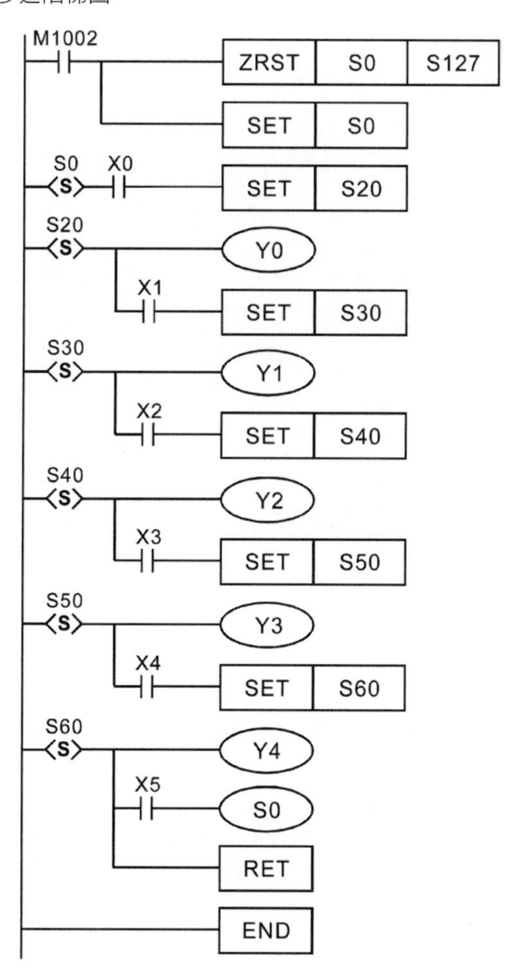


SFC圖：

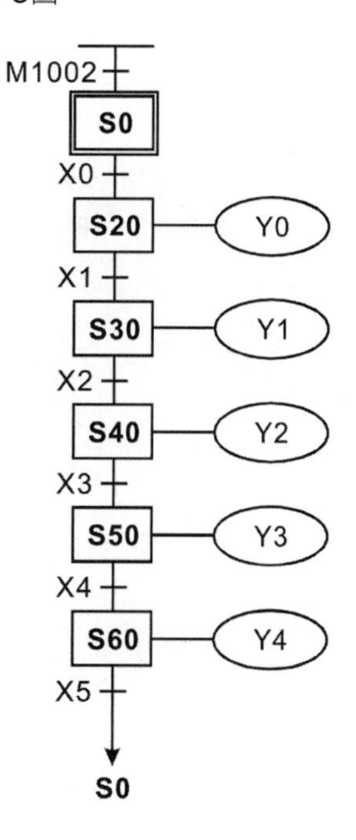


圖9-12　沒有分歧或合流的單一流程

(2)跳躍的流程：在流程進行的過程中，可以藉由步進點的設定，在單一流程中跳過某些步驟，如圖9-13；或者是跳躍至屬於其他流程的步進點，如圖9-14。

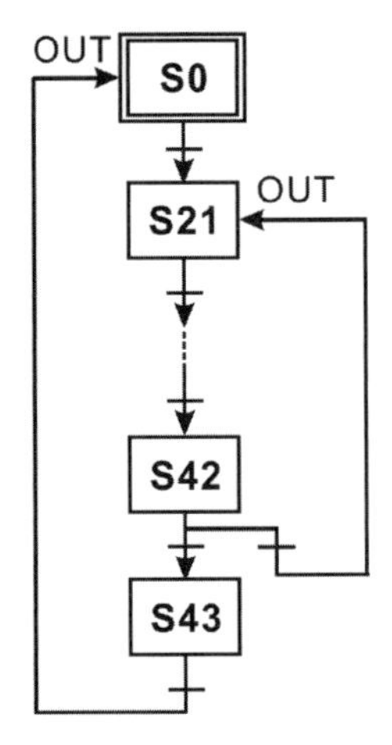


圖9-13　將步進點控制權移轉到上方某一個步進點

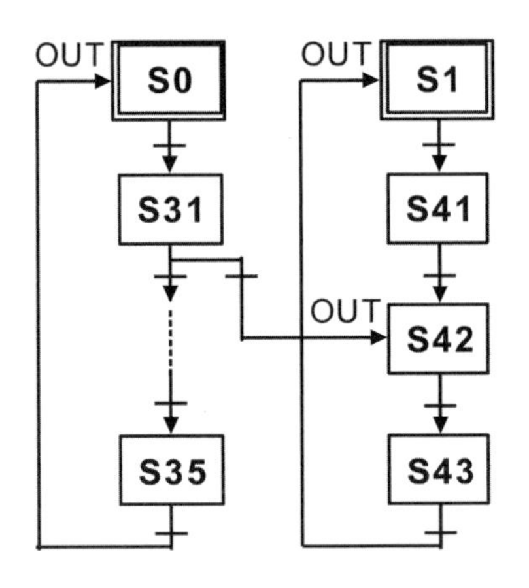


圖9-14　將步進點控制權移轉到別的流程的步進點

圖9-14中原來S0流程在S31步進點跳躍至S1流程中的S42後，S0流程即會結束。

(3)復歸的流程：在流程的某一個步進點程序中，將執行中的步進點利用RST復歸重置，即可結束該流程，如圖9-15中，S50於條件成立時，將本身（S50）Reset，此時流程結束。

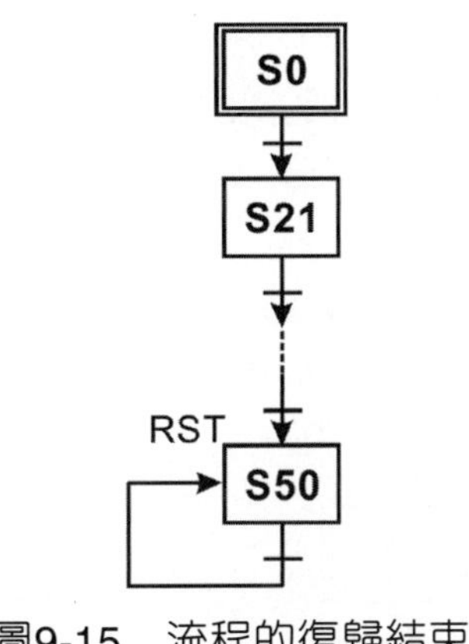


圖9-15 流程的復歸結束

2. 複雜單一流程

從一個流程的起始步進點開始執行的單一流程，可以在適當的條件下分岐進行成數個次流程；然後在適當的條件下回歸合併成單一流程。依據分岐後是一個或多個次流程同時執行，分岐跟合併的方式包含並進分歧、選擇分歧、並進合流、選擇合流等流程。

(1) 並進分歧結構：如圖9-16，由現在的狀態在條件成立時，同時轉移至多個狀態時，屬於並進分歧結構，如圖9-16所示，狀態是從S20轉移，當X0=0N時，同時轉移到S21、S22、S23、S24。

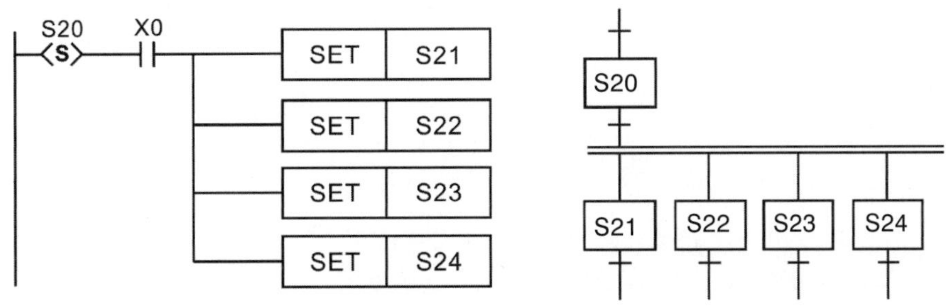


圖9-16 並進分歧的流程

(2)選擇分歧結構：由現在的狀態在個別條件成立時，轉移至個別狀態時，屬於選擇分歧結構，如圖9-17所示，狀態是從S20轉移，當X0 = ON時，轉移到S30；當X1 = ON時，轉移到S31；當X2 = ON時，轉移到S32。

選擇分歧步進階梯圖：

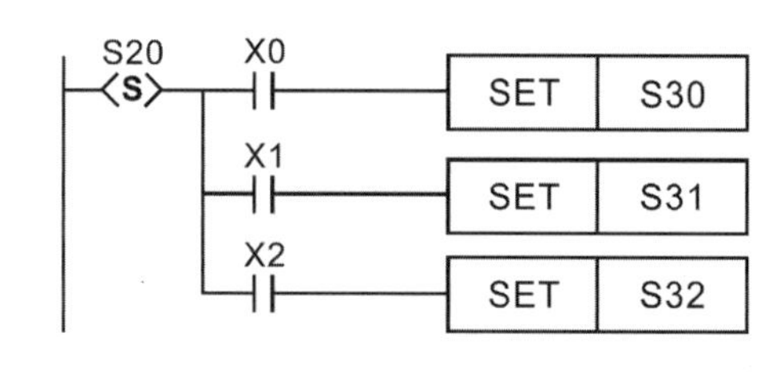


選擇分歧的SFC圖：

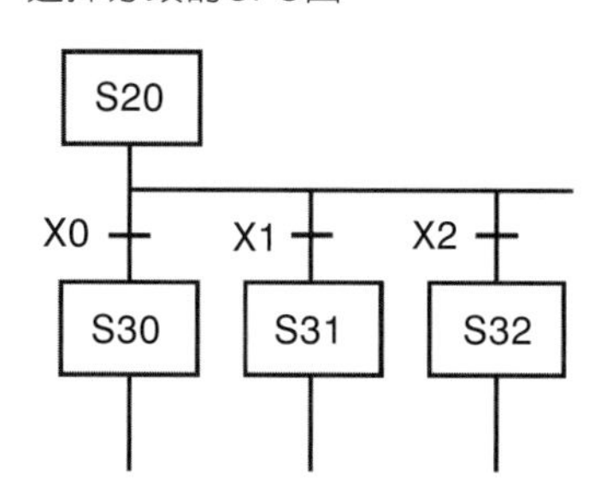


圖9-17　選擇分歧的流程

(3)並進合流結構：如圖9-18所示，連續的STL命令代表並進合流結構，連續的狀態輸出後在條件成立時，轉移到下一個狀態。並進合流的意思是指幾個狀態要同時成立時，才可以允許轉移。

並進合流步進階梯圖：

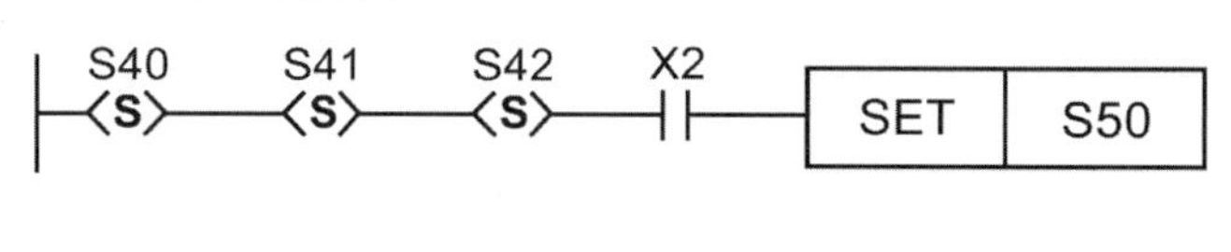


並進合流的SFC圖：

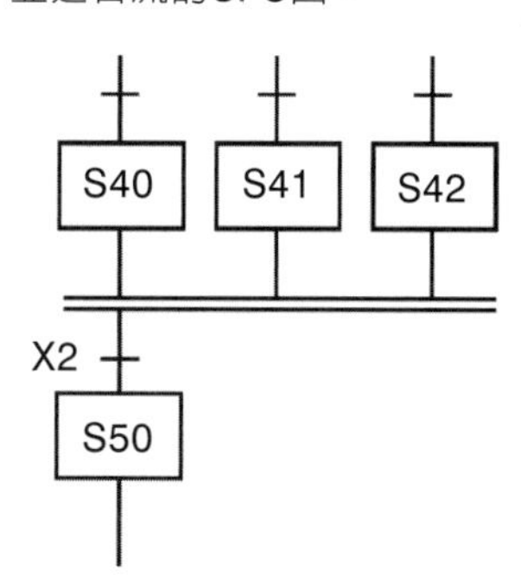


圖9-18　並進合流的流程

(4)選擇合流結構：如果階梯圖形如圖9-19，這種圖形是屬於選擇合流，就是說有S30、S40、S50三種狀態，看哪個狀態的輸入信號先成立就轉移至S60。

選擇合流步進階梯圖：

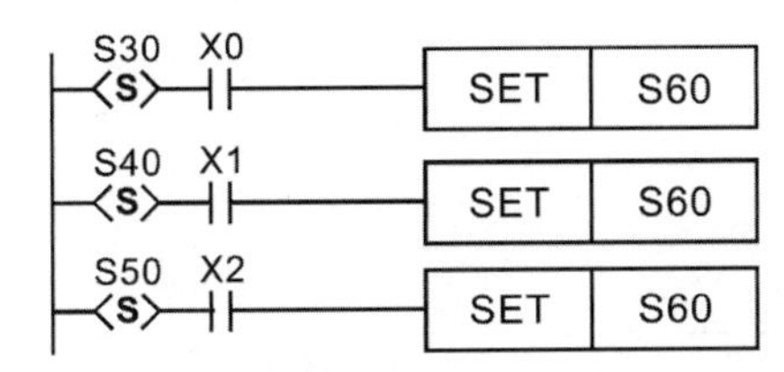


選擇合流之SFC圖：

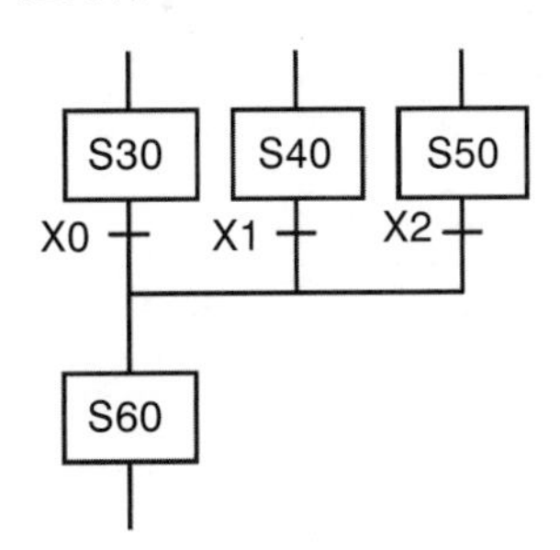


圖9-19　選擇合流的流程

總合上述分歧與合流的方式，接下來列出幾種可能的組合作爲範例，供讀者自行參考練習。如在實機或模擬器上測試，可藉由不同的輸入訊號觸發，觀察流程進行的變化。

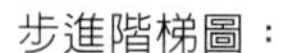


選擇性分歧、選擇性合流流程組合例：

步進階梯圖：

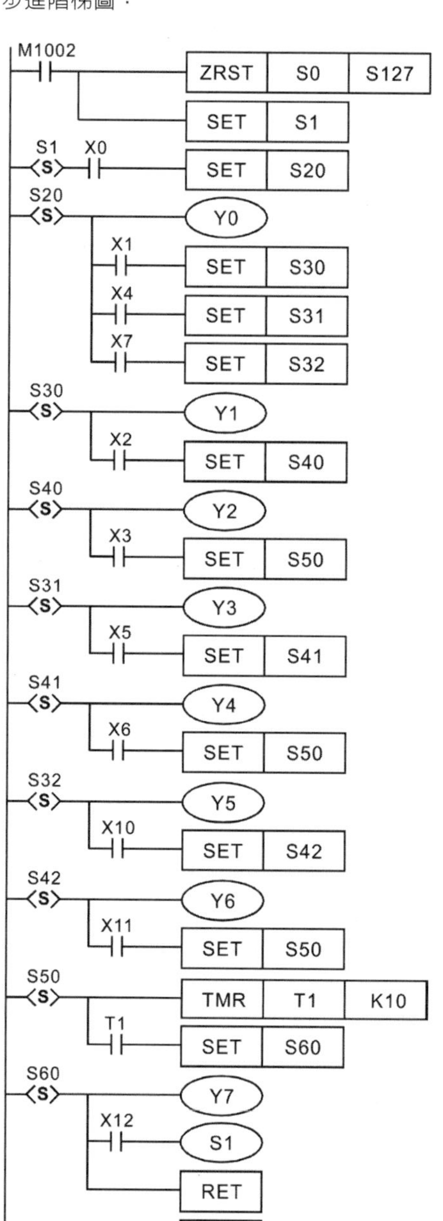


SFC圖：

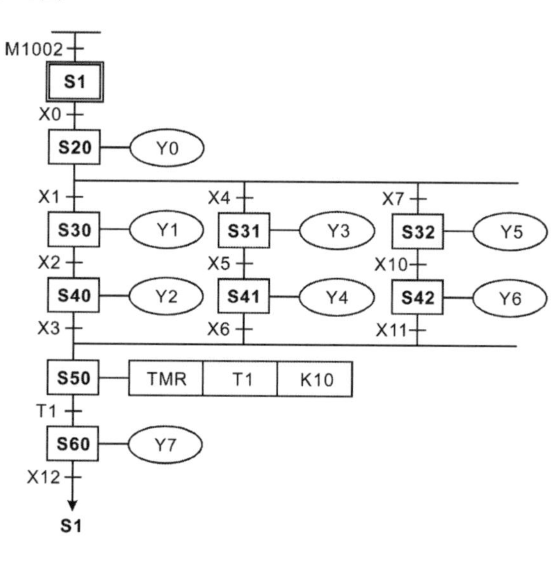

範例9-4

並進性分歧、並進性合流流程組合例：

步進階梯圖：

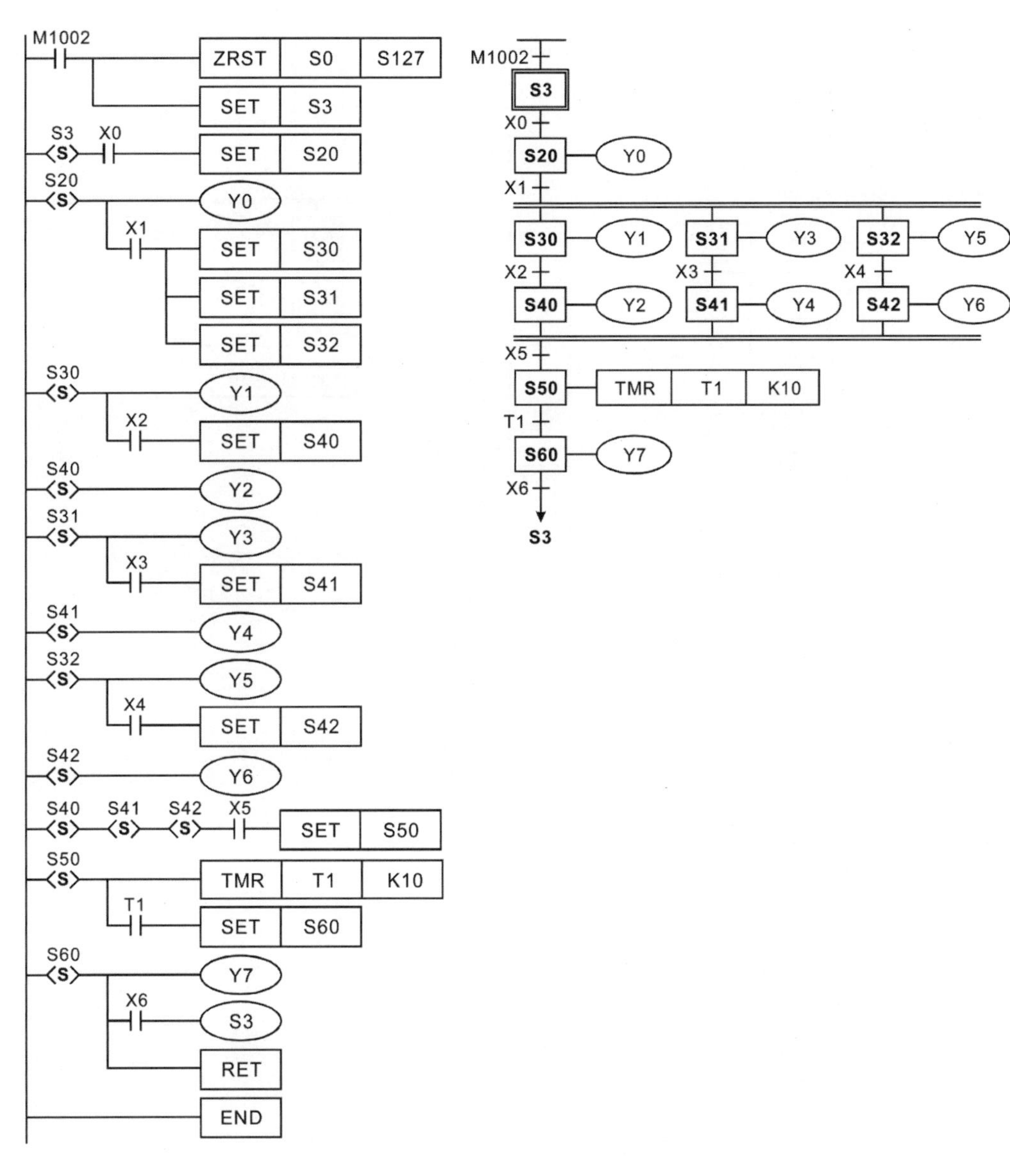

範例9-5

並進性分歧、選擇性合流流程組合例：

步進階梯圖：

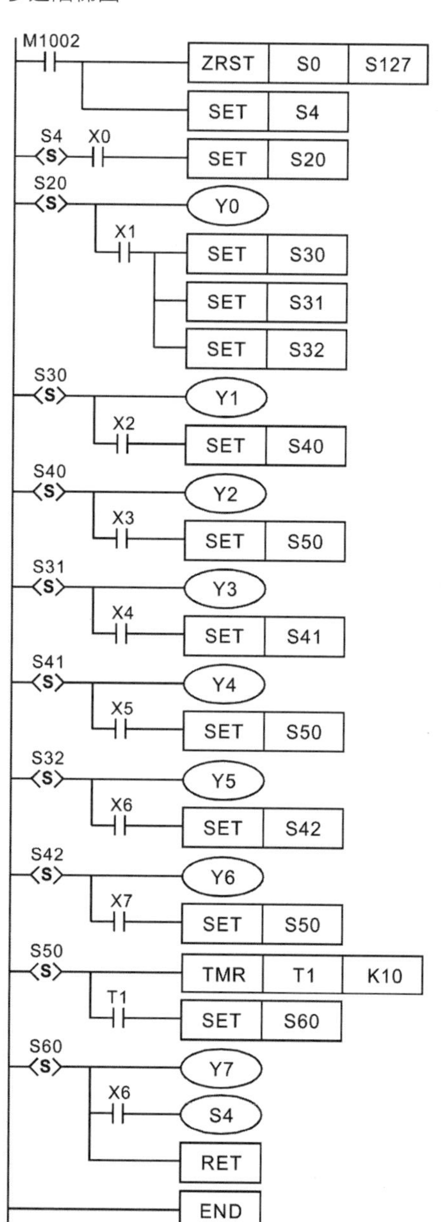


SFC圖：

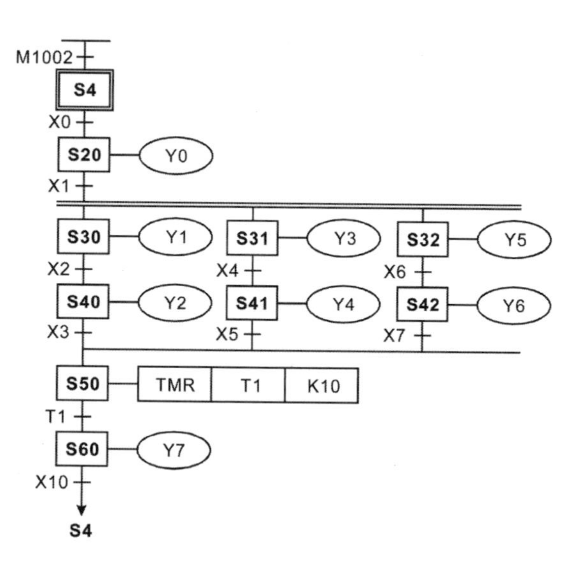

範例9-6

選擇性分歧、合流，並進性分歧、合流流程組合例1：

步進階梯圖：

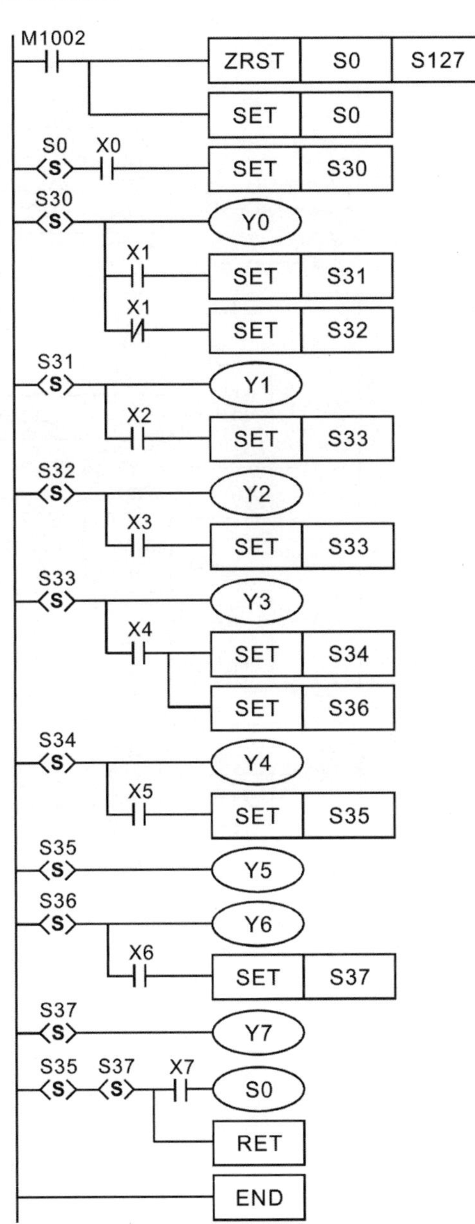


SFC圖：

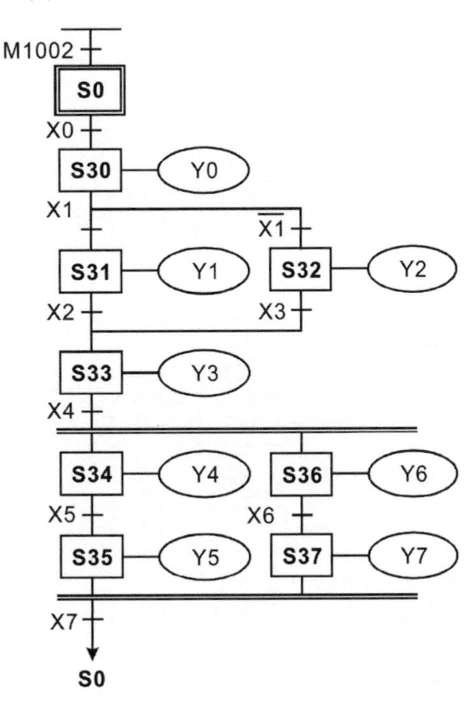

範例9-7

選擇性分歧、合流，並進性分歧、合流流程組合例2：

步進階梯圖：

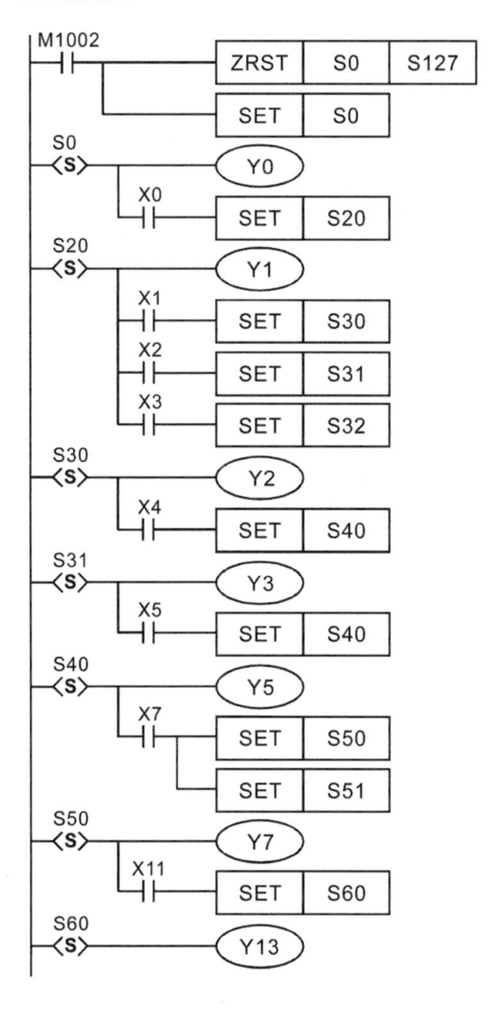


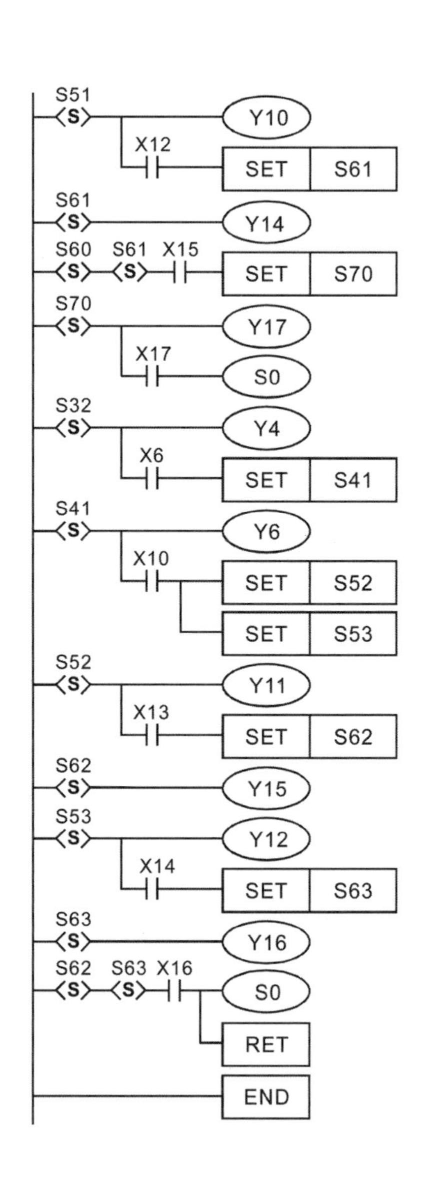

SFC圖：

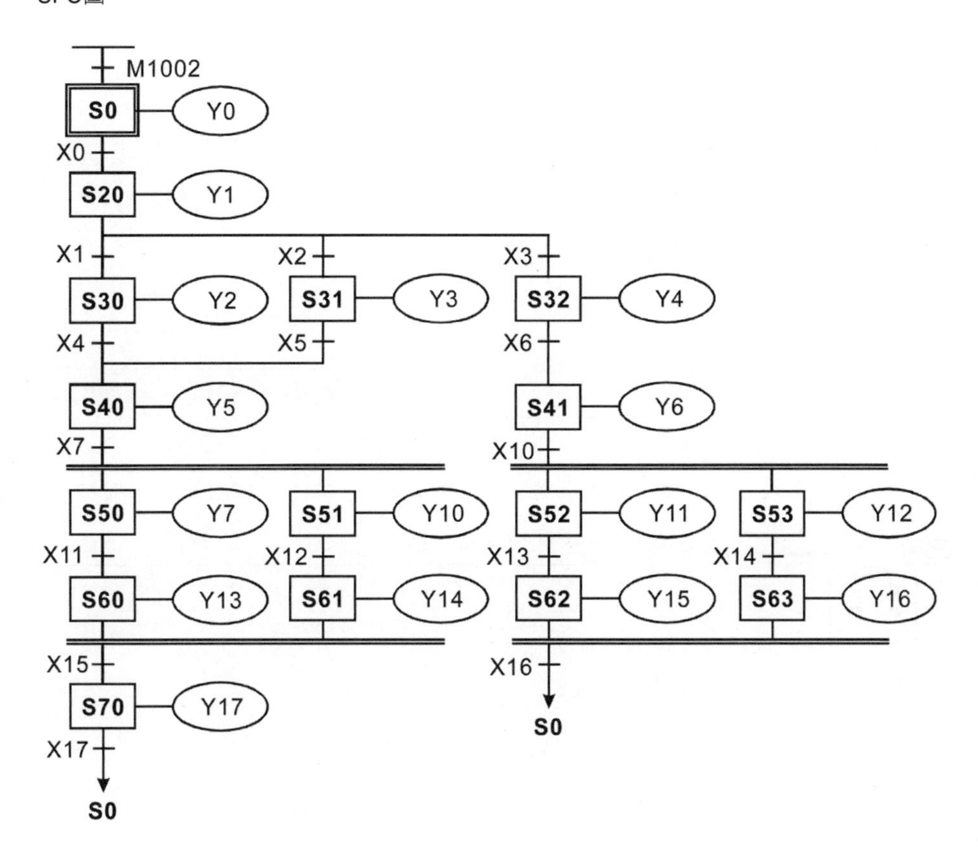
M1002
S0
Y0
X0
S20
Y1
X1
X2
X3
S30
Y2
S31
Y3
S32
Y4
X4
X5
X6
S40
Y5
S41
Y6
X7
X10
S50
Y7
S51
Y10
S52
Y11
S53
Y12
X11
X12
X13
X14
S60
Y13
S61
Y14
S62
Y15
S63
Y16
X15
X16
S70
Y17
S0
X17
S0

# 9.6 實作範例

範例9-8

在先前利用基本的計時器或應用指令所建立的紅綠燈控制，也可以利用步進階梯圖的方式設計。使用步進階梯圖設計時，必須將各個燈號階段視為一個步進程序，然後利用步進點的控制逐步執行並循環來完成紅綠燈的控制。

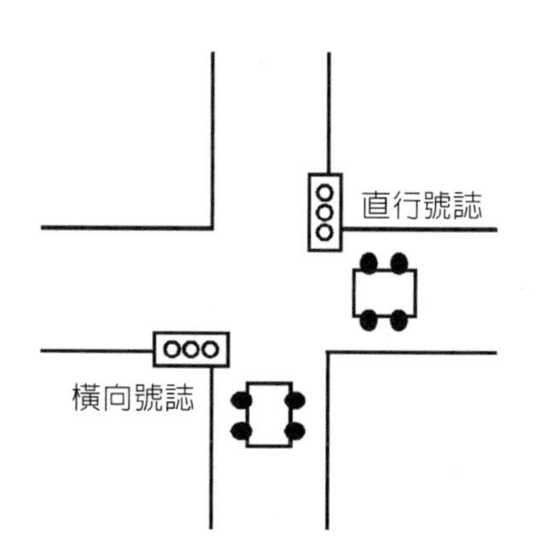


| | 紅燈 | 黃燈 | 綠燈 | 綠燈閃爍 |
|---|---|---|---|---|
| 直向號誌 | Y0 | Y1 | Y2 | Y2 |
| 橫向號誌 | Y10 | Y11 | Y12 | Y12 |
| 燈號時間 | 35秒 | 5秒 | 25秒 | 5秒 |

時序圖：

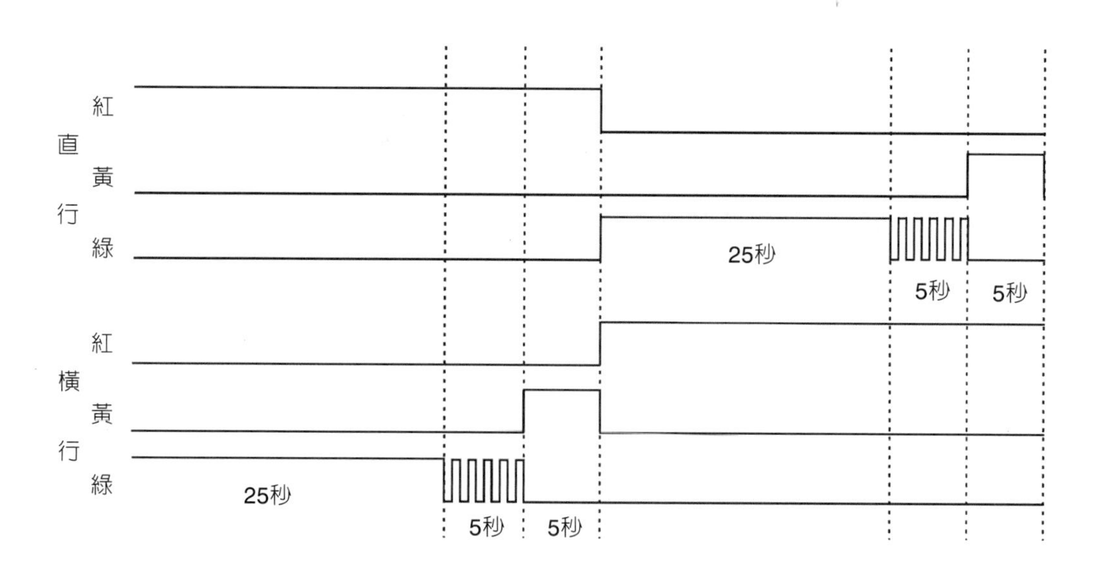

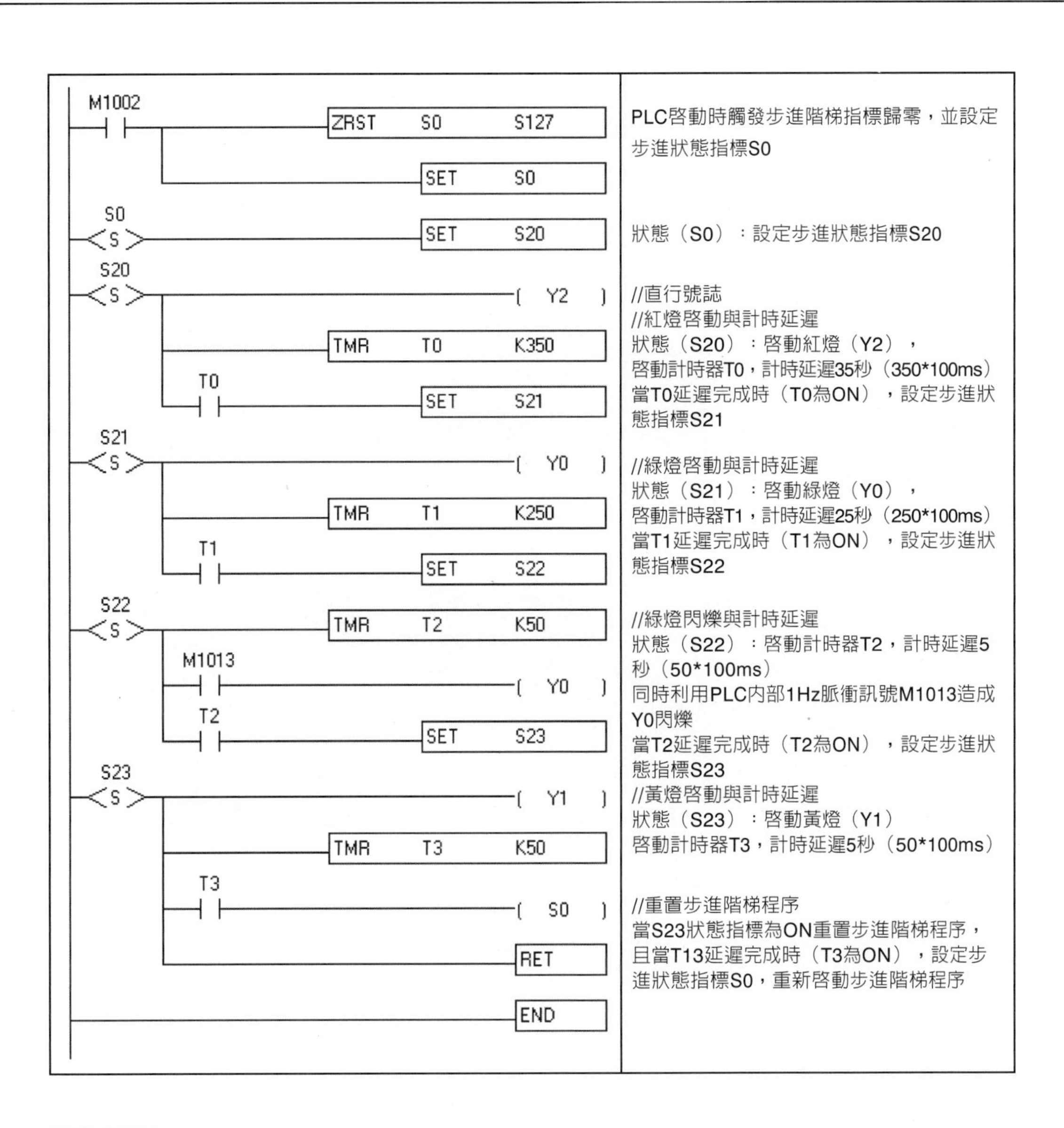


**練習9-1**

請利用步進階梯圖的方式，完成直行與橫行燈號的同步控制。

# HMI與PLC整合篇

# 自動化元件間的通訊

CHAPTER 10

通訊在工業設備的設計上扮演著非常重要的地位，因為現代的工業設備不再是由單一設備完成所有的工作與功能，也需要藉由各種特殊設備的功能整合才能夠達成系統設計的功能。例如生產線系統除了單一設備的運作之外，必須配合人機介面控制裝置、前後工作站的協同運動、遠端命令或資料傳輸等才能完成各式各樣的功能。而這些設備的整合就是靠著各種的通訊協定串連。更進一步地，如果設備需要與電腦交換資料，必須要藉由無線網路或者有線的通訊協定，才能夠把資料與控制指令正確無誤地與其他裝置或系統溝通。

所謂的通訊協定就是在國際組織的協調與監督下，嚴格的定義裝置與裝置間交換資料時的各種相關規定，包括硬體與軟體。硬體包括接頭的大小尺寸、材質、電氣特性，甚至包含電壓高低範圍、電壓變化速度、電阻大小等；軟體則包含傳輸資料的內容長度、順序、特徵、錯誤檢查、資料傳輸來源與對象的定義等。這些定義嚴謹的目的在於確保發送端與接收端之間訊號的相容性以及資料傳輸的正確無誤。

## 10.1 工業通訊協定

由於工業設備發展的歷史緣故，大多數的自動化控制設備多半是以串列（Serial）傳輸的通訊協定為主，主要是以RS232與RS485兩種協定作為標準。這兩種工業通訊協定因為早期電子元件不像現代電子技術的進步，所以在傳輸速度及抵抗雜訊干擾等能力上不像現在的乙太網路等如此進步。但是，因為這兩種串列傳輸協定的普及，即使是在現代的工業設備資料傳輸介面中，仍然是不可或缺的基本通訊選項。

### RS232與RS485通訊協定

RS232與RS485兩種協定的最大差異，在於RS232是針對一個裝置對一個裝置通訊傳輸所設計的協定，也就是兩個裝置之間專屬的資料通訊模式。換句話說，資料溝通只針對特定的對象傳輸或者是接收，而不會與其他裝置混淆。RS485協定則是因應多個裝置設備之間的資料溝通所設計的通訊協定。因此，RS485通訊線路所接通的任何一個裝置所發出的資料訊號，都可以被線路所接通的其他裝置接收到；只是因爲通訊內容的規範，其他的裝置可以決定是否要處理這些資料的內容。而且，爲了增加傳輸的距離，RS485在傳輸的硬體上採用較爲穩定的差動訊號傳輸，因此它的訊號遠較RS232更爲穩定不易受到干擾。

| 規格 | RS232 | RS485 |
| --- | --- | --- |
| 訊號電氣特性 | 電壓位準 | 差動訊號 |
| 傳輸模式 | 一對一 | 多對多 |
| 最大傳輸距離 | 15m | 1200m |
| 最大傳輸速率 | 115Kb/s | 10Mb/s |

在傳輸的內容上，RS232與RS485兩種協定都可以讓使用者自行調整部分的傳輸訊號定義。起始位元的定義是利用開始傳輸訊號從1變0（固定爲1個位元的長度）的變化來判別；在資料位元的部分，日本PLC多用JIS字元碼，其長度只有7位元（ASCII 0～127），而歐美的設備則多用ASCII碼8位元，RS485在特定情況下可以採用9位元的長度；緊接在資料位元之後的是同位元防錯機制的檢查碼，使用者可以自行選擇偶同位元（Even Parity）及奇同位元（Odd Parity）或不加入；而最後的停止位元則有1、1.5、2個位元寬度的選擇，一般預設爲1個位元。這兩種通訊協定的資料傳輸速度也可以由使用者自行定義，使用者必須考量工作環境的干擾與所使用的線材來決定，最高可達到10Mb/s的傳輸速度。但是由於傳輸的過程中，並沒有同步的時脈訊號，因此必須在發送與接收兩端的裝置上預先設定好相同的傳輸速度，以免造成資料的誤判。

## 10.2 Modbus通訊協定

RS232與RS485通訊協定規範了資料傳輸時的電位電氣特性，設備裝置在接收到資料訊號之後仍必須由裝置進行資料內容以及正確性的判讀。除了使用者可以自行定義相關的資料格式之外，目前在業界最廣泛使用的資料格式協定是所謂的Modbus通訊協定。

Modbus通訊協定是MODICON公司爲自己所生產的工業控制設備所開發的通訊資料格式協定，可以利用乙太網路、RS232與RS485通訊協定的硬體進行資料的傳輸與驗證。目前Modbus通訊協定是採開放授權的方式，不需要支付任何費用，任何人皆可以使用這個通訊協定進行資料傳輸內容的開發應用，所以Modbus通訊協定廣泛爲工業界所使用。它可以使用在一對一、一對多或者多對多的方式通訊，目前許多PLC、人機介面裝置及圖控軟體都支援Modbus通訊協定。

Modbus的傳輸格式可依據定義分成ASCII及RTU兩種格式，ASCII是以字元符號傳輸資料；RTU則是以二進位編碼的方式傳輸。一般而言，RTU的傳輸方式較爲快速而有效率。

而隨著時代演變，網際網路的傳輸已遠較RS232與RS485更爲快速與穩定，所以Modbus也發展出建立在乙太網路架構上的Modbus TCP/IP傳輸格式。基本上，資料內容的格式定義並無太大的改變，但是藉由乙太網路的裝置位址定義與TCP/IP的資料驗證機制，可以傳輸的裝置數量更多、速度更快、傳輸錯誤的檢查更容易而減少資料錯誤的情形發生。

舉例而言，Modbus通訊協定主要針對裝置間資料傳輸內容進行下列的項目定義：

裝置要求另一端裝置發送資料

資料要求端的發送內容：

1. 傳輸裝置識別碼（Identifier）：一個位元組（byte）。
2. 資料用途（Function）：一個位元組，0x03。
3. 資料記憶體起始位址（Data Starting Address）：兩個位元組。
4. 資料長度（Data Length）：兩個位元組，長度以字元組（Word）計。
5. 檢查碼（Error Check）：一個位元組。

資料回應端的發送內容：

1. 傳輸裝置識別碼（Identifier）：一個位元組（byte）。
2. 資料用途（Function）：一個位元組。
3. 資料長度（Data Length）：一個位元組（長度以byte計算）。
4. 資料內容（Data Content）：視資料長度定義。
5. 檢查碼（Error Check）：一個位元組。

例如，裝置A要求另一端裝置B發送資料時，裝置A資料要求端的發送內容：

| 裝置識別碼 | 用途 | 記憶體起始位址 | | 資料長度 | | 檢查碼 |
|---|---|---|---|---|---|---|
| 11 | 03 | 00 | 6B | 00 | 03 | -- |

裝置B資料回應端的發送內容：

| 裝置 | 識別碼 | 用途 | 資料長度 | 資料內容 | | | | | 檢查碼 |
|---|---|---|---|---|---|---|---|---|---|
| 11 | 03 | 03 | 12 | 34 | 56 | 78 | 9A | BC | -- |

裝置要求寫入單一筆資料至另一端裝置

資料要求端的發送內容：

1. 傳輸裝置識別碼（Identifier）：一個位元組（byte）。
2. 資料用途（Function）：一個位元組，0x06。
3. 資料記憶體起始位址（Data Starting Address）：兩個位元組。
4. 資料傳輸（Data）：2xN個位元組。
5. 檢查碼（Error Check）：一個位元組。

資料寫入端的回應發送內容：

1. 傳輸裝置識別碼（Identifier）：一個位元組（byte）。
2. 資料用途（Function）：一個位元組。
3. 資料記憶體起始位址（Data Starting Address）：兩個位元組。
4. 資料傳輸（Data）：2xN個位元組。
5. 檢查碼（Error Check）：一個位元組。

又例如，裝置A要求寫入資料至另一端裝置B時，裝置A資料寫入端的發送內容：

| 裝置識別碼 | 用途 | 記憶體起始位址 | | 資料長度 | | 檢查碼 |
|---|---|---|---|---|---|---|
| 11 | 06 | 00 | 01 | 00 | 03 | -- |

裝置B資料回應端的發送內容：

| 裝置識別碼 | 用途 | 記憶體起始位址 | | 資料長度 | | 檢查碼 |
|---|---|---|---|---|---|---|
| 11 | 06 | 00 | 01 | 00 | 00 | -- |

有了Modbus通訊協定的定義，各式各樣的工業元件便可以在RS232與RS485通訊協定的硬體基礎上，向遠端接通線路的其他工業裝置傳輸命令或者是要求資料，也可以針對對方的需求回傳裝置運行中的狀態或者是資料，而達到協同運動控制的效果。例如在本書第五章的表5-10，即爲台達DVP-PLC-SV2系列的內部暫存器通訊位址對照表。

由於每一個製造商對於自己的工業控制裝置，例如HMI或PLC的資料記憶體位置規劃有所不同，因此在撰寫與遠端裝置溝通資料的程式時，就必須要了解相關資料的記憶體位址或者稱爲通訊位址，才能夠正確無誤的獲取所需要的資料以免發生錯誤。而這些通訊位址通常都可以在廠商所提供的裝置資料手冊中參考而得，有些廠商甚至爲了推廣產品會將自己的或者其他廠牌的相關產品通訊位址建成檔案，以方便使用者撰寫程式時直接匯入使用。

## 10.3 人機介面裝置及可程式邏輯控制器的通訊

以台達的人機介面裝置與可程式邏輯控制器爲例，人機介面裝置大多配置有多個COM埠，通常COM1爲RS232，COM2爲RS485，COM3（如果有的話）則可以由使用者自行設定爲RS232或RS485。可程式邏輯控制器PLC則至少配置一個基本的COM埠，爲RS232的通訊介面，也是程式上傳與下載的介面。藉由兩個裝置間的通訊介面溝通控制資訊，便可以利用HMI操控PLC的控制程序，也可以將PLC裝置的控制狀態即時反應在HMI的畫面上，供使用者即時監控無形的控制與設備運動訊號。

由於兩者間的程式撰寫介面不同，所以在設定通訊功能時也有相當的差異。在使用PLC進行通訊的設定過程，因爲階梯圖編輯模式的限制，必須要明確地定義各個參數，所以過程較爲複雜，必須要花費較多的功夫才能清楚地了解其運作方式。而人機介面裝置因爲編輯環境較爲進步，可以使用電腦檔案支援，所以通訊使用方式較爲淺顯易懂。接下來，就先以人機介面裝置的通訊設定作介紹，再說明PLC的對應方式。但是不要忘了，通訊是一個巴掌拍不響的功能，需要兩邊都完成正確的設定才能成功地互相運作。

### 10.3.1 HMI通訊介面設定

在前面介紹人機介面裝置的章節中，各項元件以及巨集指令所使用的參數都是裝置中的內部記憶體，所以在設定參數的位址時，都是選擇內部記憶體（Internal

Memory），如圖10-1所示，然後指定暫存器的位址與位元編號，便可以在畫面元件或者巨集指令中讀取或是寫入記憶體中所存取的資料。

圖10-1　人機介面控制裝置使用內部記憶體的設定方式

當人機介面裝置所規劃的應用內容需要讀取或者改寫外部裝置的資料內容，例如可程式控制器PLC，便需要透過通訊介面的資料傳遞來完成。而要完成通訊介面的資料傳遞必須要經過兩個必要的步驟：(1)通訊介面的設定，以及(2)外部裝置記憶體的通訊位址設定。

根據人機介面裝置的型號，每一個裝置所擁有通訊介面的數量與規格有所不同；例如，以台達的DOP-B07E515為例，就配備三個傳統的串列通訊埠及一個乙太網路通訊埠。一般的工業應用大多以傳統的串列通訊埠為主，主要分為RS232與RS485。讓我們以RS232作為學習的範例，進行人機介面裝置的通訊設定以及應用中各項參數設定的說明。

如果使用者在開啓專案的時候並沒有特別設定各個通訊埠的功能時，可以在任何一個時刻進入DOPSoft應用程式中工具列的【選項】→【設定通訊參數】開啓通訊參數設定的視窗，如圖10-2所示。

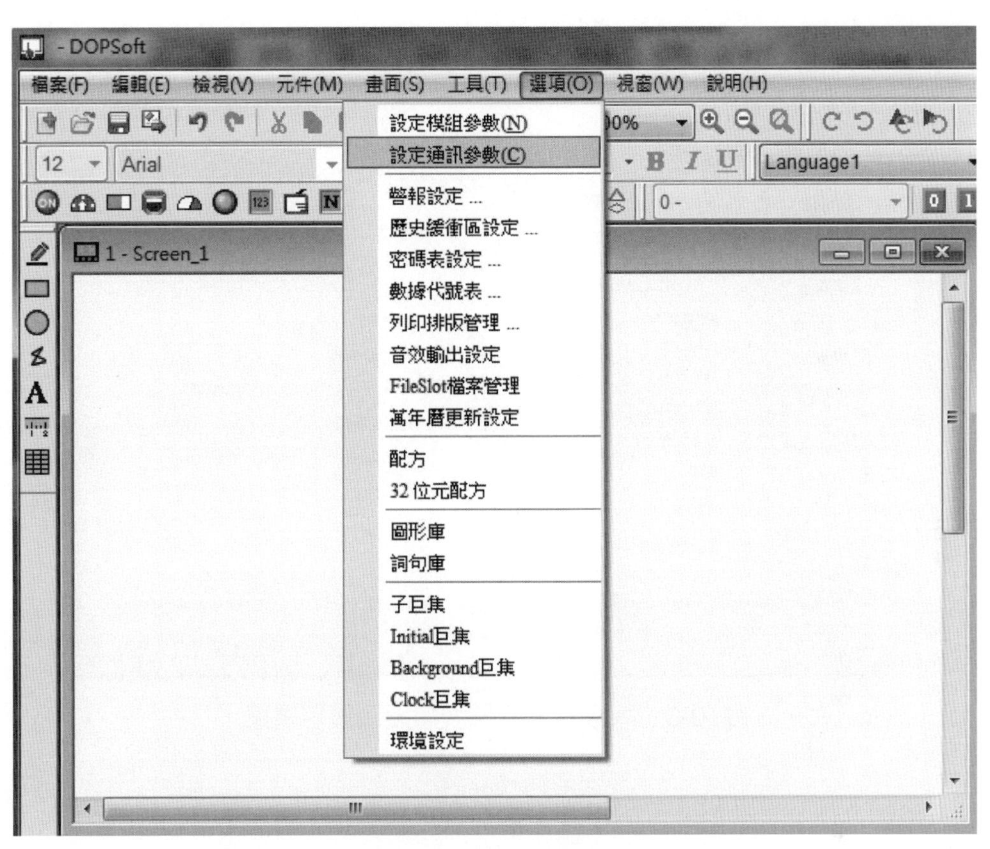


圖10-2　人機介面控制裝置通訊設定功能選項

在通訊設定視窗的左邊，使用者可以自行點選所需要的通訊介面，便能進入該介面的相關設定參數畫面。以圖10-3為例，COM1介面在規格上是RS232專屬的介面，使用者可以自行定義連線名稱並選擇連接的控制器種類。在控制器種類的部分，除了台達本身的PLC控制器之外，使用者也可以利用下拉式選單，選取各種不同廠牌的外部裝置，或者根據PLC的設定選擇不同的通訊協定，如台達PLC常用的Modbus通訊協定ASCII模式（Delta Controller ASCII）。至於網路多主機的選項部分，由於RS232是一對一的通訊介面，所以在這裡將其功能關閉。而在一般參數的設定部分，左半部分是通訊介面的相關參數，預設值為台達相關工業控制設備的預設參數，在此不需作任何的修改。但是如果所連接的外部裝置是其他廠牌裝置或者是有特殊的需求規格時，便可以根據相對應的參數進行調整。

圖10-3　人機介面控制裝置通訊設定視窗

右半部分則是對外部裝置的部分參數進行定義，例如在一對多或者是多對多的通訊協定以下，必須要設定外部裝置的站號（也就是外部裝置在通訊網路中的位址編號），或者是外部裝置的通訊需要輸入的密碼，時間延遲、逾時退出的時間，以及重新連線的次數等，都可以在這裡進行調整。如果相關的應用需要使用到多對多的RS485通訊協定時，可以選擇使用COM2通訊介面並進行相關的設定，至於COM3則可以選擇使用RS232或RS485通訊協定。

## 10.3.2　HMI圖形元件的記憶體位址設定

在完成上述的通訊介面設定之後，使用者必須要記得兩件事情：(1)通訊介面的名稱，以及(2)外部裝置的相關記憶體設定方式，以便在編輯人機介面裝置畫面元件時，可以快速的指定外部裝置的相關記憶體位址。

範例10-1

在人機介面控制裝置上設定一個燈號元件並完成相關設定，使其藉由COM1通訊介面的外部PLC裝置中輸出元件Y0作同步的狀態變化。

1. 人機介面控制裝置，以DOP-B07S515爲例，相關通訊設定可以依照下列的程序進行。在人機介面裝置的畫面中增加一個燈號元件，如圖10-4所示，選取右方屬性表視窗中的「讀取記憶體位址」選項，並點選右方的位址圖示，開啟記憶體位址設定視窗。

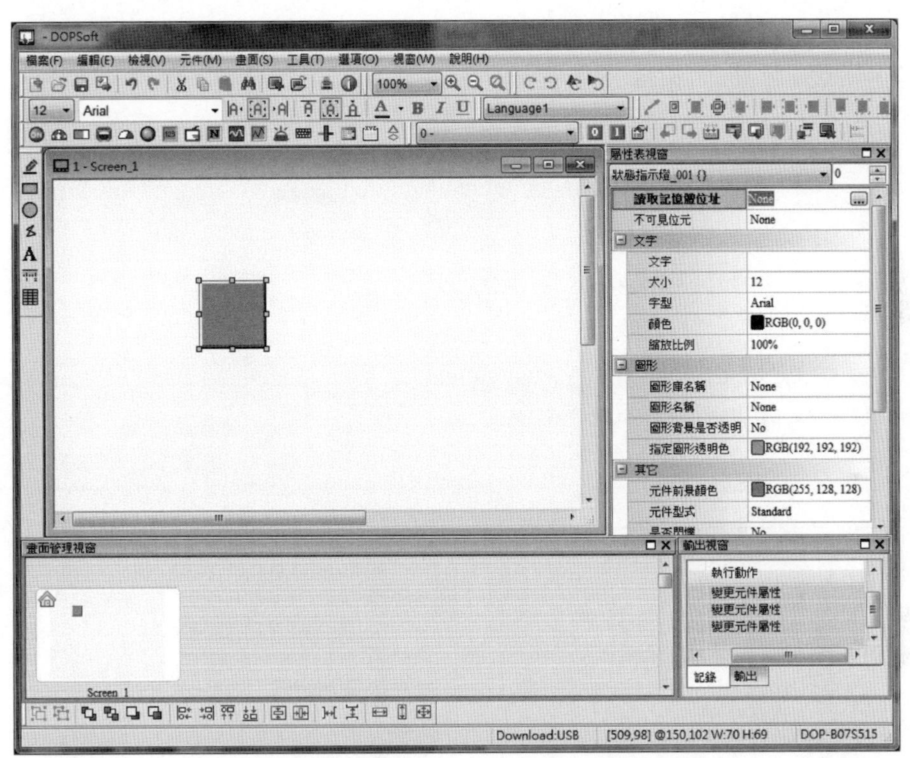


圖10-4　人機介面控制裝置圖型元件外部裝置記憶體位址設定範例

在記憶體位址設定的輸入視窗中，如圖10-5所示，連線名稱選項中選擇連接所對應外部裝置的連線名稱，在此選擇Link1利用COM1的RS232介面所連接的外部PLC裝置（Delta DVP PLC）或外部控制器（Delta Controller ASCII）。

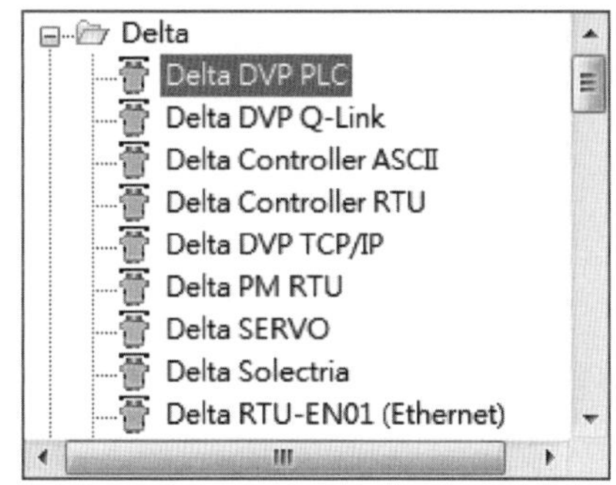


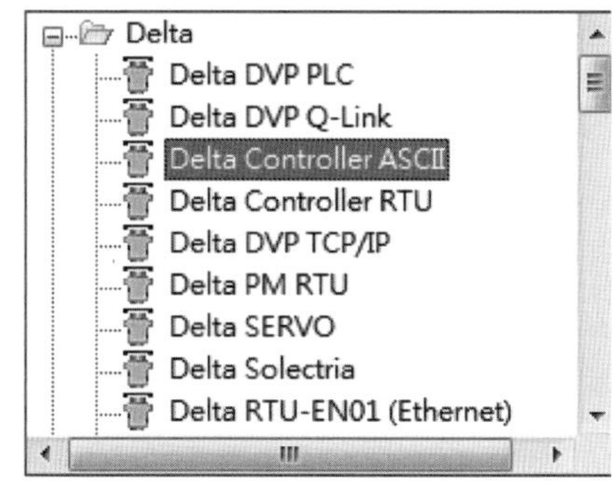


圖10-5　可程式控制裝置的外部裝置通訊設定畫面

在內容的選項部分，根據PLC裝置相關的元件名稱分類作適當的選擇，在此選擇輸出元件分類Y（如果外部裝置選擇Delta Controller ASCII，則選用輸出元件PLC-Y）；在位址的部分，選擇元件的編號，在此輸入位址0，如圖10-6所示。

圖10-6　可程式控制裝置的外部裝置記憶體位址設定畫面

點選數字鍵盤中或者是電腦鍵盤的「Enter」按鍵，便完成了相關的外部裝置記憶體位址設定。

2. 這時在DOPSoft軟體的編輯畫面中，可以看到在屬性表視窗的「讀取記憶體位址」項目中，清楚地列出使用者所設定的外部通訊連線名稱以及所需要的資料元件名稱與位址，如圖10-7。經過這樣的設定，人機介面裝置便會在執行程式的時候自動通過所選擇通訊介面，連結外部裝置相對應記憶體位址進行資料的讀取或者是改寫。

圖10-7　人機介面控制裝置圖型元件外部裝置記憶體位址顯示範例

練習10-1

加上一個按鍵元件，將記憶體位址指定對應到外部裝置PLC的M1元件。

### 10.3.3 PLC通訊介面設定

由於兩個裝置之間的通訊必須要有雙方相容並且共通的通訊設定才能夠溝通訊息，因此PLC也必須要進行與人機介面裝置相同的通訊設定才能夠互通有無。但是PLC裝置上的通訊設定並不如人機介面裝置的方便與直覺，必須要透過相關的特殊功能暫存器完成設定。以DVP-PLC-SV2爲例，這些與通訊相關的基本特殊暫存器如表10-1所示。

表10-1 DVP-PLC-SV2通訊相關的基本特殊暫存器.

| 通訊埠 / 項目 | COM1 | COM2 | COM3 |
|---|---|---|---|
| 通訊格式 | D1036 | D1120 | D1109 |
| 通訊設定保持 | M1138 | M1120 | M1136 |
| ASCII/RTU模式 | M1139 | M1143 | M1320 |
| 從站通訊位址 | D1121 | | D1255 |

通訊格式設定：D1036(COM1)、D1120(COM2)、D1109(COM3)。

通訊格式設定是主要的通訊功能設定暫存器，相關的功能是以位元爲單位進行定義與調整，其定義內容如表10-2所示。

表10-2 可程式控制器的通訊格式設定位元定義

| | 內容 | |
|---|---|---|
| b0 | 數據長度 | 0：7；1：8 |
| b1<br>b2 | 同位 | 00：無（None） |
| | | 01：奇（Odd） |
| | | 11：偶（Even） |
| b3 | Stop Bits | 0：1Bit；1：2Bits |

| | 內容 | | |
|---|---|---|---|
| b4<br>b5<br>b6<br>b7 | 串列傳輸速率 | 0001(H1)：110 | |
| | | 0010(H2)：150 | |
| | | 0011(H3)：300 | |
| | | 0100(H4)：600 | |
| | | 0101(H5)：1200 | |
| | | 0110(H6)：2400 | |
| | | 0111(H7)：4800 | |
| | | 1000(H8)：9600 | |
| | | 1001(H9)：19200 | |
| | | 1010(HA)：38400 | |
| | | 1011(HB)：57600 | |
| | | 1100(HC)：115200 | |
| | | 1101(HD)：500000 (COM2/COM3支持) | |
| | | 1110(HE)：31250 (COM2/COM3支持) | |
| | | 1111(HF)：921000 (COM2/COM3支持) | |
| b8 | 起始字元選擇 | 無 | D1124 |
| b9 | 第一結束字元選擇 | 無 | D1125 |
| b10 | 第二結束字元選擇 | 無 | D1126 |
| b11～b15 | 未定義 | | |

ASCII/RTU模式設定：M1139(COM1)、M1143(COM2)、M1320(COM3)。

通訊資料傳輸格式可以選擇ASCII或二進位的RTU模式，設定爲1時是ASCII模式，設定爲0時是RTU模式。

範例10-2

完成PLC相關參數計算，設定COM1爲ASCII模式、鮑率爲9600bps、資料長度爲7位元、同位元檢查爲Even、停止位元長度爲1。這樣的定義常縮寫爲(9600, 7, E, 1)。

COM1的通訊格式定義暫存器爲D1036，根據表的定義：

資料長度爲7位元→Bit 0 = 0

同位元檢查為Even→Bit 2, Bit 1 = 1, 1

停止位元長度為一個→Bit 3 = 0

鮑率為9600bps→ Bit 7～4 = 1000

剩餘的位元因為皆無定義與使用，故可全部設為0。所以整個D1036暫存器的二進位數值為

0000 0000 1000 0110 = H0086

而M1139特殊暫存器則必須設為1，使通訊模式設定為ASCII。

在完成上述的暫存器設定後，通訊介面的實際模式上不會進行任何調整；要讓調整後的設定生效，則必須要將相對應的特殊M位元暫存器通訊設定保持位元設定為1，才會使修改後的通訊設定生效。各通訊埠對應的通訊設定保持暫存器為M1138(COM1)、M1120(COM2)、M1136(COM3)。

因此，當需要設定PLC進行通訊功能時，通常會在裝置上電後，立刻進行上述相關的暫存器調整。這樣的調整可以利用PLC階梯圖完成，使得通訊設定得以在PLC上電時藉由M1002特殊暫存器的啓動脈衝觸發完成（只做一次）。

練習10-2

設定COM2為ASCII模式、(57600, 8, 0, 1)。

範例10-3

設計一段階梯圖，將PLC的COM1通訊埠設定為與圖10-5中人機介面裝置所設定COM1相同的通訊模式與格式。

圖10-5中人機介面裝置所設定COM1的通訊模式與格式為(9600, 7, E, 1)。所以必須將D1036暫存器的二進位數值定義為

D1036 = 0000 0000 1000 0110 = H0086

M1139 = 1

M1138 = 1

所以PLC的COM1設定階梯圖須設計為圖10-8所示的內容。

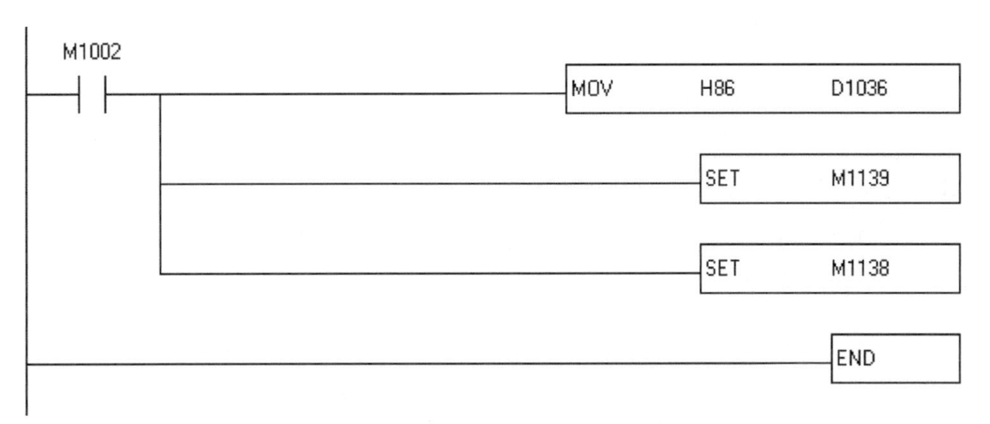


圖10-8 COM1通訊埠初始化階梯圖程式範例

將HMI與PLC的通訊介面做好相容的模式與格式設定後，兩個裝置便可以溝通資料訊息。在進行兩個裝置的通訊連結之前，我們必須要了解通訊裝置間的主從關係。

## 10.3.4 通訊的主從關係

即使是雙向的通訊，也有許多不同的溝通方式。對於能夠主動發出訊息，改變或查詢另一個裝置資料內容的通訊裝置稱之爲主動裝置，而被改變或查詢的裝置則稱之爲從屬裝置。兩個裝置間的通訊網路可以是一主一從，也可皆爲主從裝置相互查詢改變，例如RS232。多裝置間的通訊網路可以是一主多從，也可以是多主多從，視應用的需要而定。在工業自動化設備的發展過程中，RS485早期是設計爲一主多從的通訊網路，但隨著通訊技術的進步，也可以演變成多主多從的方式進行。而近代乙太網路的通訊，也可以設計成一主多從或多主多從的型式。

由於HMI與PLC皆可以成爲自動化設備的主從裝置控制器，在使用上可以由使用者自行設計決定。但是由於人機介面裝置的畫面可以定時地更新運算，而且相關的通訊設定較爲直覺單純，故一般多以HMI作爲主動裝置。因此HMI藉由將圖形元件的記憶體位址設定爲外部裝置暫存器的方式，成爲較簡單的操作方式。而此時PLC會自動在人機介面裝置透過相同的通訊協定設定查詢或改變（寫入）資料時，予以正確的資料回應動作。如果是以PLC爲主動裝置，而人機介面裝置爲從屬裝置的設計，則由於人機介面裝置不同型號的記憶體位置變化較大，困難度較高；而且PLC如果要主動進行資料查詢與改變時，必須要使用特殊應用指令於階梯圖中，並正確定義外部裝置的記憶體通訊位址，使得撰寫應用程式時較爲困難。但是如果開發應用是針對PLC與

PLC之間的通訊時，這樣的程序就無可避免。使用者只要依照相關標準程序與函式進行即可完成通訊的設定與使用。

### 10.3.5 HMI利用通訊更改PLC資料

讓我們在接下來的範例中，示範如何以人機介面裝置為主動通訊裝置，查詢與改變外部PLC裝置的過程。

範例10-4

設計一個PLC程式，於上電時完成與人機介面裝置相同的(9600, 7, E, 1)通訊設定，並在人機介面裝置完成設定如下：

1. 一個按鍵與PLC的輔助繼電器M1連動，並利用M1控制輸出元件Y0。當人機介面畫面的按鍵為ON時，改變PLC輸出元件Y0為ON；當人機介面裝置畫面的按鍵為OFF時，改變輸出元件Y0的OFF。
2. 一個數值輸入元件與PLC的暫存器D0連動。

在範例10-4，HMI裝置畫面上按鍵的記憶體位址規劃為透過COM1通訊介面的外部PLC裝置的M1暫存器，所以可以利用階梯圖設計一個通訊初始化電路，再加上一個以M1狀態作為輸入訊號判斷決定輸出元件Y0的迴路，便可以達到目的。完整的PLC程式如圖10-9所示。

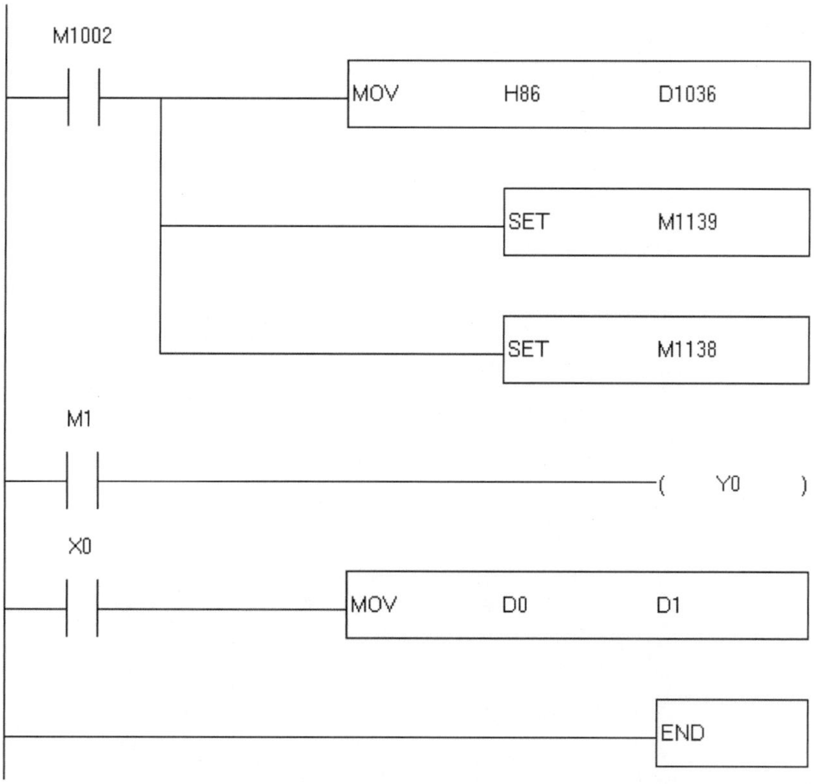

M1002
MOV H86 D1036
SET M1139
SET M1138
M1
( Y0 )
X0
MOV D0 D1
END

圖10-9　範例10-4人機介面裝置通訊的可程式控制器階梯圖程式

# 10.4　DirectLink USB方式下載PLC程式

值得一提的是，在正常情形下，PLC程式的下載是透過電腦與RS232通訊完成。而在此例中，如果要先行下載PLC程式再將通訊線由電腦COM埠轉移接到人機介面裝置的COM1，這樣的程序不但惱人而且也增加機件損壞的風險。所以，考慮周詳的廠商便提供替代的方式進行PLC程式下載的程序。以台達爲例，其提供DirectLink的功能，可以透過人機介面裝置的USB通訊埠橋接人機介面裝置COM1與PLC可程式控制器之間的RS232通訊介面下載程式。使用者可以簡單透過人機介面裝置對PLC進行程式的下載，不需要改裝和拆卸通訊線路而得以快速有效地完成程式的下載。使用DirectLink這個方式必須要將人機介面裝置與PLC之間的通訊設定爲COM1/RS232，才能夠完成USB與通訊介面之間的資料轉移。其設定的方法如圖10-10的示範。

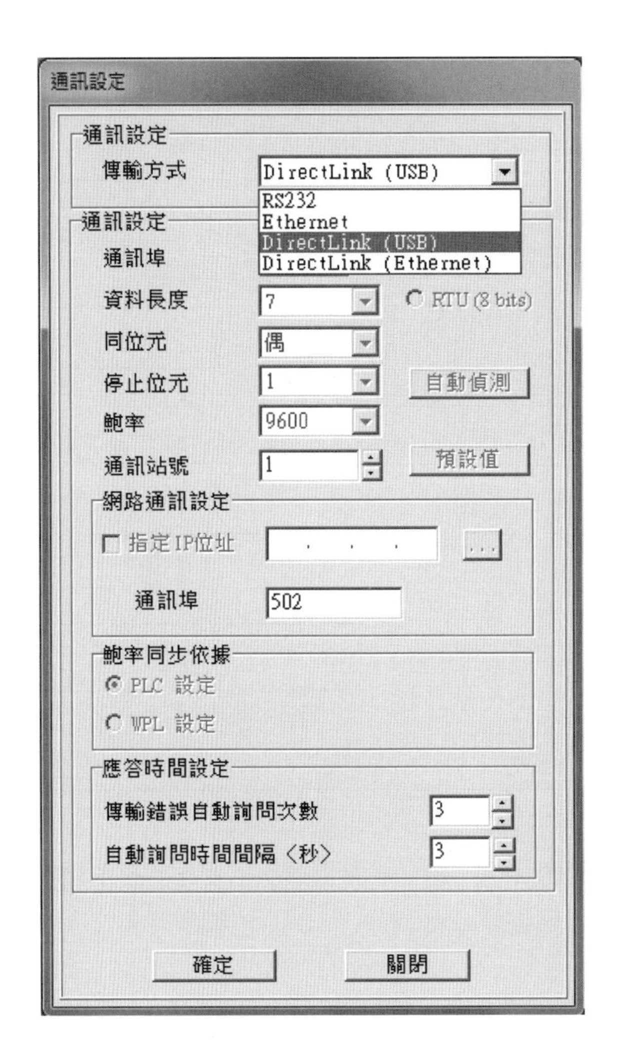


圖10-10　使用DirectLink USB透過人機介面裝置與可程式控制器通訊的設定視窗

當可程式控制裝置選擇使用RS232或者DirectLink USB時，連結外部裝置的通訊資料格式會有所不同。使用DirectLink USB時，通訊資料格式為台達自行設定的格式，使用者無需另行設定HMI與PLC的通訊資料格式；但是自行開發程式如果使用RS232選項時，通訊協定與資料格式則為使用者設定的內容，包含鮑率、資料長度、同位元檢查、停止位元長度及使用Modbus的格式（ASCII或RTU），使用者必須自行正確設定並確認人機介面控制裝置HMI與PLC可程式控制器的通訊設定的相容性。特別是在人機介面控制裝置中元件記憶體位址設定的記憶體元件種類會有所不同，需要特別注意。

如果人機介面裝置與PLC可程式控制器時間的通訊並非使用COM1/RS232時，可以開啓人機介面裝置上的起始畫面進入畫面選擇通訊介面，如圖10-11所示。

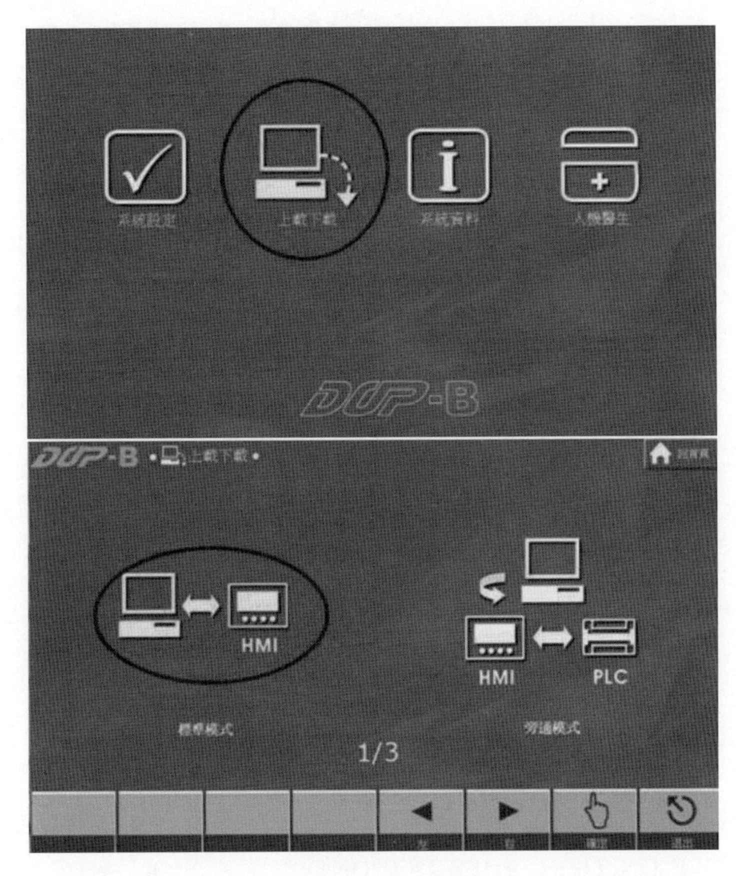


圖10-11 人機介面裝置上的選擇通訊介面起始畫面

## 10.5 以PLC為主動通訊裝置的方法

由於使用人機介面裝置作爲主動通訊裝置在應用程式開發上較爲容易，但是如果需要進行PLC與其他設備之間的資料通訊時，也可以將PLC作爲主動裝置。以PLC作爲主動通訊裝置時，可以在階梯圖中使用PLC的應用指令MODRD及MODWR進行Modbus通訊格式的資料溝通，PLC之間將會依照規定的Modbus格式完成通訊的工作。

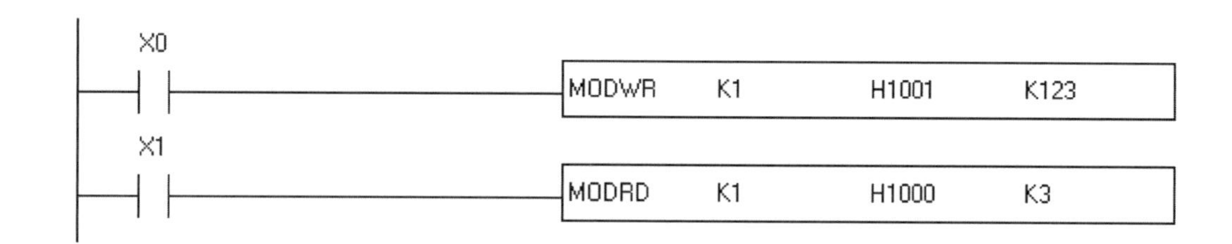


練習10-3

在人機介面裝置的畫面上設計一個燈號與外部PLC裝置的輸入元件X0連動。

練習10-4

在人機介面裝置的畫面上設計一個按鍵，每一次按鍵設爲ON的時候，循環改變外部PLC裝置的輸出元件Y0、Y1及Y2的狀態。也就是說，初始狀態(Y0, Y1, Y2) = (ON, OFF, OFF)；每按一次按鍵，燈號將會在下列三種狀態循環：(ON, OFF, OFF)、(OFF, ON, OFF)、(OFF, OFF, ON)。

練習10-5

在人機介面裝置的畫面上設計三個燈號，這三個燈號的狀態會隨著外部PLC裝置的輸入元件X0的觸發而改變。這三個人機介面裝置畫面上的燈號的初始狀態爲(ON, OFF, OFF)，每一次X0被觸發爲ON的時候，燈號將會在下列三種狀態循環：(ON, OFF, OFF)、(OFF, ON, OFF)、(OFF, OFF, ON)。

# 人機介面裝置的配方功能

CHAPTER 11

當人機介面裝置可以透過通訊介面與外部裝置連結並改變其內部元件的資料內容時，應用程式便可以藉由人機介面裝置改變外部裝置的功能及狀態。如果是單純極少數的參數改變，可以利用畫面元件的記憶體位址指定，便可以改變外部裝置的內容。但是如果需要全面性的改變許多外部裝置的參數時，例如自動烘培設備因爲改變麵包種類，或者化學藥劑調配設備因產品改變需要調整溫度、劑量、比例或速度時，就必須要藉由適當的工具有效地進行與管理。以台達的人機介面控制裝置爲例，就配置「配方」（Recipe）功能來完成大量外部裝置參數的調整。

## 11.1 人機介面裝置的配方簡介

配方是由若干參數組合而成的參數資料集合。工業自動化應用上的需求在於製造不同產品時，會調整使用其所對應的製程參數；使用者可透過自動化裝置上更改設定產品別而改變配方參數對應到不同的製程參數，亦可自行設定現有製程參數爲配方參數予以保存。因此，所建立的配方表可由使用者從人機介面控制裝置上傳至可程式邏輯控制器（PLC）或將可程式邏輯控制器的配方下載至人機介面控制裝置予以備份或修改。配方的功能，最主要是提供使用者將大批製程參數的需求存放在人機介面控制裝置內部記憶體區。例如：麵包業者對於每個不同口味與種類的麵包，需要有不同烘培時間，而這些衆多的時間參數就可以利用人機介面控制裝置所提供的配方功能來達到時間參數調整的要求；其目的是爲了減少控制器的負擔，簡化人機介面裝置與可程式控制器的程式設計，使控制器的暫存器有更大彈性的運行空間。本章節將詳細介紹「配方」所占用的記憶體位址與如何設定配方。

配方的設置可以分成16位元與32位元，一般應用多數以16位元爲主；如果應用需要使用較大的整數數值，或者是需要用到浮點數（有小數部分的數值）時，便可以使用32位元的配方。使用配方的基本觀念分成三個部分：配方表、配方編號、配方暫存器。配方表主要是儲存設備的各項設定參數，其中每一組配方都包含所需要調整的各個設備參數，可以是轉速、溫度等；配方編號則是目前所要使用的配方組別，所指定的編號組別配方參數將會被載入到適當記憶體位址；配方暫存器則是正在使用的配方參數所儲存的位址。這三個部分的內容需要適當的規劃，以便使用時可以快速輕鬆的切換。接下來以16位元配方的使用方式來說明配方的設定與使用。

## 11.2 配方表的建立

以台達的DOP-B07S515為例，使用配方時，如圖11-1所示，可以進入【選項】→【配方】，即可開始建立16位元配方資料。使用者可透過配方的設定將大量的批次資料透過控制區的配方控制旗標將資料寫入至PLC，或從PLC將資料讀取回來至人機介面裝置。

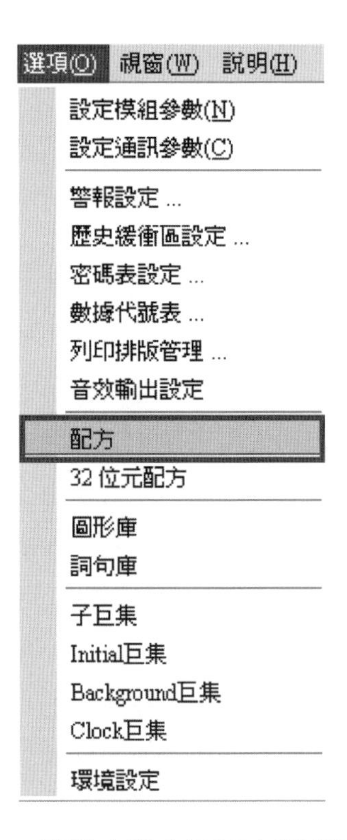


圖11-1　啟動人機介面配方選項功能列

使用16位元配方，必須先勾選「啓動配方功能」，才可建立16位元配方資料，如圖11-2所示。16位元配方擁有其專用暫存器：配方暫存器RCP與配方組別暫存器RCPNO。一旦啓動之後，使用者便可以在規劃畫面元件的記憶體位址時，指定使用配方暫存器RCP與配方組別暫存器RCPNO，如圖11-3所示。

圖11-2　啓動人機介面配方功能、記憶體位址與大小設定

圖11-3　圖型元件設定記憶體位址為配方相關記憶體選項

使用配方時，首先要決定配方的組數，以及每一組配方中參數的長度或個數。當使用16位元配方時，每個配方暫存器大小爲16Bit（1個字元）。如圖11-4所示，假設配方長度爲L，配方組數爲G，則實際配方數量爲L×G個字元。一旦決定配方組數與長度後，便可以使用配方設定視窗設定配方的大小與內容。如圖11-2所示，使用者可以在視窗中指定配方使用記憶體的起始位址、長度（行）與組數（列）。在圖11-4視窗左方的編號指標即是配方組別，而配方參數則依序由左至右排列；參數的記憶體位

址也隨著參數順序依序排列，而下一組參數的記憶體位址則緊接著前一組配方最後一個參數的記憶體位址。

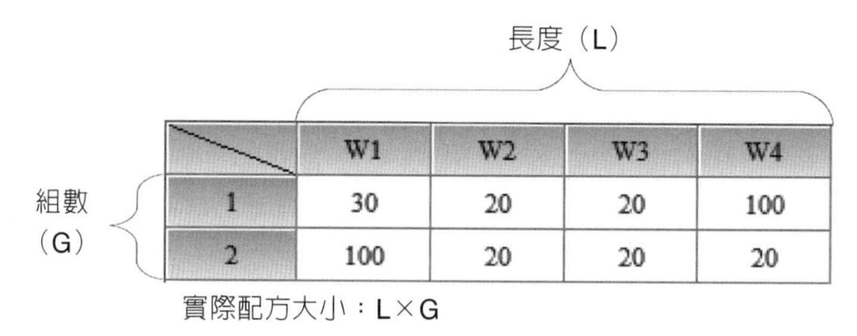


| | W1 | W2 | W3 | W4 |
|---|---|---|---|---|
| 1 | 30 | 20 | 20 | 100 |
| 2 | 100 | 20 | 20 | 20 |

圖11-4　配方表的配置與大小計算

配方組別暫存器（RCPNO）

一旦設定好配方參數表之後，便可以使用配方組別暫存器指定16位元配方的組別。配方讀取或寫入主要是根據配方編號暫存器記載的配方組別來讀寫其中一組配方，選擇第一組配方時，RCPNO = 1；選擇第二組配方時，RCPNO = 2。應用程式可以利用任何一個畫面元件指定記憶體位址為RCPNO，只要改變此元件的數值內容便可以改變所指定的配方組別。此配方組別暫存器並無斷電保持功能，當人機斷電後，暫存器內的資料無法繼續保持。

配方暫存器（RCP）

人機介面裝置設有配方緩衝區，配置在配方暫存器最前面的位址，此區提供應用程式利用RCPNO配方編號暫存器內所選取的某組配方參數，且配方緩衝區的長度與配方長度相同，亦即代表配方緩衝區也占用了L個配方暫存器，因此，一個配方表所占用到的配方暫存器數目為L×(G + 1)個，其中G + 1代表多了一組緩衝區的暫存器數目。配方緩衝區的主要用途為應用程式切換配方組數時，即可將目前所指定的配方參數複製到配方緩衝區供程式使用。例如，所選取的配方組別（RCPNO）為1，則配方緩衝區的內容會自動更換為第一組配方值。

16位元配方數量限制

16位元配方大小限制為：(1)若斷電保持區設於USB隨身碟或SD卡，16位元配方可編輯的配方數量（L×G）為4,194,304個，使用者可於【檢視】→【記憶體清單】查看16位元配方大小容量。(2)若斷電保持區設於HMI，16位元配方可編輯的配方數量（L×G）爲65,536個字元，即爲64K。因此，若使用者所編輯的16位元配方超過64K，於配方設定視窗即會警告使用者目前已超過可設定的配方大小。

### 16位元配方的建立

範例11-1

修改範例9-8的交通號誌控制，增加配方功能使得各個交通號誌時間可以在兩種分配時間作切換。

| | 綠燈常亮 | 綠燈閃爍 | 黃燈亮 | 紅燈亮 |
|---|---|---|---|---|
| 第一組 | 25秒 | 5秒 | 5秒 | 35秒 |
| 第二組 | 40秒 | 5秒 | 5秒 | 20秒 |

1. 設定16位元配方：進入【選項】→【配方】。
   (1) 設定配方位址爲D20（外部控制器的配方對應暫存器位址，使用者可以自行選擇位址）。
   (2) 設定斷電保持區存於人機內部。
   (3) 設定配方的長度爲4與組數爲2。
   (4) 點選配置鈕，即可出現所設定的長度與組數表格，請填入欲顯示的數值，填完數值後，點選確定鈕離開配方設定視窗。

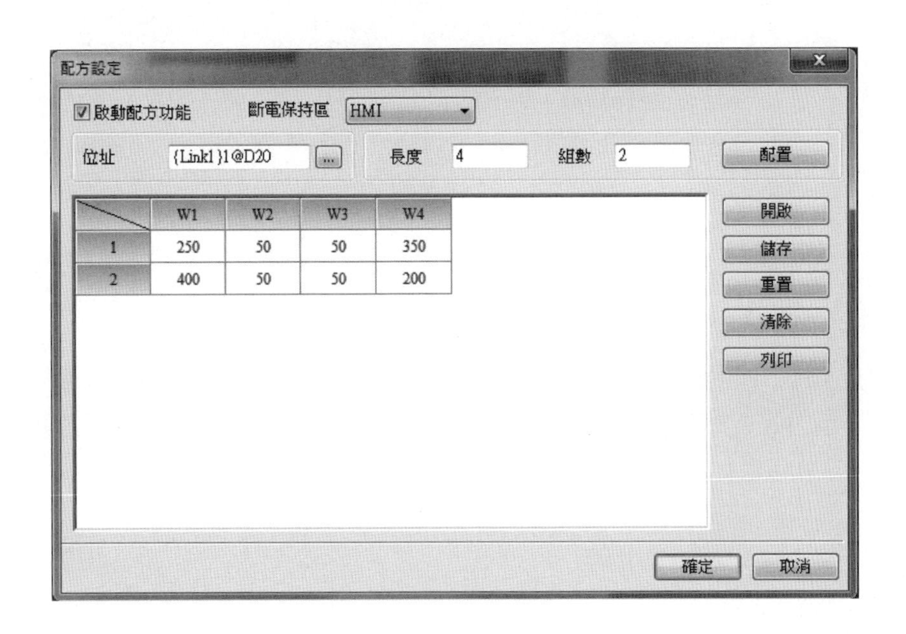

2. 建立一數值輸入元件，設定寫入記憶體位址爲Internal Memory，元件種類選擇RCPNO，此元件主要是用來選擇配方組別。

3. 建立完成，顯示如下：

建立數值顯示元件

1. 根據所配置的配方大小長度（L）爲4×組數（G）爲2，代入公式L×(G + 1)，得出實際配置的RCP爲RCP0～RCP11。
   (1) 建立12個數值顯示元件，設定其讀取記憶體位址爲Internal Memory的RCP0，其他以此類推。

(2) 建立完成，顯示如下：

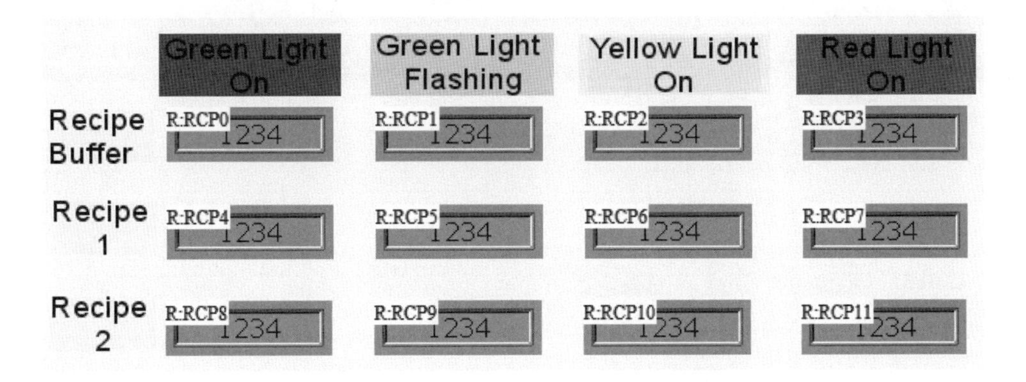


2. 建立四個數值顯示元件，分別爲D20、D21、D22與D23，以顯示當讀取或寫入PLC配方時，資料所做的變動。

(1) 設定數值顯示元件的讀取記憶體位址爲Link1的D20，如下：

(2) 建立完成，顯示如下：

# 11.3 設定控制命令的配方控制旗標

一旦建立了所需的配方參數表之後，在使用上就可以利用配方控制旗標進行使用配方組別的選擇，進而達到改變製程參數的目的。

範例11-2

延續範例11-1，利用命令區的控制設定，設定適當記憶體位址與畫面按鍵，藉以調整配方組別或配方的上傳與下載。

如下圖所示，進入【選項】→【設定模組參數】→【控制命令】，勾選「配方控制」旗標，並設定「命令區起始位址」以決定配方控制位址，設定完成請按下確定鈕離開模組參數視窗。

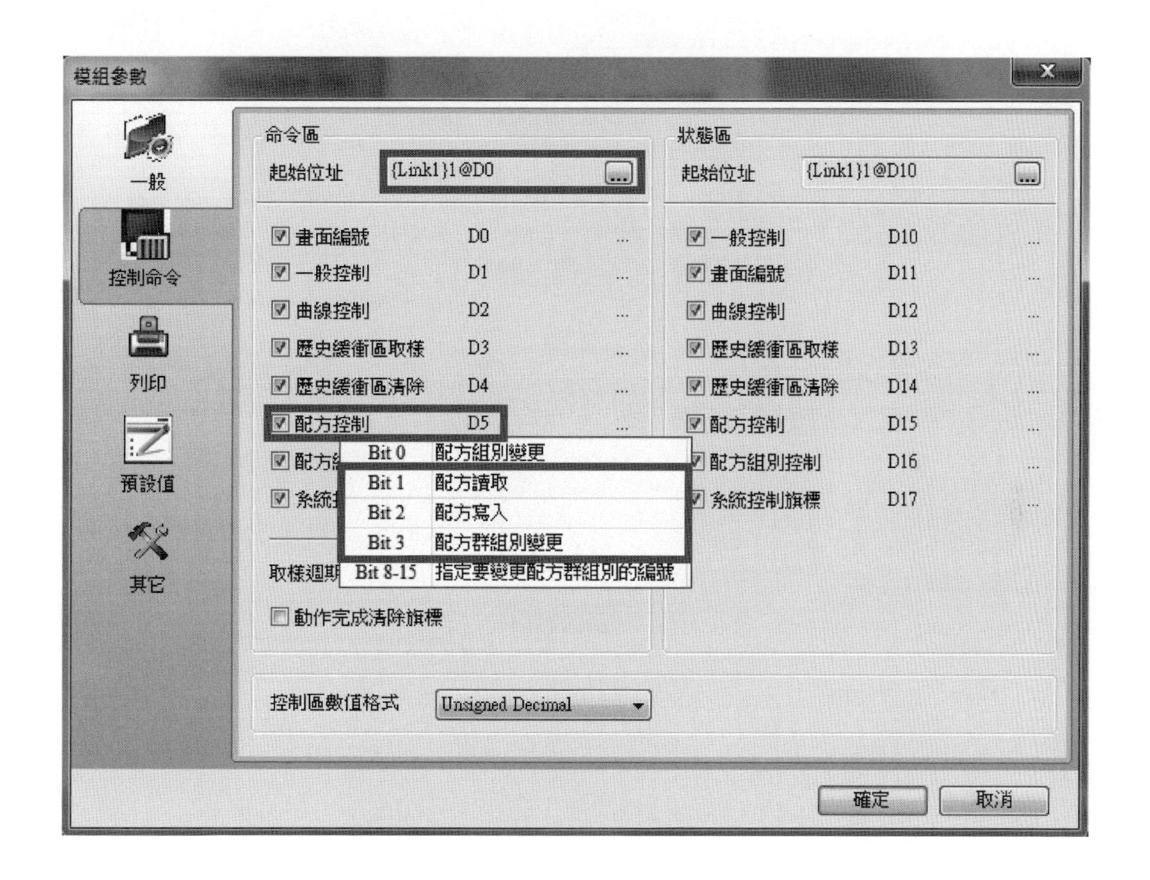


## 建立設常數值按鈕元件

建立二個設常數值按鈕，分別設定寫入記憶體位址D5與輸入設定值爲2與4對應至配方控制旗標D5的Bit 1與Bit 2做配方的讀取與寫入。

執行結果

完成所有元件的建立後，請執行編譯並下載畫面資料與配方至人機。

選擇配方組別，則配方資料會根據所設定的配方顯示於所建立的RCP0～RCP11，RCP0～RCP3爲配方緩衝區資料，實際配方第一組資料起始位址爲RCP4。

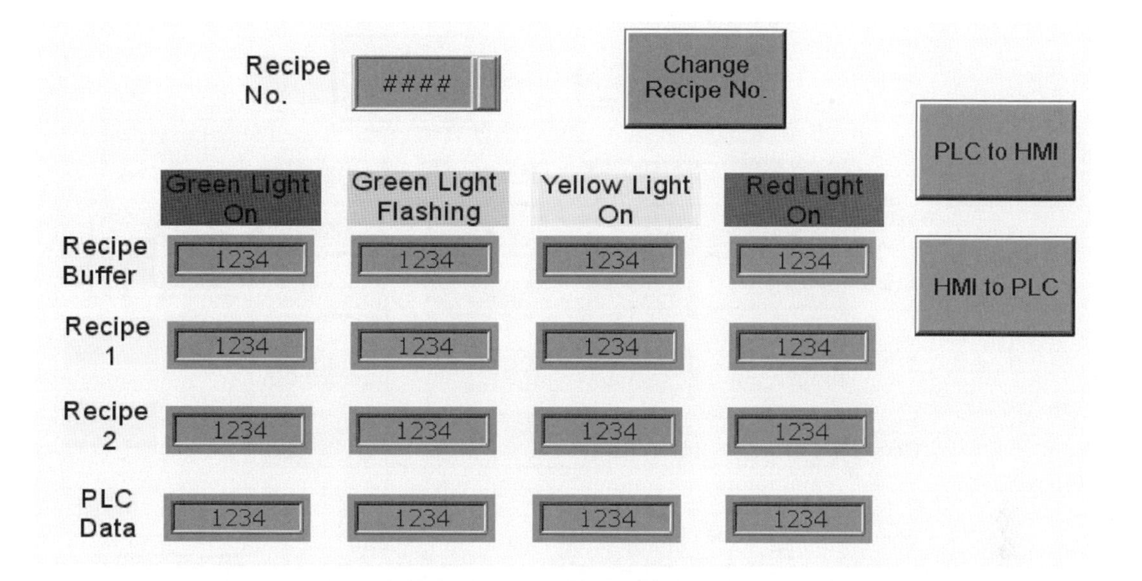


觸發配方寫入按鈕會改變所選擇的配方組別編號，然後觸發設常數按鍵【Change Recipe No.】觸發控制命令區中的配方群組變更命令，緊接著觸發按鍵【HMI to PLC】將選定組別的配方資料寫入至PLC的D20～D23暫存器，便可以更新暫存器內容；觸發配方讀取按鈕，亦會參考所選擇的配方組別，將已經寫入至PLC中D20～D23暫存器的配方資料讀取回至人機，並更改配方資料至所選擇的配方組別資料內容。

| 配方讀取 | 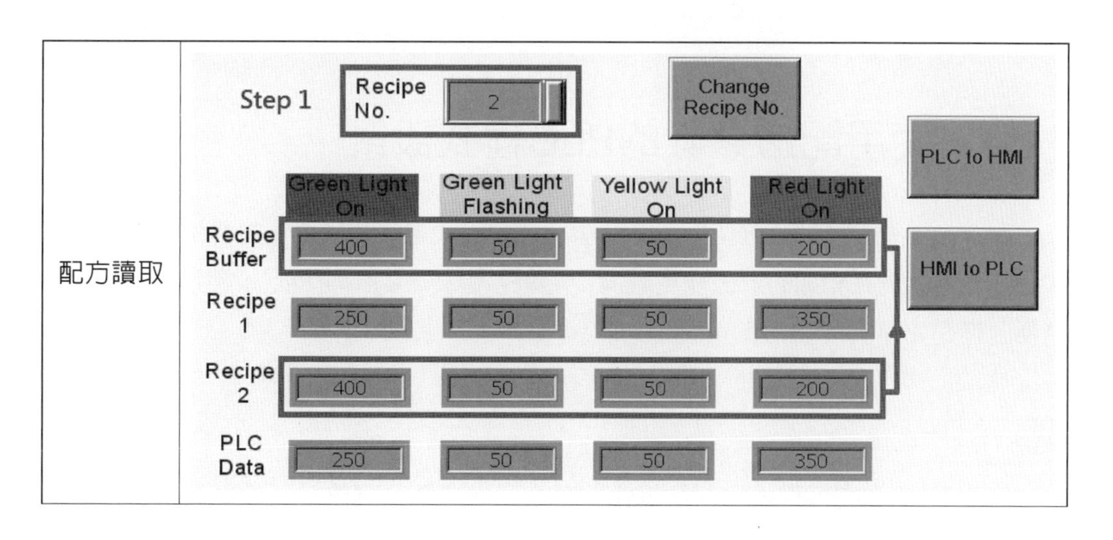 |
| --- | --- |

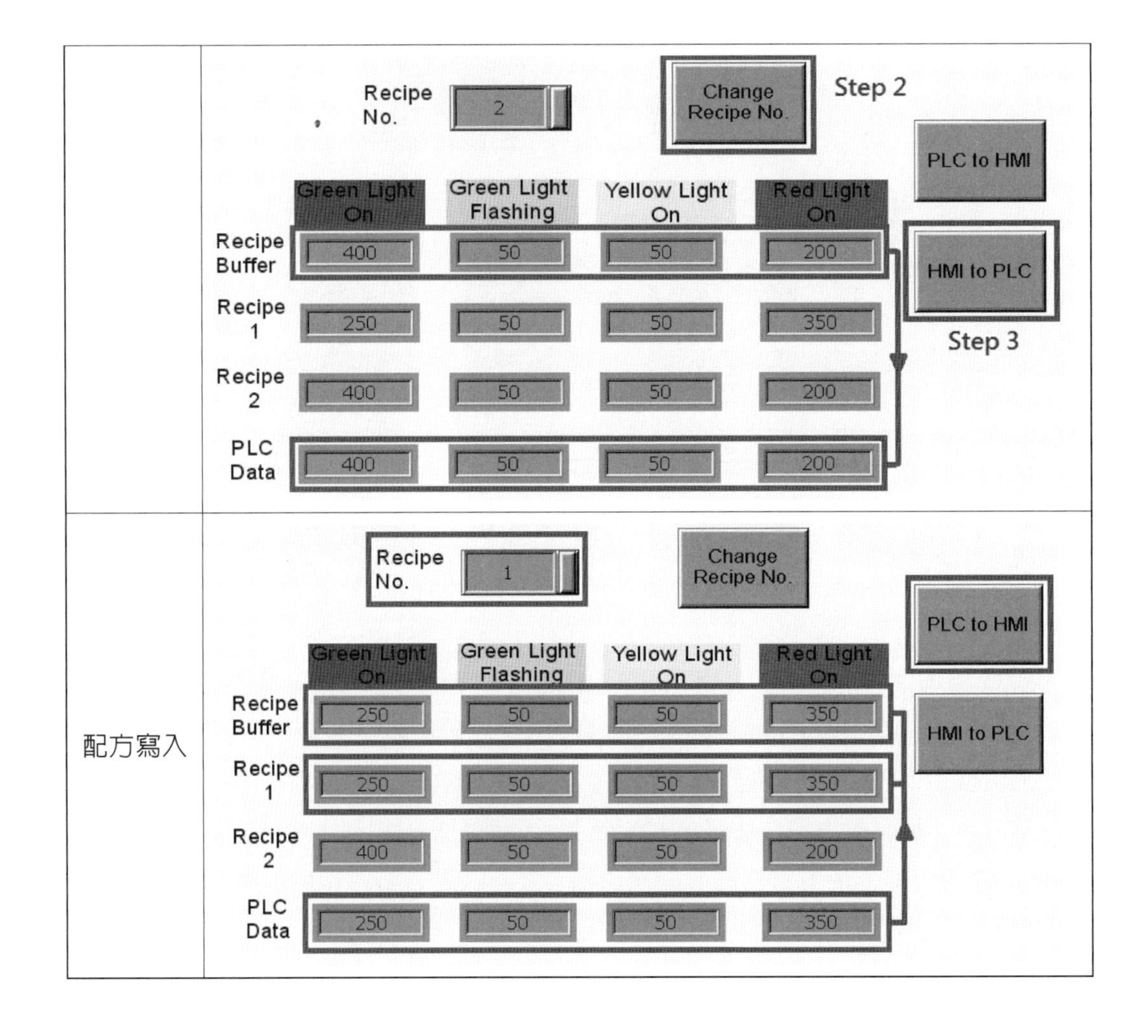


## 11.4　使用配方參數的PLC程式設計

配合人機介面控制裝置使用配方的功能，可程式邏輯控制器也需要做相對應的程式改變，才能夠在相關的參數變更時同步更新各個裝置的時間設定。經過調整的PLC階梯圖程式如範例11-3所示。

範例11-3

修改範例9-8的可程式控制器程式，藉由配方參數的調整，同步更新各項燈號的時間設定，達到配方參數批次更改的目的。

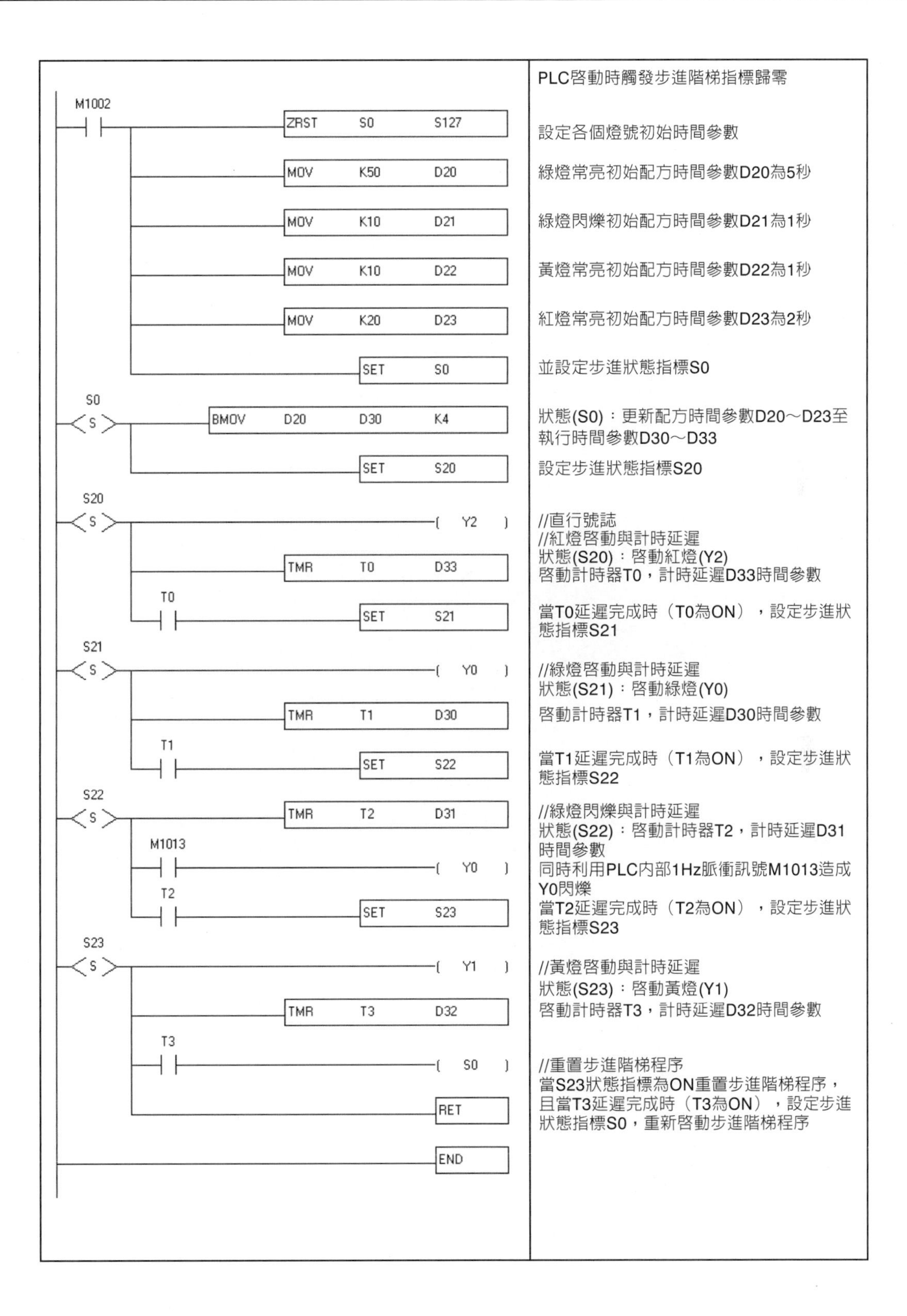

PLC啓動時觸發步進階梯指標歸零
M1002
ZRST S0 S127
設定各個燈號初始時間參數
MOV K50 D20
綠燈常亮初始配方時間參數D20為5秒
MOV K10 D21
綠燈閃爍初始配方時間參數D21為1秒
MOV K10 D22
黃燈常亮初始配方時間參數D22為1秒
MOV K20 D23
紅燈常亮初始配方時間參數D23為2秒
SET S0
並設定步進狀態指標S0
S0
BMOV D20 D30 K4
狀態(S0)：更新配方時間參數D20～D23至執行時間參數D30～D33
SET S20
設定步進狀態指標S20
S20
Y2
//直行號誌
//紅燈啓動與計時延遲
狀態(S20)：啓動紅燈(Y2)
TMR T0 D33
啓動計時器T0，計時延遲D33時間參數
T0
SET S21
當T0延遲完成時（T0為ON），設定步進狀態指標S21
S21
Y0
//綠燈啓動與計時延遲
狀態(S21)：啓動綠燈(Y0)
TMR T1 D30
啓動計時器T1，計時延遲D30時間參數
T1
SET S22
當T1延遲完成時（T1為ON），設定步進狀態指標S22
S22
TMR T2 D31
//綠燈閃爍與計時延遲
狀態(S22)：啓動計時器T2，計時延遲D31時間參數
M1013
Y0
同時利用PLC內部1Hz脈衝訊號M1013造成Y0閃爍
T2
SET S23
當T2延遲完成時（T2為ON），設定步進狀態指標S23
S23
Y1
//黃燈啓動與計時延遲
狀態(S23)：啓動黃燈(Y1)
TMR T3 D32
啓動計時器T3，計時延遲D32時間參數
T3
S0
//重置步進階梯程序
當S23狀態指標為ON重置步進階梯程序，且當T3延遲完成時（T3為ON），設定步進狀態指標S0，重新啓動步進階梯程序
RET
END

練習11-1

使用配方時間參數，完成雙向同步的交通號誌燈號控制。

# 交流伺服馬達篇

# 伺服馬達基本原理

## CHAPTER 12

工業自動化的最終目的就是要讓機器設備輸出機械能，藉著周而復始的機械動作而完成產品的加工。前面章節所介紹的人機介面控制裝置及可程式邏輯控制器都是在進行資訊的處理以及訊號的調變，而要完成機械動作就必須依靠驅動元件。一般工業常使用的驅動元件包括：氣液壓裝置以及馬達。

最早帶動工業自動化的蒸汽機就是屬於氣液壓裝置的一種，主要是利用裝置兩端的壓力不同而造成機構的運動，並利用各種機構的運動設計，例如連桿、齒輪、凸輪、鍊條、皮帶等等的傳動，進行反覆加工動作製作產品。

過去數十年來的自動化設備多利用氣壓或液（油）壓作為能量傳遞的媒介，並利用各種不同的閥門控制進行加工設備的運動控制。雖然氣液壓設備較蒸氣機進步，也沒有腐蝕的維修問題，但是需要利用加壓設備對空氣或油料加壓，存在著噪音的問題而且加壓動力來源通常是各式各樣的馬達；傳輸過程中也有洩漏的可能，造成壓力降低，特別是液壓洩漏常會造成汙染。另外，氣液壓控制常因其媒介物質有可壓縮性，進而造成控制的延緩或誤差。但在優點方面，氣壓控制成本低、速度快、空氣排放沒有汙染；液（油）壓則具有高負載輸出，在工業自動化中仍有其不可替代的應用。

近年來由於加工精密度的提高與產品的尺寸縮小，傳統的氣液壓設備已無法克服技術規格上的要求，自動化設備的速度、尺寸與精密度要求也日益提高；特別是半導體產業所使用的設備更是要求低汙染、高精度的規格。相形之下，馬達的控制技術日益成熟，除了傳統的速度控制之外，也因為數位控制電路的技術精進，對於位置控制也能夠達到更高水準的要求。

## 12.1 伺服與位置控制的觀念

位置控制也稱爲伺服控制，意味著機構可以根據使用者的命令精確地完成機構的運動，到達所要求的位置或角度。伺服（Servo）控制一詞原本泛指各種具備自動控制的機構裝置，包括液氣壓與電動機，控制模式也包含速度與位置；但由於近年來伺服控制已逐漸成爲高精度、高準確度的代名詞，而伺服馬達控制在此領域的表現遠較傳統液氣壓表現較佳，因此伺服控制也就成爲高精度馬達控制的代名詞。馬達因爲使用電力作爲輸入能量，所以本身就是一個低汙染的驅動元件。而且由於近年技術的進步，使得馬達的效率提高，不僅輸出的速度與精確度提升，扭矩、效能、尺寸、價格都有明顯的進步，成爲各種工業自動化設備驅動元件的第一選擇。同時因爲使用電力，設備的配線、安裝遠較其他各種的驅動裝置更爲簡單、便宜且安全。

## 12.2 馬達工作原理

### 12.2.1 電、磁、力的關係

電能及機械能之間的轉換主要是根據弗萊明（Fleming）的左手定則（馬達）以及右手定則（發電機）加以規範的，如圖12-1與圖12-2所示。其最基本的物理現象是當帶著電荷的粒子在導體中游動時，將會在導體的四周產生磁場。而這個磁場的方向後來由安培定律（Ampere's Circuital Law）以右手定則加以定義，如圖12-3所示，當電流沿著右手拇指的方向運動時，周圍感應磁場的方向將會是順著其他四個手指的方向而產生。這時候，如果導體本身有所運動，而且經過某一個已經存在的磁場時，由於電流所產生的磁場將會與已經存在的磁場產生磁力的排斥或者吸引作用，進而對導體或者是產生磁場的物體發生力場的作用，因而改變導體或者是物體的運動。這樣的電流、磁場以及導體運動的交互現象通常都會以弗萊明的左手定則加以說明，如圖12-1所示。當電流流動的方向是沿著左手的中指流動，而導體周圍的磁場方向是沿著左手的食指方向前進時，將會對承載電流的導體產生一個作用力；這個作用力的方向將會是由磁場與電流的向量正交而成的，也就是左手拇指所指的方向。亦即，這個作用力的方向將會與磁場與電流方向向量所形成的平面呈現一個垂直的現象。弗萊明左手定則通常用來說明馬達運動的原理，因爲它規範了電能轉換成運動機械能的基本現象。

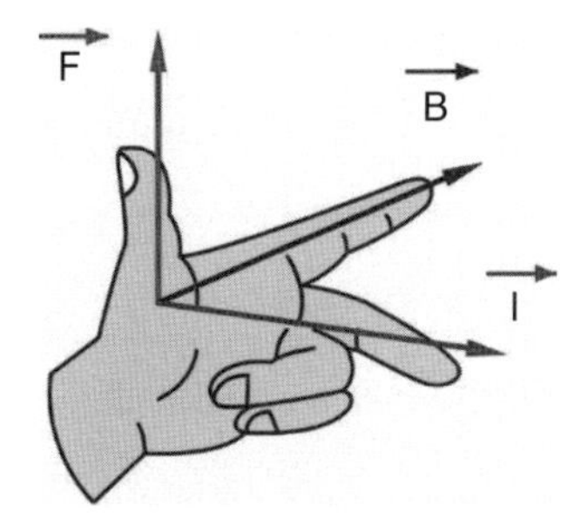


圖12-1 弗萊明左手定則（馬達）

相對地，當一個導體在一個磁場中具備有運動速度時，將會因爲導體運動所生成與環境磁場的交互作用而對導體產生感應電流的作用；這個感應電流的方向可以利用弗萊明的右手定則加以定義，如圖12-2所示。當導體運動的方向是沿著右手拇指的方向，導體周圍的磁場方向是沿著右手的食指方向前進時，將會對導體產生一個感應電流的作用，這個感應電流的方向將會是由導體運動與磁場方向的向量正交而成的，也就是右手中指所指的方向。亦即，這個感應電流的方向將會與載體運動與磁場方向向量所形成的平面呈現一個垂直的現象。弗萊明右手定則通常用來說明發電機的原理，因爲它規範了運動機械能轉換成電能的基本現象。

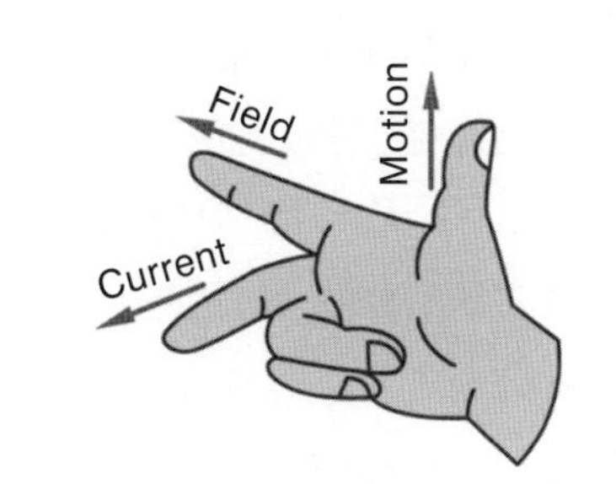


圖12-2 弗萊明右手定則（發電機）

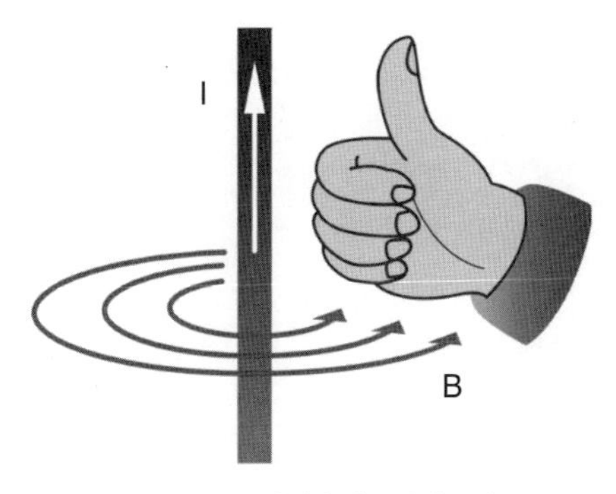


圖12-3 安培右手定則

馬達的基本工作原理可以利用弗萊明的左手及右手定則加以說明。由於馬達的設計有許多不同的類型，接下來僅就與伺服馬達相關的基本原理做簡單的介紹。

爲了要將電能轉換成機械能的運動，馬達的基本設計就是要利用弗萊明的左手定則，藉由電流的輸入在導體中流動形成一個作用力，進而影響物體的運動。而由於驅動元件的設計不可能有無限大的空間，所以在設計的時候會利用旋轉運動的機構做爲基礎，而不是以直線運動的方式進行。依照工業技術發展的進程，首先說明直流馬達的基本原理。

### 12.2.2 直流馬達的工作原理

直流馬達也就是使用直流電的馬達，它的基本架構分爲轉子（Rotor）與定子（Stator），如圖12-4所示。顧名思義，轉子就是可旋轉的機構，定子就是不可以運動的固定機構。而在設計上，兩者之間一定有一個是產生環境磁場的元件，而另一個則是利用電流流通與另外一個元件的磁場產生力或者相對運動的作用。從圖12-4中可以看到，當電流I在導體中流動時，會因爲弗萊明左手定則所敘述的現象與存在的磁場B作用，而在導體上產生一個垂直與導體的作用力F所衍生的轉矩，進而造成轉子的旋轉運動。然而這樣的轉子運動卻存在著一個問題：當轉子旋轉一百八十度之後，由於電流的方向相反，將會產生相反方向的力矩而讓轉子產生減速，甚至於形成相反方向的運動，爲了解決這樣的問題，在機構上便在轉子的一端設計有電刷這樣的元件。這個電刷的設計，一方面解決了因旋轉而造成導線纏繞的問題，同時也藉由電刷交換接觸點方式改變電流的極性，進而修正了力矩的方向，讓轉子能夠維持同一個方向旋轉運動，這一類的馬達又稱爲直流有刷馬達。另外，當轉子導體與磁極差距九十度時，磁場強度將會因爲運動方向、距離與磁力線分布的關係而降低，進而降低所產生的力矩。而爲了要增加馬達扭矩的穩定性，可以在定子上增加更多組的永久磁鐵以提高導體運動時的環境磁場的強度，同時也可以增加轉子上導體與電刷的接觸點以維持輸入電流的穩定，這樣的設計可見於較高品質的直流馬達。

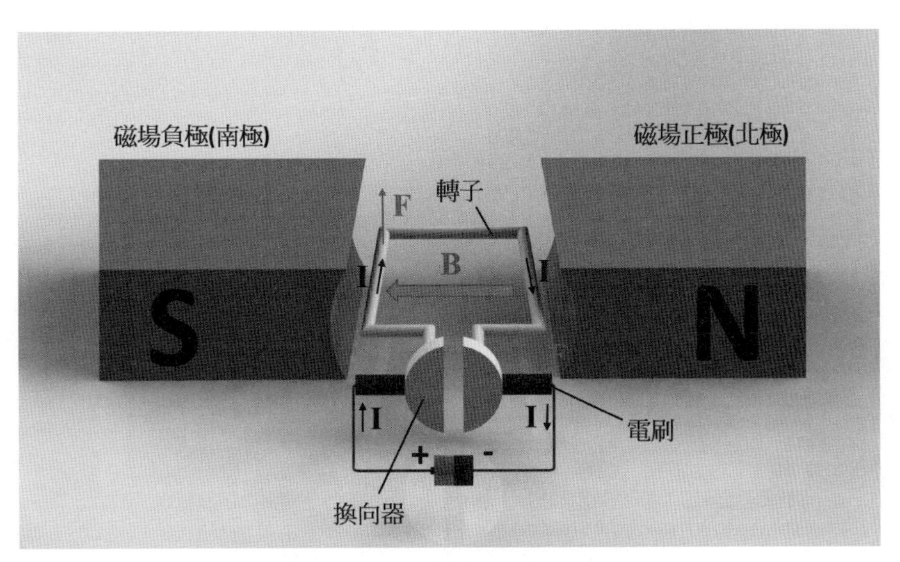


圖12-4　直流馬達的基本架構

直流馬達的扭矩與電流成正比，其基本關係可以用下列算式表示：

$$T = K_m I_m \phi$$

其中，

$K_m$：馬達常數，與馬達構造有關。

$I_m$：通過感磁線圈的電流大小。

$\phi$：磁場強度，與磁鐵性質有關。

對於特定的馬達設計，因爲結構與磁場強度固定，上述的扭矩算式可以進一步地簡化成：

$$T = KI_m$$

$K$：馬達常數。

然而通過一定的電流並不會讓馬達無限制的加速，馬達轉速會有一臨界的平衡值。這是因爲當導體在磁場中運動時會感應出一個與驅動電流方向相反的電流，如圖12-2弗萊明右手定則的感應電流；如果以電壓來看，就是一般所稱的反電動勢（Back Electro Motive Force, BEMF），這個反電動勢如果沒有設計適當的電路處理，常會造成驅動電路元件因爲逆向電壓而損傷，因此在驅動電路上常以旁通二極體的方式處理。

### 12.2.3 同步伺服馬達控制

一般直流馬達的簡單設計會因爲電刷接觸的調換與摩擦，造成一般以石墨製成的電刷磨損以及形成微粒，一方面會造成危害，一方面碳粉微粒也有可能在高溫下燃燒而造成機件的損壞。改良的方式便是將定子與轉子上的永久磁鐵與導體位置互換。換句話說，就是將磁鐵安置於轉子上，讓電流導通的導體纏繞在定子上的鐵心。這樣的設計去除了電刷的需求，改善了上述的缺點，但是要配合轉子上的磁極旋轉調整適當位置的定子導體線圈同步導通電流而產生作用力，便需要技術層級較高的電子電路控制技術，這一類的馬達通常稱之爲直流無刷馬達，或者是同步馬達，其基本架構如圖12-5所示。使用者除了可以利用導通電流的大小產生不同的旋轉力矩之外，也可以利用電子電路的控制技術調整電流切換導體的頻率以控制轉子的轉速。

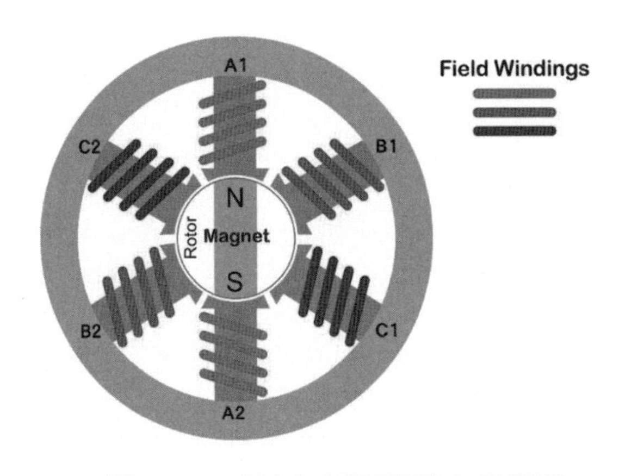


圖12-5 直流無刷馬達基本架構圖

此種同步馬達除了使用直流電流之外，也可以利用磁極平均分配的方式利用交流電來控制馬達的旋轉，如圖12-6所示。由於可以藉著電流導通的頻率與大小來控制轉子的扭矩或轉速，如果可以搭配設計完善的馬達控制器，並加上適當的轉子位置控制回饋便可以精確控制轉子的旋轉角度、速度或扭矩。這一類的馬達，一般稱之爲交流同步伺服馬達。

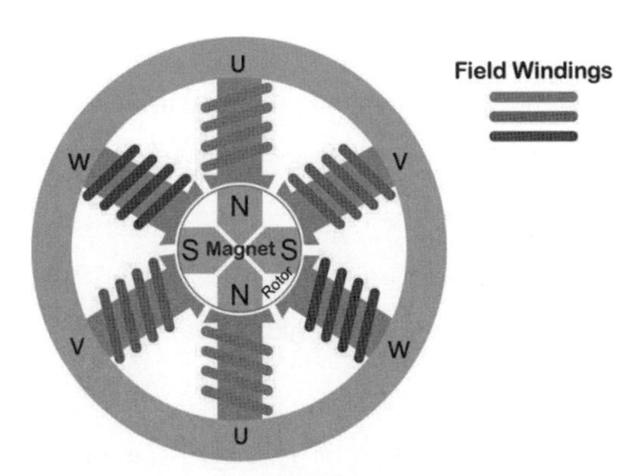


圖12-6 交流伺服馬達基本架構圖

由於伺服馬達可以進行精準的位置或者速度控制，它們在工業上的應用就變得非常地廣泛，更可以因應所需要的輸出功率不同而選擇不同大小的馬達，讓工業自動化控制設備可以達到更精準、更完美的要求。

控制伺服馬達的時候，必須要精確的調整定子上導體線圈的電流大小與頻率，對於一般使用者來說製作這樣的控制與驅動器是一個艱困的工作。因此，伺服馬達的控制器通常是由廠商針對特定馬達的規格設計開發的，這樣的控制器可以擷取使用者的控制命令，自行調整輸出電流的大小與頻率以調整馬達的輸出。如圖12-7所示，是由國內廠商台達電子公司自動化機電事業群所生產的ASDA-A2系列馬達與控制器。除了驅動電路外，也會配置有位置編碼器回授馬達位置予控制電路調整電流，以達到伺服控制的目的。

圖12-7 台達ASDA-A2系列交流伺服馬達與控制器

至於使用者傳達命令的方式，一般伺服馬達控制器都包含了傳統的類比電壓訊號模式與波寬調變，或者脈衝數量的數位訊號。最新一代的伺服馬達控制器更將部分可程式控制器的操作觀念整合，可以讓使用者直接在伺服馬達控制器中編寫適當的程序而不需要上位機，例如電腦或PLC的控制命令，便可以自行進行固定程序的運動控制。台達ASDA-A2系列伺服馬達的PR位置控制模式，便是具備有上述的程序控制功能。

## 12.3 交流同步伺服馬達控制

交流同步伺服馬達的基本構造與直流同步馬達類似，只是在定子上的導體線圈由直流的單一極性改變成交流三相的順序排列，如圖12-6所示。馬達控制器只要按照相位的順序調整導體線圈上的電流大小與頻率，便可以控制配置有永久磁鐵的轉子旋轉速度和位置。但是由於工業輸配電的規格以交流電力為主，交流伺服馬達可以提供比直流伺服馬達更高的功率與轉速，因此在工業環境中交流伺服馬達的應用遠比直流伺服馬達更為廣泛。

交流同步伺服馬達控制器的架構圖，以台達的產品為例，如圖12-8所示。可大致分成下列幾個區塊：

1. 電源處理。
2. 電流控制。
3. 數位控制訊號處理。
4. 輸入訊號介面。
5. 馬達訊號回授。
6. 馬達本體。

在電源處理（1）的部分，主要是利用變頻器的概念將標準的工業配電進行交流轉成直流，以便提供後續馬達控制所需要的電能來源。而在電流控制（2）的部分則是利用適當的電晶體電路，將電源處理區塊所提供的直流電源根據控制所需要的轉速或者是位置，利用波寬調變（PWM）的控制訊號調整驅動馬達所需要的三相交流電源的大小與頻率，藉以達到控制馬達本體轉子（6）的目的。

數位控制訊號處理（3）的區塊則是整個控制器的核心，每一個廠商會利用嵌入式控制器以及各式各樣的數位電路接收控制的輸入訊號，並且與馬達運作的速度與位置回授訊號作比較，經過廠商設計的複雜控制運算法則調整控制電流的波寬調變控制訊號以達到改變馬達運動的目的。在（3）的區塊中，可以根據使用者設定的不同控制模式，一般包括扭矩、速度和位置控制模式，使用不同的訊號計算功能調整電流控制訊號，藉以達到控制輸出扭矩、速度或者是位置的功能。

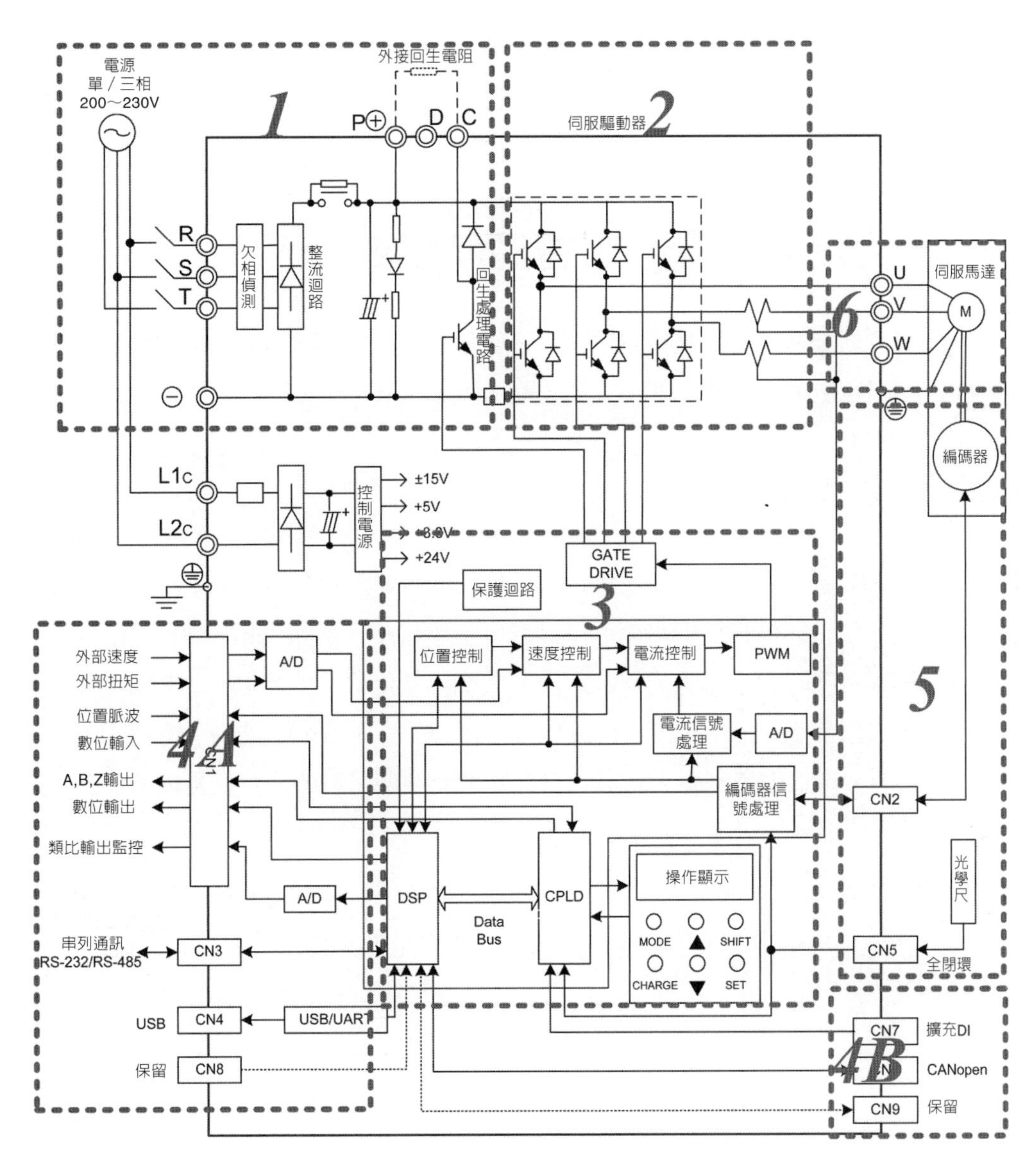


圖12-8　交流同步伺服馬達控制器架構圖

在輸入訊號介面（4）的部分，每一個廠商提供有各式各樣不同的控制訊號輸入介面。一般大部分都會包含類比電壓與各式各樣的數位通訊介面，例如RS232、RS485、乙太網路等。比較高階的產品也會包含廠商自行開發的系統通訊介面，可以同時連結多個馬達控制器進行多軸同動的複雜控制機能。

為了要能夠進行控制訊號的調整，3的部分必須要有馬達旋轉的位置與速度訊號，才能夠精準的調整控制電流。而這樣的位置與速度回授訊號（5），一般是藉由馬達本體所連接的編碼器提供高解析度的位置與速度訊號。除此之外，如果要更精準的控制馬達所連接的機構運動時，可以利用額外的外部編碼器或光學尺輸入介面進行全迴路的回授控制，以達到更精準的設備控制。

## 12.4 交流同步伺服馬達控制模式

交流同步伺服馬達的控制模式包含：扭矩模式、速度模式、位置模式。這些不同控制模式的訊號處理簡述如下。

### 12.4.1 扭矩模式

由前述的弗萊明左手定則可以知道扭矩，亦即作用力的大小，將會與導體中的電流成正比。因此，電流控制就是扭矩控制模式的核心基礎。在這個模式下，控制器可以從電流控制的輸出計算出馬達上可以感應出的扭矩，並藉由電流大小的偵測與回授，調整控制訊號的大小而完成控制電流調整輸出扭矩大小的目的。扭矩模式的控制系統方塊圖，以台達ASDA-A2系列爲例，如圖12-9所示。部分高階產品加入共振抑制單元，可以有效降低因控制輸入與機台自然頻率衝突所引發的機台振動現象。

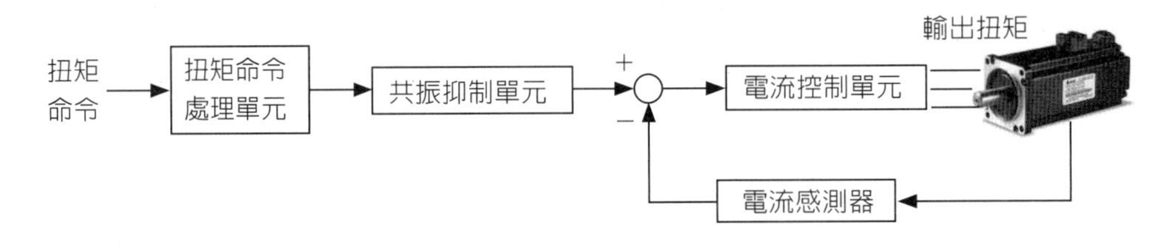


圖12-9 交流同步伺服馬達扭矩控制模式架構圖

### 12.4.2 速度模式

速度模式通常是建立在扭矩（電流）控制迴路之上，也就是以電流控制迴路爲內迴圈，速度控制爲外迴圈。利用編碼器等感測元件估算馬達轉子的旋轉速度，與命令比較後經過回授控制處理，例如PID控制器，調整電流命令以達到速度控制的目的。速度模式的控制系統方塊圖，以台達ASDA-A2系列爲例，如圖12-10所示。

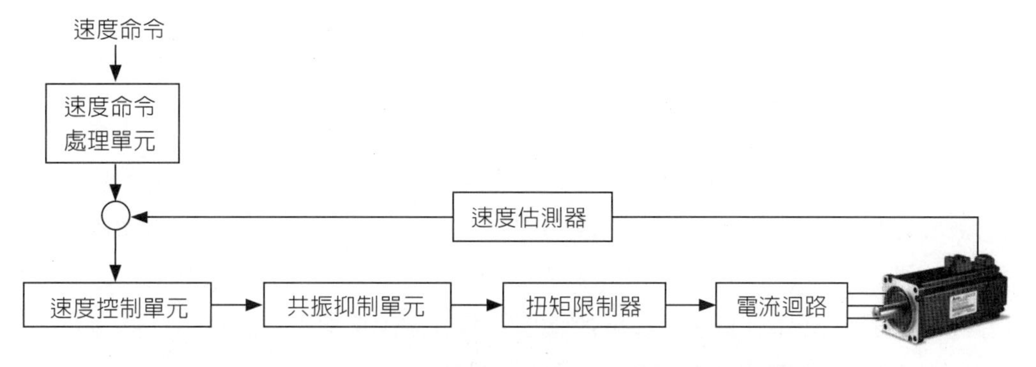


圖12-10 交流同步伺服馬達速度控制模式架構圖



### 12.4.3 位置模式

位置模式則是建立在速度控制迴路之上，也就是以速度控制迴路爲內迴圈，位置控制爲外迴圈。利用編碼器等感測元件估算馬達轉子的位置，與命令比較後經過回授控制處理，例如PID控制器或前饋訊號處理等等，調整速度與電流命令以達到速度控制的目的。位置模式的控制系統方塊圖，以台達ASDA-A2系列爲例，如圖12-11所示。

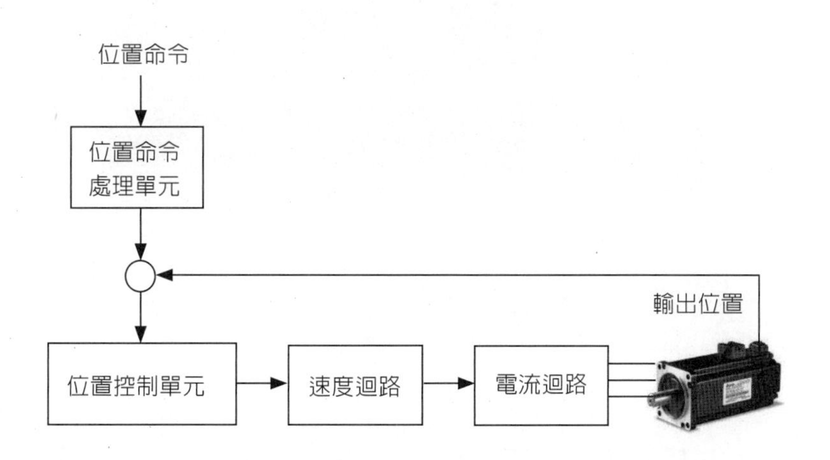


圖12-11 交流同步伺服馬達位置控制模式架構圖

## 12.5 速度與位置感測估算

在進行伺服馬達的各項控制計算時，除了感測命令之外，更需要感知馬達轉子的位置與數度，以便進行相關的補償運算。一般在伺服馬達上都會裝置一個利用光學格柵所製成的圓形編碼盤，基本上有A與B兩圈或A/B兩個相位訊號，A圈與B圈的格柵相差90度脈衝相位角的位置。編碼器定位的解析度取決於每一圈上的格柵數多寡。以台達的ASDA-A2系列爲例，標準的編碼器每一圈的格柵數共計有320000個之多。而由於A圈與B圈之間的90度相位差，伺服控制器可以利用數位電路據此判斷馬達轉子的旋轉方向與相對運動角度。如果需要絕對運動角度，可以利用編碼器上的Z圈標記，Z圈標記只有單一個格柵，在旋轉角度不超過一圈時可以做爲馬達的絕對原點。但是如果伺服馬達旋轉超過一圈時，就必須要輔以其他機構與感測器才能夠定義出機械絕對原點所在。以台達ASDA-A2系列爲例，透過A圈與B圈的相位差定位判斷，每一圈可以定位到高達1,280,000個標記的準確度。

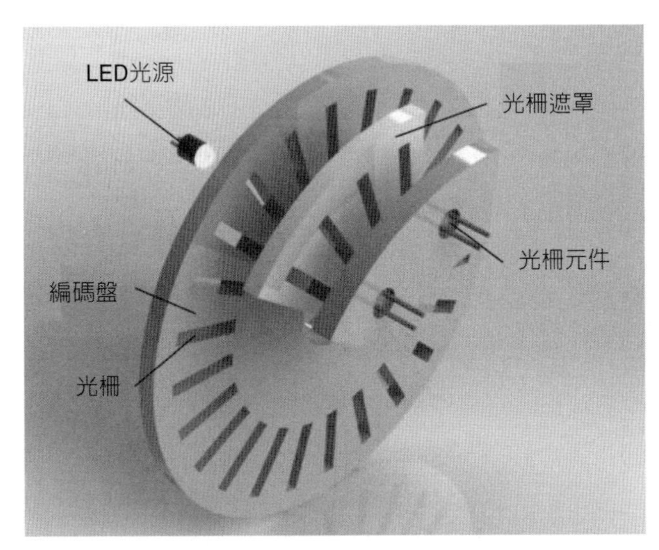


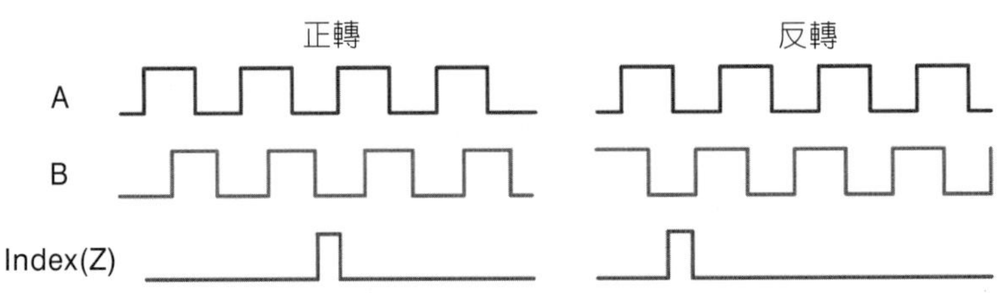


圖12-12　光學編碼器與其正反轉訊號示意圖

當使用者不需要如此高規格的解析度時，可以利用伺服控制器中的電子齒輪比功能，將所擷取的訊號精確度降低，以免產生設備不必要的往復運動搖擺。除此之外，有些伺服馬達控制設計會在馬達轉子安裝額外的感測元件，藉以增加控制的穩定性與精確度，例如安裝磁鐵與霍爾感測器。

額外的控制機能

藉由編碼器的脈衝回授，利用內建數位電路的計數器累計脈衝數量，便可以計算馬達轉子的位置。而速度的計算，則可以利用單位時間內的位置變化量推估。除了傳統的扭矩、速度與位置控制機能之外，由於近年來電子電路與微處理器功能的提升，新一代的伺服馬達控制器更將許多複雜的上位機（如電腦與PLC）控制機能含括到伺服馬達控制器中。例如振動抑制控制，可以藉由簡單的基本運動測試量測訊號，將會引起機台自然頻率共振的控制訊號予以濾波抑制，進而降低因馬達控制運動而影響機台振動的現象。又如，自動化設備常有多軸馬達協調連動的需求，爲了要滿足此類高階機台的功能需求，許多新的功能如電子凸輪、高速捕捉等，使得伺服馬達可以在不需要上位機的設計下即可以完成高階的多軸連動控制機能，例如飛追剪運動（如包裝機、切料機）。

# 伺服馬達的基本操作與調校

CHAPTER 13

伺服馬達是一個驅動元件，可以輸出能量改變位置，因此在操作上必須要小心謹慎以免發生人員或是機具的損傷。同時，伺服馬達的操作需要使用較高電壓與電流的交流電供應，如有不慎觸電、配電錯誤或線材損害都會造成巨大的損失。所以不管是在機具的安裝，或者是開啓電源前的檢測，甚至在開啓電源後的試轉操作都必須要非常地小心。伺服馬達供應廠商通常會在產品的使用手冊中詳細規定各項安全細節，使用者必須要詳加閱讀以確保安全。以下僅列出一些基本的操作安全注意事項作爲參考。

## 13.1 安裝與配線

安裝注意事項

1. 驅動器與馬達連線不能拉緊。
2. 固定驅動器時，必須在每個固定處確實鎖緊。
3. 馬達軸心必須與設備軸心桿對正良好。

安裝環境條件

驅動器使用環境溫度爲0°C～55°C。長時間的運轉建議在45°C以下的環境溫度，以確保產品的可靠性能。通風條件必須讓所有內部使用的電子裝置沒有過熱的危險。

使用條件包括：

1. 無發高熱裝置之場所。
2. 無水滴、蒸氣、灰塵及油性灰塵之場所。
3. 無腐蝕、易燃性之氣、液體之場所。
4. 無漂浮性的塵埃及金屬微粒之場所。

5. 堅固無振動之場所。
6. 無電磁雜訊干擾之場所。

安裝方向與空間

1. 安裝方向必須依規定，否則會造成故障原因。
2. 爲了使冷卻循環效果良好，安裝交流伺服驅動器時，其上下左右與相鄰的物品和擋板（牆）必須保持足夠的空間，否則會造成故障原因。其吸、排氣孔不可封住，也不可傾倒放置，否則會造成故障。爲了使散熱風扇能夠有比較低的風阻，以有效排出熱量，須注意一台與多台交流伺服驅動器的安裝間隔距離。

回生電阻

當馬達的產出力矩和轉速的方向相反時，它代表能量會從負載端傳回至驅動器內。此能量灌注DC Bus中的電容使得其電壓値往上升，當上升到某一値時，回灌的能量只能靠回生電阻來消耗。驅動器內含回生電阻，使用者也可以外接回生電阻。

配線注意事項：

1. 檢查R、S、T與L1c、L2c的電源和接線是否正確。注意伺服驅動器規格，投以正確輸入電壓，以免造成驅動器損壞及引發危險。
2. 確認伺服馬達輸出U、V、W端子相序接線是否正確，接錯動力配線時馬達可能不轉或亂轉。
3. 使用外部回生電阻時，需將P、D端開路、外部回生電阻應接於P、C端，若使用內部回生電阻時，則需將P、D端短路且P、C端開路。
4. 異警或緊急停止時，利用Alarm或是Warn輸出將電磁接觸器（MC）斷電，以切斷伺服驅動器電源。

一般伺服馬達控制器與周邊裝置的配線，以台達ASDA-A2爲例，如圖13-1所示。使用者必須注意到各個接線端子的規格與功能，以免毀損相關的裝置。特別是有關電源的部分，不小心的接觸或毀損容易造成人員發生意外。

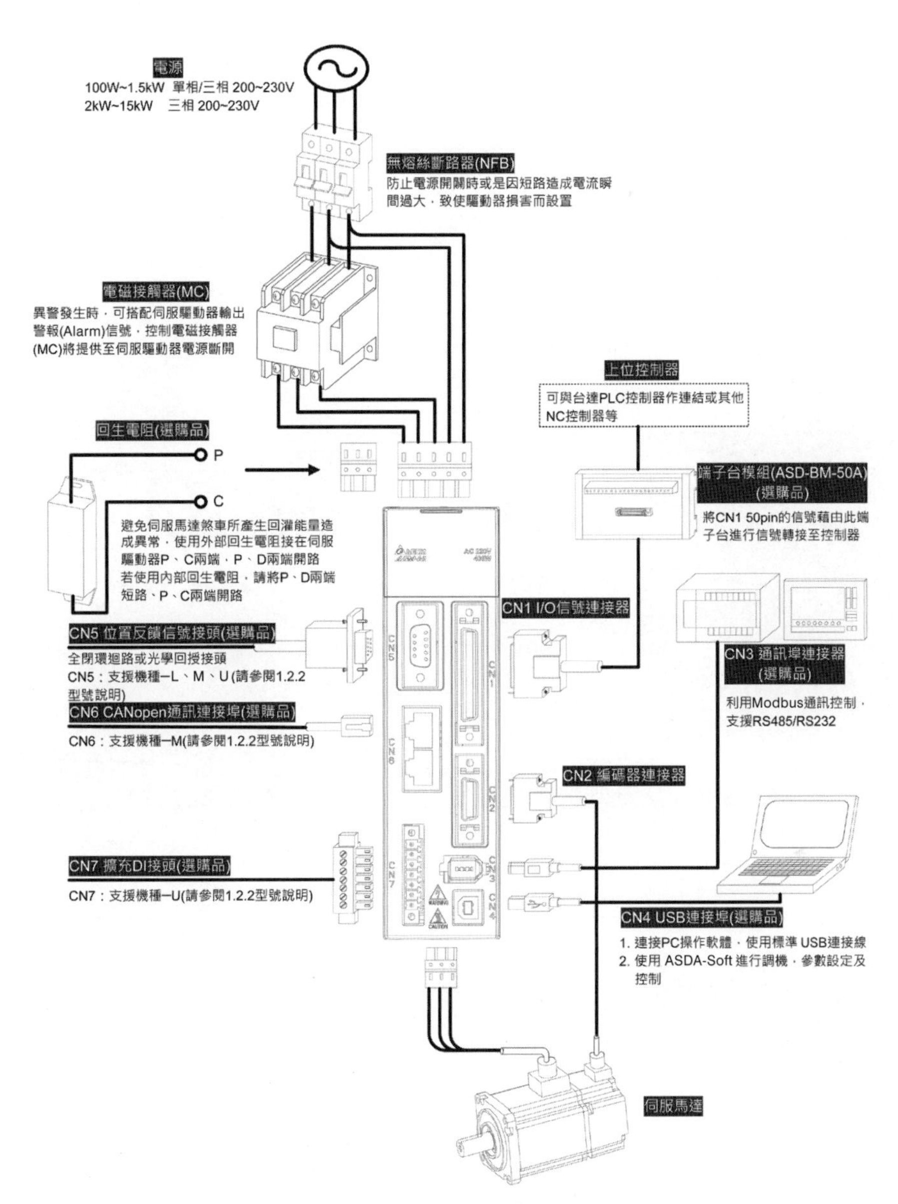


圖13-1　交流伺服馬達基本配線圖，台達ASDA-A2系列

## 13.2 面板顯示及操作

除了複雜的機械流程必須要仰賴上位機，如PLC或者電腦的控制之外，伺服馬達的基本操作與設定可以透過伺服控制器的面板或者是廠商提供的電腦設定軟體來完成，例如台達所提供的ASDASoft操作軟體。

在工作現場調整和測試時，因爲距離或者空間不容易使用電腦與伺服馬達控制器連接時，可以利用控制器上的操作面板完成相關的設定或檢查。雖然在操作的過程中比較複雜而且緩慢，但是可以藉由面板的顯示，快速了解操作情況，以便進行簡易的故障排除。

## 13.2.1 面板各部名稱

以台達ASDA-A2爲例，面板各部分如圖13-2所示。

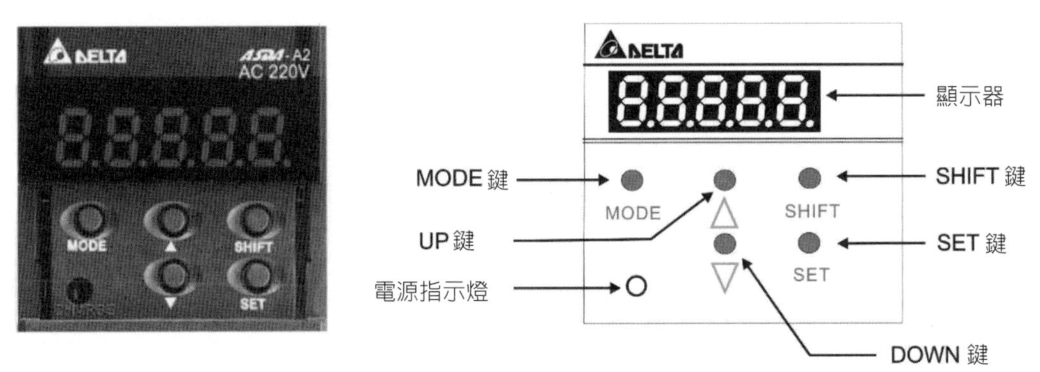


圖13-2 交流伺服馬達控制面板，台達ASDA-A2系列

表13-1 交流伺服馬達控制面板各部功能說明

| 名稱 | 功能 |
|---|---|
| 顯示器 | 五組七段顯示器用於顯示監視值、參數值及設定值。 |
| 電源指示燈 | 主電源迴路電容量之充電顯示。 |
| MODE鍵 | 切換監視模式／參數模式／異警顯示。在編輯模式時，按MODE鍵可跳到參數模式。 |
| SHIFT鍵 | 參數模式下可改變群組碼。編輯模式下閃爍字元左移可用於修正較高之設定字元值。監視模式下可切換高／低位數顯示。 |
| UP鍵 | 變更監視碼、參數碼或設定值。 |
| DOWN鍵 | 變更監視碼、參數碼或設定值。 |
| SET鍵 | 顯示及儲存設定值。監視模式下可切換十／十六進制顯示。在參數模式下，按SET鍵可進入編輯模式。 |

利用上述各項的面板基本功能，一般使用者便可以進行基本的參數設定與變更監視的功能。

## 13.2.2 面板參數設定流程

以台達ASDA-A2爲例，如果要設定各項參數，可依圖13-3的流程或下列步驟執行：

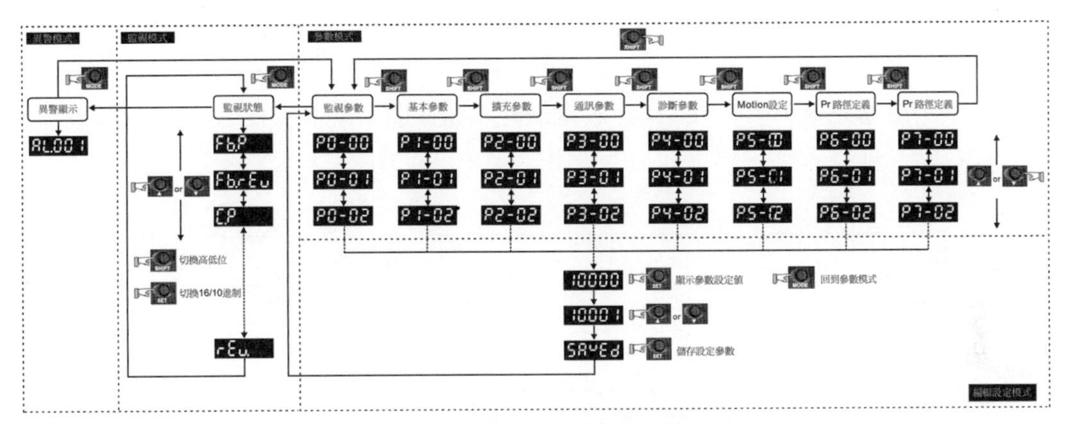

圖13-3 交流伺服馬達控制面板操作流程

1. 驅動器電源投入時，顯示器會先持續顯示監視變數符號約一秒鐘。然後才進入監控模式。
2. 按MODE鍵可切換參數模式→監視模式→異警模式，若無異警發生則略過異警模式。
3. 當有新的異警發生時，無論在任何模式都會馬上切到異警顯示模式下，按下MODE鍵可切換到其他模式，當連續20秒沒有任何鍵被按下，則會自動切換回異警模式。
4. 在監視模式下，若按下UP或DOWN鍵可切換監視變數。此時監視變數符號會持續顯示約一秒鐘。
5. 在參數模式下，按下SHIFT鍵時可切換群組碼。UP/DOWN鍵可變更後二字元參數碼。
6. 在參數模式下，按下SET鍵，系統立即進入編輯設定模式。顯示器同時會顯示此參數對應之設定值，此時可利用UP/DOWN鍵修改參數值，或按下MODE鍵脫離編輯設定模式回到參數模式。
7. 在編輯設定模式下，可按下SHIFT鍵使閃爍字元左移，再利用UP/DOWN鍵快速修正較高之設定字元值。

8. 設定值修正完畢後，按下SET鍵，即可進行參數儲存或執行命令。

完成參數設定後，顯示器會顯示結束代碼「SAVED」，並自動回復到參數模式。

### 13.2.3 面板狀態顯示

儲存設定顯示

當參數編輯完畢，按下SET儲存設定鍵時，面板顯示器會依設定狀態持續顯示設定狀態符號一秒鐘。

| 顯示符號 | 內容說明 |
| --- | --- |
| SAVEd | 設定值正確儲存完了（Saved）。 |
| r-OLY | 唯讀參數，寫入禁止（Read-Only）。 |
| LocK.d | 密碼輸入錯誤或未輸入密碼（Locked）。 |
| Out-r | 設定值不正確或輸入保留設定值（Out of Range）。 |
| SV-on | 伺服啟動中無法輸入（Servo On）。 |
| Po-On | 此參數須重新開機才有效（Power On）。 |

小數點顯示

| 顯示符號 | 內容說明 |
| --- | --- |
| 0.0.0.0.0.<br>負號 / 無作用 / 高位指示 / 低位指示 | 高／低位指示：當資料為32位元十進位顯示時，用來指示目前顯示為高位或是低位部分。<br>負號：當資料以十進位顯示時，最左邊之兩個小數點代表負號，不論16/32位元資料皆同。十進位顯示一律為正，不顯示負號。 |

警示訊息顯示

| 顯示符號 | 內容說明 |
| --- | --- |
| AL.nnn | 驅動器產生錯誤時，顯示警訊符號「AL」及警訊代碼「nnn」。其代表含意請參考廠商使用手冊。 |

監控顯示

驅動器電源輸入時，顯示器會先持續顯示監控顯示符號約一秒鐘，然後才進入監控模式。以台達ASDA-A2爲例，在監控模式下可按下UP或DOWN鍵來改變欲顯示之監視變數，或可直接修改參數P0-02來指定監視代碼。電源輸入時，會以P0-02之設定值爲預設之監視碼。例如：P0-02值爲4，每當電源輸入時，會先顯示C-PLS監視符號，然後再顯示脈波命令輸入脈波數。

| P0-02設定值 | 監控顯示符號 | 內容說明 | 單位 |
|---|---|---|---|
| 0 | Fb.PUU | 馬達回授脈波數（電子齒輪之後）（使用者單位） | [user unit] |
| 1 | C-PUU | 脈波命令輸入脈波數（電子齒輪之後）（使用者單位） | [user unit] |
| 2 | Er.PUU | 控制命令脈波與回授脈波誤差數（使用者單位） | [user unit] |
| 3 | Fb.PLS | 馬達回授脈波數（編碼器單位）（128萬Pulse/rev） | [pulse] |
| 4 | C-PLS | 脈波命令輸入脈波數（電子齒輪之前）（編碼器單位） | [pulse] |

其他設定值請參考相關使用手冊。

<table>
<tr><th>數值顯示範例</th><th colspan="2">狀態值顯示說明</th></tr>
<tr><td>01234（Dec）<br>1234（Hex）</td><td>16位元資料</td><td>數值如果爲1234，則顯示01234（十進位顯示法）。<br>數值如果爲0x1234，則顯示1234（十六位顯示法，第一位不顯示任何值）。</td></tr>
<tr><td>1234.5（Dec高）<br>67890.（Dec低）</td><td rowspan="2">32位元資料</td><td>數值如果爲1234567890，高位元顯示爲1234.5，低位元顯示爲67890（十進位顯示法）。</td></tr>
<tr><td>h1234（Hex高）<br>L5678（Hex低）</td><td>數值如果爲0x12345678，高位元顯示爲h1234，低位元顯示爲L5678（十六進位顯示法）。</td></tr>
<tr><td>1.2.345</td><td colspan="2">負數顯示。數值如果爲−12345，則顯示1.2.345（只有十進位顯示法，十六進位制沒有正負號顯示）。</td></tr>
</table>

在了解伺服馬達控制器的基本安裝目視檢測，確認基本的安裝無虞之後，接下來我們就可以利用簡單的面板操作，或者是電腦上的操作軟體進行基本的馬達試轉操作測試。

# 13.3 試轉操作與調機步驟

## 13.3.1 無負載檢測

為了避免對伺服驅動器或機構造成傷害，在機器設備正式操作前先將伺服馬達所接的負載移除。若移除伺服馬達所接的負載後，根據正常操作程序，能夠使伺服馬達正常運轉起來，之後即可將伺服馬達的負載接上。強烈建議使用者先在無負載下，確定伺服馬達正常運作後，再將負載接上，以避免危險。

基本的無負載檢測包括下列的項目：

| | |
|---|---|
| 運轉前檢測<br>（未供應控制電源） | ■檢查伺服驅動器是否有外觀上明顯的毀損。<br>■配線端子的接續部位請實施絕緣處理。<br>■檢查配線是否完成及正確，避免造成損壞或發生異常動作。<br>■螺絲或金屬片等導電性物體、可燃性物體是否存在伺服驅動器內。<br>■控制開關是否置於OFF狀態。<br>■伺服驅動器或外部之回生電阻，不可設置於可燃物體上。<br>■為避免電磁制動器失效，檢查立即停止運轉及切斷電源的迴路是否正常。<br>■伺服驅動器附近使用的電子儀器受到電磁干擾時，使用儀器降低電磁干擾。<br>■確定驅動器的外加電壓準位是否正確。 |
| 運轉時檢測<br>（已供應控制電源） | ■編碼器電纜應避免承受過大應力。當馬達在運轉時，注意接續電纜是否與機件接觸而產生磨耗或發生拉扯現象。<br>■伺服馬達若有振動現象或運轉聲音過大，立即與廠商聯絡。<br>■確認各項參數設定是否正確，依機械特性的不同可能會有不預期的動作。勿將參數作過度極端之調整。<br>■重新設定參數時，確定驅動器是在伺服停止（Servo OFF）的狀態下進行，否則會成為故障發生的原因。<br>■繼電器動作時，若無接觸的聲音或其他異常聲音產生，立即與廠商聯絡。<br>■電源指示燈與LED顯示是否有異常現象。<br>■7.5kW使用PWM控制，故溫度低於40°C時，風扇不轉動。 |

驅動器送電

驅動器送電必須依序按照以下步驟執行：

1. 先確認馬達與驅動器之間的相關線路連接正確。如果接錯，馬達運轉將會出現不正常，馬達地線FG務必與驅動器的接地保護端子連接。千萬勿將電源端（R、S、T）接到伺服驅動器的輸出（U、V、W），否則將造成伺服驅動器損壞。
2. 馬達的編碼器連線已正確接至CN2。
3. 連接驅動器之電源線路。
4. 電源啓動。

當電源啓動，驅動器畫面如有出現任何的異常訊號時，請參考廠商相關的使用手冊排除引起異常的錯誤設定後再行啓動電源。

例如，以台達ASDA-A2爲例，最常見的啓動異常訊號驅動器畫面爲：

AL014

這是因爲出廠值預設的數位輸入（DI6～DI8）爲反向運轉禁止極限（NL）與正向運轉禁止極限（PL）與緊急停止（EMGS）訊號，常因接點未使用而出現錯誤訊號判讀。若不使用出廠值的數位輸入（DI6～DI8），需調整數位輸入（DI）之參數P2-15～P2-17之設定，可將參數設定爲0（解除此DI之功能）或修改成其他功能定義。

以台達ASDA-A2系列伺服馬達控制器爲例，其他較爲常見的異常訊號，可以參考表13-2的基本異常訊號表。

表13-2　台達ASDA-A2系列伺服馬達控制器常見異常訊號

| 異警表示 | 異警名稱 | 異警動作內容 | 指示DO | 伺服狀態切換 |
|---|---|---|---|---|
| AL001 | 過電流 | 主迴路電流值超越馬達瞬間最大電流值1.5倍時動作 | ALM | Servo OFF |
| AL002 | 過電壓 | 主迴路電壓值高於規格值時動作 | ALM | Servo OFF |
| AL003 | 低電壓 | 主迴路電壓值低於規格值時動作 | WARN | Servo OFF |

| 異警表示 | 異警名稱 | 異警動作內容 | 指示DO | 伺服狀態切換 |
|---|---|---|---|---|
| AL004 | 馬達匹配異常 | 驅動器所對應的馬達不對 | ALM | Servo OFF |
| AL005 | 回生異常 | 回生控制異常時動作 | ALM | Servo OFF |
| AL006 | 過負荷 | 馬達及驅動器過負荷時動作 | ALM | Servo OFF |
| AL007 | 過速度 | 馬達控制速度超過正常速度過大時動作 | ALM | Servo OFF |
| AL008 | 異常脈波控制命令 | 脈波命令之輸入頻率超過硬體介面容許值時動作 | ALM | Servo OFF |
| AL009 | 位置控制誤差過大 | 位置控制誤差量大於設定容許值時動作 | ALM | Servo OFF |
| AL011 | 位置檢出器異常 | 位置檢出器產生脈波訊號異常時動作 | ALM | Servo OFF |
| AL012 | 校正異常 | 執行電氣校正時校正值超越容許值時動作 | ALM | Servo OFF |
| AL013 | 緊急停止 | 緊急按鈕按下時動作 | WARN | Servo OFF |
| AL014 | 反向極限異常 | 逆向極限開關被按下時動作 | WARN | Servo ON |
| AL015 | 正向極限異常 | 正向極限開關被按下時動作 | WARN | Servo ON |
| AL016 | IGBT過熱 | IGBT溫度過高時動作 | ALM | Servo OFF |

## 13.3.2 空載寸動測試

在接上電源後，為了檢測馬達基本功能是否正常，可利用JOG寸動方式，在不需要連接額外配線的情況下，試轉馬達及驅動器。為了安全起見，寸動速度建議在低轉速下進行，寸動模式以所設定的寸動速度來作等速度移動，JOG寸動測試步驟如下：

1. 使用軟體設定伺服啓動，設定參數P2-30輔助機能設為1，此設定為軟體強制伺服啓動。
2. 設定參數P4-05為寸動速度（單位：r/min），將所需的寸動速度設定後，按下SET鍵後，驅動器將進入JOG模式。
3. 按下面板向上或向下按鍵時，馬達將會依所定方向運動。

4. 按下MODE鍵時，即可脫離JOG模式。

相關程序如圖13-4所示。如此時發現馬達有任何異常動作，應重新檢查相關配線與安裝，並加以排除。

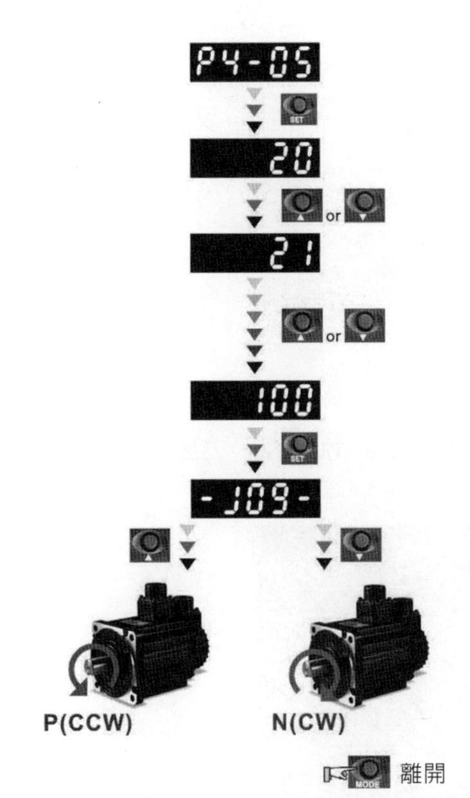


按下 [▲] 鍵：伺服馬達會朝CCW方向旋轉，
放開後馬達會停止運轉。
按下 [▼] 鍵：伺服馬達反方向旋轉。
CCW與CW定義如下：
P(CCW)：面對馬達軸心時，反時針運轉。
N(CW)：面對馬達軸心時，順時針運轉。

圖13-4　交流伺服馬達寸動操作流程，台達ASDA-A2系列

在完成基本的寸動測試後，原則上馬達與控制器的配線與連結應無大礙，使用者便可以將馬達進一步地固定在機台上進行空載定速與定位的測試。測試時，盡可能將馬達基座固定，以防止馬達轉速變化所產生反作用力造成危險。相關程序可以參考廠商使用手冊進行。

## 13.4　ASDASoft操作軟體

雖然控制器面板提供了基本的操作與測試的功能，但是畢竟由單一的資料顯示窗口無法完整了解到整個伺服馬達控制器的相關設定。隨著科技的進步，新的伺服馬達控制器提供了較為簡易的USB通訊介面，可以讓控制器的相關設定內容快速地與電腦

上的操作軟體連結，讓使用者可以更有效率而且更爲快速地完成伺服馬達的設定或者是檢測。大多數的伺服馬達廠商會免費提供相關的電腦操作軟體，以台達ASDA-A2伺服馬達爲例，便可以透過ASDASoft電腦軟體進行參數的設定以監控，甚至基礎的馬達測試與相關控制的調整也可以在這個軟體上完成。

在使用ASDASoft軟體前，必須要將電腦與伺服馬達控制器的CN4通訊埠以USB傳輸線加以連結，才可以使用相關的軟體功能。有關於軟體通訊連接線的規格，務必使用含金屬隔離網之標準雙絞線USB通訊線材，若使用無金屬隔離網的線材規格可能造成訊號被干擾等情況，導致相關的軟體操作失敗。

## 13.4.1 基本操作功能說明

基本畫面介紹

使用者點選ASDASoft圖示之後，系統會先跳出初始化的畫面，如圖13-5所示。

圖13-5 ASDA-Soft軟體初始畫面

初始化完畢後，系統會自動進入主程式畫面，如圖13-6所示。此畫面由上到下爲工具列、快速功能列、狀態列，其各部功能如表13-3所示。

圖13-6　ASDASoft軟體工作視窗畫面

表13-3　ASDASoft軟體工作列各部功能

| 圖示 | 功能說明 |
| --- | --- |
| 檔案　設定　工具　系統資訊　參數功能　視窗　說明 | 工具列：提供使用者開啓ASDASoft各項應用工具以及說明文件。 |
| OFF LINE | 快速功能列；提供使用者快速開啓常用或是重要的工具。 |
| ASDA_Soft - 設定 ~ ASDA　ASDA-A2 Servo | 狀態列；顯示目前軟體的狀態。 |

軟體連線設定

每一次操作時，僅能夠針對單一個伺服馬達進行設定或監控。連線時，必須透過設定的功能來連接伺服馬達控制器與電腦間的通訊。

使用者可以使用【設定】來進行下面兩個功能設定：

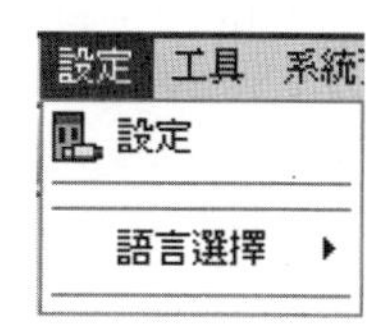

點選 設定 圖示後會跳出軟體通訊連線設定的視窗，下面針對各選項功能做說明。

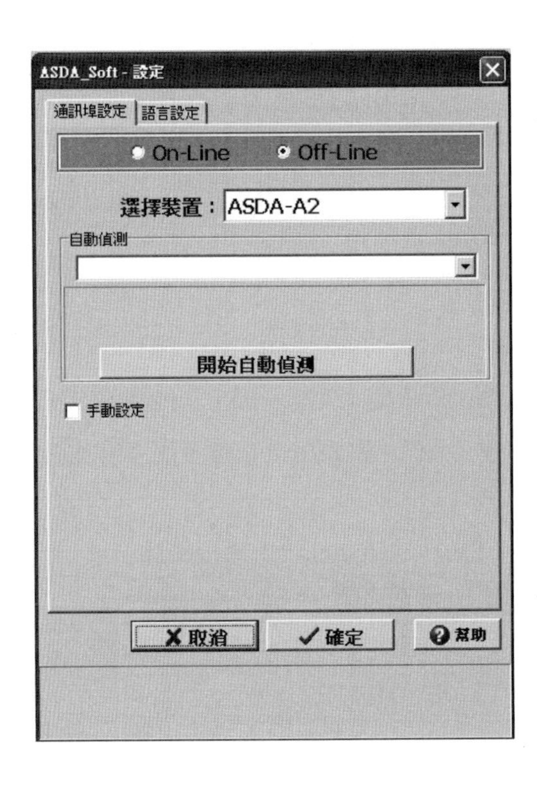


1. 通訊埠設定：利用此功能快速設定ASDASoft與ASDA伺服驅動器的軟體通訊連接。

On-Line ：設定通訊連線操作。

Off-Line ：設定通訊離線操作。

快速功能列上另外提供快速設定軟體通訊連線的按鈕：

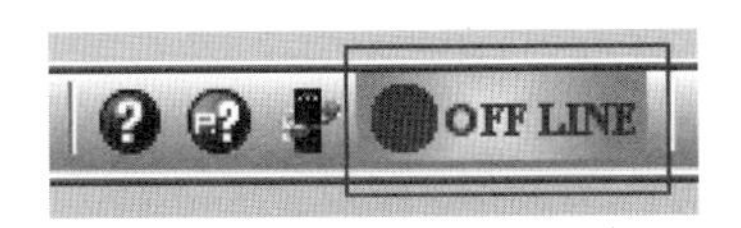


使用者可以使用滑鼠左鍵直接點選此按鈕來進行軟體通訊埠的設定。

2. 選擇裝置：使用者透過此功能，自行選擇要連接的台達伺服驅動器。

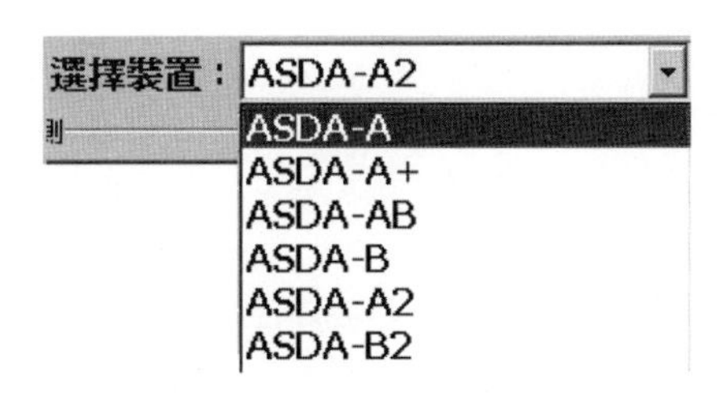


3. 自動偵測／手動設定：下圖畫面中，使用者可以選擇自動偵測或手動設定來完成ASDASoft軟體和ASDA-A2伺服驅動器的通訊連接。

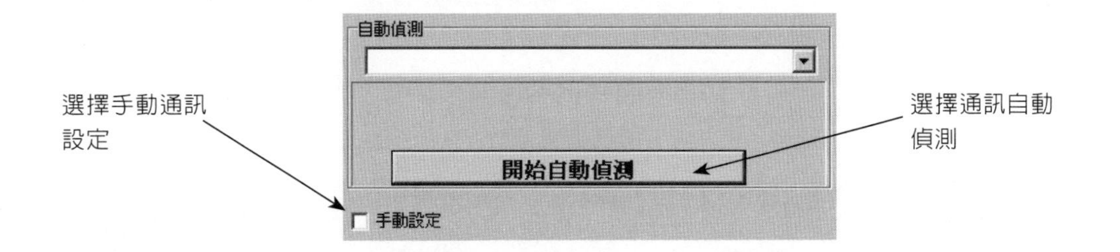


4. 確認設定：當通訊連接設定完畢後，請按確定鈕關閉視窗；若不要進行設定，請按取消鈕。另外，也可以使用標準視窗關閉按鈕☒來結束畫面。幫助按鈕可以讓使用者快速開啓軟體說明文檔，了解軟體通訊連接的設定說明。

一旦完成正確的連接之後，快速功能列上將會出現 ON LINE 伺服馬達控制器上線的符號。完成連線之後，使用者便可以利用電腦軟體上的各項功能進行伺服馬達控制器的各項設定操作與參數監控。

## 13.4.2 進階軟體操作功能說明

由於ASDASoft軟體具備有相當完整的伺服馬達控制器操作功能，可以幫助使用者透過電腦軟體快速完成伺服馬達的相關設定與檢測。在這個章節中，僅就常用的進階操作功能進行說明。使用者可以參考廠商提供的相關資料手冊完整學習各項軟體功能。

數位IO／寸動控制

軟體系統會透過通訊的方式，來對數位輸入／輸出點作控制模擬，在使用上有幾點要注意：

1. 因為是透過單向通訊的方式進行模擬控制，所以如果有多個視窗同時開啓時，DI/O視窗的狀態功能會暫時變成反灰，無法讀取資料。
2. 當要停止DI/O視窗的控制模擬功能時，務必完整關閉所有勾選和開啓的功能，以避免因為結束動作未完整停止而造成不必要的危險。
3. 所有的操作都是透過通訊控制，所以務必確認動作過程中，軟體通訊連接線一直保持正常連接。

數位IO／寸動控制功能提供驗證伺服驅動器的DI/O信號以及配線是否正確，可以即時顯示所有DI/O的狀態，並且可以操作DI/O、編輯DI/O功能，以及JOG的功能。

點選【工具】→【數位I/O／寸動控制】，或是點選圖示，開啓視窗如圖13-7所示。

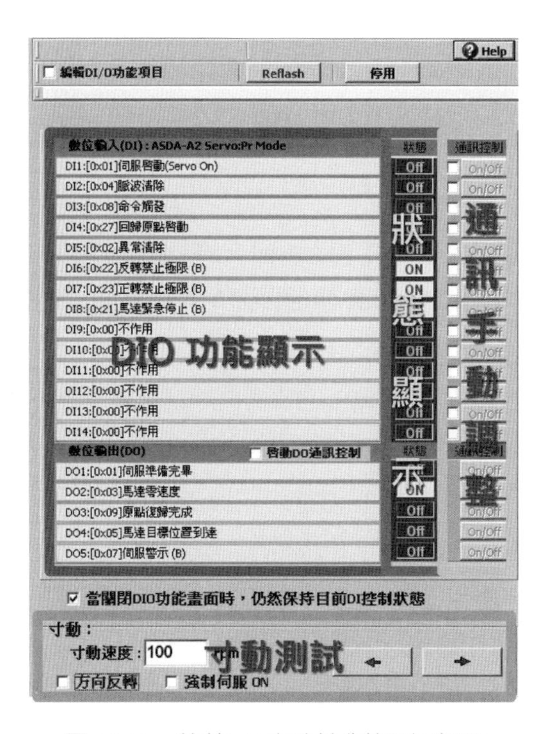


圖13-7 數位／寸動控制視窗畫面

數位IO／寸動控制功能中，主要分成三大區塊，由上而下分別是DI區／DO區／寸動區，另外在M Series可以分別用頁籤[1]、[2]、[3]選擇對軸別X、Y、Z軸的操作。

操作數位輸出入接點（DI/O）功能

在DI區與DO區左邊分別顯示各DI/O的信號名稱以及A/B接點型式，A接點（Normal Open）以正常黑字顯示，B接點（Normal Closed）則以淺棕色底白字並在名稱後方加上（B）以茲區別。中央則以燈號來表示ON/OFF狀態，右方則是強制控制鈕。

按下停用鈕後，停止此功能，再按一次啓用鈕則可再次啓動DI/O功能。

強制控制DI的方式：ASDA-A2系列，若要由軟體通訊控制DO，則必須勾選。先將控制鈕左方的方塊打勾，以開啓通訊控制功能。在ON/OFF鍵上切換狀態。

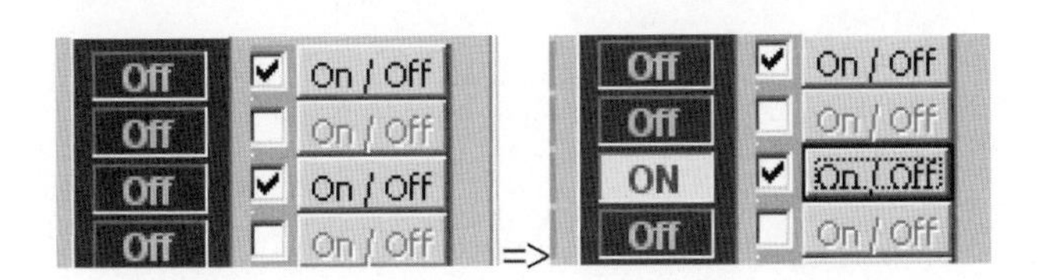


編輯DI/O功能：使用者欲變更DI/O項目時，請勾選「編輯DI/O功能項目」，即會出現如圖13-8所示之畫面。

進入編輯狀態後，DI/O功能將會被暫停，此時會出現一個下拉式選單，使用者只要在欲編輯的項目上點一下，下拉式選單則會自動移動到該項目上，使用者只要選擇新的項目，並選擇A或B接點，再按下OK鍵，若無按下OK鍵，則該項DI/O則無法被更新。

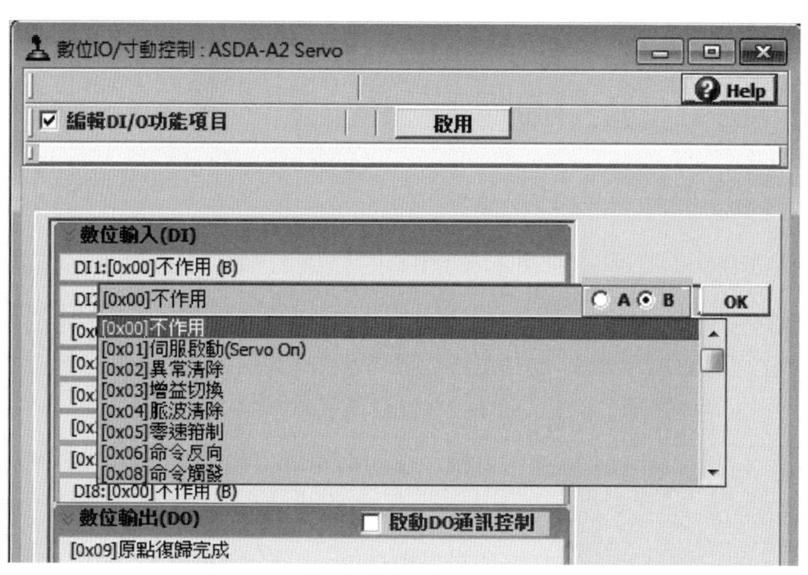


圖13-8　調整數位輸出入功能畫面

寸動

透過此功能方便操控寸動。

在寸動功能中，可以輸入寸動速度、選擇方向，若伺服尚未Servo ON狀態，亦可強制Servo ON。再按下寸動方向鍵，即可開始啓動寸動功能，一旦按下寸動方向鍵，寸動就會馬上執行，直到放開方向鍵。

自動增益調整

爲了讓伺服系統能夠穩定工作，並發揮最大效能，必須妥善調整迴路的增益值，此功能提供有效的增益調整工具。

點選【工具】→【自動增益調整】，或是點選圖示，即開啓增益調整視窗，如圖13-8所示。

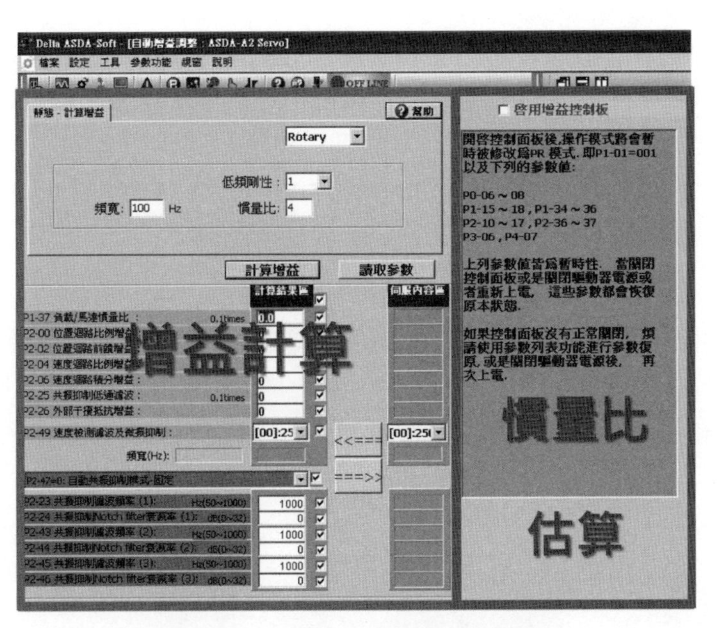


圖13-8 自動增益調整功能畫面

在自動增益調整功能中，左半邊爲靜態計算增益功能，右半邊爲動態增益控制板操作。

靜態計算增益

計算增益：使用者可輸入適當的低頻剛性、頻寬、慣量比後，按下計算增益鈕，即可算出相關的增益參數值，按下下載鍵 ===>> 可把計算結果寫入到伺服中。寫入到伺服時，可勾選是否下載該參數，有勾選表示要下載該參數。

讀取參數：按下讀取參數 <<=== 鍵後，會讀取伺服中目前的參數值並且顯示在畫面的「伺服內容區」欄中，以供使用者檢視。使用者可以到左半邊的欄位修改完後，再寫入到伺服中。

動態增益控制板操作

在與驅動器連線的狀態下，驅動器會讓馬達以PR模式下的兩點位置命令往復旋轉，來估測出負載慣量比，作爲計算增益的依據。

勾選「啓用增益控制板」，此功能必須在ON LINE狀態下才可操作，啓動後會進入如圖13-9畫面。

開啓控制面板後，操作模式將會暫時被修改爲PR模式，即P1-01 = 0x01，以及調整下列的參數值：

P0-10～12, P0-18～P0-20, P1-15～18, P5-20～P5-21, P1-36, P2-10～17, P5-60, P5-61, P3-06, P4-07。

上列參數值皆爲暫時性，當關閉控制面板或是關閉驅動器電源或者重新上電，這些參數都會恢復啓動前的設定值。

如果控制面板沒有正常關閉，煩請使用參數編輯器功能進行參數復原，或是關閉驅動器電源後，再次上電。

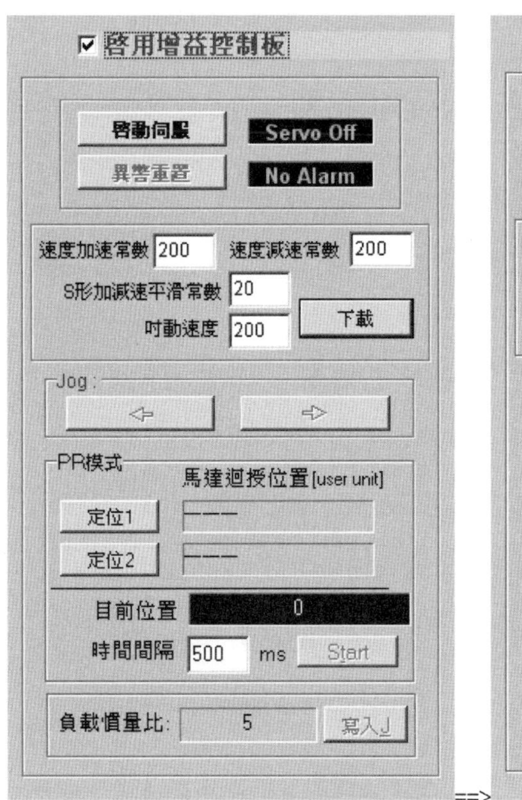


==>

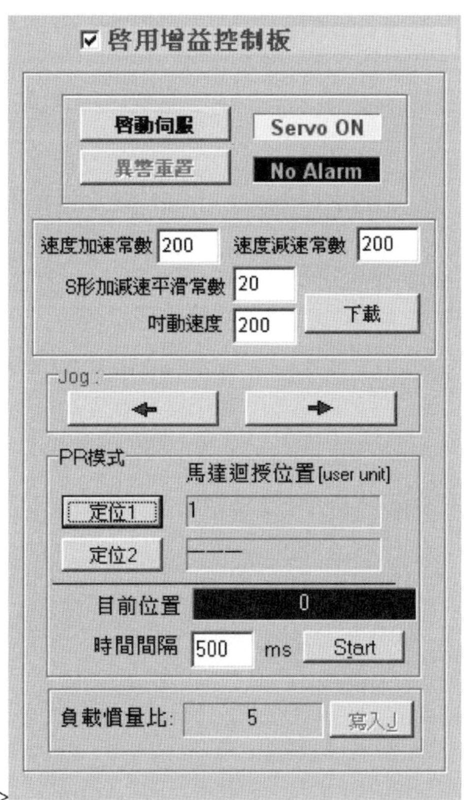


圖13-9　動態增益調整的慣量比估測功能畫面

增益控制板各部分功能說明如下：

- 啓動伺服：按下「啓動伺服」鍵以啓動伺服，若此時伺服有異警發生，則無法繼續操作，必須先排除異警後，才可繼續操作。

- 設定寸動相關參數：設定加減速時間，S型平滑常數與寸動速度。寸動速度代表調整馬達運轉速度。完成設定後，按「下載」鍵存入驅動器內；或者在按下寸動鍵時，這些參數也會被存入到伺服。
- 寸動：依方向不同選擇不同方向鍵，此馬達回授位置會顯示在「目前位置」欄位中。
- 定位：當寸動到達使用者所要的位置時，按下「定位1」、「定位2」鍵，分別設定往復運動兩定位點的位置。
- 時間間隔：表示點到點一次動作完成後，執行下次動作時所需等待的時間。
- 開始調適：按下「Start」鍵，開始執行調適，馬達會在兩定位點間往復運動。
- 負載慣量比：觀察負載慣量比的變化，當趨近於穩定狀態（變動幅度不大），請按下「Stop」鍵停止馬達作動。
- 寫入負載慣量值比：按下「寫入J」將估測好的慣量比數值，寫入到伺服控制器中，並會出現在左半視窗中。
- 設定參數：此時使用者可按如圖13-8左半部的「讀取參數」鍵，可查看目前所有參數值，在修改後寫入到伺服中。
- 離開：結束動態計算時，請先按「啓動伺服」鍵，將伺服設爲「Servo OFF」的狀態，再取消勾選「啓動增益控制板」。

### 參數編輯器

參數編輯器提供多種有關伺服器參數的顯示、編輯、比對、讀取、寫入、轉換等功能，以方便使用者操作。

點選【參數】→【參數編輯器】，或是點選圖示，即可開啓參數編輯器視窗，如圖13-10。

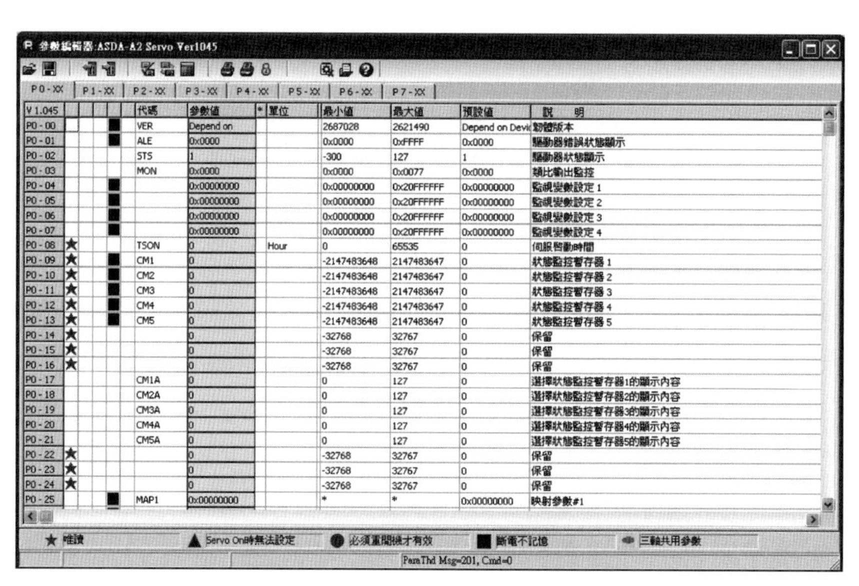


| V 1.045 | | | | 代碼 | 參數值 | * | 單位 | 最小值 | 最大值 | 預設值 | 說　明 |
|---|---|---|---|---|---|---|---|---|---|---|---|
| P0 - 00 | | | ■ | VER | Depend on | | | 2687028 | 2621490 | Depend on Devi | 韌體版本 |
| P0 - 01 | | | ■ | ALE | 0x0000 | | | 0x0000 | 0xFFFF | 0x0000 | 驅動器錯誤狀態顯示 |
| P0 - 02 | | | | STS | 1 | | | -300 | 127 | 1 | 驅動器狀態顯示 |
| P0 - 03 | | | | MON | 0x0000 | | | 0x0000 | 0x0077 | 0x0000 | 類比輸出監控 |
| P0 - 04 | | | ■ | | 0x00000000 | | | 0x00000000 | 0x20FFFFFF | 0x00000000 | 監視變數設定 1 |
| P0 - 05 | | | ■ | | 0x00000000 | | | 0x00000000 | 0x20FFFFFF | 0x00000000 | 監視變數設定 2 |
| P0 - 06 | | | ■ | | 0x00000000 | | | 0x00000000 | 0x20FFFFFF | 0x00000000 | 監視變數設定 3 |
| P0 - 07 | | | ■ | | 0x00000000 | | | 0x00000000 | 0x20FFFFFF | 0x00000000 | 監視變數設定 4 |
| P0 - 08 | ★ | | | TSON | 0 | | Hour | 0 | 65535 | 0 | 伺服啓動時間 |
| P0 - 09 | ★ | | ■ | CM1 | 0 | | | -2147483648 | 2147483647 | 0 | 狀態監控暫存器 1 |
| P0 - 10 | ★ | | ■ | CM2 | 0 | | | -2147483648 | 2147483647 | 0 | 狀態監控暫存器 2 |
| P0 - 11 | ★ | | ■ | CM3 | 0 | | | -2147483648 | 2147483647 | 0 | 狀態監控暫存器 3 |
| P0 - 12 | ★ | | ■ | CM4 | 0 | | | -2147483648 | 2147483647 | 0 | 狀態監控暫存器 4 |
| P0 - 13 | ★ | | ■ | CM5 | 0 | | | -2147483648 | 2147483647 | 0 | 狀態監控暫存器 5 |
| P0 - 14 | ★ | | | | 0 | | | -32768 | 32767 | 0 | 保留 |
| P0 - 15 | ★ | | | | 0 | | | -32768 | 32767 | 0 | 保留 |
| P0 - 16 | ★ | | | | 0 | | | -32768 | 32767 | 0 | 保留 |
| P0 - 17 | | | | CM1A | 0 | | | 0 | 127 | 0 | 選擇狀態監控暫存器1的顯示內容 |
| P0 - 18 | | | | CM2A | 0 | | | 0 | 127 | 0 | 選擇狀態監控暫存器2的顯示內容 |
| P0 - 19 | | | | CM3A | 0 | | | 0 | 127 | 0 | 選擇狀態監控暫存器3的顯示內容 |
| P0 - 20 | | | | CM4A | 0 | | | 0 | 127 | 0 | 選擇狀態監控暫存器4的顯示內容 |
| P0 - 21 | | | | CM5A | 0 | | | 0 | 127 | 0 | 選擇狀態監控暫存器5的顯示內容 |
| P0 - 22 | ★ | | | | 0 | | | -32768 | 32767 | 0 | 保留 |
| P0 - 23 | ★ | | | | 0 | | | -32768 | 32767 | 0 | 保留 |
| P0 - 24 | ★ | | | | 0 | | | -32768 | 32767 | 0 | 保留 |
| P0 - 25 | | | ■ | MAP1 | 0x00000000 | | | * | * | 0x00000000 | 映射參數#1 |



圖13-10　參數編輯器功能畫面

參數編輯器提供的功能如下：

1. 開啓參數。
2. 儲存參數。
3. 讀取參數。
4. 寫入參數。
5. 比對參數。
6. 轉換參數。
7. 開啓參數組態。
8. 列印參數。
9. 列印與預設值不同之參數。
10. 密碼保護。
11. 常用參數設定。

## 開啓參數

可讀取參數檔內的所有參數，並將讀取到的參數顯示在畫面中。

參數編輯器所支援的檔案格式有參數檔（*.par）、Word檔（*.doc）、Excel檔（*.xls）、純文字檔（*.txt）。

### 儲存參數

可將目前工作區中所有的參數儲存成檔案。軟體支援的參數檔格式有參數檔格式（*.par）、Word檔（*.doc）、Excel檔（*.xls）、純文字檔（*.txt）。

### 讀取參數

讀取參數有兩種方式：

1. 讀取所有參數：按下可以讀取驅動器內所有的參數。如果顯示該版本的組態不存在時，軟體會自動從伺服中載入組態。
2. 讀取單一筆參數：讀取單一筆的參數，只需要將滑鼠指標指向該參數的代碼欄位，按下滑鼠左鍵即可讀取。

從伺服讀取參數必須在ON LINE狀態下才可以動作，否則會跳出錯誤訊息。

### 變更／寫入參數

變更參數設定值及寫入到伺服器。變更參數時只需要將滑鼠指標指向該參數的參數值欄位，按下滑鼠左鍵即出現參數編輯欄位：

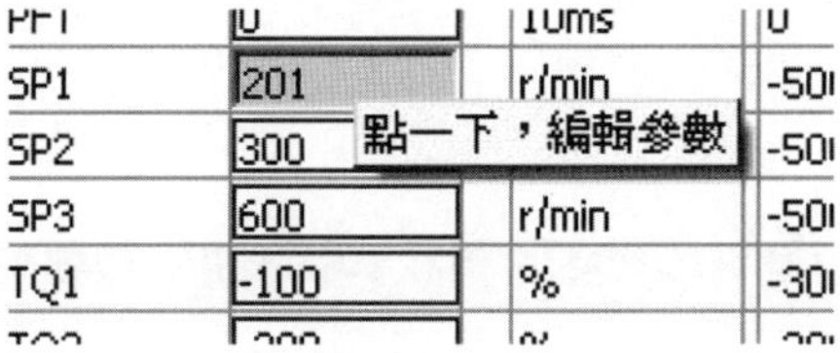

| | | | |
|---|---|---|---|
| SP1 | 201 | r/min | -50 |
| SP2 | 300 | | -50 |
| SP3 | 600 | r/min | -50 |
| TQ1 | -100 | % | -30 |

點一下，編輯參數

參數值被更動過後，參數值後方會出現標記＊，表示該參數值已變更，該參數與驅動器內的參數值已不同。

變更參數後，可單筆或多筆參數寫入到伺服中：

1. 單筆寫入，按下Enter鍵，則會直接把更改後的值寫入到驅動器裡。
2. 多筆寫入，當使用者變更完參數後，若未按下Enter鍵，可以按，則會跳出多筆寫入詢問視窗。

CHAPTER 13

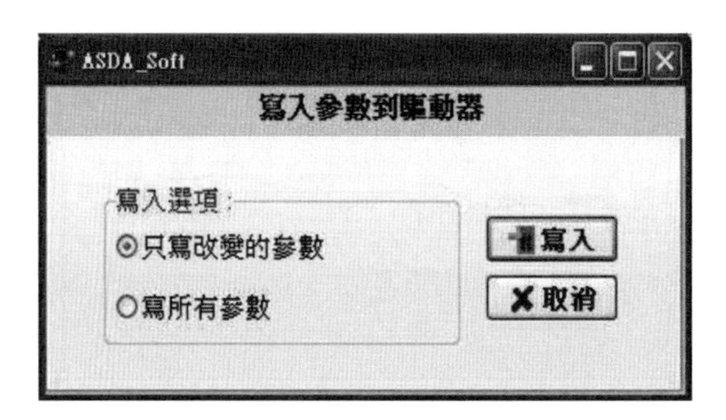


(1) 只寫改變的參數：將有標記＊的參數寫入驅動器，成功寫入後，標記＊即消失。

(2) 寫所有參數：將所有的參數寫入驅動器。寫入前所有的參數都被加上標記＊。

3. 當參數成功寫入驅動器後，標記＊即消失。

若標記＊尚未消失時，使用者可以有下列幾種處理方式：

1. 點擊該欄位旁的代碼欄位，會重新讀取該參數在驅動器裡的值。
2. 使用者可根據標記，將有問題的參數修正後，再利用「只寫改變的參數」選項，將剩餘的參數寫入即可。

比對參數

可比對工作區與驅動器內參數的數值是否一致，比對參數必須在工作區內已存在參數，才可進行比對。

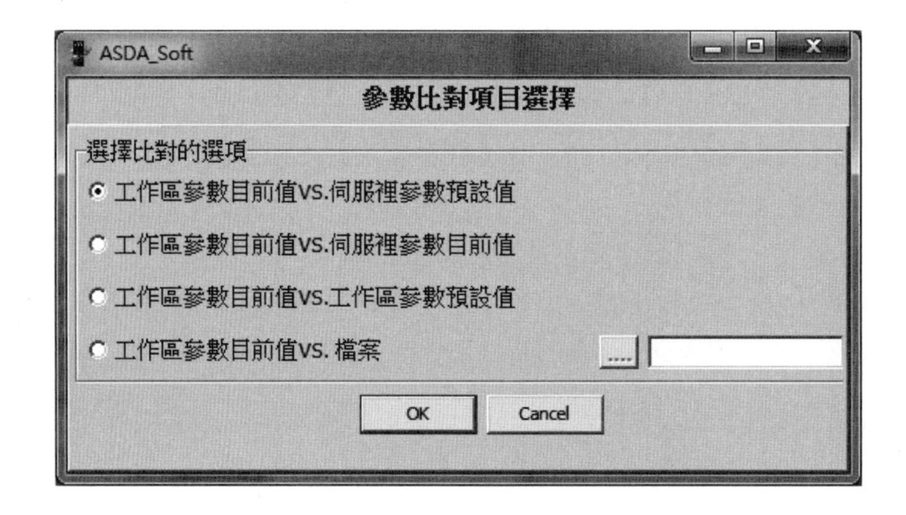

比對方式有五種，分別將目前工作區內的參數值與伺服器參數的預設值與目前值作比對，以及目前工作區內的參數值與預設值、檔案做比對。比對時會將工作區內所有參數值後方加上標記C，代表即將進行比對。比對完畢，如果與驅動器內容一致，則標記消失，否則標記變成X，代表比對結果不同。比對的結果也會顯示在視窗左列訊息欄中：



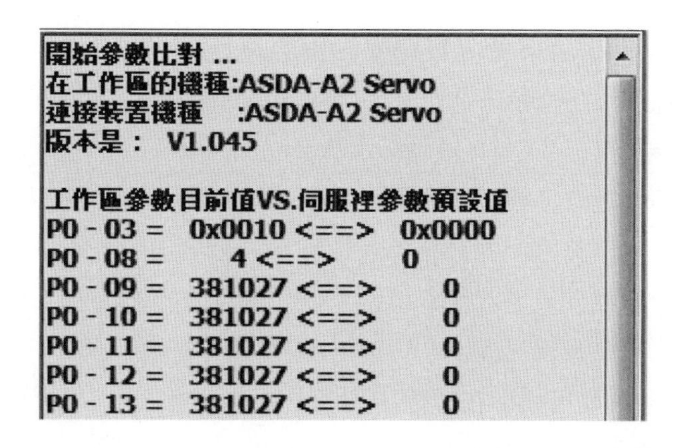


訊息視窗若被關閉，可在工作區按滑鼠右鍵【顯示跳出式功能表】→點選【訊息視窗】，即可開啓。

## 轉換參數

轉換參數功能可以將不同版本之伺服驅動器所屬參數轉換至使用者所指定的版本。

轉換參數可將來源版本（目前的）轉換成目標版本（轉換後的版本），如下圖，轉換完後的參數可用來寫入到該版本相同的參數。

1. 與連接的驅動器相同：在連線的狀態下，可選擇轉換成目前所連接的驅動器相同版本。
2. 所選擇的版本：使用者亦可選擇軟體所擁有的清單中任一版作爲目標版本，若清單中無使用者欲轉換的版本，可參考「開啓版本組態」的說明。

開啓版本組態

版本組態的作用是用來標明每一個參數的屬性，例如最大、最小值，是否唯讀？是否爲十六進制？是否爲十進制？等等，因此軟體必須存有每一版本的組態檔，才可進一步操作參數。

當使用者從伺服讀取參數時，軟體中若沒有該版本的參數組態檔，則軟體會自動載入版本組態再讀取參數值。

若使用者想手動載入或更新版本組態，可利用此功能來載入版本組態，並覆蓋掉舊有的版本組態，其來源有三種：

1. 指定版本：讀取目前存在軟體中所有的版本組態，此功能僅能讀取並顯示組態，並不能覆蓋掉原版本組態。
2. 來自參數檔（*.par）：讀取存在參數檔（*.par）內的組態，此功能會覆蓋掉相同版本的組態檔。
3. 來自伺服：在ON LINE狀態下，讀取伺服內的組態檔資料，若軟體內已存有相同版本的組態檔，則會被覆蓋掉。

列印參數

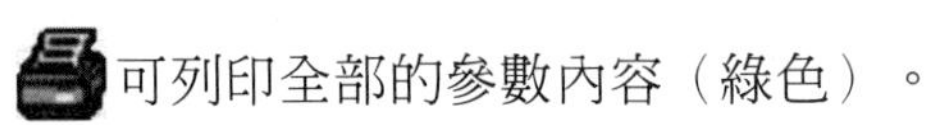
可列印全部的參數內容（綠色）。

列印與預設值不同之參數（橘色）。

密碼保護

此功能只支援ASDA-A2系列機種。使用者可選擇所保護的資料範圍，並輸入或解除密碼。

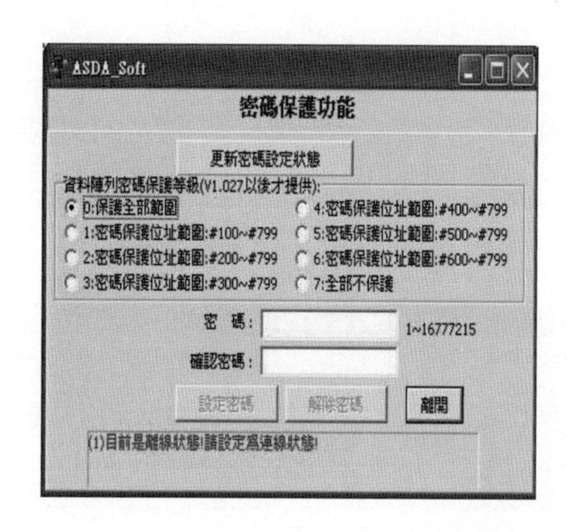


常用參數設定

提供使用者將分布在不同群組的參數集中在同一自訂的常用參數群組中，方便編輯、查看。

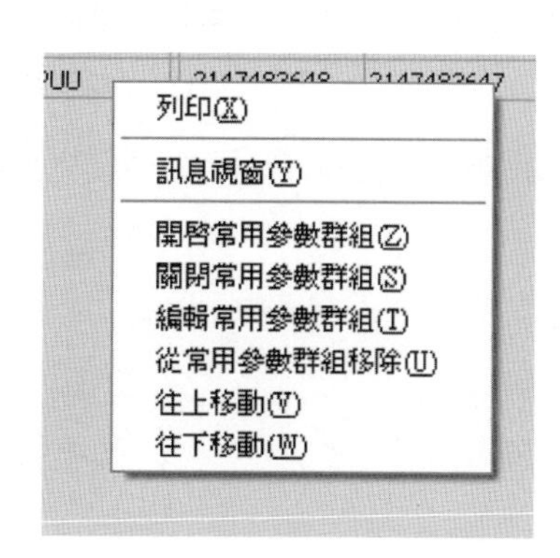

用滑鼠點選欲要加入的參數上，按滑鼠的右鍵，會跳出功能選單選擇加到常用參數群組即可。軟體通常會自動開啓常用參數群組頁面，若無開啓常用參數群組畫面，使用者可選擇開啓常用參數群組。

在常用參數頁面中，可以對常用參數編輯外，也可調整常用參數位置，或是從常用參數中移除該參數，軟體會自動將目前使用者所選用的常用參數紀錄下來，方便下次使用者再次使用。

狀態監視

ASDASoft軟體提供伺服驅動器的狀態監視，客戶可以觀察馬達目前的運作狀況、回授和輸入命令的比較等。

點選【工具】→【狀態監視】，或是點選圖示，可顯示如圖13-11視窗。

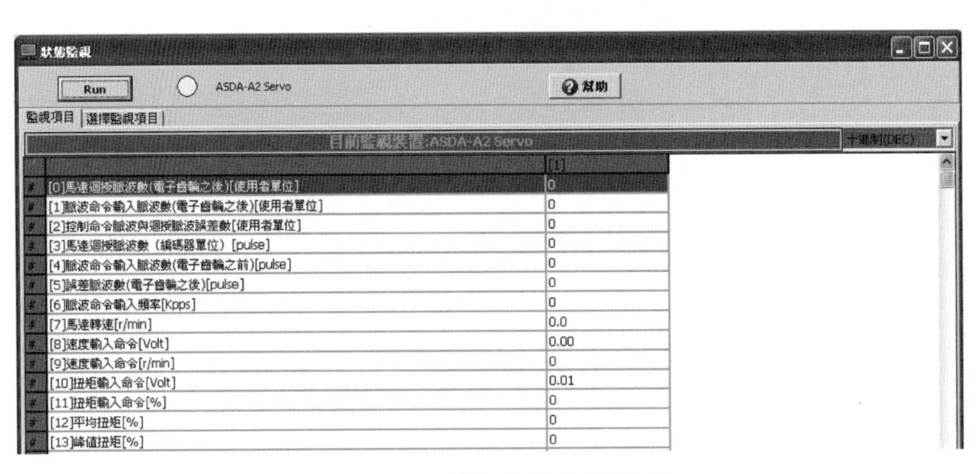


圖13-11　狀態監視功能畫面

在狀態監視功能中，可觀看所有監視項目，亦可以選擇所要監視的項目，也可停止或啓動監視功能。

左方的監視項目前方的號碼，即爲參數P0-02的設定值，右方則顯示該項目的資料值。

按下「Run」鍵後，監視功能將被開啓，按下「Stop」鍵後，監視功能將被停止。

若使用者不需要一次監視全部項目，可自行選擇所要監視的項目。點選「選擇監視項目」頁籤，使用者自行選擇項目，再按下「OK」鍵即可。

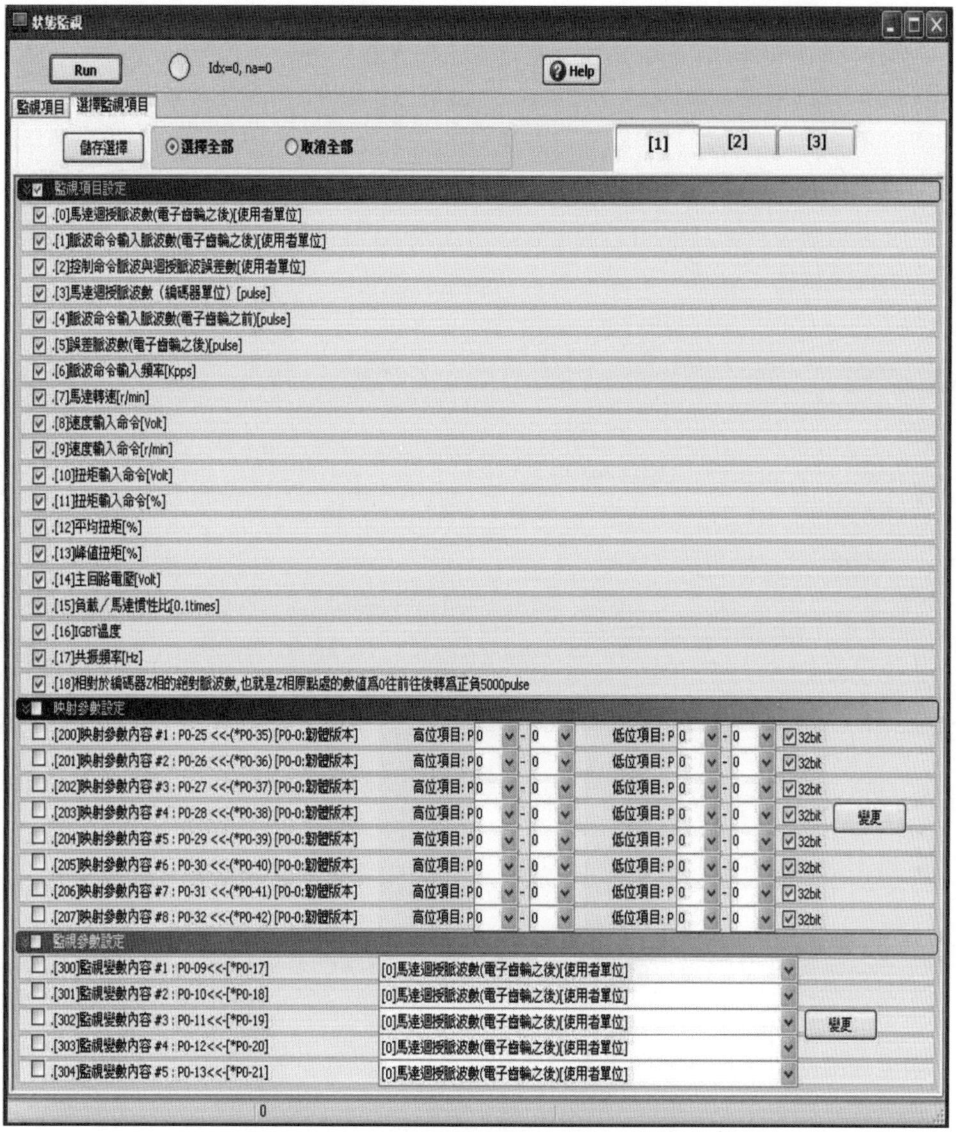

狀態監視

Run　Idx=0, na=0　Help

監視項目　選擇監視項目

儲存選擇　⊙選擇全部　○取消全部　[1]　[2]　[3]

☑ 監視項目設定
☑ .[0]馬達迴授脈波數(電子齒輪之後)[使用者單位]
☑ .[1]脈波命令輸入脈波數(電子齒輪之後)[使用者單位]
☑ .[2]控制命令脈波與迴授脈波誤差數[使用者單位]
☑ .[3]馬達迴授脈波數（編碼器單位）[pulse]
☑ .[4]脈波命令輸入脈波數(電子齒輪之前)[pulse]
☑ .[5]誤差脈波數(電子齒輪之後)[pulse]
☑ .[6]脈波命令輸入頻率[Kpps]
☑ .[7]馬達轉速[r/min]
☑ .[8]速度輸入命令[Volt]
☑ .[9]速度輸入命令[r/min]
☑ .[10]扭矩輸入命令[Volt]
☑ .[11]扭矩輸入命令[%]
☑ .[12]平均扭矩[%]
☑ .[13]峰值扭矩[%]
☑ .[14]主回路電壓[Volt]
☑ .[15]負載／馬達慣性比[0.1times]
☑ .[16]IGBT溫度
☑ .[17]共振頻率[Hz]
☑ .[18]相對於編碼器Z相的絕對脈波數,也就是Z相原點處的數值爲0往前往後轉爲正負5000pulse

☐ 映射參數設定

| 項目 | 高位項目 | 低位項目 | | |
|---|---|---|---|---|
| ☐ .[200]映射參數內容 #1 : P0-25 <<-(*P0-35) [P0-0:韌體版本] | P0 - 0 | P0 - 0 | ☑32bit | |
| ☐ .[201]映射參數內容 #2 : P0-26 <<-(*P0-36) [P0-0:韌體版本] | P0 - 0 | P0 - 0 | ☑32bit | |
| ☐ .[202]映射參數內容 #3 : P0-27 <<-(*P0-37) [P0-0:韌體版本] | P0 - 0 | P0 - 0 | ☑32bit | |
| ☐ .[203]映射參數內容 #4 : P0-28 <<-(*P0-38) [P0-0:韌體版本] | P0 - 0 | P0 - 0 | ☑32bit | 變更 |
| ☐ .[204]映射參數內容 #5 : P0-29 <<-(*P0-39) [P0-0:韌體版本] | P0 - 0 | P0 - 0 | ☑32bit | |
| ☐ .[205]映射參數內容 #6 : P0-30 <<-(*P0-40) [P0-0:韌體版本] | P0 - 0 | P0 - 0 | ☑32bit | |
| ☐ .[206]映射參數內容 #7 : P0-31 <<-(*P0-41) [P0-0:韌體版本] | P0 - 0 | P0 - 0 | ☑32bit | |
| ☐ .[207]映射參數內容 #8 : P0-32 <<-(*P0-42) [P0-0:韌體版本] | P0 - 0 | P0 - 0 | ☑32bit | |

☐ 監視參數設定

|  |  | |
|---|---|---|
| ☐ .[300]監視變數內容 #1 : P0-09<<-[*P0-17] | [0]馬達迴授脈波數(電子齒輪之後)[使用者單位] | |
| ☐ .[301]監視變數內容 #2 : P0-10<<-[*P0-18] | [0]馬達迴授脈波數(電子齒輪之後)[使用者單位] | |
| ☐ .[302]監視變數內容 #3 : P0-11<<-[*P0-19] | [0]馬達迴授脈波數(電子齒輪之後)[使用者單位] | 變更 |
| ☐ .[303]監視變數內容 #4 : P0-12<<-[*P0-20] | [0]馬達迴授脈波數(電子齒輪之後)[使用者單位] | |
| ☐ .[304]監視變數內容 #5 : P0-13<<-[*P0-21] | [0]馬達迴授脈波數(電子齒輪之後)[使用者單位] | |

0

圖13-12　自行選擇狀態監視功能畫面

### 異警資訊

當伺服驅動器內部發生異警時，可透過此畫面查看相關異警資訊內容，或者查詢異警資訊碼內容。

使用者可以直接點選功能列的⚠圖示，進入異警資訊畫面，如圖13-13。

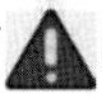

異警資訊分兩種，一為目前異警資訊，另一為歷史異警資訊。

### 目前異警

在ON LINE狀態下，可顯示目前伺服驅動器內的異警資訊，包括異警號碼、異警名稱、異警內容及其異警原因、異警檢查和異警處置、異警重置。若要更新目前異警，則按下「顯示異警」鍵，即會抓取目前最新的異警狀態。按下「異警重置」鍵，則可以透過軟體來排除目前的異警，若無法透過軟體排除，則必須依據提供的異警處置方式來排除異警，當異警排除後異警資訊就會消失。

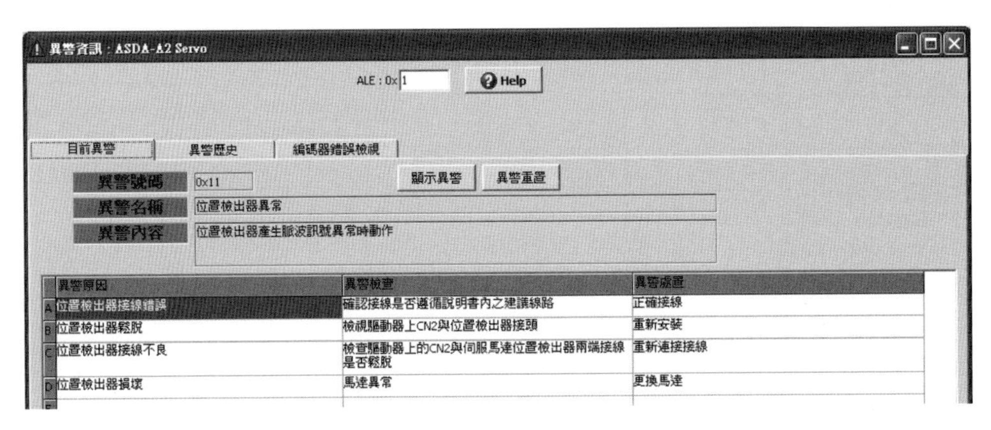


圖13-13　異警資訊功能畫面

查詢此機種的異警資訊，查詢異警資訊碼：

使用者輸入異警資訊碼即可查詢該異警碼的內容。異警碼為十六進制，使用者輸入時必須是十六進制。

十進制：直接輸入數字，2（十六進制= 0x2）、20（十六進制 = 0x14）等。

十六進制：以0x開頭，例如：0x2（十進制 = 2），0x14（十進制 = 20）。

### 異警歷史

紀錄最新五筆異警紀錄，包含其異警號碼、異警名稱和異警內容。

圖13-14　異警歷史畫面

藉由面板或ASDASoft軟體完成伺服馬達及控制器的基本調校之後，便可以更進一步地開發後續的伺服馬達控制應用。

# 伺服馬達的基本控制機能

CHAPTER 14

一般的伺服馬達都提供多項運動控制的機能，包括傳統的位置控制、速度控制、扭矩模式或者上述模式的混合；有一些高階的伺服馬達控制器更提供了電子凸輪曲線、多軸運動補間同動等等的伺服馬達控制器自主控制功能。所以要完整地了解一個伺服馬達控制器的所有機能是相當複雜的過程，需要從基本的控制機能慢慢地學習並累積經驗。

多數的伺服馬達應用是針對精準的位置控制所設計的，但是其控制基本架構是由扭矩模式與速度模式逐漸發展出來的。傳統的位置控制模式是利用上位機藉由命令輸入端點傳輸適當的控制訊號，通常是脈波，由馬達控制器經過適當的解析訊號判讀後，調整控制馬達的電流大小與頻率，驅動轉子旋轉到命令訊號所代表的位置。這種模式，以台達ASDA-A2系列爲例，稱之爲PT模式。一般傳統工業自動化設備的控制，多數是以這個方式建置完成的。雖然現在許多新推出的伺服馬達控制器具備有執行預先儲存在控制器內部暫存器的程序命令，但是這一類的功能只能夠針對特定的運動程序進行規劃設計，而沒有辦法進行即時的位置命令改變調整程序；例如：台達ASDA-A2系列所具備的PR模式就是一個很好的範例。透過這個PR模式伺服馬達控制器便可以獨立執行電子凸輪曲線、高速位置捕捉與修正等的高階運動控制機能；但是對於需要即時調變命令或者是控制訊號的應用，PT模式反而比PR模式更爲適合。

本章節將會以台達ASDA-A2系列爲例，介紹扭矩模式與速度模式的基本架構以完整地學習精確的位置控制模式，以及各個模式的使用方式。然後將更進一步地介紹利用外部訊號控制交流同步伺服馬達的基本方法，並配合前面章節所學習到的人機介面與可程式控制器的技巧，完成一個可以由使用者自行控制的自動化伺服控制系統。

# 14.1　伺服馬達操作模式選擇

以台達ASDA-A2系列為例，伺服馬達驅動器提供位置、速度、扭矩三種基本操作模式，可使用單一控制模式，即固定在一種模式控制，也可選擇用混合模式來進行控制，表14-1列出所有的操作模式與說明。

表14-1　台達ASDA-A2系列伺服馬達操作模式

| 模式名稱 | | 模式代號 | 模式碼 | 說明 |
|---|---|---|---|---|
| 單一模式 | 位置模式（端子輸入） | PT | 00 | 驅動器接受位置命令，控制馬達至目標位置。位置命令由端子台輸入，信號型態為脈波。 |
| | 位置模式（內部暫存器輸入） | PR | 01 | 驅動器接受位置命令，控制馬達至目標位置。位置命令由內部暫存器提供（共64組暫存器），可利用DI信號選擇暫存器編號。 |
| | 速度模式 | S | 02 | 驅動器接受速度命令，控制馬達至目標轉速。速度命令可由內部暫存器提供（共3組暫存器），或由外部端子台輸入類比電壓（–10V～+10V）。命令的選擇乃根據DI信號來選擇。 |
| | 速度模式（無類比輸入） | Sz | 04 | 驅動器接受速度命令，控制馬達至目標轉速。速度命令僅由內部暫存器提供（共3組暫存器），無法由外部端子台提供。命令的選擇乃根據DI信號來選擇。 |
| | 扭矩模式 | T | 03 | 驅動器接受扭矩命令，控制馬達至目標扭矩。扭矩命令可由內部暫存器提供（共3組暫存器），或由外部端子台輸入類比電壓（–10V～+10V）。命令的選擇乃根據DI信號來選擇。 |
| | 扭矩模式（無類比輸入） | Tz | 05 | 驅動器接受扭矩命令，控制馬達至目標扭矩。扭矩命令僅由內部暫存器提供（共3組暫存器），無法由外部端子台提供。命令的選擇乃根據DI信號來選擇。 |

| 模式名稱 | 模式代號 | 模式碼 | 說明 |
|---|---|---|---|
| 混合模式 | PT-S | 06 | PT與S可透過DI信號切換。 |
| | PT-T | 07 | PT與T可透過DI信號切換。 |
| | PR-S | 08 | PR與S可透過DI信號切換。 |
| | PR-T | 09 | PR與T可透過DI信號切換。 |
| | S-T | 0A | S與T可透過DI信號切換。 |
| | CANopen | 0B | 上位機命令控制。 |
| | 保留 | 0C | 保留。 |
| | PT-PR | 0D | PT與PR可透過DI信號切換。 |
| 多重混合模式 | PT-PR-S | 0E | PT、PR與S可透過DI信號切換。 |
| | PT-PR-T | 0F | PT、PR與T可透過DI信號切換。 |



改變模式的步驟如下：

1. 將驅動器切換到Servo OFF狀態，可由數位輸入的SON信號設定成OFF或利用電腦操作軟體來達成。
2. 將參數P1-01中的控制模式設定填入上表中的模式碼。
3. 設定完成後，將驅動器斷電再重新送電即可。

## 14.2 扭矩控制模式

扭矩控制模式（T或Tz）被應用於需要做扭力控制的場合，像是印刷機、繞線機等。扭矩模式有兩種控制命令輸入模式：類比輸入及暫存器輸入。類比命令輸入可經由外界來的電壓操縱馬達的扭矩。暫存器輸入由內部參數的資料（P1-12～P1-14）作爲扭矩命令。

### 扭矩命令的選擇

扭矩命令的來源分成兩類，一爲外部輸入的類比電壓，另一爲內部參數。選擇的方式乃根據CN1的DI信號來決定，選擇兩個DIx數位輸入端子並將其功能分別選擇0x16設爲TCM0，選擇0x17設爲TCM1，對應的扭矩命令如表14-2所示。

表14-2　伺服馬達扭矩控制模式下扭矩命令的選擇

<table>
<tr><th rowspan="2">扭矩命令編號</th><th colspan="2">CN1的DI信號</th><th colspan="3" rowspan="2">命令來源</th><th rowspan="2">內容</th><th rowspan="2">範圍</th></tr>
<tr><th>TCM1</th><th>TCM0</th></tr>
<tr><td rowspan="2">T1</td><td rowspan="2">0</td><td rowspan="2">0</td><td rowspan="2">模式</td><td>T</td><td>外部類比命令</td><td>T-REF、GND之間的電壓差</td><td>–10～+10 V</td></tr>
<tr><td>Tz</td><td>無</td><td>扭矩命令為0</td><td>0</td></tr>
<tr><td>T2</td><td>0</td><td>1</td><td colspan="3" rowspan="3">內部暫存器參數</td><td>P1-12</td><td>–300%～300%</td></tr>
<tr><td>T3</td><td>1</td><td>0</td><td>P1-13</td><td>–300%～300%</td></tr>
<tr><td>T4</td><td>1</td><td>1</td><td>P1-14</td><td>–300%～300%</td></tr>
</table>

註：TCM0～TCM1的狀態：0代表接點斷路（Open），1代表接點通路（Close）。

當TCM0 = TCM1 = 0時，如果模式是Tz，則命令為0。因此，若使用者不需要使用類比電壓作為扭矩命令時，可以採用Tz模式避免類比電壓零點漂移的問題。如果模式是T，則命令為T-REF控制命令電壓與GND參考電壓之間的類比電壓差，輸入的電壓範圍是–10V～+10V，代表對應的扭矩是可以調整的（P1-41）。當TCM0、TCM1其中任一不為0時，扭矩命令為內部參數，命令在TCM0～TCM1改變後立刻生效，不需要DI接點功能CTRG作為觸發。

扭矩命令除了可在扭矩模式（T或Tz）下，當作扭矩命令，也可以在速度（S或Sz）模式下，當作扭矩限制的命令輸入。

### 扭矩模式控制架構

扭矩模式基本控制架構如圖14-1所示。其中，扭矩命令處理單元是根據表14-2中TCM0與TCM1所選擇扭矩命令的來源，包含比例器（P1-41）設定類比電壓所代表的命令大小，以及處理扭矩命令的平滑化。電流控制單元則是管理驅動器的增益參數，

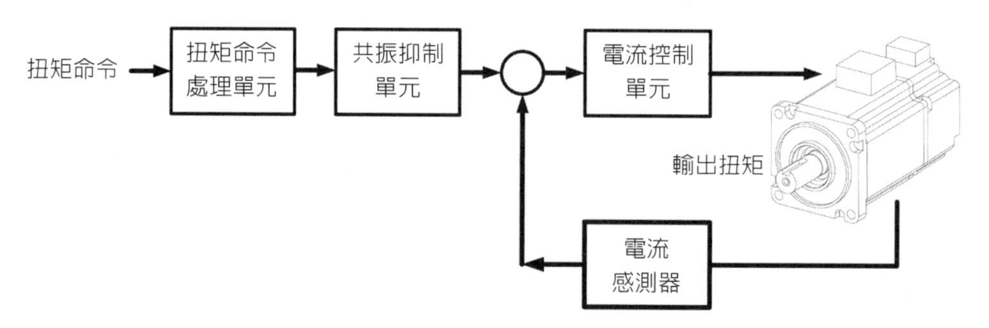


圖14-1　扭矩模式基本控制架構

以及即時運算出供給馬達的電流大小。由於電流控制單元過於繁複，而且與應用面比較無關，因此台達並不開放給使用者調整參數，只提供命令處理單元的設定。

扭矩命令處理單元的架構圖如圖14-2所示：

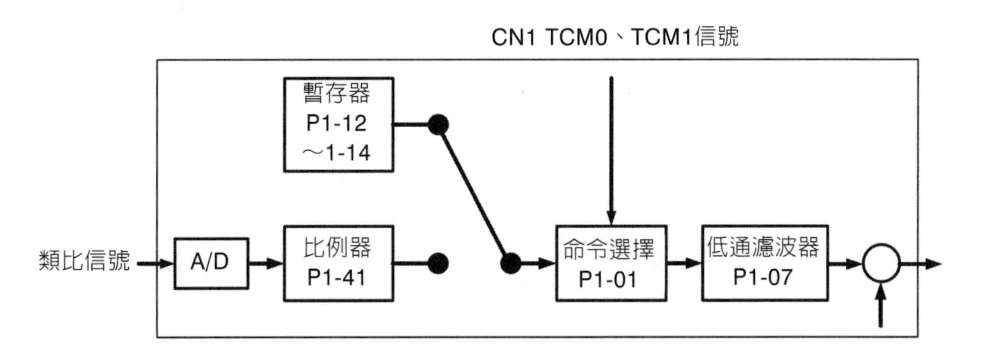


圖14-2　扭矩命令處理單元架構圖

上方路徑為內部暫存器命令，下方路徑為外部類比命令，路徑係根據TCM0、TCM1以及P1-01（T或Tz）的狀態來選擇；類比電壓命令代表的扭矩大小可用比例器P1-41 TCM調整。任何一種扭矩命令並且會經過低通濾波器P1-07 TFLT處理，以便對命令信號有較平順的響應。

扭矩模式控制命令的相關參數如下：

| P1-07 | TFLT | 類比扭矩指令平滑常數（低通平滑濾波） | 通訊位址：010EH<br>010FH |
|---|---|---|---|

| 初值 | 0 | 設定範圍 | 0～1,000（0：關閉此功能） |
|---|---|---|---|
| 控制模式 | T | 資料大小 | 16Bit |
| 單位 | msec | 資料格式 | DEC |

TFLT平滑常數所定義的時間為調整扭矩達到目標扭矩所需的時間，其時間的定義如圖14-3所示。

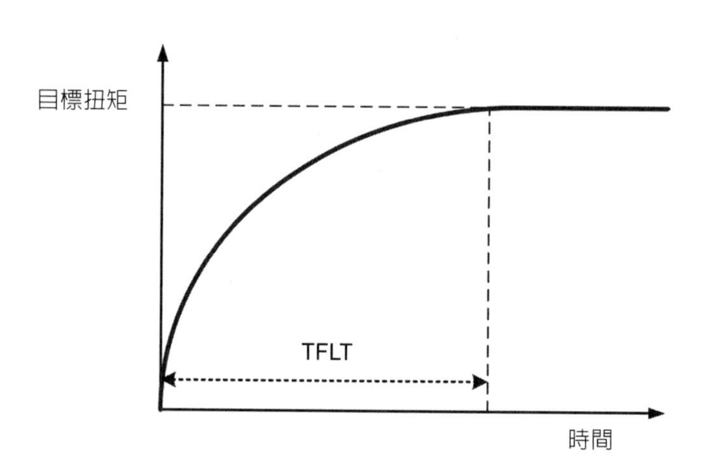


圖14-3　TFLT平滑常數時間定義

| P1-41 | TCM | 類比扭矩指令最大輸出 | 通訊位址：0152H<br>0153H |
|---|---|---|---|

| 初值 | 100 | 設定範圍 | 0～1,000 |
|---|---|---|---|
| 控制模式 | ALL | 資料大小 | 16 Bit |
| 單位 | % | 資料格式 | DEC |

馬達扭矩命令由T-REF和GND之間的類比電壓差來控制，並配合內部參數P1-41比例器TCM來調整扭矩斜率及範圍。在扭矩模式下，類比扭矩指令輸入最大電壓（10 V）時的扭矩設定。初值設定100時，外部電壓若輸入10 V，即表扭矩控制命令爲100%額定扭矩；5 V則表速度控制命令爲50%額定扭矩。意即，

$$扭矩控制命令 = 輸入電壓值 \times TCM設定值 / 10(\%)$$

類比輸入電壓與扭矩命令的關係如圖14-4所示。

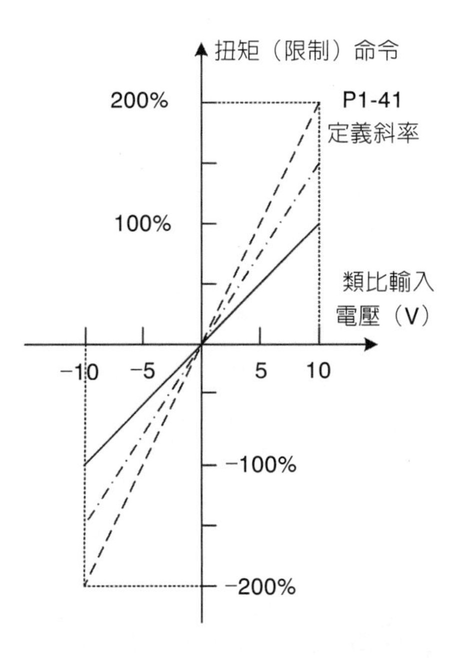


圖14-4 類比輸入電壓與扭矩命令（扭矩限制）關係圖

例如：P1-41設定1000，則輸入電壓10 V對應100%額定扭矩。

但是在速度、PT、PR模式下，TCM參數的使用就會變成扭矩限制的功能，也就是類比扭矩限制輸入最大電壓（10 V）時的扭矩限制設定。

扭矩限制命令 = 輸入電壓值×TCM設定值 / 10(%)

因此，伺服馬達在扭矩控制模式下，根據TCM0與TCM1的狀態，馬達的輸出扭矩就可以在類比輸入電壓或內部暫存器的設定數值間作變化，如圖14-5控制時序圖。

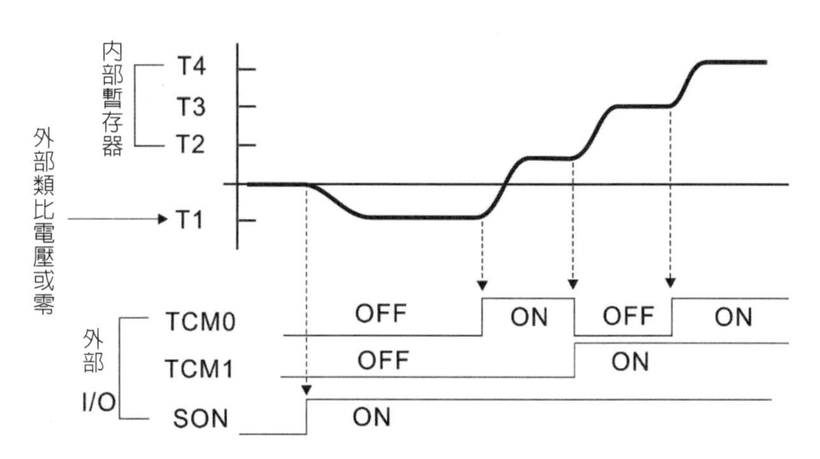


圖14-5　伺服馬達扭矩控制模式扭矩輸出時序範例

## 14.3　速度控制模式

速度控制模式（S或Sz）被應用於精密速度控制的場合，例如CNC加工機。在速度控制模式下，有兩種命令輸入模式：類比輸入及暫存器輸入。類比命令輸入可經由外界來的電壓操縱馬達的轉速。命令暫存器輸入有兩種應用方式：第一種爲使用者在作動前，先將不同速度命令值設於三個內部命令暫存器，再由CN1中DI之SP0(0x14), SP1(0x15)來進行切換；第二種爲利用通訊方式來改變命令暫存器的內容值。爲了降低命令暫存器切換產生不連續所造成的影響，本裝置也提供完整S型曲線規劃。

在封閉迴路系統中，本裝置採用增益及累加整合型式（PI）控制器。同時提供手動與自動兩種速度控制增益調整模式選擇。在手動增益模式下，由使用者設定所有參數，同時關閉所有自動或輔助功能；自動增益模式提供一般估測負載慣量且同時調變驅動器參數的機能，此時使用者所設定的參數被當作初始值。

速度命令的選擇

速度命令的來源分成兩類，一爲外部輸入的類比電壓另一爲內部暫存器參數。選擇的方式乃根據CN1的DI設定爲SPD0與SPD1的信號來決定，其對應關係如表14-3所示：

表14-3　伺服馬達速度控制模式下扭矩命令的選擇

| 速度命令編號 | CN1的DI信號 | | 命令來源 | | | 內容 | 範圍 |
|---|---|---|---|---|---|---|---|
| | SPD1 | SPD0 | | | | | |
| S1 | 0 | 0 | 模式 | S | 外部類比命令 | V-REF、GND之間的電壓差 | –10～+10 V |
| | | | | Sz | 無 | 速度命令爲0 | 0 |
| S2 | 0 | 1 | 內部暫存器參數 | | | P1-09 | –60,000～60,000 |
| S3 | 1 | 0 | | | | P1-10 | –60,000～60,000 |
| S4 | 1 | 1 | | | | P1-11 | –60,000～60,000 |

註：SPD0～SPD1的狀態：0代表接點斷路（Open），1代表接點通路（Close）。



當SPD0 = SPD1 = 0時，如果模式是Sz，則命令爲0。因此，若使用者不需要使用類比電壓作爲速度命令時，可以採用Sz模式避免類比電壓零點飄移的問題。如果模式是S，則命令爲V-REF控制命令電壓與GND參考電壓之間的類比電壓差，輸入的電壓範圍是–10V～+10V，電壓對應的轉速比例是可以藉由內部暫存器參數P1-40調整的。

當SPD0、SPD1其中任一個不爲0時，速度命令爲內部暫存器參數。命令在SPD0～SPD1改變後立刻生效，不需要CTRG作爲觸發。內部暫存器參數設定範圍爲–60,000～60,000。

$$速度設定值 = 速度命令暫存器設定值 \times 0.1\ \text{rpm}$$

例：P1-09 = +30000，速度設定值 = +30000×0.1 rpm = +3000 rpm。

在此所討論的速度命令設定值，除了可以在速度控制模式（S或Sz）下當作速度命令，也可以在扭矩控制（T或Tz）模式下，當作速度限制的命令輸入。

### 速度模式控制架構

基本控制架構如圖14-6所示。其中，速度命令處理單元是根據表14-3來選擇速度命令的來源，包含比例器（P1-40）設定類比電壓所代表的命令大小，以及S曲線做速度命令的平滑化。速度控制單元則是管理驅動器的增益參數，以及即時運算出供給馬達的電流命令；共振抑制單元是用來抑制機械結構發生共振現象；扭矩限制器是利用TCM0與TCM1所選擇的扭矩限制命令。電流迴路是將如圖14-1的扭矩控制迴路做爲控制的內迴圈，藉以調整控制馬達的電流以達到控制轉速的目的。回授的速度估測器則是利用伺服馬的編碼器回授訊號估算馬達轉子的速度，以便與速度命令比較，進而調整相關的控制訊號。

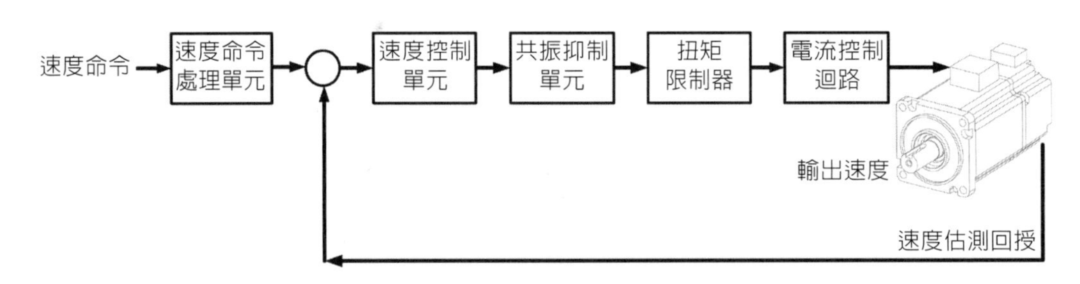


圖14-6　速度模式基本控制架構

首先介紹速度命令處理單元的功能，架構圖如圖14-7所示。

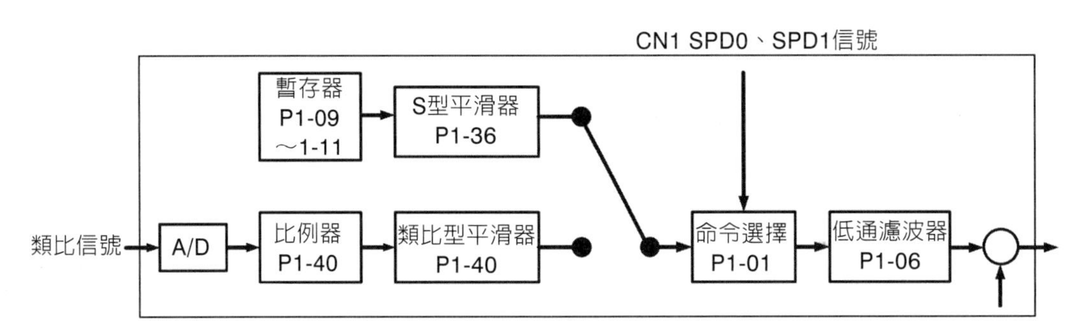


圖14-7　速度命令處理單元架構圖（S型、類比型平滑器）

上方路徑爲內部暫存器命令，下方路徑爲外部類比命令，乃根據SPD0、SPD1狀態以及P1-01（S或Sz）來選擇。通常爲了對命令信號有較平順的響應，此時命令平滑器S曲線及低通濾波器會被使用。

速度命令的平滑處理

1. S型命令平滑器

速度S型平滑命令產生器，在加速或減速過程中，均使用三段式加速度曲線規劃，提供運動命令的平滑化處理，使得所產生的加速度或減速度是連續的而非步階式的變化，藉以避免因爲輸入命令的急遽變化，而產生過大的急跳度（Jerk，加速度的微分），進而激發機械結構的振動與噪音。調整時可以使用速度加速常數（TACC，單位爲ms）調整加速過程速度改變的斜率；速度減速常數（TDEC，單位爲ms）調整減速過程速度改變的斜率；S型加減速平滑常數（TSL，單位爲ms）可用來改善馬達在啓動與停止的穩定狀態。台達ASDA-A2伺服馬達控制器提供命令完成所需時間的計算，其中：T（ms）爲運轉時間，S（r/min，rpm）表示絕對速度命令，即起始速度與最終速度相減後的絕對值，其關係如圖14-8所示。

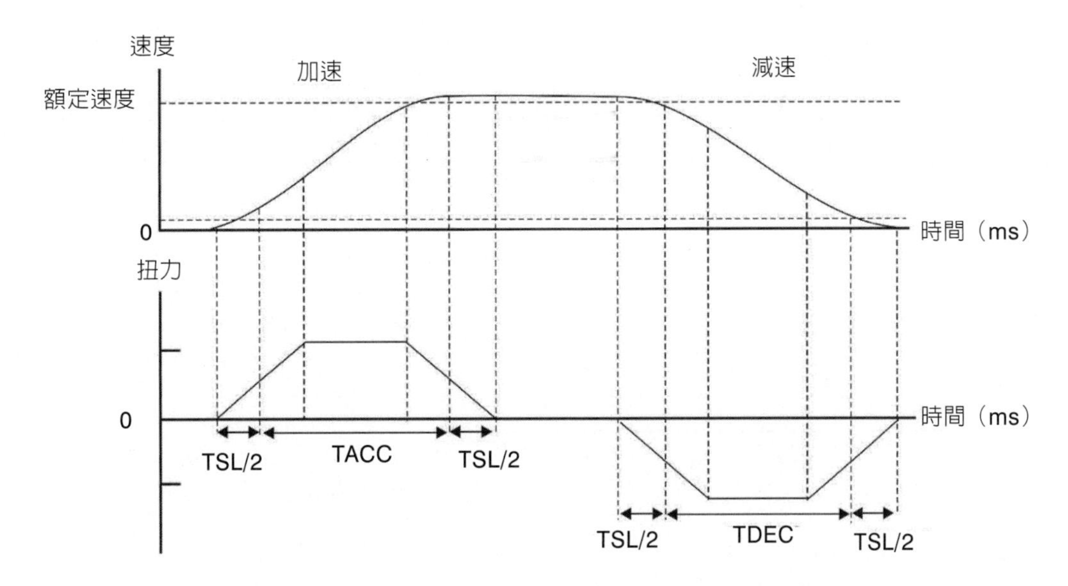


圖14-8　速度S型曲線及扭矩與時間設定關係圖

S型速度控制相關參數如下：

| P1-34 | TACC | S形平滑曲線中的速度加速常數 | 通訊位址：0144H<br>0145H |
|---|---|---|---|

| 初值 | 200 | 設定範圍 | 1～65500 |
|---|---|---|---|
| 控制模式 | S | 資料大小 | 16Bit |
| 單位 | msec | 資料格式 | DEC |

| P1-35 | TDEC | S形平滑曲線中的速度減速常數 | 通訊位址：0146H<br>0147H |
|---|---|---|---|

| 初值 | 200 | 設定範圍 | 1～65500 |
|---|---|---|---|
| 控制模式 | S | 資料大小 | 16Bit |
| 單位 | msec | 資料格式 | DEC |

| P1-36 | TSL | S形平滑曲線中的加減速平滑常數 | 通訊位址：0148H 0149H |
|---|---|---|---|

| 初值 | 0 | 設定範圍 | 1～65500 |
|---|---|---|---|
| 控制模式 | S、PR | 資料大小 | 16Bit |
| 單位 | msec | 資料格式 | DEC |

2. 類比型命令平滑器

ASDA-A2系列特別提供類比型命令平滑器，主要提供類比輸入信號過快變化時的緩衝處理。

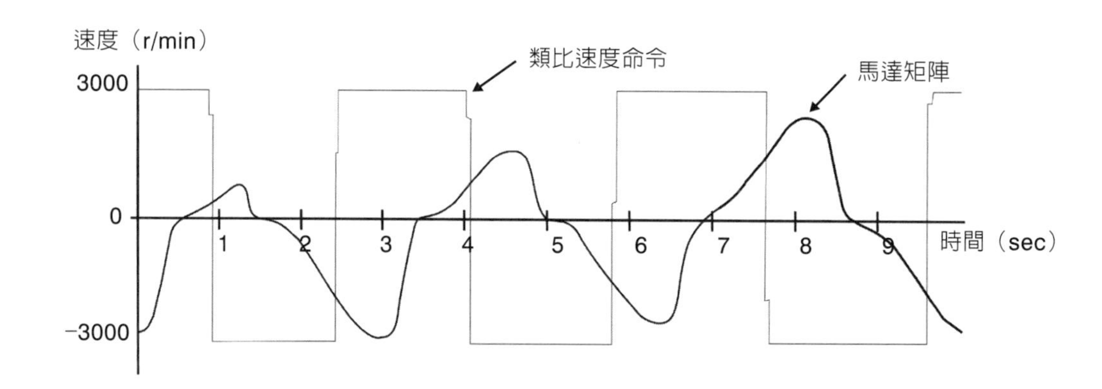


圖14-9　類比型速度命令S平滑曲線與時間設定關係圖

類比型速度S曲線產生器，其時間規劃與一般速度S曲線產生器相同，且速度曲線與加速度曲線是連續的。圖14-9即爲類比型速度S曲線產生器的示意圖，在加速與減速的過程所參考的轉速命令斜率是不同的。使用者可依據實際情況調整時間設定（P1-34、P1-35、P1-36），來改善較差的速度命令追隨特性。

3. 命令端低通濾波器

命令端低通濾波器通常用來濾除掉不想要的高頻響應或雜訊，並兼具命令平滑效果。

命令端低通濾波器相關參數：

| P1-06 | SFLT | 速度指令加減速平滑常數（低通平滑濾波） | 通訊位址：010CH<br>010DH |
|---|---|---|---|

| 初值 | 0 | 設定範圍 | 0～1000（0：關閉此功能） |
|---|---|---|---|
| 控制模式 | S | 資料大小 | 16Bit |
| 單位 | msec | 資料格式 | DEC |

SFLT平滑常數所定義的時間爲調整速度達到目標速度所需的平滑時間，其時間的定義如圖14-10所示。

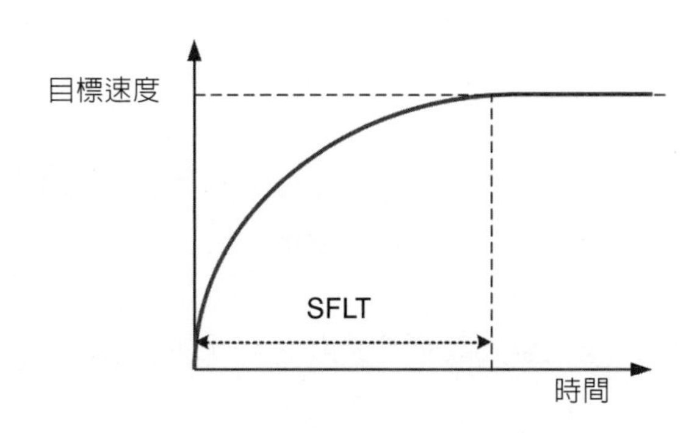


圖14-10 SFLT速度平滑常數時間定義

類比命令端比例器

馬達速度命令由V-REF和GND之間的類比電壓差來控制，並配合內部參數P1-40比例器來調整速控斜率及範圍，其關係如圖14-11所示。

類比輸入電壓與速度命令相關參數：

| P1-40 | VCM | 類比速度指令最大回轉速度 | 通訊位址：0150H<br>0151H |
|---|---|---|---|

| 初值 | 同各機型額定轉速 | 設定範圍 | 0～10000 |
|---|---|---|---|
| 控制模式 | S/T | 資料大小 | 16Bit |
| 單位 | r/min | 資料格式 | DEC |

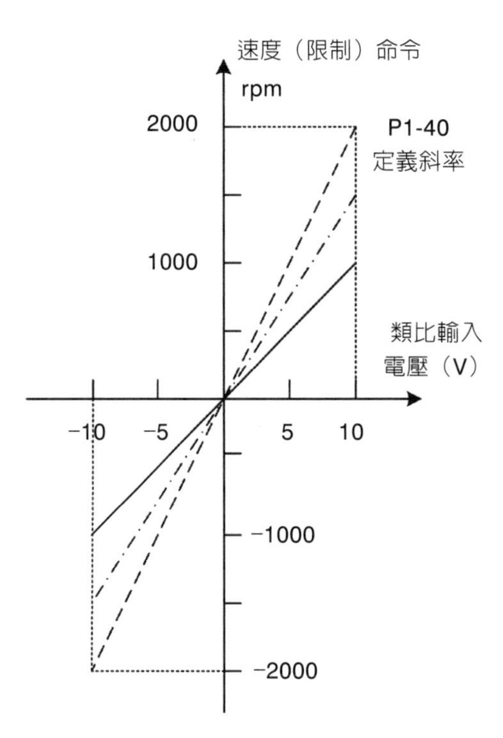


圖14-11　類比輸入電壓與速度命令（速度限制）關係圖

類比速度指令最大旋轉速度，在速度模式下，類比速度指令輸入最大電壓（10 V）時的旋轉速度設定。假設設定3,000時，外部電壓若輸入10 V，即表速度控制命令爲3,000 r/min。5 V則表速度控制命令爲1,500 r/min。

速度控制命令 = 輸入電壓值×設定值 / 10(rpm)

例如：P1-40設定2,000，則輸入電壓10V對應轉速命令2,000 r/min。

在位置或扭矩模式下，類比速度限制輸入最大電壓（10 V）時的旋轉速度限制設定。

速度限制命令 = 輸入電壓值×設定值 / 10(rpm)

因此，伺服馬達在扭矩控制模式下，根據SPD0與SPD1的狀態，馬達的輸出扭矩就可以在類比輸入電壓或內部暫存器的設定數値間作變化，如圖14-12控制時序圖。

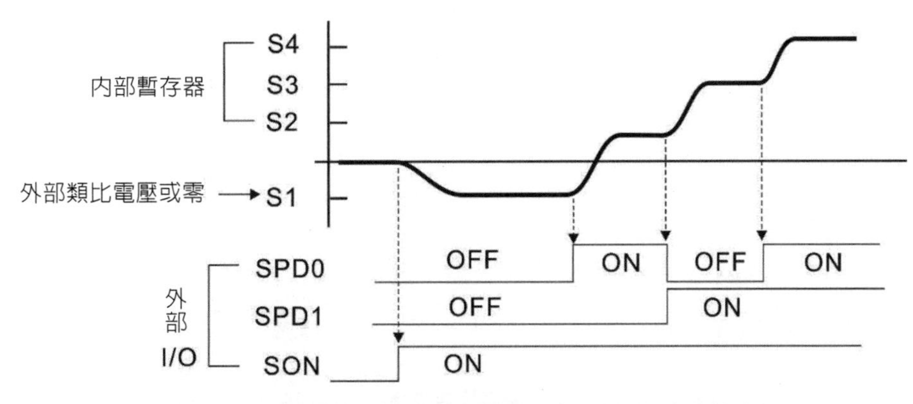


圖14-12 伺服馬達速度控制模式速度輸出時序範例

當SPD0 = SPD1 = 0時，速度命令為S1。如果模式是Sz，則命令為0。因此，若使用者不需要使用類比電壓作為速度命令時，可以採用Sz模式避免類比電壓零點飄移的問題。當模式是S時，速度命令S1是外部輸入的類比電壓。當Servo ON以後，即根據SPD0 ～ SPD1的狀態來選擇速度控制命令。

範例14-1

將伺服馬達控制器設定為S速度控制模式，並選定DI4與DI5作為SPD0與SPD1速度調整切換輸入。設定相關速度參數後，切換DI4與DI5，觀察馬達運動變化。

| 參數名稱 | 參數編號 | 設定選項 |
|---|---|---|
| 控制模式 | P1-01 | 2（速度模式） |
| 數位輸入DI4 | P2-13 | 0x14(SP0) |
| 數位輸入DI5 | P2-14 | 0x15(SP1) |
| 內部速度設定1 | P1-09 | 1000(100 rpm) |
| 內部速度設定2 | P1-10 | 2000(200 rpm) |
| 內部速度設定3 | P1-11 | –1000(–100 rpm) |
| 類比速度最大值 | P1-40 | 3000(rpm/0.1V) |
| 數位輸入DI1 | P2-10 | 0x01(SON) |

進行速度控制的相關基本參數如下表所列，使用者可以自行調整設定值。設定完成後即可啟動伺服馬達並觀察運動結果。

練習14-1

將伺服馬達運動控制模式改成Sz模式，並調整VCM參數，觀察運動控制的差異。

速度迴路增益

在台達ASDA-A2系列伺服馬達控制器的速度控制單元中有許多種速度控制增益的設計，賦予伺服馬達控制器優異的控制功能，其架構圖如圖14-13所示。

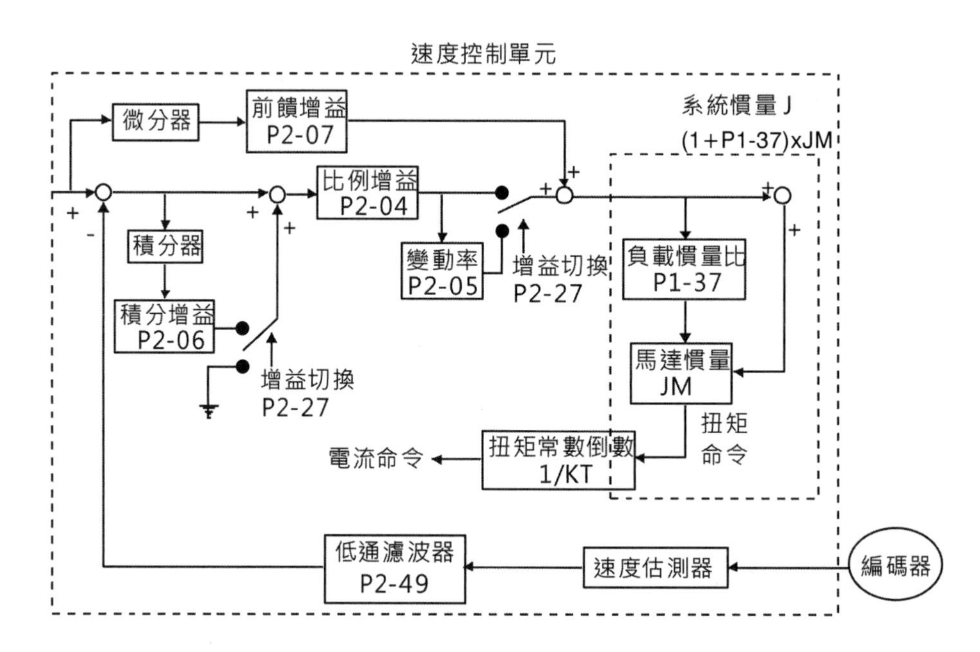


圖14-13　速度控制單元架構圖

速度控制單元之中有許多的增益（Gain）可以調整，而調整的方式有手動與自動兩種可供使用者來選擇。手動：由使用者設定所有參數，同時所有自動或輔助功能都被關掉；自動：提供一般估測負載慣量且同時自動調變驅動器參數的機能，其架構又可分爲PI自動增益調整及PDFF自動增益調整。

速度迴路增益調整模式的選擇相關參數：

| P2-32 | AUT2 | 增益調整方式 | 通訊位址：0240H<br>0241H |
|---|---|---|---|

| 初值 | 0 | 設定範圍 | 0～2 |
|---|---|---|---|
| 控制模式 | ALL | 資料大小 | 16Bit |
| 單位 | - | 資料格式 | HEX |

增益調整方式AUT2參數功能：

0：手動模式，所有控制增益相關參數可由使用者自行設定。

1：自動模式（持續調整），持續估測系統慣量，每隔30分鐘會自動儲存所估測的負載慣量比，並參考剛性及頻寬設定相關增益參數。

2：半自動模式（非持續調整），當系統慣量穩定後，就停止持續估測，並將估測的負載慣量比儲存，當由其他模式（手動模式或是自動模式）切換到半自動模式時，又會重新開始持續調整。除此之外，當系統慣量範圍過大時，就會重新開始持續調整。

手動模式增益調整

當P2-32設定為0時，速度迴路的比例增益（P2-04）、積分增益（P2-06）及前饋增益（P2-07），由使用者自行設定，一般而言各參數的影響如下：

1. 比例增益：增加此增益則會提高速度迴路響應頻寬。
2. 積分增益：增加此增益則會提高速度迴路低頻剛度，並降低穩態誤差。同時也犧牲相位邊界值。過高的積分增益導致系統的不穩定性。
3. 前饋增益：降低相位落後誤差。

速度控制增益手動調整模式相關參數：

| P2-04 | KVP | 速度控制比例增益 | 通訊位址：0208H<br>0209H |
|---|---|---|---|

| 初值 | 500 | 設定範圍 | 0～8191 |
|---|---|---|---|
| 控制模式 | ALL | 資料大小 | 16Bit |
| 單位 | rad/s | 資料格式 | HEX |

速度控制比例增益值加大時，可提升速度應答性。但若設定太大易產生振動及噪音。

| P2-06 | KVI | 速度控制積分增益 | 通訊位址：020CH<br>020DH |
|---|---|---|---|

| 初值 | 100 | 設定範圍 | 0～1023 |
|---|---|---|---|
| 控制模式 | ALL | 資料大小 | 16Bit |
| 單位 | rad/s | 資料格式 | DEC |

速度控制積分增益加大時，可提升速度應答性及縮小速度控制誤差量，但若設定太大易產生振動及噪音。

| P2-07 | KVF | 速度前饋增益 | 通訊位址：020EH<br>020FH |
|---|---|---|---|

| 初值 | 0 | 設定範圍 | 0～100 |
|---|---|---|---|
| 控制模式 | ALL | 資料大小 | 16Bit |
| 單位 | % | 資料格式 | DEC |

速度控制命令平滑變動時，前饋增益值加大可改善速度跟隨誤差量。若速度控制命令不平滑變動時，降低前饋增益值可減少機構的運轉振動現象。

在學理上，步階響應可以作爲解釋比例增益（KVP）、積分增益（KVI）、前饋增益（KVF）的基礎。以下分別以頻域及時域觀念解釋基本增益調整的原理。

頻域觀察法調整增益

步驟一：將積分增益（KVI）與前饋增益（KVF）設定爲0，調整比例增益（KVP）。其增益與相位改變可由波德圖的變化觀察，如圖14-14所示。

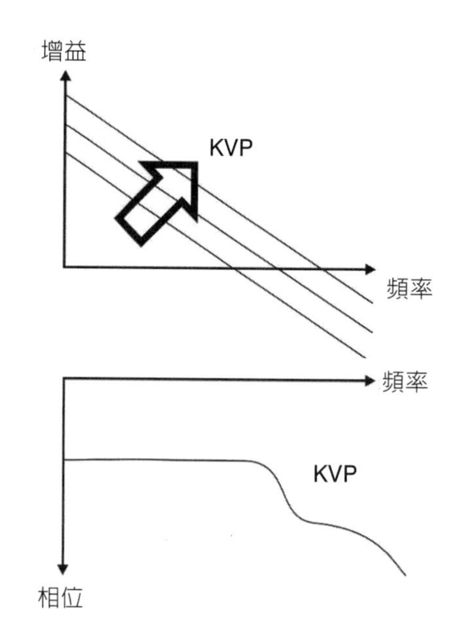


圖14-14　速度比例增益調整效益的頻域示意圖

步驟二：一旦藉由KVP的調整取得足夠的頻寬後，將比例增益（KVP）固定，調整積分增益（KVI）以改變低頻時的表現，如圖14-15所示。

步驟三：如果需要進一步調整相位邊界值（Phase Margin）時，可調整比例增益（KVP）。

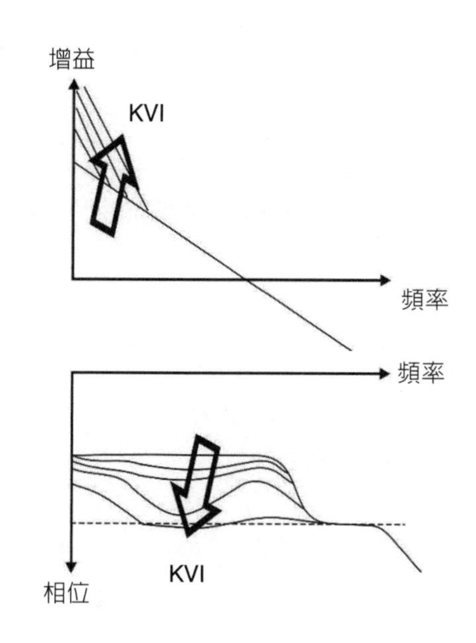


圖14-15　速度積分增益調整效益的頻域示意圖

時域觀察法調整增益

當KVP值越大時，頻寬越大，系統反應速度較快，對於步階命令響應的上升時間越短，如圖14-16所示；但是相對地，過大的增益值會降低系統的相位邊界與穩定度，所以適度調整比例增益（KVP）有助於減少動態追蹤誤差，但是對穩態追蹤誤差則不如積分增益（KVI）明顯。

如果增加前饋增益補償時，會更進一步地降低動態追蹤誤差；但若補償過大時，亦會造成暫態響應擺盪的情況，如圖14-17所示。

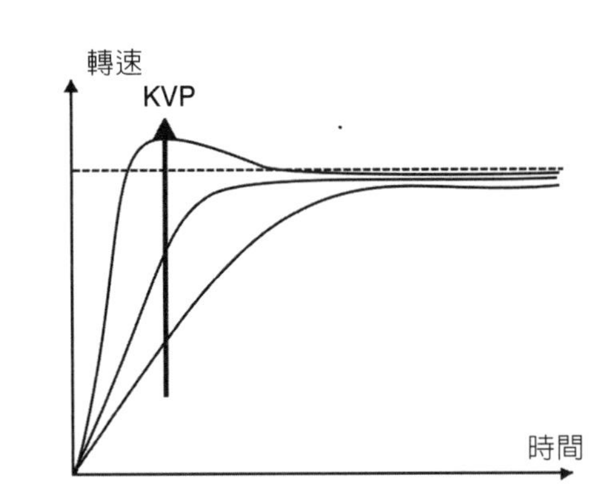


圖14-16　速度比例增益調整效益的時域示意圖

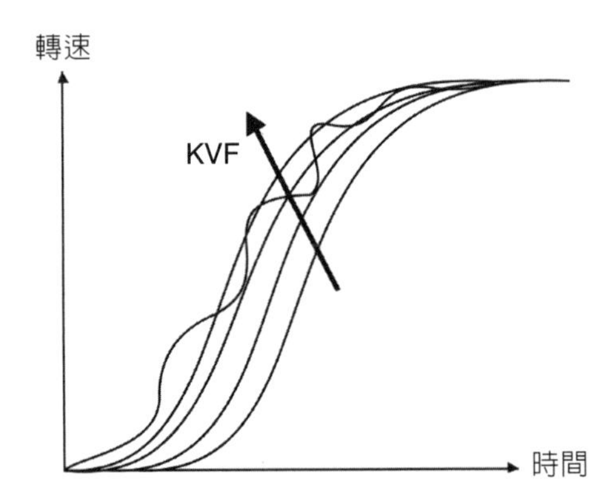


圖14-17　速度前饋增益調整效益的時域示意圖

一般而言，由於頻域法需要儀器來配合量測，必須具備這方面的量測技術，而時域法只需一台示波器，配合驅動器所提供的類比輸出入端子，因此多數使用者比較常用時域法來調整這些所謂PI型控制器。針對扭矩負載抵抗能力表現，PI型控制器對它與命令端追隨可視爲同等對待。也就是說，命令端追隨與扭矩負載抵抗在頻域和時域都有同樣響應行爲，使用者可藉由設定命令端低通濾波器來降低命令端追隨的頻寬。

### 自動與半自動模式

自動與半自動速度控制增益調整模式採用適應學習性法則，驅動器會隨著外界負載的慣量自動調整內部參數。因爲適應學習性法則需要較長時間的歷程，過快的負載變化並不適合使用，最好是應用於負載慣量固定不變或變化緩慢的系統較爲適宜。適應時間的歷程會因輸入信號的急緩而有不同。

# 14.4 PT位置控制模式

## 14.4.1 命令脈波輸入

位置控制模式被應用於精密定位的場合，例如產業自動化機械，具有方向性的命令輸入可利用PT模式經由外界來的脈波來操縱馬達的轉動角度與方向，也可以利用PR模式以內部暫存器參數設定。PT位置命令是藉由端子輸入的脈波控制馬達位置，脈波有三種型式可以選擇，每種型式也有正／負邏輯之分，可在參數P1-00中設定。

| P1-00 | PTT | 外部脈波列輸入型式設定 | 通訊位址：0100H<br>0101H |
|---|---|---|---|

| 初值 | 0x2 | 設定範圍 | 0～1,132 |
|---|---|---|---|
| 控制模式 | PT | 資料大小 | 16Bit |
| 單位 | - | 資料格式 | HEX |

外部脈波列輸入型式設定參數功能可以分成下列部分：

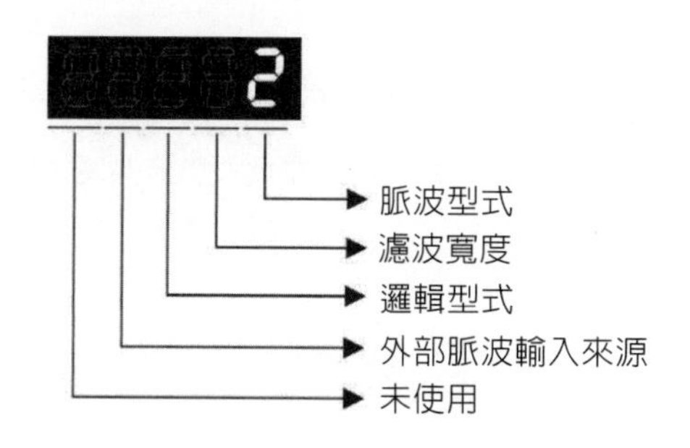


1. 脈波型式

   0：AB相脈波列（4x）。

   1：正轉脈波列及逆轉脈波列。

   2：脈波列＋符號。

   其他設定：保留。

2. 濾波寬度

過濾脈波頻率瞬間過大，超過頻率設定太高的脈波頻率，會被視爲雜訊濾掉。

| 設定值 | 低速濾波頻率（最小脈波寬度） | 設定值 | 高速濾波頻率（最小脈波寬度） |
|---|---|---|---|
| 0 | 0.83 Mpps(600 ns) | 0 | 3.33 Mpps(150 ns) |
| 1 | 208 Kpps(2.4 μs) | 1 | 0.83 Mpps(600 ns) |
| 2 | 104 Kpps(4.8 μs) | 2 | 416 Kpps(1.2 μs) |
| 3 | 52 Kpps (9.6 μs) | 3 | 208 Kpps (2.4 μs) |
| 4 | 無濾波功能 | 4 | 無濾波功能 |

例如，當外部脈波輸入來源爲高速差動訊號，且設定值 = 0時（此時高速濾波寬度爲3.33 Mpps），濾波的功能如圖14-18所示。

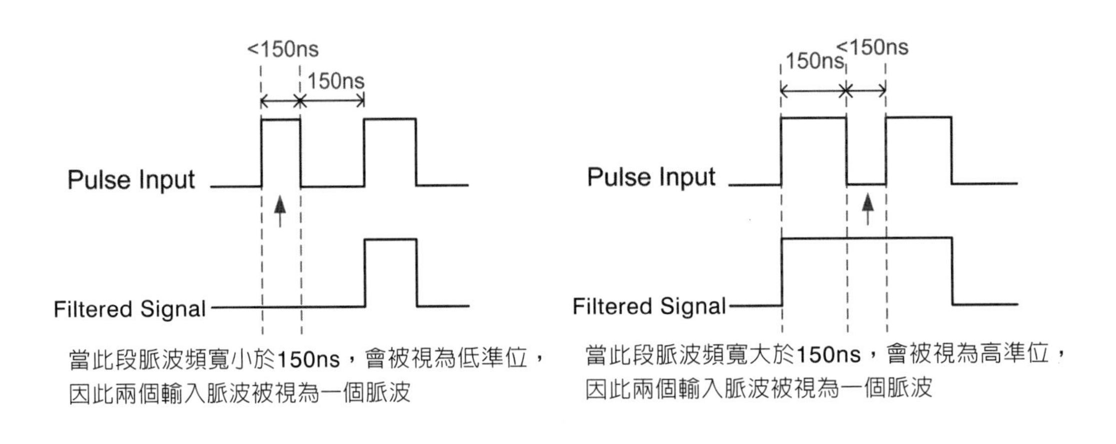


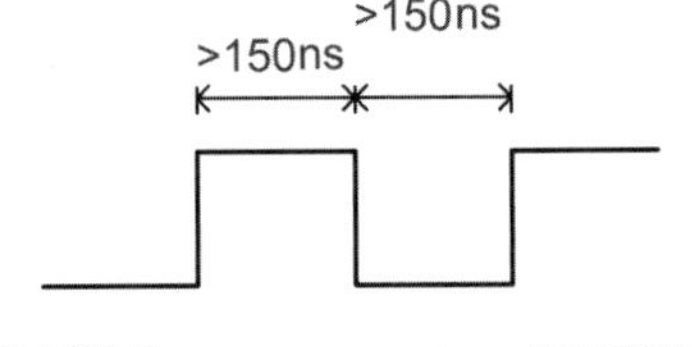


圖14-18　外部脈波輸入訊號濾波設定之影響（設定值 = 0）

使用者若使用2～4 MHz的輸入脈波，建議將濾波設定值改爲4。當訊號爲4 Mpps高速脈波規格，且濾波設定值爲4，可保證脈波的接收。

3. 邏輯型式

配合上位控制器不同的輸出脈波型式，一般可選擇使用正邏輯或負邏輯型式的各種控制訊號，如表14-4所示。

表14-4　台達ASDA-A2系列伺服馬達位置控制脈波型式與規格

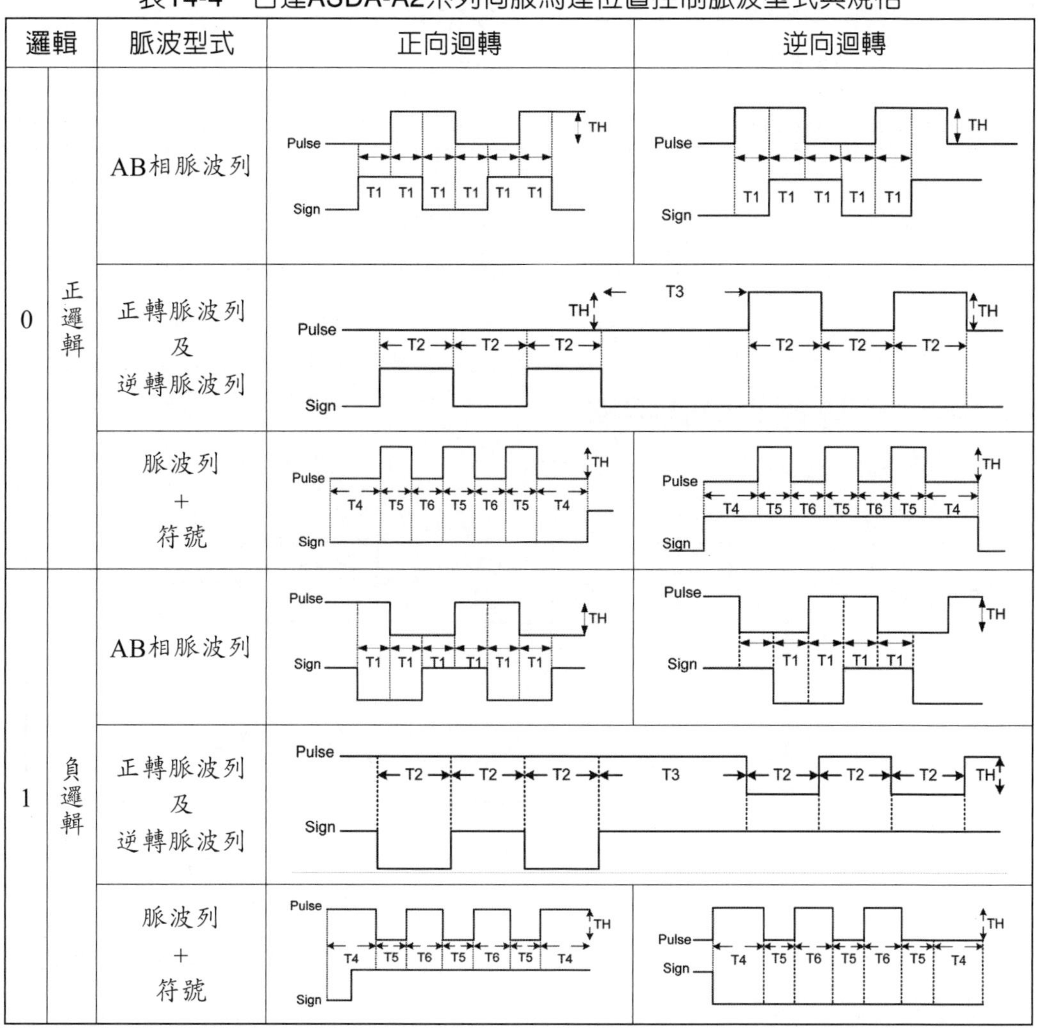

| 邏輯 | | 脈波型式 | 正向迴轉 | 逆向迴轉 |
|---|---|---|---|---|
| 0 | 正邏輯 | AB相脈波列 | | |
| | | 正轉脈波列及逆轉脈波列 | | |
| | | 脈波列＋符號 | | |
| 1 | 負邏輯 | AB相脈波列 | | |
| | | 正轉脈波列及逆轉脈波列 | | |
| | | 脈波列＋符號 | | |



4. 外部脈波輸入來源

0：低速光耦合（CN1腳位：PULSE、SIGN）。

1：高速差動（CN1腳位：HPULSE、HSIGN）。

脈波輸入訊號可因應外部訊號的頻率選擇高速或低速的規格，如表14-5所示。開集極的脈波型式因反應速率的考量，不適用於高速脈波。

表14-5　台達ASDA-A2系列伺服馬達位置控制脈波電氣規格

| 脈波規格 | | 最高頻率 | 最小允許時間寬度 | | | | | | 電壓規格 V | 順向電流 |
|---|---|---|---|---|---|---|---|---|---|---|
| | | | T1 | T2 | T3 | T4 | T5 | T6 | | |
| 高速脈波 | 差動訊號 | 4 Mpps | 62.5ns | 125ns | 250ns | 200ns | 125ns | 125ns | 5 | < 25mA |
| 低速脈波 | 差動訊號 | 500 Kpps | 0.5μs | 1μs | 2μs | 2μs | 1μs | 1μs | 2.8～3.7 | < 25mA |
| | 開集極 | 200 Kpps | 1.25μs | 2.5μs | 5μs | 5μs | 2.5μs | 2.5μs | 24 (Max) | < 25mA |

位置脈波是經由CN1的PULSE(43)、/PULSE(41)，HPULSE(38)、/HPULSE(29)與SIGN(36)、/SIGN(37)，HSIGN(46)、/HSIGN(40)端子輸入，其電路構成可以是集極開路，也可以是差動（Line Driver）方式。配線方式請參考相關資料手冊。

## 14.4.2　位置控制模式架構

位置控制模式基本架構如圖14-19所示：

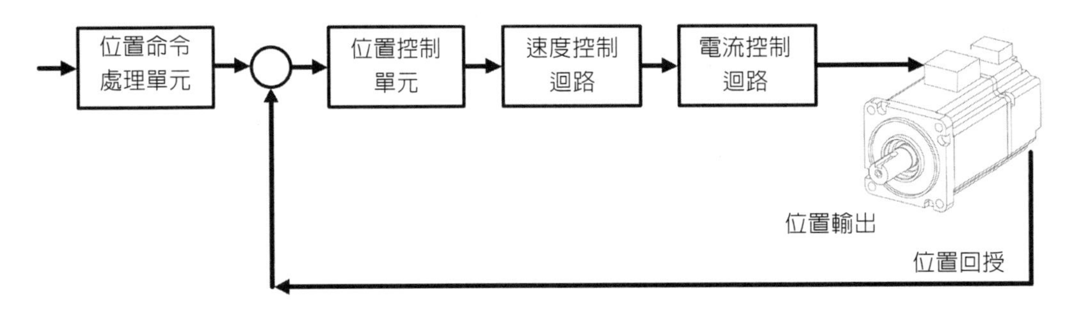


圖14-19　台達ASDA-A2系列伺服馬達位置控制模式架構圖

爲了達到更完美的控制效果，將脈波信號先經過位置命令處理單元作處理與修飾，該架構如圖14-20所示：

圖14-20上方路徑是PR模式，下方爲PT模式，可利用P1-01來選擇。兩種模式均可設定電子齒輪比，以便設定適合的定位解析度，也可以利用S形平滑器或低通濾波器來達到指令平滑化的功能。

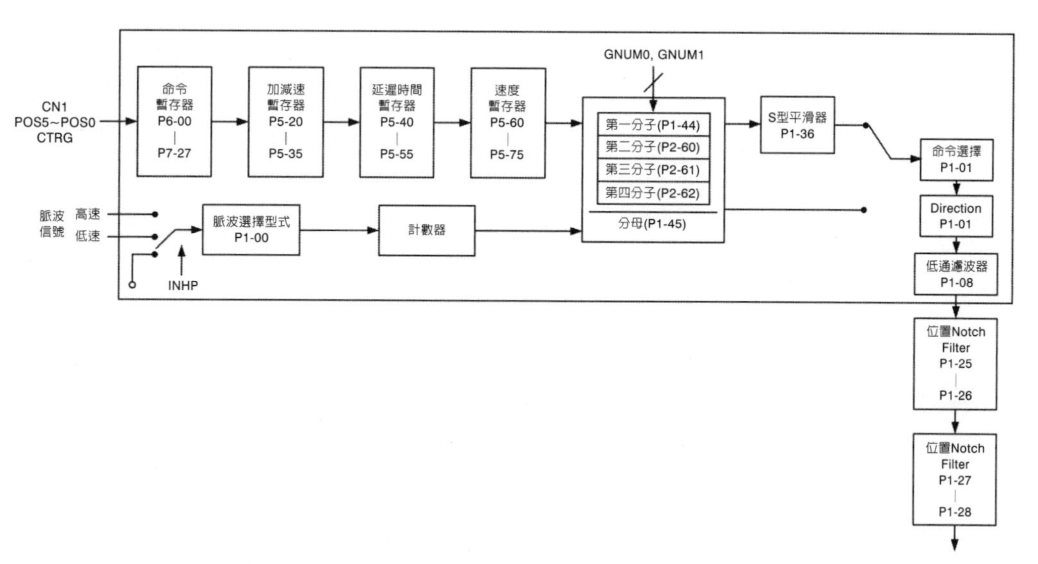


圖14-20　台達ASDA-A2系列伺服馬達位置控制模式相關參數架構圖

## 脈波指令禁止功能（INHP）

使用此功能前，必須由數位輸入訊號端子DI8先選定INHP功能。選定此功能後當INHP輸入ON時，在位置控制模式下脈波指令信號停止計算，使得馬達會維持在鎖定的狀態，如圖14-21所示。

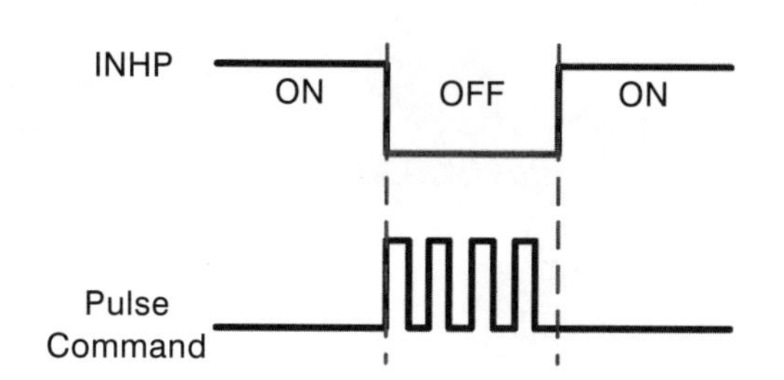


圖14-21　台達ASDA-A2系列伺服馬達位置控制模式脈波禁止示意圖

## 位置S型平滑器

當位置命令改由脈波信號輸入時，其速度及加速度的輸入已經是連續的，所以並未使用S型平滑器。

最大速度限制：

| P1-55 | MSPD | 最大速度限制 | 通訊位址：016EH 016FH |
|---|---|---|---|

| 初值 | 額定轉速 | 設定範圍 | 0～max.speed |
|---|---|---|---|
| 控制模式 | ALL | 資料大小 | 16Bit |
| 單位 | r/min | 資料格式 | DEC |

## 14.4.3 電子齒輪比

電子齒輪提供簡單易用的行程比例變更，通常大的電子齒輪比會導致位置命令步階化，可透過S型曲線或低通濾波器將其平滑化來改善此一現象。以下圖為例，當電子齒輪比等於1時，如果馬達編碼器輸出的每個脈波數相當於命令端輸入的脈波，當電子齒輪比等於0.5時，則命令端每2個脈波所對到馬達轉動脈波為1個脈波。

如下圖的導螺桿螺距為每圈3 mm，當馬達編碼器每周輸出脈波數為10,000 PPR時，則每個馬達編碼器輸出脈波相當於加工物件運動0.3 m；這樣的每脈波單位移動距離不利於控制運算。為了使控制命令的單位符合規格或方便運算，可以經過適當的電子齒輪比設定後，將加工物件的每脈波單位移動距離調整為1μm/pulse，進而使得控制運算或程式設計變得容易使用。

| | 齒輪比 | 每1pulse命令對應工作物移動的距離 |
|---|---|---|
| 未使用電子齒輪 | $=\frac{1}{1}$ | $=\frac{3\times 1000}{10000}=\frac{3000}{10000}$ μm |
| 使用電子齒輪 | $=\frac{10000}{3000}$ | = 1 μm |

在PT模式下，Servo On可以變更設定值；在PR模式下，Servo Off才可以變更設定值。

1. 電子齒輪比相關參數

| P1-44 | GR1 | 電子齒輪比分子（N1） | 通訊位址：0158H 0159H |
|---|---|---|---|
| 初值 | 128 | 設定範圍 | 1～($2^{29}-1$) |
| 控制模式 | PT/PR | 資料大小 | 32Bit |
| 單位 | Pulse | 資料格式 | DEC |

| P1-45 | GR2 | 電子齒輪比分母（M） | 通訊位址：015AH 015BH |
|---|---|---|---|
| 初值 | 10 | 設定範圍 | 1～($2^{23}-1$) |
| 控制模式 | PT/PR | 資料大小 | 32Bit |
| 單位 | Pulse | 資料格式 | DEC |

2. 指令脈波輸入比值設定

指令脈波輸入 f1 → $\frac{N}{M}$ → 位置指令 f2 → $f2 = f1 \times \frac{N}{M}$

3. 指令脈波輸入比值範圍：1/50 < Nx/M < 25600

$$\text{電子齒輪比} = (\frac{N}{M}) = \frac{P1-44}{P1-45}\text{，必須符合}\frac{1}{50} \leq (\frac{N}{M}) \leq 5000$$

## 14.4.4 位置迴路增益調整

在設定位置控制單元前，因為位置迴路的內迴路包含速度迴路，使用者必須先將速度控制單元以手動（參數P2-32）操作方式將速度控制單元設定完成。然後再設定位置迴路的比例增益（參數P2-00）、前饋增益（參數P2-02）。或者使用自動模式來自動設定速度及位置控制單元的增益。位置控制模式控制器構造圖與相關參數如圖14-22所示，藉由編碼器的回授訊號與位置命令的比較，計算出適當的控制命令調整速度命令，以達到控制位置的結果。

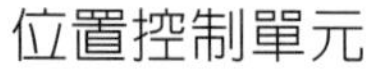


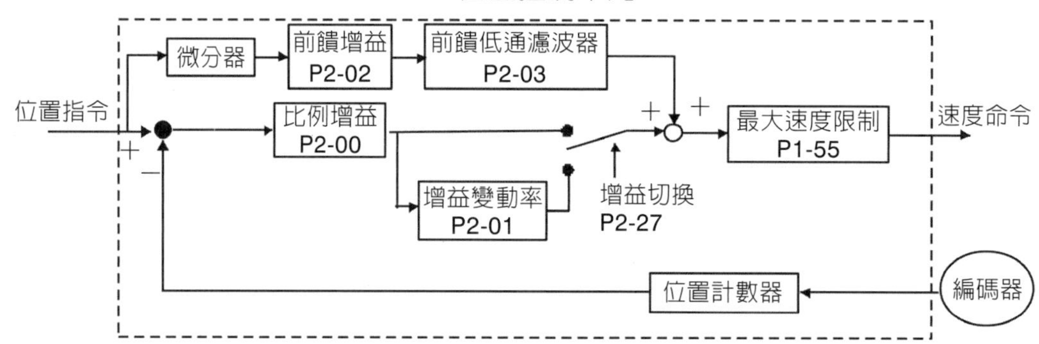


圖14-22　位置控制模式控制器構造圖與相關參數

1. 比例增益：增加此增益則會提高位置迴路響應頻寬。
2. 前饋增益：降低相位落後誤差。

位置迴路頻寬不可超過速度迴路頻寬，建議 $fp \leq \frac{fv}{4}$，fv：速度迴路的響應頻寬（Hz），KPP = 2×π×fp，其中fp：位置迴路的響應頻寬（Hz）。

例如：希望位置頻寬爲20Hz，則KPP = 2×π×20 = 125。

位置迴路增益相關參數：

| P2-00 | KPP | 位置控制比例增益 | 通訊位址：0200H<br>0201H |
|---|---|---|---|

| 初值 | 35 | 設定範圍 | 0～2047 |
|---|---|---|---|
| 控制模式 | PT/PR | 資料大小 | 16Bit |
| 單位 | rad/s | 資料格式 | DEC |

位置控制增益值加大時，可提升位置應答性及縮小位置控制誤差量。但若設定太大易產生振動及噪音。

| P2-02 | PFG | 位置控制前饋增益 | 通訊位址：0204H<br>0205H |
|---|---|---|---|

| 初值 | 50 | 設定範圍 | 0～100 |
|---|---|---|---|
| 控制模式 | PT/PR | 資料大小 | 16Bit |
| 單位 | % | 資料格式 | DEC |

如果系統位置控制命令變動較爲平滑時，增益值加大可改善動態位置跟隨誤差量。若位置控制命令變動不平滑或多有跳動現象時，降低增益值可降低機構的運轉振

動現象。

比例增益KPP過大時，位置開迴路頻寬提高而導致相位邊界變小，此時馬達轉子會來回轉動震盪，KPP必須要調小，直到馬達轉子不再震盪。當外部扭矩介入時，過低的KPP並無法滿足合理的位置追蹤誤差要求。如以時域觀念考量，如圖14-23所示，比例增益KPP增加會加速暫態反應，減少動態追蹤誤差。

而前饋增益P2-02雖然可有效降低位置動態追蹤誤差，如圖14-24所示；但若系統命令變化劇烈，容易產生系統反應震盪的現象。值得注意的是，由圖14-22的位置控制架構圖可以觀察到前饋訊號是經過一個微分器後再經過前饋增益計算，所以其效應等同於速度命令的前饋處理。



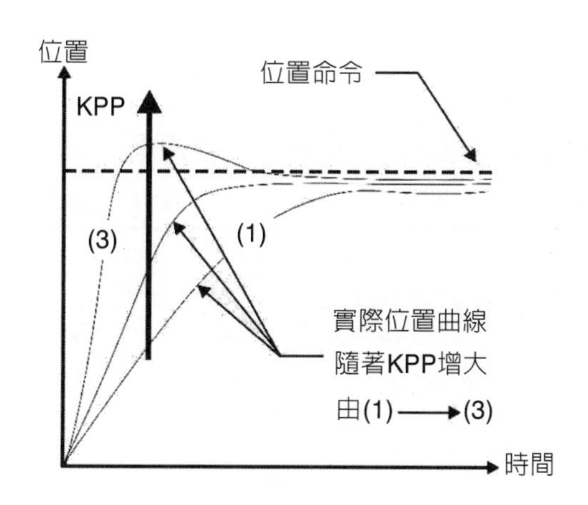


圖14-23　位置控制模式控制器比例增益與系統響應示意圖

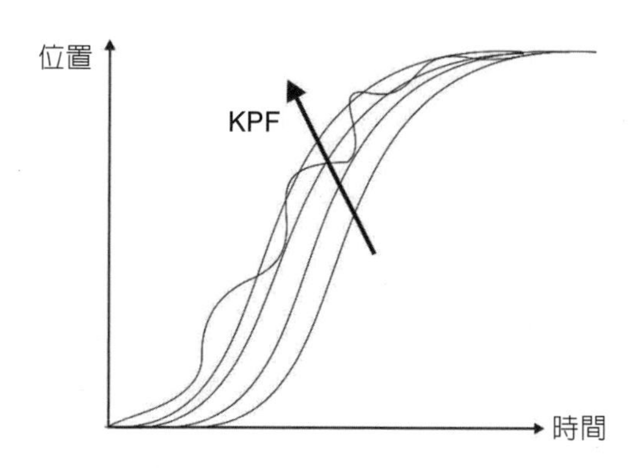


圖14-24　位置控制模式控器前饋增益與系統時域響應示意圖

如果使用者可以利用ASDASoft軟體中的自動增益調整功能，快速設定前述各種控制模式相關的增益值調整。在完成伺服馬達的功能調整後，只需要上位機傳達適當的控制命令脈波，便可驅使伺服馬達根據命令的位置或速度進行運動調整。

## 14.5 可程式控制器的運動控制應用指令

大多數的可程式控制器除了程式流程的控制命令與資料處理運算的基本指令之外，都會提供相當數量的應用指令。使用者可以根據應用指令的需求作為依據，挑選適合的機種進行自動化應用開發。如果相關的應用需要用到位置控制時，使用者就必須要檢查相關的規格資料，確認所挑選的可程式控制器機種具備有定位控制的機能。

### 定位控制的應用指令

一般的定位控制應用指令包含了下表所示的應用指令。

| 分類 | API | 指令碼 | | P指令 | 功能 | STEPS | |
|---|---|---|---|---|---|---|---|
| | | 16位元 | 32位元 | | | 16位元 | 32位元 |
| 定位控制 | 155 | – | DABSR | – | ABS現在值讀出 | 7 | 13 |
| | 156 | ZRN | DZRN | – | 原點復歸 | 9 | 17 |
| | 157 | PLSV | DPLSV | – | 脈波輸出 | 7 | 13 |
| | 158 | DRVI | DDRVI | – | 相對定位 | 9 | 17 |
| | 159 | DRVA | DDRVA | – | 絕對定位 | 9 | 17 |

因此，當開發應用需要使用定位控制的功能時，便可以利用這些應用指令來完成馬達的驅動與定位。

### ABS現在值讀出

| ABSR | S | $D_1$ | $D_2$ |
|---|---|---|---|

| 編號 | 指令名稱 | 16/32位元指令 | | 脈衝執行型 | | 運算元格式 | 功能 |
|---|---|---|---|---|---|---|---|
| 155 | ABSR | ✓ | D | | | (D)($S_1$)($S_2$) | ABS現在值讀出 |

指令說明：

1. 本指令提供與伺服驅動器（附絕對位置檢查功能）連續做絕對位置（ABS）資料讀出之功能。
2. S：自伺服（Servo）來的輸入信號；$D_1$：對伺服的控制信號；$D_2$：由伺服讀取的ABS絕對位置資料（32Bit）。
3. S從伺服（Servo）來的輸入信號，會占用連續3點S、S + 1、S + 2。其中S、S + 1連接伺服端之ABS（Bit0、Bit1）做資料傳送，S + 2連接伺服傳送資料準備完畢，詳細配線請參考下列配線例。

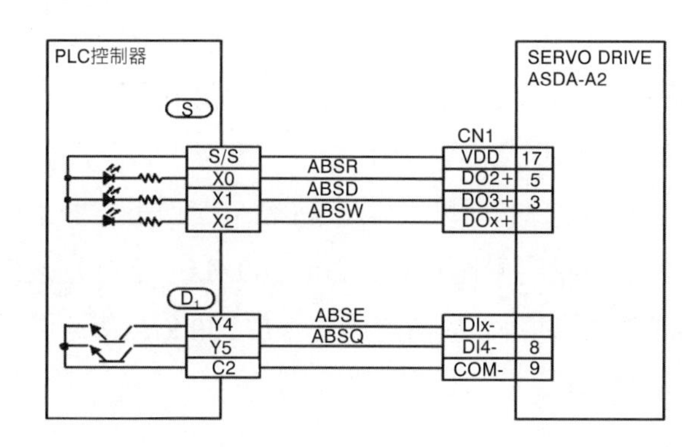


程式範例：

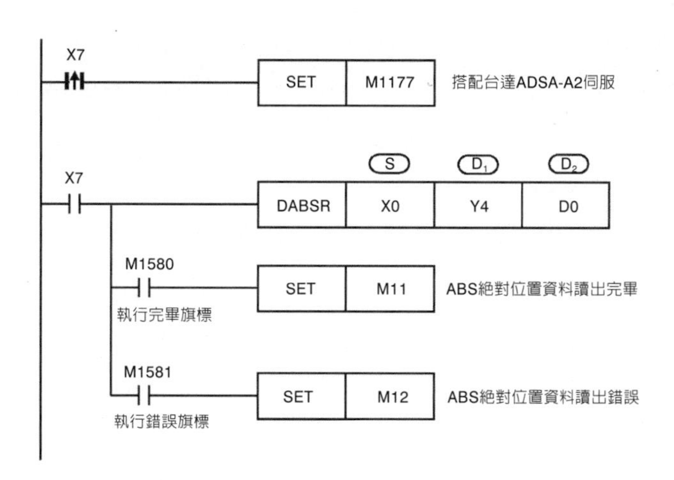

當X7 = ON時，從台達ASDA-A2伺服讀取ABS絕對位置資料存放在暫存器D0～D3內。依旗標M1580、M1581判斷絕對位置讀取是否成功。

原點復歸

| ZRN | $S_1$ | $S_2$ | $S_3$ | D |
|---|---|---|---|---|

| 編號 | 指令名稱 | 16/32位元指令 | | 脈衝執行型 | | 運算元格式 | 功能 |
|---|---|---|---|---|---|---|---|
| 156 | ZRN | ✓ | D | | | $(S_1)(S_2)(S_3)(D)$ | 原點復歸 |

指令說明：

1. $S_1$：原點復歸速度；$S_2$：寸動速度；$S_3$：近點信號（DOG）；D：脈波輸出裝置（請使用輸出模組爲電晶體輸出）。
2. $S_1$指定原點復歸開始時的速度，SV2主機16位元指令可指定範圍爲10～32,767 Hz；32位元指令可指定範圍爲10～200,000 Hz。當指定速度小於10 Hz時，以10 Hz當成原點復歸速度；當指定速度大於200 kHz時，則以200 kHz當原點復歸速度。
3. $S_2$指定寸動速度，近點信號（DOG）ON之後指定低速部分的速度，SV2主機可指定範圍爲10～32,767 Hz。SC主機可指定範圍爲100～100,000 Hz。。
4. $S_3$指定近點信號（DOG）輸入（A接點輸入），請注意SV2主機若是指定外部輸入（X10～X17）以外的裝置X、Y、M、S因其會受掃描週期影響，故會造成原點位置偏離，且不可與DCNT、PWD指令指定相同之X10～X17輸入點。
5. D脈波輸出裝置，SV2主機有四組AB脈波輸出CH0(Y0, Y1)、CH1(Y2, Y3)、CH2(Y4, Y5)、CH3(Y6, Y7)。
6. SV2機種：因原點復歸（DZRN）指令新增可偵測極限開關、可正向位置停止、尋找Z相、輸出位移個數等功能，故編寫指令時DOG點輸入編號請務必按照下列敘述編排。

| 輸出點編號（D） | | Y0 | Y2 | Y4 | Y6 |
|---|---|---|---|---|---|
| 對應之方向輸出點編號 | | Y1 | Y3 | Y5 | Y7 |
| DOG近點編號（$S_3$） | | X2 | X6 | X12 | X16 |
| 負極限致能 | | M1570 = ON | M1571 = ON | M1572 = ON | M1573 = ON |
| 負極限輸入點 | | X3 | X7 | X13 | X17 |
| 負極限上下緣觸發選擇（OFF上緣／ON下緣）（EH3 V1.40/SV2 V1.20版以上） | | M1584 | M1585 | M1586 | M1587 |
| DOG正向停止 | | M1574 = ON | M1575 = ON | M1576 = ON | M1577 = ON |
| 尋找Z相功能（M1578 = OFF） | Z相編號 | X1 | X5 | X11 | X15 |
| | D1312為Z相計數次數 | 正、負數分別表示往正、負向尋找Z相 | | | |
| 位移指定個數（M1578=ON） | D1312為位移個數 | 正、負數分別表示往正、負方向輸出 | | | |
| 輸出清除訊號（M1346 = ON） | | Y10 | Y11 | Y12 | Y13 |

程式範例：

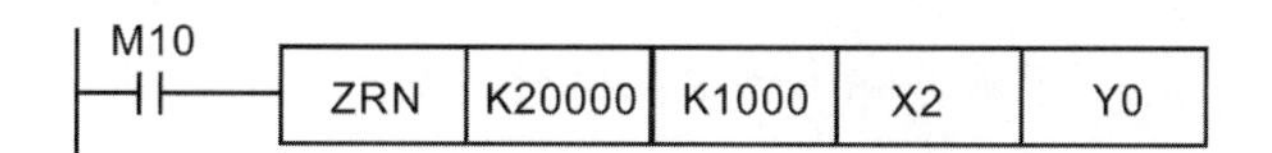


當M10 = ON時，以20 kHz頻率從Y0輸出脈波開始做原點復歸動作，當碰到近點信號（DOG）X2 = ON時，變成以寸動速度1 kHz頻率從Y0輸出脈波直到X2 = OFF後停止。

脈波輸出

| PLSV | S | $D_1$ | $D_2$ |
|---|---|---|---|

| 編號 | 指令名稱 | 16/32位元指令 | | 脈衝執行型 | | 運算元格式 | 功能 |
|---|---|---|---|---|---|---|---|
| 157 | PLSV | ✓ | D | | | (S)($D_1$)($D_2$) | 脈波輸出 |

指令說明：

1. S：脈波輸出頻率；$D_1$：脈波輸出裝置（請使用輸出模組爲電晶體輸出）；

$D_2$：回轉方向信號的輸出裝置。

2. S指定脈波輸出頻率，16位元指令可指定範圍爲–32,768～32,767 Hz；32位元指令可指定範圍爲–200,000～200,000 Hz。其中正負號代表正反方向。而在脈波輸出中仍可任意變更脈波輸出頻率，但設定爲不同方向之脈波輸出頻率則視爲無效。
3. $D_1$脈波輸出裝置，SV2主機可指定Y0、Y2、Y4、Y6。
4. $D_2$回轉方向信號的輸出裝置，對應S的正負做動作，當S爲正（+）時$D_2$爲ON；當S爲負（–）時$D_2$爲OFF。
5. PLSV指令並無加減速之設定，因此無法執行開始之加速與停止之減速動作，若是必須達到加減速之功能，可以利用API 67 RAMP指令來做脈波輸出頻率的加減。
6. 當PLSV指令執行脈波輸出中，若驅動條件變爲OFF則不做減速直接停止。
7. DPLSV指令當輸入頻率的絕對值 > 200 kHz時，以200 kHz輸出。
8. SV2主機，D1222、D1223、D1383、D1384分別爲CH0、CH1、CH2、CH3設定方向訊號與脈衝輸出點之間送出的時間差。
9. SV2主機，M1305、M1306、M1532、M1533分別爲CH0、CH1、CH2、CH3方向訊號，當S指定脈波輸出頻率爲正時，表示輸出爲正方向，方向訊號旗標會爲OFF；當S指定脈波輸出頻率爲負時，表示輸出爲反方向，方向訊號旗標會爲ON。

程式範例：

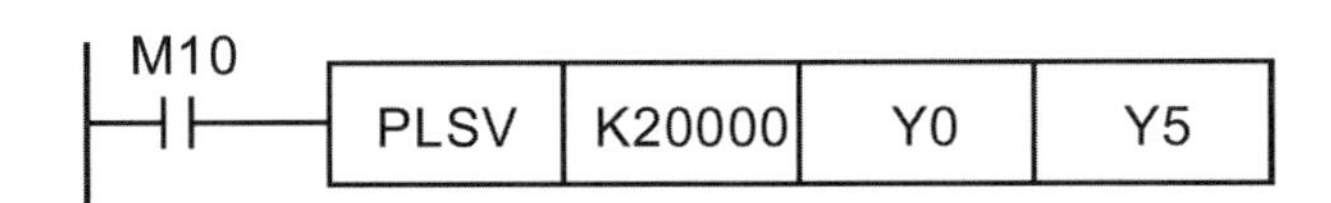


當M10 = ON時，以20 kHz頻率從Y0輸出脈波，Y5 = ON表示爲正方向。

相對定位

| DRVI | $S_1$ | $S_2$ | $D_1$ | $D_2$ |
|---|---|---|---|---|

| 編號 | 指令名稱 | 16/32位元指令 | | 脈衝執行型 | | 運算元格式 | 功能 |
|---|---|---|---|---|---|---|---|
| 158 | DRVI | ✓ | D | | | $S_1$ $S_2$ $D_1$ $D_2$ | 相對定位 |

指令說明：

1. $S_1$：脈波輸出數目；$S_2$：脈波輸出頻率；$D_1$：脈波輸出裝置（請使用輸出模組爲電晶體輸出）；$D_2$：回轉方向信號的輸出裝置。
2. $S_1$指定脈波輸出數目（相對指定），SV2主機16位元指令可指定範圍爲–32,768～+32,767個；32位元指令可指定範圍爲$-2^{31}$～$+2^{31}-1$個，其中正負號代表正反方向。
3. $S_2$指定脈波輸出頻率，SV2主機16位元指令可指定範圍爲10～32,767 Hz；32位元指令可指定範圍爲10～200,000 Hz。
4. $D_1$脈波輸出裝置，SV2主機有四組AB脈波輸出CH0(Y0, Y1)、CH1(Y2, Y3)、CH2(Y4, Y5)、CH3(Y6, Y7)，設定方法請參考補充說明。
5. $D_2$回轉方向信號的輸出裝置，對應$S_1$的正負做動作，當$S_1$爲負（–）時$D_2$爲OFF；當$S_1$爲正（+）時$D_2$爲ON，脈波輸出結束後$D_2$並不會立即OFF，須等指令執行接點開關OFF時$D_2$爲OFF。
6. SV2主機，指定脈波輸出數目$S_1$會變成CH0(Y0、Y1)脈波的現在值暫存器（D1337上位、D1336下位）32位元資料、CH1(Y2、Y3)脈波的現在值暫存器（D1339上位、D1338下位）32位元資料，CH2(Y4、Y5)脈波的現在值暫存器（D1375上位、D1376下位）32位元資料，CH3(Y6、Y7)脈波的現在值暫存器（D1377上位、D1378下位）32位元資料內容值之相對位置。在反方向時，現在值暫存器內容值會減少。

程式範例：

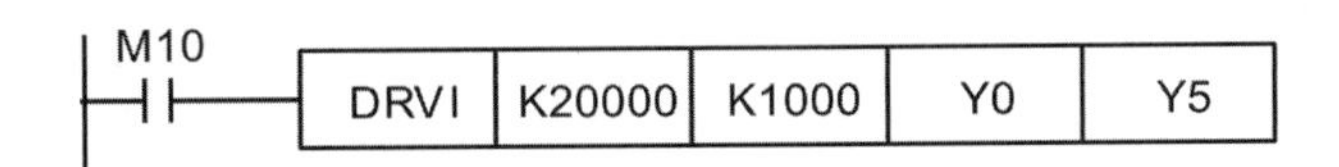


當M10 = ON時，以1 kHz頻率從Y0輸出脈波數目20,000個（相對指定），Y5 = ON表示爲正方向。

絕對定位

| DRVA | $S_1$ | $S_2$ | $D_1$ | $D_2$ |
|---|---|---|---|---|

| 編號 | 指令名稱 | 16/32位元指令 | | 脈衝執行型 | | 運算元格式 | 功能 |
|---|---|---|---|---|---|---|---|
| 159 | DRVA | ✓ | D | | | $S_1$ $S_2$ $D_1$ $D_2$ | 絕對定位 |

指令說明

1. $S_1$：目標位置；$S_2$：脈波輸出頻率；$D_1$：脈波輸出裝置（請使用輸出模組爲電晶體輸出）；$D_2$：回轉方向信號的輸出裝置。
2. $S_1$指定脈波輸出數目（絕對指定），SV2主機16位元指令可指定範圍爲–32,768～+32,767個；32位元指令可指定範圍爲$-2^{31}$～$+2^{31}-1$個，其中正負號代表正反方向。
3. $S_2$指定脈波輸出頻率，SV2主機16位元指令可指定範圍爲10～32,767 Hz；32位元指令可指定範圍爲10～200,000 Hz。
4. $D_1$脈波輸出裝置，SV2主機可指定Y0、Y2，SC主機可指定Y10、Y11。
5. $D_2$回轉方向信號的輸出裝置，當$S_1$大於目前相對位置時$D_2$爲OFF；當$S_1$小於目前相對位置時$D_2$爲ON，脈波輸出結束後$D_2$並不會立即OFF，須等指令執行接點開關OFF時$D_2$爲OFF。
6. SV2主機指定脈波輸出數目$S_1$會變成CH0(Y0、Y1)脈波的現在值暫存器（D1337上位、D1336下位）32位元資料，或CH1(Y2、Y3)脈波的現在值暫存器（D1339上位、D1338下位）32位元資料內容值之相對位置。在反方向時，現在值暫存器內容值會減少。

程式範例：

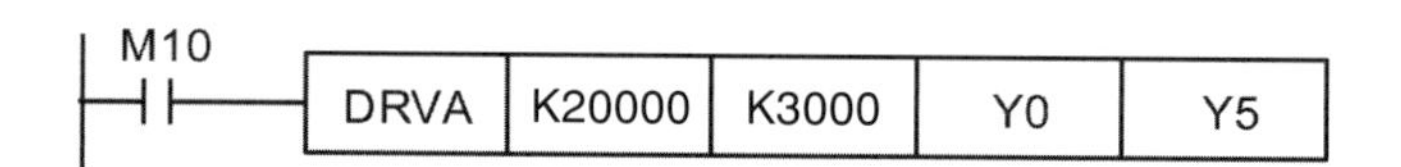


當M10 = ON時，以3 kHz頻率從Y0移動到脈波計數爲20,000的位置（絕對定址），Y5 = ON表示爲正方向。

## 14.6 定位控制相關的特殊暫存器

脈波型式

除了上述的定位控制應用指令之外，可程式控制器的脈波輸出也擁有與伺服馬達控制器相同的選項，如下表所列。使用者在撰寫程式之前，必須要考慮相關的伺服馬達控制器對應脈波型式以完成適當的設定。但是因爲DRVI與DRVA應用指令只能夠輸出「脈波＋方向」的脈波型式，因此多數的定位控制都是以「脈波＋方向」的型式進行設定。

| 模式<br>輸出 | D1220 | | | | | | D1221 | | | | | |
|---|---|---|---|---|---|---|---|---|---|---|---|---|
| | K0 | | K1 | K2 | K3 | | K0 | | K1 | K2 | K3 | |
| Y0 | Pulse | | A+ | A− | Dir | | | | | | | |
| Y1 | | Dir | B | B | | Pulse | | | | | | |
| Y2 | | | | | | | Pulse | | A+ | A− | Dir | |
| Y3 | | | | | | | | Dir | B | B | | Pulse |

其他相關的特殊M暫存器如下所列：

M1029：CH0脈波輸出完畢後，M1029 = ON

M1030：CH1脈波輸出完畢後，M1030 = ON

M1036：CH2脈波輸出完畢後，M1036 = ON

M1037：CH3脈波輸出完畢後，M1037 = ON

M1334：CH0停止脈波輸出

M1308：OFF→ON：第一組脈波CH0(Y0, Y1)高速輸出立即暫停
　　　　ON→OFF：恢復輸出未完成之輸出個數

M1309：OFF→ON：第二組脈波CH1(Y2, Y3)高速輸出立即暫停
　　　　ON→OFF：恢復輸出未完成之輸出個數

M1310：OFF→ON：第三組脈波CH2(Y4, Y5)高速輸出立即暫停
　　　　ON→OFF：恢復輸出未完成之輸出個數

M1311：OFF→ON：第四組脈波CH3 (Y6,Y7)高速輸出立即暫停
　　　　ON→OFF：恢復輸出未完成之輸出個數

M1335：CH1停止脈波輸出

M1336：CH0脈波送出指示旗標

M1337：CH1脈波送出指示旗標

M1347：CH0脈波輸出復歸旗標

M1348：CH1脈波輸出復歸旗標

M1520：CH2停止脈波輸出

M1521：CH3停止脈波輸出

M1522：CH2脈波送出指示旗標

M1523：CH3脈波送出指示旗標

M1524：CH2脈波輸出復歸旗標

M1525：CH3脈波輸出復歸旗標

其他相關的特殊D暫存器如下所列：

D1030：Y0脈波累積輸出個數32Bit資料暫存器之低16位元

D1031：Y0脈波累積輸出個數32Bit資料暫存器之高16位元

D1127：定位指令加速區段脈波個數（Low Word）

D1128：定位指令加速區段脈波個數（High Word）

D1133：定位指令減速區段脈波個數（Low Word）

D1134：定位指令減速區段脈波個數（High Word）

D1220：CH0(Y0, Y1)相位設定

D1221：CH1(Y2, Y3)相位設定

D1229：CH2(Y4, Y5)相位設定

D1230：CH3(Y6, Y7)相位設定

D1336：CH0目前輸出脈波個數（Low word）

D1337：CH0目前輸出脈波個數（High word）

D1338：CH1目前輸出脈波個數（Low word）

D1339：CH1目前輸出脈波個數（High word）

D1375：CH2目前輸出脈波個數（Low word）

D1376：CH2目前輸出脈波個數（High word）

D1377：CH3目前輸出脈波個數（Low word）

D1378：CH3目前輸出脈波個數（High word）

使用者可以自行參考廠商的資料手冊，得到更完整的暫存器定義與使用方法。

## 14.7 人機介面裝置、可程式控制器與伺服馬達的整合

爲了完成一個自動化控制系統的整合，除了馬達傳動軸所帶動的機構裝置外，自動化控制元件間的配線與整合也是非常重要的技術與經驗。由於在後續的範例中將示範人機介面、可程式控制器與伺服馬達的整合運用，故須將彼此間的配線，包括控制訊號與通訊傳輸，正確無誤的連結以免產生錯誤的動作而發生危險或故障。

爲了降低實驗的複雜性以及操作的成本，在這裡我們將使用台達所提供的相關設

備進行說明。所使用的設備包括：

1. 人機介面裝置：DOP07S515。
2. 可程式控制器：DVP-SV2（電晶體型式）。
3. 伺服馬達：ASDA-A2-100W。

PLC與伺服馬達PT位置控制模式基本的配線圖，如圖14-25所示。

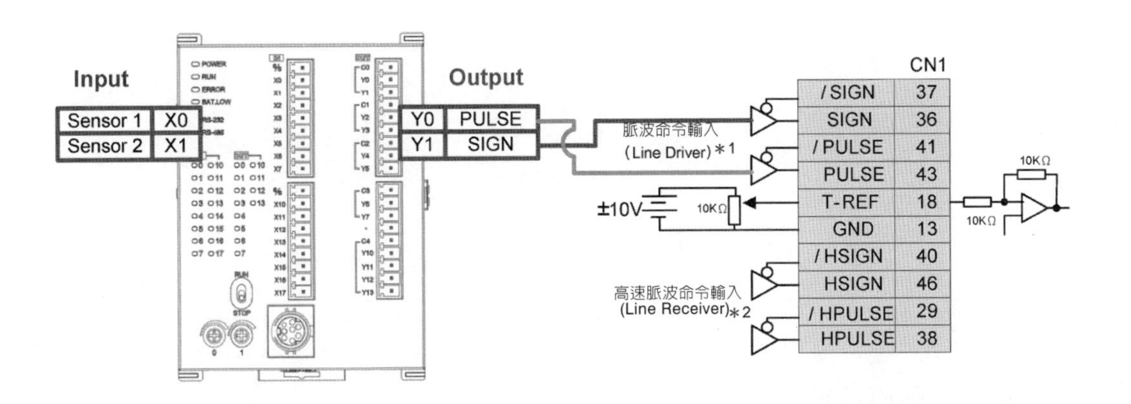


圖14-25　PLC與伺服馬達PT位置控制模式基本配線圖

為了配線方便，一般在伺服馬達控制器CN1連接埠上可使用標準的端子台或較為簡便的簡易接頭，如圖14-26與圖14-27所示；使用者可以依照應用所需要的接線需求決定端子台的型式。而在可程式控制器的部分，要特別注意端子的型式，一般可程式控制器的端子可以分成繼電器與電晶體兩種型式。繼電器型式通常是用來驅動繼電器開關，可以輸出較大的電流，但是其訊號變化的速率較慢，通常為1 Hz的頻率；而電晶體型式的端子可以提供較高速率的訊號變化，一般可以達到200k～500 kHz的訊號變化頻率，雖然輸出的電流較低，但是適合用在馬達控制的驅動訊號高速變化的應用。

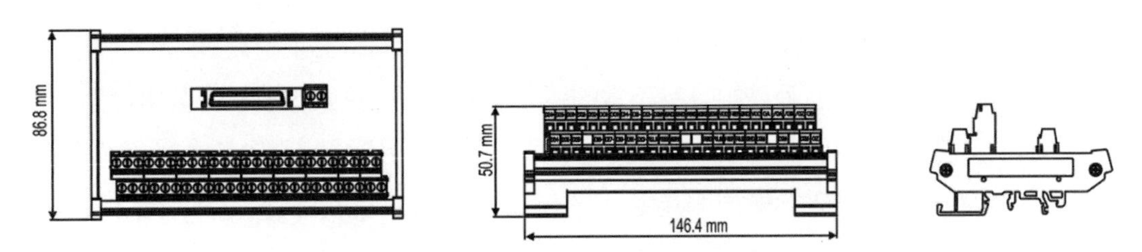


圖14-26　伺服馬達控制器CN1連接埠的標準端子台

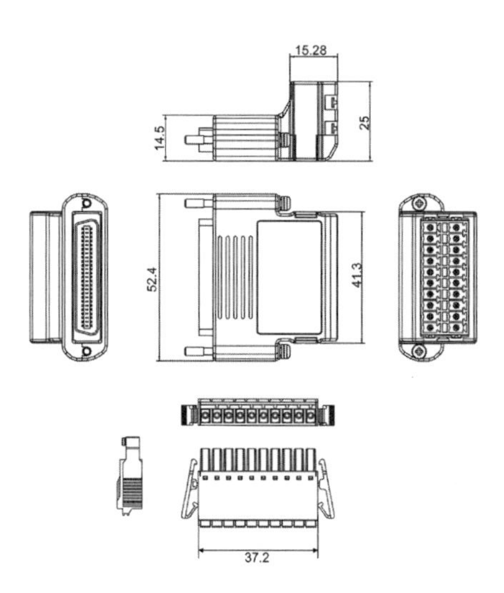


圖14-27　伺服馬達控制器CN1連接埠的簡便接頭

## 14.8　實作範例

使用可程式控制器進行伺服馬達位置控制最基本的方式為利用三個位置感測器設定正轉極限、反轉極限與原點；利用相關指令完成機械原點定位後再開始進行相關的位置控制。位置感測器的訊號必須連結到可程式控制器的數位輸入接點，以便在程式中進行必要的程式流程控制。必要時，正轉極限、反轉極限位置感測器訊號也可以連結到伺服馬達控制器的相對應數位輸入接點，以防止不當操作所產生的撞機損害。

接下來將利用範例，示範如何使用適當的輸入訊號控制伺服馬達的位置運動控制，並且由基礎的範例，以可程式控制器結合伺服馬達，逐漸加入人機介面控制裝置，利用通訊功能，完成較為複雜的伺服馬達控制。

在進行下列範例前，必須要將伺服馬達進行適當的初始化設定，包括操作模式（P1-01）、外部脈波型式（P1-00）、S平滑曲線參數（P1-34～1-36）、最大速度限制（P1-55）、電子齒輪比（P1-44/1-45）等各項基本參數。同時必須對馬達進行適當的自動增益調整，以免進行運動控制時有不當的運動現象導致機具毀損或異常警訊發生。

同時要注意將伺服馬達控制器的外部數位輸入功能全部設定為「不作用」（0），以免其訊號狀態影響伺服馬達的運作。在實驗開始進行時，可以利用伺服馬達控制器上的控制面板手動輸入將伺服馬達強制啟動（P2-30）。

範例14-2

利用可程式控制器控制伺服馬達。首先使用位置感測器連結外部數位輸入端子X0作爲機構原點，讓伺服馬達進行下列位置運動控制：

1. 尋找原點的復歸運動，在此設定以負向運動尋找，找尋到原點後停止2秒鐘。
2. 以絕對位置命令DRVA控制馬達正向移動25,000個脈波位置。
3. 以絕對位置命令DRVA控制馬達正向移動25,000個脈波位置。
4. 重複上述步驟2～3的位置控制往復運動。

本範例必須使用電晶體型PLC。

首先必須適當連結可程式控制器與伺服馬達間的輸出入訊號端子如圖14-25所示。

在伺服馬達的部分，必須要完成下列的控制參數設定，完成以PT模式，脈衝列＋符號方式運動控制。

1. 控制模式：P1-01。
2. 控制訊號模式：P1-00。
3. 電子齒輪比：P1-44/45。
4. 最大速度限制。

在可程式控制器的部分，必須要完成下列的控制輸出參數設定，完成以PT模式，脈衝列＋符號方式運動控制。

1. 脈波控制輸出埠選定：Y0/Y1。
2. 輸出控制訊號模式：D1220。
3. 原點訊號選定：X0。

接下來，便可以進行PLC程式設計。設計的重點包括：

1. 脈波模式設定。
2. 原點復歸。
3. 規劃運動速度（脈衝頻率）。
4. 定義目標位置（脈衝數），絕對或相對位置。
5. 循環程序（可利用步進階梯圖）。

依據上述重點完成的階梯圖如下所示：

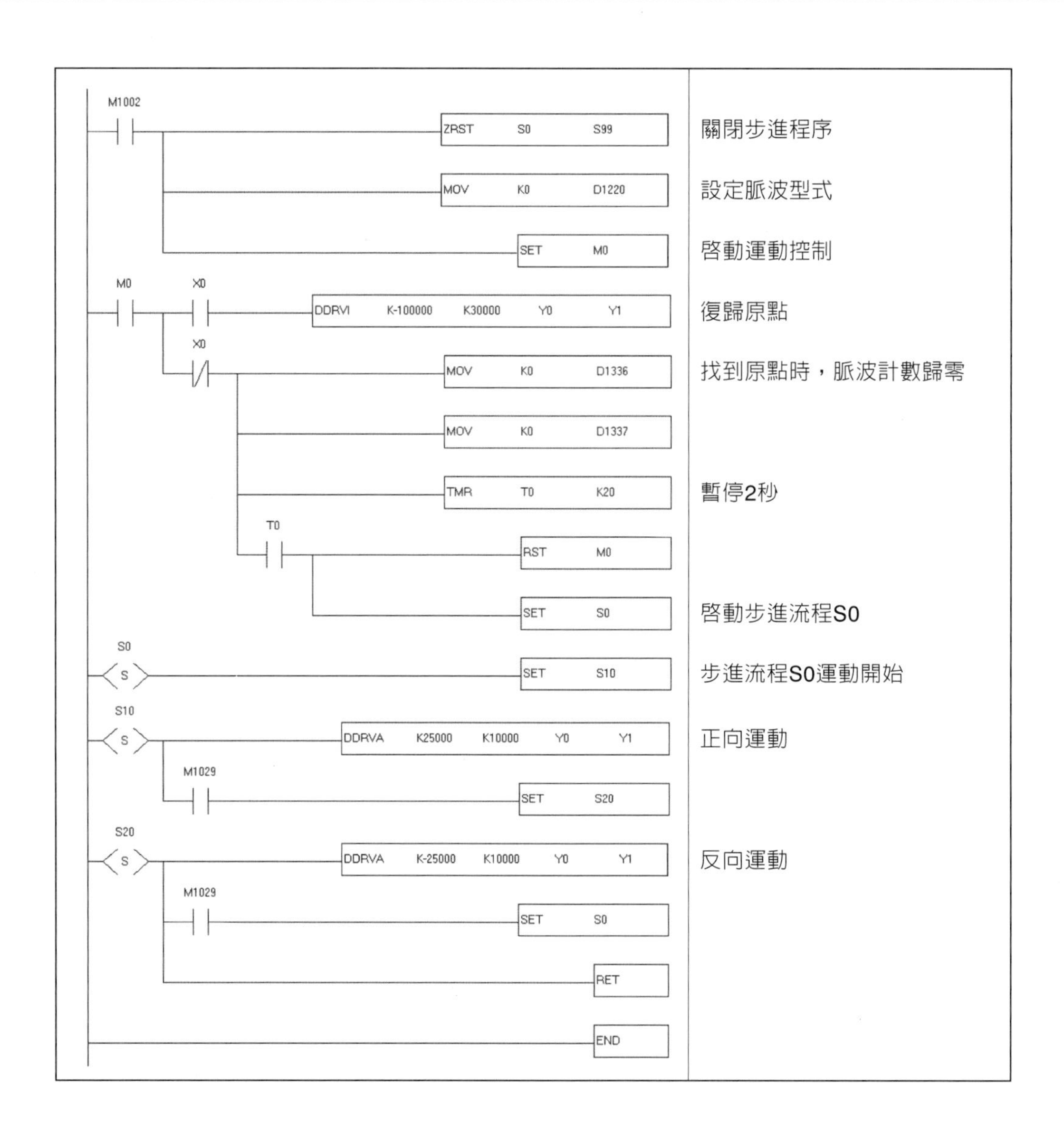


練習14-2

延續範例14-2，增加一個可程式數位輸入端子X1功能設定為正轉禁止極限（PL）；利用PL進行以正轉找正極限PL的方式作為原點復歸的基準。並以PL為基準，反轉50,000個脈波位置後將脈波計數器歸零作為原點；然後開始在+10,000與−10,000之間進行往復運動。

由於使用可程式控制器的外部輸入訊號必須設置實體電路，有地域、空間與成本的考量。如果可以利用先前所學習的人機介面控制裝置取代實體電路，除了降低成本外，也可以發展較完備的控制功能。

**範例14-3**

利用人機介面裝置連結可程式控制器，並在人機介面裝置上設立一個按鍵並設定其位元記憶體為可程式控制器上的M暫存器。利用M暫存器的狀態控制可程式控制裝置，使得按鍵為ON時，啓動伺服馬達進行往復運動；按鍵為OFF時，則控制伺服馬達停止運動。本範例必須使用電晶體型PLC。

要進行人機介面裝置、可程式控制器與伺服馬達的系統整合，必須先完成三者之間的硬體配線連結，如圖14-28所示。

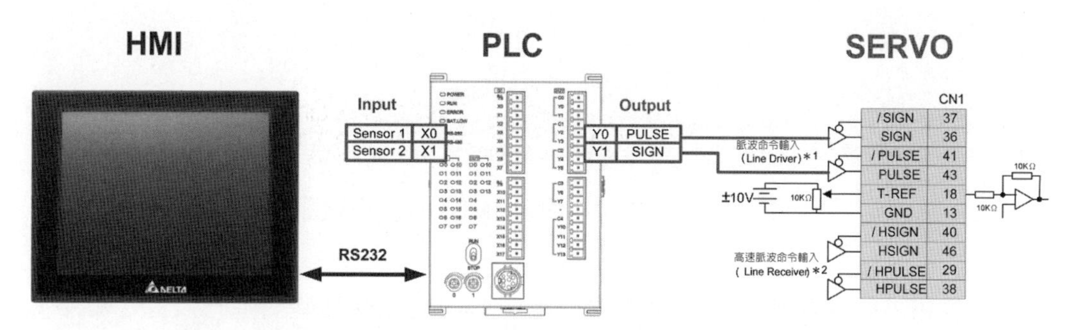


圖14-28　範例14-3中HMI、PLC與伺服馬達的整合配線圖

完成配線後，可以設定人機介面裝置與可程式控制器的通訊連線，利用RS232（9600,7,E,1）的格式連結兩個裝置。人機介面的通訊裝置如圖14-29所示。其中控制器須選擇Delta DVP PLC，以便利用ModBus ASCII的資料格式與PLC進行溝通。PLC的通訊則需要在程式中完成。

圖14-29　範例14-3中HMI與PLC的設定

至於PLC的程式部分，則可以利用範例14-2的程式為基礎進行設計，如下圖所示。

| 接點 | 指令 | 說明 |
| --- | --- | --- |
| M1002 | ZRST S0 S99 | 利用M1002進行初始化關閉步進程序 |
| | MOV K0 D1220 | 設定脈波型式 |
| | MOV H86 D1036 | 設定通訊格式 |
| | RST M1139 | |
| | SET M1138 | |
| M1 (上升沿) | SET M0 | 啓動運動控制 |
| M0, X0 | DDRVI K-100000 K30000 Y0 Y1 | 復歸原點 |
| X0 (常閉) | MOV K0 D1336 | 找到原點時，脈波計數歸零 |
| | MOV K0 D1337 | |
| | TMR T0 K20 | 暫停2秒 |
| T0 | SET S0 | 啓動步進流程S0 |
| | RST M0 | |
| S0 (S) | SET S10 | 步進流程S0運動開始 |
| S10 (S) | DDRVA K25000 K10000 Y0 Y1 | 正向運動 |
| M1029 | SET S20 | |
| S20 (S) | DDRVA K-25000 K10000 Y0 Y1 | 反向運動 |
| M1029 | SET S0 | |
| | RET | |
| M1 (下降沿) | ZRST S0 S99 | 停止往復運動 |
| | END | |

練習14-3

在人機介面裝置上設定一個數值顯示元件，擷取可程式控制器D1336特殊暫存器的資料，藉以顯示PLC第一組脈波CH0(Y0,Y1)輸出的現在值，也相當於伺服馬達所在的位置。

由範例14-3中可以學習到利用人機介面裝置取代實體電路的優勢，並且可以快速取得可程式控制器的參數以了解機具控制運動的狀態。使用者也可以利用人機介面透過通訊調整運動控制的參數，達到改變用運動控制的效果。

範例14-4

延續範例14-3在人機介面控制裝置中設定四個數值輸入元件，並設定其資料記憶體爲可程式控制器上的D暫存器。利用這四個資料暫存器的數值設定伺服馬達往復運動的範圍與速度。本範例必須使用電晶體型PLC。

延續前面的範例，可以設計一個人機介面畫面如圖14-30所示，新增加的四個數值輸入元件可以對應到可程式控制器的D30、D32、D34與D36暫存器記憶體位址。由於程式中使用的脈波數較高，所以應用指令DDRVA所需要的資料爲兩個字元的長度，因此所使用的數位輸入元件資料設定爲雙字元，每個數值輸入元件將占用雙字元。當設定使用D30時，將同時使用D31爲高字元資料，其餘元件以此類推。利用通訊設定，人機介面裝置將可以直接讀寫可程式控制器的暫存器資料，進而改變PLC的程式執行。

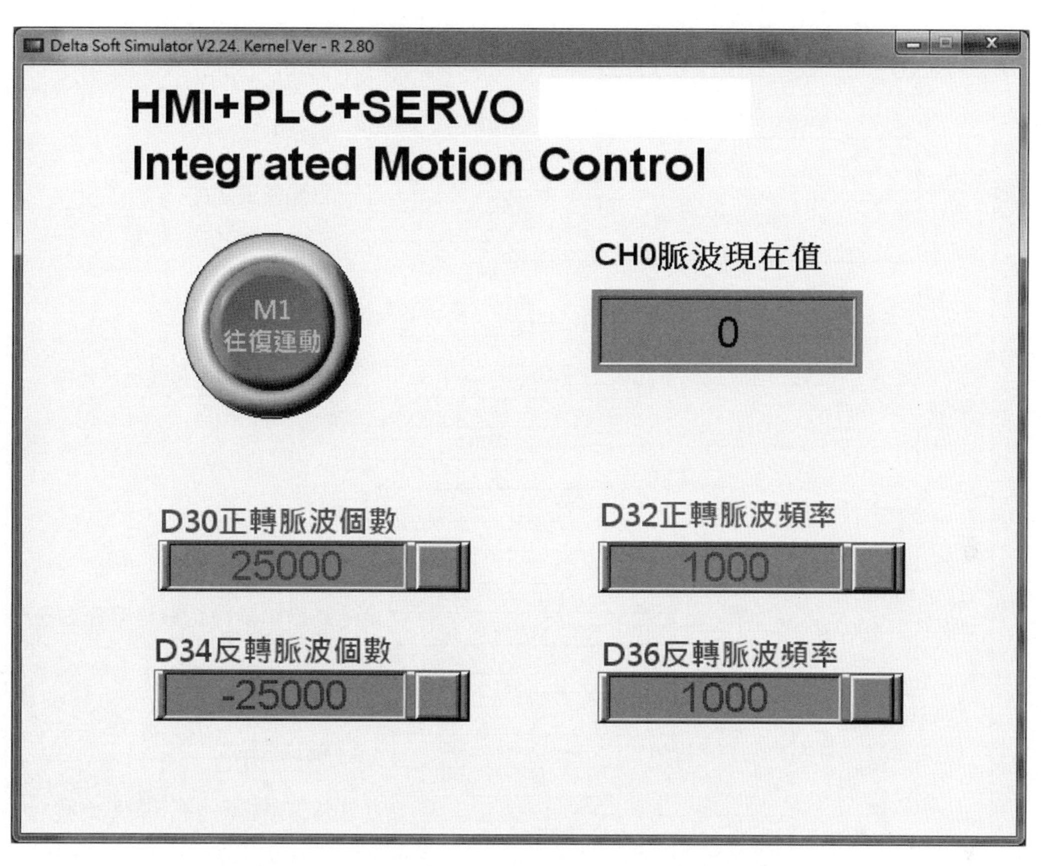


圖14-30　範例14-3中人機介面裝置的控制畫面設計

而在對應的可程式控制裝置中的程式，則可利用緩衝器的規劃，讓人機介面裝置的數值輸入資料暫存於緩衝器D30～D36；並於啓動運動控制時，將實際應用指令中的運動範圍與頻率加以更新，藉以避免運動中更改指令資料來源而造成不可預期的錯誤。PLC程式的範例如下圖所示。

| 接點 | 指令 | 說明 |
|---|---|---|
| M1002 | ZRST S0 S99 | 利用M1002進行初始化關閉步進程序 |
| | MOV K0 D1220 | 設定脈波型式 |
| | MOV H86 D1036 | 設定通訊格式 |
| | RST M1139 | |
| | SET M1138 | |
| | DMOV K25000 D30 | 設定運動控制緩衝器初始值 |
| | DMOV K10000 D32 | |
| | DMOV K-25000 D34 | |
| | DMOV K10000 D36 | |
| M1 | BMOV D30 D40 K8 | 將緩衝器設定搬移至運動控制參數來源 |
| | SET M0 | 啓動運動控制 |
| M0 X0 | DDRVI K-100000 K30000 Y0 Y1 | 復歸原點 |
| X0 | MOV K0 D1336 | 找到原點時，脈波計數歸零 |
| | MOV K0 D1337 | |
| | TMR T0 K20 | 暫停2秒 |
| T0 | SET S0 | 啓動步進流程S0 |
| | RST M0 | |
| S0 | SET S10 | 步進流程S0運動開始 |
| S10 | DDRVA D40 D42 Y0 Y1 | 正向運動 |
| M1029 | SET S20 | |
| S20 | DDRVA D44 D46 Y0 Y1 | 反向運動 |
| M1029 | SET S0 | |
| | RET | |
| M1 | ZRST S0 S99 | 停止往復運動 |
| | END | |

練習14-4

在人機介面控制裝置中設計配方，藉以儲存各種不同的運動位置與速度。修改PLC程式利用配方選項快速更改運動參數。

透過上述的範例與練習，相信讀者已經可以領略到基本的人機介面裝置、可程式控制器與伺服馬達控制器的系統整合基本概念。透過適當的訊號連結與偵測，可以快速且有效的執行各種自動控制的行為，達到工業生產設備自動化的目的。

人機介面裝置、可程式控制器與伺服馬達控制器所具備的功能遠超過本書所介紹的內容，讀者仍須利用廠商所提供的資料手冊進行大量閱讀，才能有效開發功能完善的應用程式。

# 伺服馬達的 PR 控制模式

CHAPTER 15

PR控制模式是台達ASDA-A2伺服馬達控制器所提供的一種新的伺服控制模式，可以在沒有上位控制裝置的情況下，將控制程序儲存在伺服馬達控制器，上電後由伺服控制器獨立執行伺服馬達運動控制。利用這種模式可以執行不需即時調整命令的伺服控制，適合應用在既成固定動作的產業設備上，例如一般工廠自動化生產線的機械運動控制。由於不需要上位機的設備與配線，可以大幅降低製造與維護的成本。而且廠商正不斷在PR模式的基礎上持續開發特定的控制功能，例如電子凸輪等等的進階伺服控制應用，可以更進一步降低各種應用的開發設計時程與成本，是新一代伺服控制的運用模式。

## 15.1 PR控制模式介紹

PR是程序（Procedure）的縮寫，是在這個模式下命令的最小單位，命令可由一個或多個程序組合而成。這些運動控制程序的觸發由設定爲CTRG的數位輸入端子DIx觸發啓動，而設定爲POS0～POS5的數位輸入端子DIx則用來指定觸發的程序編號。

已經觸發的程序執行完畢，可以自動觸發下一程序；程序編號可以手動設定，程序之間也可以設定延遲時間。

要將伺服馬達設定爲PR控制模式，必須將伺服馬達控制器參數P1-01設定爲1之後，使伺服馬達控制器斷電後再重新開機，設定的方式可以使用控制器面板或ASDASoft中的參數編輯器。

PR模式位置單位

PR模式的位置資料，全部以使用者單位PUU（Pulse of User Unit）表示，也代表上位機的位置單位。使用者單位PUU與驅動器內部位置單位的比例，即爲驅動器的電子齒輪比。兩者間的關係如下：

1. 驅動器的位置單位（Pulse）：編碼器單位，每轉1,280,000脈波（pulse/rev），固定不變。
2. 使用者單位（PUU）：上位機單位，若每轉爲P脈波（PUU/rev），則齒輪比須設定爲：

   GEAR_NUM(P1-44) / GEAR_DEN(P1-45) = 1280000/P

PR模式暫存器説明

1. PR模式的位置暫存器：全部以使用者單位PUU（Pulse of User Unit）表示。
2. 命令暫存器（監視變數064）：命令終點暫存器Cmd_E，表示位置命令終點的絕對座標。
3. 命令輸出暫存器（監視變數001）：Cmd_O，表示目前輸出命令的絕對座標。
4. 回授暫存器（監視變數000）：Fb_PUU，顯示馬達回授位置的絕對座標。
5. 誤差暫存器（監視變數002）：Err_PUU，等於命令輸出暫存器Cmd_O與回授暫存器Fb_PUU的誤差。任何時刻，不論運動中或停止，滿足Err_PUU = Cmd_O − Fb_PUU。

位置命令對上述暫存器的影響如表15-1所示。

表15-1　位置命令執行與PR模式暫存器關係

| 命令種類 | 命令下達時⇒ | ⇒命令執行中⇒ | ⇒命令完成時 |
|---|---|---|---|
| 絕對定位命令 | Cmd_E = 命令資料（絕對）<br>Cmd_O不變<br>DO：CMD_OK輸出OFF | Cmd_E不變<br>Cmd_O持續輸出<br>… | Cmd_E不變<br>Cmd_O = Cmd_E<br>DO：CMD_OK輸出ON |
| 增量定位命令 | Cmd_E = 命令資料（增量）<br>Cmd_O不變<br>DO：CMD_OK輸出OFF | Cmd_E不變<br>Cmd_O持續輸出<br>… | Cmd_E不變<br>Cmd_O = Cmd_E<br>DO：CMD_OK輸出ON |
| 中途停止命令<br>DI：STP下達 | Cmd_E不變<br>Cmd_O持續輸出<br>DO：CMD_OK輸出不變 | Cmd_E不變<br>Cmd_O依減速曲線停止 | Cmd_E不變<br>Cmd_O = 停止後位置<br>DO：CMD_OK輸出ON |
| 原點復歸命令 | Cmd_E不變<br>Cmd_O不變<br>DO：CMD_OK輸出OFF<br>DO：HOME輸出OFF | Cmd_E持續輸出<br>Cmd_O持續輸出<br>…<br>… | Cmd_E = Z的位置絕對座標<br>Cmd_O = 停止後位置<br>DO：CMD_OK輸出ON<br>DO：HOME輸出ON |
| 速度命令 | Cmd_E持續輸出。<br>Cmd_O持續輸出。速度命令完成時，代表速度達到設定值，並未停止。<br>DO：CMD_OK輸出OFF。 | | |
| 初進入PR（伺服OFF→ON或模式切換進入PR） | | Cmd_O = Cmd_E = 目前回授位置 | |
| 註：增量定位命令是依據命令終點Cmd_E來累加，與馬達目前位置無關，所以也與下達命令的時間無關。 | | | |

## PR模式編碼器Z原點復歸

編碼器Z原點復歸的目的，是將馬達編碼器的Z脈波位置連結到驅動器內部的座標計數器上，Z脈波對應的座標值可以指定。

Z原點復歸完成後，馬達停止的位置並不會在Z脈波的位置上，因爲找到Z脈波後必須減速停止，因此會依據減速曲線超出一小段距離，但Z的座標已經正確設定，不影響後續定位準確度。例如：指定Z脈波對應的座標值爲100，Z原點復歸完成後Cmd_O = 300，代表減速距離爲300 − 100 = 200（PUU）。由於Cmd_E = 100（Z的位置絕對座標），若要回到Z脈波的位置，只需要下達定位命令：絕對命令100或增量命令−200均可。

Z原點復歸完成後，可以自動執行指定的程序，藉以達到復歸後移動一段偏移量的功能。

Z原點復歸執行時，軟體極限暫時停止作用。

## PR模式提供的DI/DO與時序

在PR模式下，伺服控制器提供下列基本數位輸出入訊號做爲控制改變與狀態提示的輸出入訊號。

比較常用的DI信號包括： CTRG、SHOM、STOP、POS0～5、ORG、PL(CCWL)、NL(CWL)、EV1～4等等。它們的基本功能與設定如表15-2所示的說明。

表15-2　PR位置控制模式相關的基本DI輸入訊號

<table>
<tr><th>符號</th><th>DI設定值</th><th>數位輸入（DI）功能說明</th><th>觸發方式</th></tr>
<tr><td>CTRG</td><td>0x08</td><td>在內部位置暫存器模式時，選擇內部位置暫存器控制命令（POS0～POS5）後，此訊號觸發，馬達根據內部位置暫存器命令運轉。</td><td>正緣</td></tr>
<tr><td>SHOM</td><td>0x27</td><td>在內部位置暫存器模式下，需搜尋原點，此訊號接通後啓動搜尋原點功能（請參考參數P5-04之設定）。</td><td>正緣</td></tr>
<tr><td>STOP</td><td>0x46</td><td>馬達停止。</td><td>正緣</td></tr>
<tr><td>POS 0<br>POS 1<br>POS 2<br>POS 3<br>POS 4<br>POS 5</td><td>0x11～<br>0x13<br>0x1A～<br>0x1C</td><td>內部暫存器位置命令選擇（0～63）。
<table>
<tr><th>位置命令</th><th>POS5</th><th>POS4</th><th>POS3</th><th>POS2</th><th>POS1</th><th>POS0</th><th>CTRG</th><th>對應參數</th></tr>
<tr><td rowspan="2">原點復歸</td><td rowspan="2">0</td><td rowspan="2">0</td><td rowspan="2">0</td><td rowspan="2">0</td><td rowspan="2">0</td><td rowspan="2">0</td><td rowspan="2">↑</td><td>P6-00</td></tr>
<tr><td>P6-01</td></tr>
<tr><td rowspan="2">程序1</td><td rowspan="2">0</td><td rowspan="2">0</td><td rowspan="2">0</td><td rowspan="2">0</td><td rowspan="2">0</td><td rowspan="2">1</td><td rowspan="2">↑</td><td>P6-02</td></tr>
<tr><td>P6-03</td></tr>
<tr><td>～</td><td></td><td></td><td></td><td></td><td></td><td></td><td></td><td></td></tr>
<tr><td rowspan="2">程序50</td><td rowspan="2">1</td><td rowspan="2">1</td><td rowspan="2">0</td><td rowspan="2">0</td><td rowspan="2">1</td><td rowspan="2">0</td><td rowspan="2">↑</td><td>P6-98</td></tr>
<tr><td>P6-99</td></tr>
<tr><td rowspan="2">程序51</td><td rowspan="2">1</td><td rowspan="2">1</td><td rowspan="2">0</td><td rowspan="2">0</td><td rowspan="2">1</td><td rowspan="2">1</td><td rowspan="2">↑</td><td>P7-00</td></tr>
<tr><td>P7-01</td></tr>
<tr><td>～</td><td></td><td></td><td></td><td></td><td></td><td></td><td></td><td></td></tr>
<tr><td rowspan="2">程序63</td><td rowspan="2">1</td><td rowspan="2">1</td><td rowspan="2">1</td><td rowspan="2">1</td><td rowspan="2">1</td><td rowspan="2">1</td><td rowspan="2">↑</td><td>P7-26</td></tr>
<tr><td>P7-27</td></tr>
</table></td><td>準位</td></tr>
<tr><td>ORG</td><td>0x24</td><td>在內部位置暫存器模式下，搜尋原點時，此訊號接通後伺服將此點之位置當成原點（請參考參數P5-04之設定）。</td><td>正、負緣</td></tr>
<tr><td>PL</td><td>0x23</td><td>正向運轉禁止極限（b接點）。</td><td>準位</td></tr>
<tr><td>NL</td><td>0x22</td><td>逆向運轉禁止極限（b接點）。</td><td>準位</td></tr>
<tr><td>EV1～4</td><td>0x39～<br>0x3C</td><td>事件觸發命令#1～4（配合P5-98、P5-99設定方式）。</td><td>正、負緣</td></tr>
</table>

比較常用的DO信號包括：CMD_OK、MC_OK、TPOS、ALRM、CAP_OK、CAM_AREA等。它們的基本功能與設定如表15-3所示的說明。

表15-3 PR位置控制模式相關的基本DO輸出訊號

| 符號 | 設定值 | 數位輸出（DO）功能說明 | 觸發方式 |
|---|---|---|---|
| CMD_OK | 0x15 | PR位置命令完成，初進入PR模式，本信號ON！PR命令執行中，本信號OFF，命令執行完成，本信號ON！<br>本信號僅表示命令完成，不代表馬達定位完成，請參考TPOS訊號說明。 | 準位 |
| MC_OK | 0x17 | 當DO：Cmd_OK與TPOS皆爲ON時，輸出ON，否則爲OFF！見參數P1-48。 | 準位 |
| TPOS | 0x05 | 在位置模式下，當偏差脈波數量小於設定之位置範圍（參數P1-54設定值），此訊號輸出訊號。<br>在位置內部暫存器模式下，當設定目標位置與實際馬達位置相差之偏差值小於設定之位置範圍（參數P1-54設定值），此訊號輸出訊號。 | 準位 |
| ALRM | 0x07 | 當伺服發生警示時，此訊號輸出訊號（除了正反極限、通訊異常、低電壓、風扇異常）。 | 準位 |
| CAP_OK | 0x16 | CAP程序完成。 | 準位 |
| CAM_AREA | 0x18 | E-Cam的Master位置位於設定區域內。A2L機種不支援電子凸輪（E-Cam）功能。 | 準位 |

當伺服控制器執行程序時，將會有如圖15-1所示的基本數位輸出入訊號的時序關係產生。

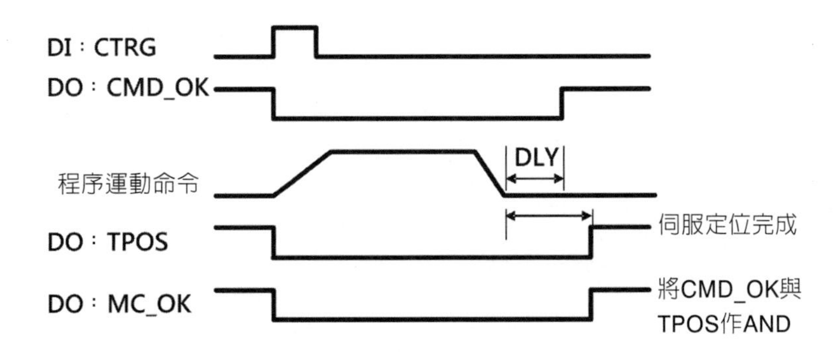


圖15-1 程序觸發與執行中數位輸出訊號時序圖

當使用者藉由POS0～POS05設定好即將要執行的程序編號後，即可利用設定爲數位輸入CTRG的DI端子產生一個ON的訊號；此時數位輸出設定爲CMD_OK的DO端子即會由ON變成OFF的狀態，並且在程序執行的過程中，例如位置的改變，保持爲OFF。如果程序執行完成後有另外加上延遲時間，則在延遲時間到達後CMD_OK會回復爲ON的狀態，這樣的訊號改變可以做爲程序是否正在執行的判斷依據。類似的輸出訊號還有TPOS與MC_OK，都可以作爲程序是否正在執行的判斷訊號。

在介紹程序編輯的相關資訊前，讓我們先了解一個程序所需要的一些基本或共通的參數設定。

#### PR模式共用參數設定

爲了降低程序編輯的複雜，所有的程序都會共用一些相關的運動參數，例如目標速度、加／減速時間與延遲時間等。這些共用參數的設定說明如下。

1. 目標速度：P5-60～P5-75，共16組。

| | 15～0Bit |
|---|---|
| W0 | TARGET_SPEED：0.1～6000.0(r/min) |

2. 加／減速時間：P5-20～P5-35，共16組。

| | 15～0Bit |
|---|---|
| W0 | T_ACC/T_DEC：1～65500(msec) |

註：DO：STP/EMS/NL(CWL)/PL(CCWL)停止所用的減速時間，是由P5-07參考本區定義。

3. 延遲時間：P5-40～P5-55，共16組。

| | 15～0Bit |
|---|---|
| W0 | IDLE：0～32767(msec) |

以上參數在所有一般程序中如果需要定義的話，即可以由上述各參數的16種設定中選擇一種使用，而不需要也不能各自定義。

## 15.2 PR模式命令觸發方式

PR模式共有64個命令程序，程序#0爲原點復歸，其餘（#1～#63）爲使用者定義的程序，觸發命令的方式歸納如下：

| | 命令源 | 使用說明 |
|---|---|---|
| 標準觸發 | DI：CTRG + POS0 ～ POS5 | 使用DI：POS0～POS5指定欲觸發的程序編號。<br>再以DI：CTRG的上升緣觸發PR命令。<br>適用場合：PC或PLC以DI方式下達命令。 |
| 專用觸發 | DI：STOP、SHOM | DI：STOP由OFF→ON時，命令中途停止。<br>DI：SHOM由OFF→ON時，開始原點復歸。 |
| 事件觸發 | DI：EV1～4 | DI：EV1～4的狀態改變作爲觸發的事件。<br>以參數P5-98設定由OFF→ON觸發的程序編號。<br>以參數P5-99設定由ON→OFF觸發的程序編號。<br>適用場合：連接感測器，觸發預設的程序。 |
| 軟體觸發 | P5-07 | 直接對P5-07寫入程序編號，即觸發命令。<br>面板／通訊（RS232/RS485/CANopen）皆可使用。<br>適用場合：PC或PLC以通訊方式下達命令。 |
| 其他 | CAP抓取完成觸發<br>E-Cam脫離觸發 | CAP抓取完成時，可觸發程序#50，由P5-39 X設定值Bit3啓動。<br>凸輪脫離時，回到PR模式，可觸發P5-88 BA設定值指定的程序。<br>A2L機種不支援電子凸輪（E-Cam）功能。 |

除了使用數位輸入端子觸發特定程序執行的方式之外，利用軟體觸發，也就是利用通訊方式改變P5-07暫存器的方式，可以讓伺服控制器藉由人機介面裝置或PLC等的上位機直接改變執行的程序，也是一種非常有效率的使用方式。特別是直接使用人機介面裝置便可以直接改變伺服馬達的運作，大幅降低設備製作與維護的成本，是未來伺服馬達使用的一個趨勢。

## 15.3 PR模式的程序編輯

PR模式的程序編輯可以分成兩種方式：手動的參數編輯以及視窗軟體介面的編輯模式。如果是單一程序的編輯和調整，可以根據後續章節的說明調整相對應的程序參數內容；但是由於PR模式的使用往往會是一連串的程序編輯，因此使用手動編輯的模式比較不容易看出前後程序間的相互關係。這時候，利用廠商所提供的視窗軟體介面進行程序的編輯，就可以較爲完整而且清楚地設定各個程序的所有參數，以及前後程序相互間的關係。

以台達ASDA-A2伺服馬達控制器爲例，就可以利用廠商所提供的ASDA-Soft軟體中的PR模式設定功能進行各個程序的編輯。使用者只要在開啓軟體之後，選擇功能列中的 圖示便可以開啓程序編輯的畫面，如圖15-2所示。

圖15-2　ASDA-Soft軟體的PR模式程序設定編輯視窗

在視窗左邊顯示的是跟程序相關的各種可設定項目，包括：

1. 速度、時間設定：各個程序共用的加減速時間、延遲時間與目標速度的設定。
2. 一般參數設定：馬達的電子齒輪比、軟體極限、自動保護的減速時間與事件觸發時的設定。
3. 原點設定：原點復歸模式、原點復歸速度設定與原點復歸定義。
4. PR模式設定：編號01～63的各個程序設定的選擇。

在視窗中間，則是根據使用者在左邊所選擇的程序或參數項目出現相對應的工作視窗，視窗中將會顯示各個程序或參數項目可以設定調整的參數。在視窗右邊則是可以讓使用者從視窗直接控制特定程序執行或停止的功能選項。藉由ASDASoft軟體的PR模式程序編輯視窗，可以快速編輯或者調整各個程序的參數內容。同時，軟體提供將相關程序從伺服控制器上傳和下載的功能，可以將控制器的內容在電腦上作備份或者是將先前儲存的參數設定下載到伺服控制器中作為備份。

以下將對軟體中各個編輯的項目做簡單說明：

速度、時間設定

1. 加減速時間：設定各個程序所共用16個加減速時間的選項，一旦在此設定相關的時間長度後，各個程序可以利用編號0～15選擇這些共用的加減速時間作為運動控制的設定。
2. 延遲時間：設定各個程序所共用16個延遲時間的選項，一旦在此設定相關的延遲時間後，各個程序可以利用編號0～15選擇這些共用的延遲時間作為程序執行完畢後與下一個程序之間的時間間隔。
3. 目標速度：設定各個程序所共用16個目標速度的選項，一旦在此設定目標速度後，各個程序可以利用編號0～15選擇這些共用的目標速度，作為程序執行時的目標速度或者是位置控制時移動的最大速度設定。

一般參數設定

1. 電子齒輪比：調整馬達編碼器與使用者脈衝命令之間的比例關係。請參見前一章參數P1-44與P1-45的說明。
2. 軟體極限：在PR模式下可藉由軟體設定的馬達運動範圍，正負方向可各設一個極限值。使用時，必須勾選作用的選項。
3. 自動保護的減速時間：在6個異常訊號發出時，控制馬達停止所設定的減速時間。
4. 事件觸發時的設定：在伺服馬達控制器可輸入的4個事件觸發，所需要執行的程序編號。

原點設定

1. 原點復歸模式：選擇復歸時的運動方向與尋找的訊號、設定參考原點的訊號，以及當復歸超出極限時的運動調整模式。
2. 原點復歸速度設定：原點復歸時兩階段的運動速度。
3. 原點復歸定義：
   (1) 路徑形式：設定原點復歸後所要繼續執行的程序編號；如果設定為0（STOP），則完成復歸後將停止馬達運動。

(2) 加速時間：原點復歸時運動的加速時間。

(3) 減速時間（第一、二段）：原點復歸時兩階段運動停止的減速時間。

(4) 延遲時間：完成原點復歸後，執行下一個程序前的延遲時間。

(5) 啓動模式：當電源開啓時，是否執行原點復歸的選擇。

(6) 原點値定義：原點訊號觸發時，馬達計數器設定値。

在完成原點設定的各項參數之後，可以利用視窗右邊的程序執行啓動與停止進行測試，只需要在程序編號中塡入0，便可以觀察伺服馬達實際的運動以確認原點復歸程序的設定是否正確。

### PR模式設定

除了原點復歸的程序編輯之外，使用者可以在視窗左邊的PR模式設定選項下，選擇任何一個編號的程序進行參數的編輯，以設定每一個程序的運動控制內容。

每一個程序的運動控制內容設定，首先要選擇程序的運動內容。選項包括前面所列出的TYPE路徑型式選項：

[1] SPEED定速控制。

[2] SINGLE定位控制，完畢則停止。

[3] AUTO定位控制，完畢則自動載入下一路徑。

[7] JUMP跳躍到指定的路徑。

[8] 寫入指定參數至指定路徑。

然後根據所選定的路徑型式，將會出現對應的可設定內容。使用者可以參考前面章節所說明的內容，逐一設定各個路徑形式的選項。

比較特別的是，除了路徑型式選項2與7之外，其他的選項都可以設定AUTO項目，也就是設定這個程序執行完後是否自動執行下一個編號的程序。當AUTO選項設定爲ON時，爲了讓使用者了解程序的執行將會自動的延續，視窗左邊的PR模式編輯選項符號中，將會有不同的圖形顯示，如圖15-3所示。其中符號T後面所顯示的數字代表程序所選用的路徑型式，例如1代表定速控制，2或3代表定位控制等。程序編號後面的藍色線條如果是直線，表示此程序執行後會自動執行下一個程序，亦即AUTO爲ON，如果是直線下有兩橫短線，如圖15-3中的PR#03，則此程序執行後將會停止。如果程序是設定爲程序跳躍的作用，則會顯示執行後會跳躍的目標程序編號，如圖15-3中的PR#04執行後會跳躍至PR#01。

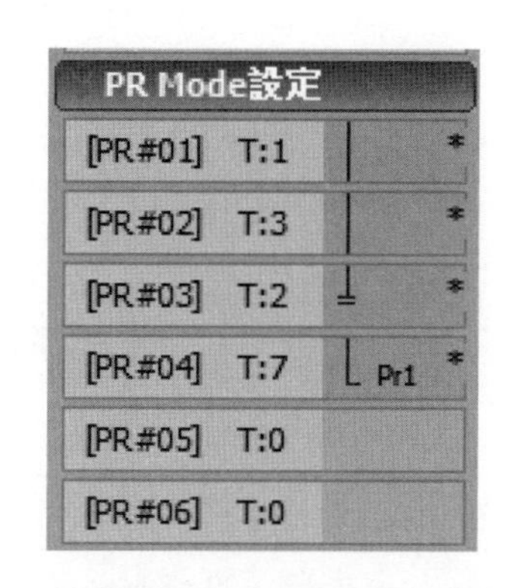


圖15-3　PR模式編輯自動執行狀態符號範例



完成各個程序的參數編輯之後，只要點選視窗最下方的下載符號，就會將所有編輯的內容下載儲存到所連結的伺服馬達控制器，接下來便可以利用視窗右邊的程序執行或停止的功能測試相關的程序內容。

## 15.4　PR模式程序的種類

PR模式的程序可以分成兩種：

1. 原點復歸（PR#00）。
2. 一般程序（PR#01～63）。

原點復歸是用來在開機或設定執行PR#00時，將伺服馬達的位置回歸到所要求的特定位置。這個特定位置可以藉由程序的設定，與連結外部感測器訊號的數位輸入端子配合進行特定位置的原點設定。實際的設定方式有三十餘種組合，將會在稍後的內容介紹。

一般程序主要是用來設定伺服馬達所需要執行的位置或速度改變，但是爲了執行較爲複雜的自動化機械運作，也可以利用程序進行程序的跳躍或參數改變等等的程序流程控制。

## 15.4.1 原點復歸

與原點復歸相關的路徑參數包括P5-00～P5-09，P6-00～P6-01，共12個雙字元（DWORD）參數。

| | 32Bit |
|---|---|
| P5-00 | 保留 |
| P5-01 | 保留（內部測試，請勿使用） |
| P5-02 | 保留（內部測試，請勿使用） |
| P5-03 | 自動保護的減速時間 |
| P5-04 | 原點復歸模式 |
| P5-05 | 第一段高速原點復歸速度設定 |
| P5-06 | 第二段低速原點復歸速度設定 |
| P5-07 | PR命令觸發暫存器 |
| P5-08 | 軟體極限：正向 |
| P5-09 | 軟體極限：反向 |
| P6-00 | 原點PATH定義 |
| P6-01 | 原點定義值（Z脈波位置） |

註：PATH（程序）。

原點復歸是所有自動化設備初始化設定時不可或缺的一個動作，是要將伺服控制器、馬達與機構做一個精準的原點設定。如果設備運動範圍小於馬達一圈的運動範圍，可以利用伺服馬達編碼器上的Z相位訊號作爲原點基準，再藉由伺服馬達高解析度的編碼器訊號，例如台達ASDA-A2系列每圈可產生1,280,000個脈衝訊號進行位置精確控制。

如果機械設備的運動範圍大於馬達一圈的運動範圍，雖然伺服控制器的定位計數器可以繼續累計，但是在初始定位，也就是原點復歸時，必須要藉由外部位置感測器，如光學或電磁感測器，完成初步機構定位後，再視需要利用馬達編碼器（Z相位訊號）進行精確的定位。這主要是避免設備斷電後再上電時，計數器內容可能無法保持正確紀錄所需要的校正措施。爲達到此目的，一般在機械設備上會安裝有機構運動的正極限與負極限感測器，作爲防止機構碰撞的訊號偵測，亦可以作爲原點復歸的初步基準訊號。如果機械設備的基準點距離正負極限感測器太遠而不適合作爲基準點時，可以另設一個初始點（ORG）的感測器作爲初步基準點訊號。正極限（PL）、負極限（NL）感測與初始點（ORG）的設定，可以在數位輸入端子的功能中，分別選擇0x22(NL)、0x23(PL)與0x24(ORG)設定即可作爲原點復歸的訊號來源。

因此，原點復歸的初始點選擇，可以在第一階段選擇正極限（PL）、負極限（NL）感測、初始點（ORG）或馬達編碼器的Z相位訊號。如果有需要的話，可以在第一階段選擇正極限（PL）、負極限（NL）感測、初始點（ORG）執行初步定位後，再更進一步地尋找馬達編碼器的Z相位訊號進行精確定位，而有兩階段的動作。在第二階段依據狀況可以選擇正向或反向尋找Z相位信號的馬達運動。而這些復歸模式的選擇，可以在參數P5-04中依需要定義。

| P5-04 | TFLHMOVT | 原點復歸模式 | 通訊位址：0508H<br>0509H |
|---|---|---|---|

| 初值 | 0 | 設定範圍 | 0～0x128 |
|---|---|---|---|
| 控制模式 | PR | 資料大小 | 16Bit |
| 單位 | - | 資料格式 | HEX |

P5-04原點復歸模式的選項如表15-4所示。

表15-4　P5-04原點復歸模式參數定義

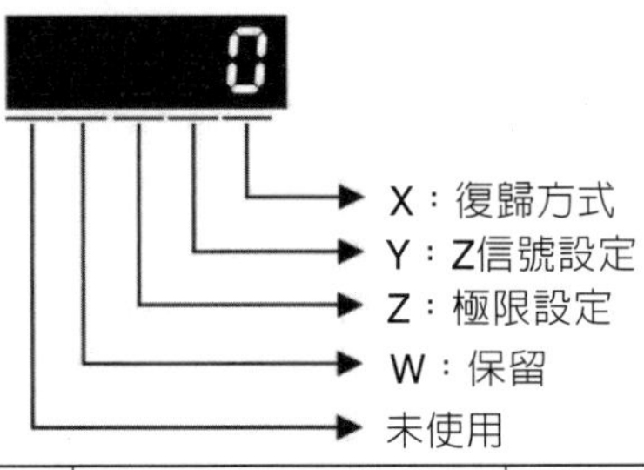


<table>
<tr><th>W</th><th>Z</th><th>Y</th><th>X</th></tr>
<tr><td>保留</td><td>極限設定</td><td>Z信號設定</td><td>復歸方式</td></tr>
<tr><td rowspan="10">-</td><td>0～1</td><td>0～2</td><td>0～8</td></tr>
<tr><td></td><td rowspan="4">Y=0：返回找Z<br>Y=1：不返回找Z<br>（往前找Z）<br>Y=2：一律不找Z</td><td>X = 0：正轉方向原點復歸PL做爲復歸原點</td></tr>
<tr><td></td><td>X = 1：反轉方向原點復歸NL做爲復歸原點</td></tr>
<tr><td rowspan="6">遭遇極限時：<br>Z = 0：顯示錯誤<br>Z = 1：方向反轉</td><td>X = 2：正轉方向原點復歸ORG：OFF→ON做爲復歸原點</td></tr>
<tr><td>X = 3：反轉方向原點復歸ORG：OFF→ON做爲復歸原點</td></tr>
<tr><td rowspan="2"></td><td>X = 4：正轉直接尋找Z脈波作爲復歸原點</td></tr>
<tr><td>X = 5：反轉直接尋找Z脈波作爲復歸原點</td></tr>
<tr><td rowspan="2">Y = 0：返回找Z<br>Y = 1：不返回找Z<br>（往前找Z）<br>Y = 2：一律不找Z</td><td>X = 6：正轉方向原點復歸ORG：ON→OFF做爲復歸原點</td></tr>
<tr><td>X = 7：反轉方向原點復歸ORG：ON→OFF做爲復歸原點</td></tr>
<tr><td></td><td></td><td>X = 8：直接定義原點以目前位置當作原點</td></tr>
</table>

例如：當P5-04中的X設爲0時，不同Y值的設定將會有如圖15-4的馬達運動。

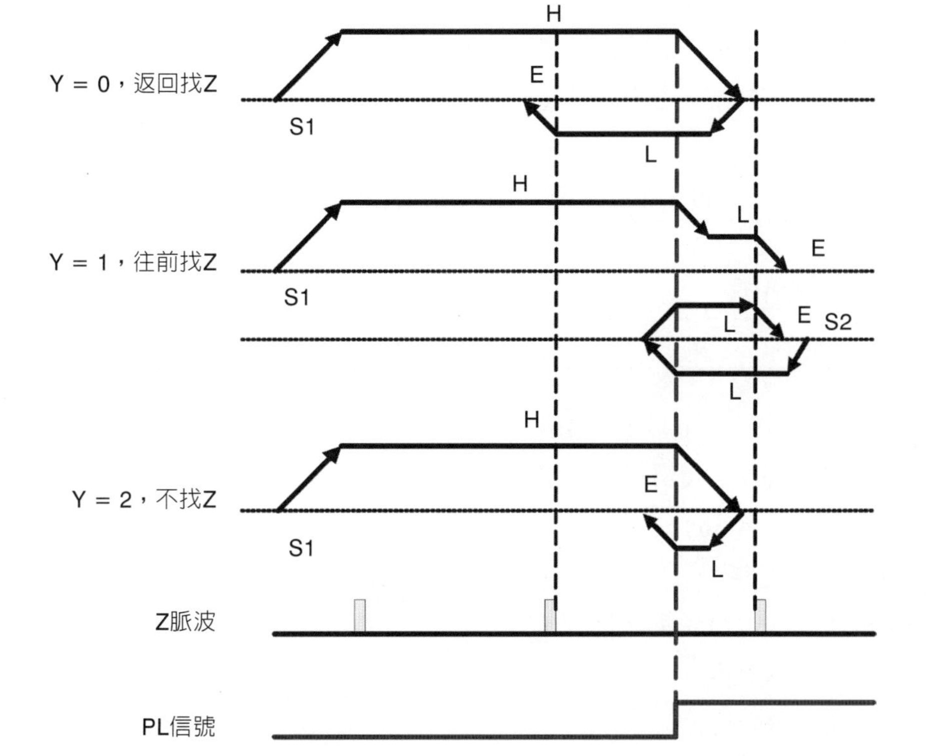


圖15-4　以PL輸入與編碼器Z信號為目標的原點復歸運動

圖15-4中，P5-04的X設爲0時，馬達會正轉找PL（正極限）信號，所以第一種運動因爲設定Y = 0，當發現PL信號由OFF→ON時，會反轉找編碼器Z信號。一般在速度設定上，第一階段會以較高速度尋找PL；而第二階段則以低速尋找編碼器Z信號，以免停止時有過多偏移。即便不是停在編碼器Z信號所在位置，計數器的原點設定也已經在編碼器Z信號發生時設定完成；如有必要，可以執行一個後續程序移動位置到原點即可。

同樣地，當設定Y = 1時，當發現PL信號由OFF→ON時，會繼續正轉找編碼器Z信號。此時可以觀察到，設定Y = 0與Y = 1所定義的原點剛好相差馬達旋轉一圈的位移；此外，當設定Y = 1時，第二階段尋找編碼器Z信號時，不會受到PL極限信號的影響而停止。如果馬達的起始位置S2在PL極限爲ON的範圍時，將會造成馬達先反轉至PL爲OFF的位置後，再重新正轉找PL信號，然後繼續第二階段尋找編碼器Z信號。最後，當設定Y = 2時，PL信號由OFF→ON時，馬達會減速停止，然後以低速反轉直到PL信號由ON→OFF後減速停止。

其他不同的原點復歸模式設定組合，可以利用圖15-4的範例參考比照，差異只是所尋找的第一階段與第二階段（如果有設定的話），信號依設定而有所不同而已。

使用原點復歸時，首先要定義參數P6-00～P6-01，其定義如下。

原點復歸定義：P6-00 ～ P6-01（64 Bit），共1組。

| Bit | 31～28 | 27～24 | 23～20 | 19～16 | 15～12 | 11～8 | 7～4 | 3～0 |
|---|---|---|---|---|---|---|---|---|
| DW0 | BOOT | - | DLY | - | DEC1 | ACC | PATH | BOOT |
| DW1 | ORG_DEF (32Bit) | | | | | | | |

PATH（程序）：0～3F（6Bit）。

00（Stop）：復歸完成，停止。

01～3F（Auto）：復歸完成，執行指定的路徑為1～63。

ACC：加速時間。

DEC1：第1/2段減速時間。

DLY：延遲時間。

BOOT：啓動模式。

當Power ON時：

0：不做原點復歸。

1：開始原點復歸（第一次Servo ON）。

ORG_DEF：原點定義的座標值，原點的座標不一定是0，可於校正後給予一個初始值。

原點復歸後的歸零修正或偏移定位

由於機械設備本身會有一個慣量，所以當伺服控制器完成原點復歸後，亦即找到原點後（Sensor或Z）必須減速停止，停止的位置一定會超出原點一小段距離。如果機械設備的初始位置需要拉回至原點，可以將P6-00參數中的PATH參數做適當的設定以執行一個一般程序改變位置至原點即可。

若不拉回，則P6-00參數中PATH設為0即可。

若要拉回，則P6-00參數中PATH設定為特定位置控制程序的編號，並設定絕對定位命令 = ORG_DEF即可。

如果有設定拉回原點的後續程序，則伺服馬達運動將如圖15-5所示。其中CMD_O

爲拉回程序的起始位置，CMD_E爲拉回程序的終點位置，也就是原點所在的絕對位置（ORD_DEF）。

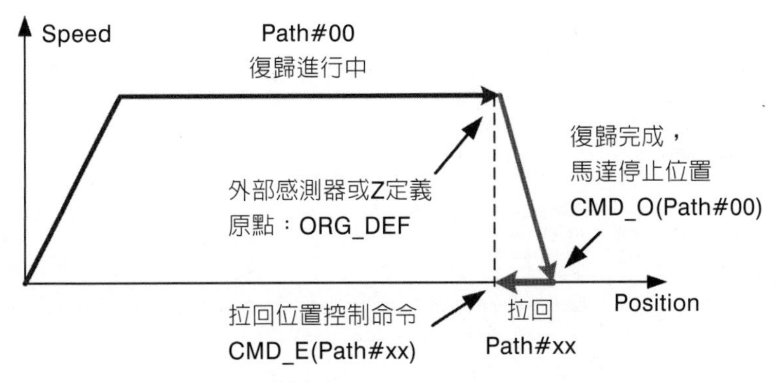


圖15-5　原點復歸後拉回原點的復歸程序



範例15-1

將伺服馬達的數位輸入接點DI2設定爲初始點ORG，DI3設定爲正轉禁止極限PL。利用ASDASoft軟體，設定P5-04參數與PR#00使馬達可以於啓動後自動進行下列模式的原點復歸：

1. 正轉找ORG。
2. 返回找Z。
3. 過程中如觸發PL極限信號時，方向反轉。

檢驗PR模式的設定並觀察馬達運動。測試不同起始位置，例如將起始位置放置於ORG與PL信號感測器中間，觀察其運動變化。

爲完成上述控制程序，在原點復歸的PR#00程序編輯時可以參考圖15-6的參數設定。除此之外，因爲程序中是以兩階段式的原點復歸設定執行，所以必須要注意將第二階段的速度放慢，以減少結束時的位置超越量。

設定完成後，可以藉由PR模式視窗右邊執行控制區塊設定PR#00後執行並觀察馬達變化。如果結束時有位置超越量，可以在稍後利用一般程序的位置控制加以修正。但此時計數器的基準値已按照程序設定，在Z信號的邊緣觸發時設定完成。控制器面板所顯示的位置是因超越量所造成的位置偏移，並非設定誤差。

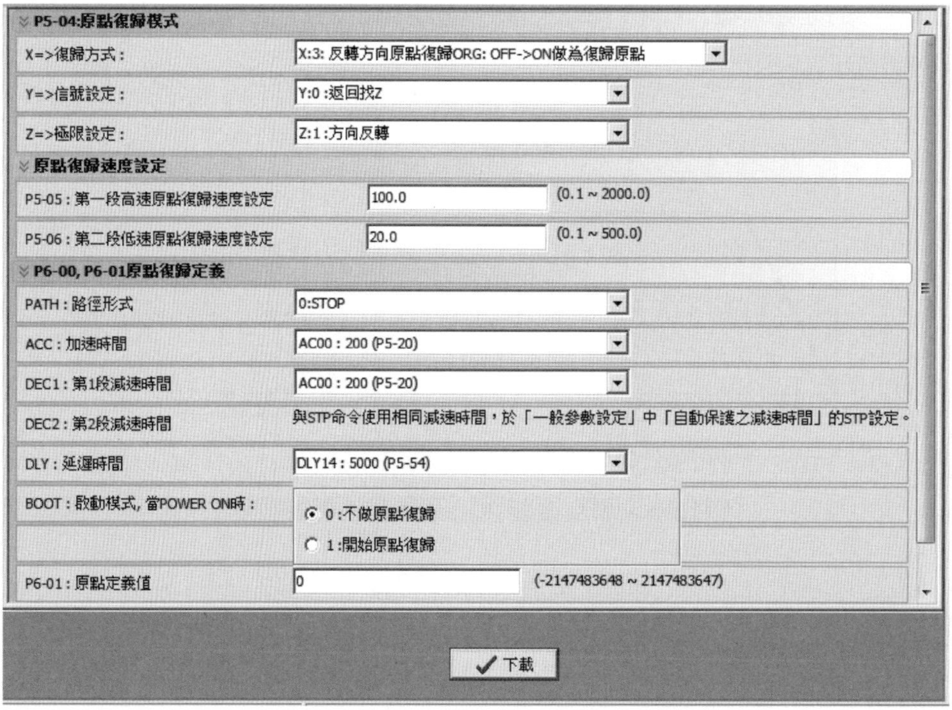

P5-04:原點復歸模式
X=>復歸方式： X:3: 反轉方向原點復歸ORG: OFF->ON做為復歸原點
Y=>信號設定： Y:0 :返回找Z
Z=>極限設定： Z:1 :方向反轉
原點復歸速度設定
P5-05：第一段高速原點復歸速度設定 100.0 (0.1 ~ 2000.0)
P5-06：第二段低速原點復歸速度設定 20.0 (0.1 ~ 500.0)
P6-00, P6-01原點復歸定義
PATH：路徑形式 0:STOP
ACC：加速時間 AC00 : 200 (P5-20)
DEC1：第1段減速時間 AC00 : 200 (P5-20)
DEC2：第2段減速時間 與STP命令使用相同減速時間，於「一般參數設定」中「自動保護之減速時間」的STP設定。
DLY：延遲時間 DLY14 : 5000 (P5-54)
BOOT：啟動模式, 當POWER ON時： 0 :不做原點復歸 / 1 :開始原點復歸
P6-01：原點定義值 0 (-2147483648 ~ 2147483647)
下載

圖15-6　範例15-1原點復歸程序的參數設定畫面

從範例15-1中的馬達運動可以觀察到，使用PR模式的原點復歸可以精確快速地將馬達初始位置復歸到精確的位置，而且其重複性與精確度非常高，顯示伺服馬達控制器的控制效能是非常優異的。因此，當使用PR模式時，系統就不需要使用如PLC控制器之類的上位機，而可以依賴控制器本身的PR模式功能即可完成精確的位置控制要求。

## 15.4.2　一般程序

除了PR#00（P6-00～01）所定義的原點復歸程序外，其他所有的速度、位置、程序跳躍或參數改變皆可以使用一般程序定義。使用時只需利用數位輸入端子對應的POS0～POS5與CTRG觸發，或使用通訊設定P5-07參數所需要執行的程序編號即可。程序共計有63個，編號為PR#01～63；每個程序的定義需要兩個雙字元（Double Word），共使用P6-02 ～ P7-27，其中PR#01使用P6-02～03，PR#02使用P6-04～05……，以此類推。

每組程序的定義包括：

程序定義：P6-02～P7-27（每一程序占2個字元，即64 Bit），共63組（2N）。

| Bit | 31～28 | 27～24 | 23～20 | 19～16 | 15～12 | 11～8 | 7～4 | 3～0 |
|---|---|---|---|---|---|---|---|---|
| DW0 | … | … | … | … | … | … | … | TYPE |
| DW1 | DATA (32Bit) | | | | | | | |

每一程序，占2個雙字元，由TYPE決定程序型式或功能，DATA爲資料，其他爲輔助資訊。根據TYPE的定義，每一個程序將會有不同的功能，而功能執行的內容則由DATA做進一步的定義。

TYPE路徑型式（3～0Bit）包含下列的選項：

1：SPEED定速控制。

2：SINGLE定位控制，完畢則停止。

3：AUTO定位控制，完畢則自動載入下一路徑。

7：JUMP跳躍到指定的路徑。

8：寫入指定參數至指定路徑。

其他的選項暫時未定義，應避免使用。

定速控制

| Bit | 31～28 | 27～24 | 23～20 | 19～16 | 15～12 | 11～8 | 7～4 | 3～0 |
|---|---|---|---|---|---|---|---|---|
| DW0 | - | - | DLY | - | DEC | ACC | OPT | 1 |
| DW1 | DATA (32Bit)：目標速度SPD；UNIT：由OPT.UNIT定義 | | | | | | | |

註：TYPE = 1。

當程序設定爲定速控制時，執行時將會控制伺服馬達在設定的速度穩定旋轉。執行本命令時，將由目前速度（不一定是0）開始加速（或減速），一旦到達目標速度則命令完成；完成後命令以該速度持續輸出，伺服馬達並不會停止。

與SPEED定速控制相關的參數說明如下。

| OPT選項 | | | |
|---|---|---|---|
| 7 | 6 | 5 | 4Bit |
| - | UNIT | AUTO | INS |

註：可接受DI：STP停止與軟體極限。

INS：本程序執行時，插入前一程序。

AUTO：速度到達等速區，則自動載入下一路徑。

UNIT：0：單位為0.1r/min。

1：單位為PPS（Pulse Per Second）。

ACC/DEC：0～F，加／減速度時間編號（4Bit）

依據設定的編號選擇P5-20～P5-35所設定的加／減速度時間進行伺服馬達的速度調整。編號為0時，選擇P5-20參數所設定的加／減速度時間。

SPD：0～F，目標速度編號（4Bit）

依據設定的編號選擇P5-60～P5-75所設定的目標速度進行伺服馬達的速度調整。編號為0時，選擇P5-60參數所設定的目標速度完成速度的調整控制。

DLY：0～F，延遲時間編號（4Bit），本路徑執行延遲後才有輸出碼。

依據設定的編號選擇P5-40～P5-55所設定的延遲時間在完成伺服馬達的速度調整後，延遲所設定的時間才產生動作完成的輸出碼。編號為0時，選擇P5-40參數所設定的延遲時間。延遲時間中，其他程序的插入INS要求無效。

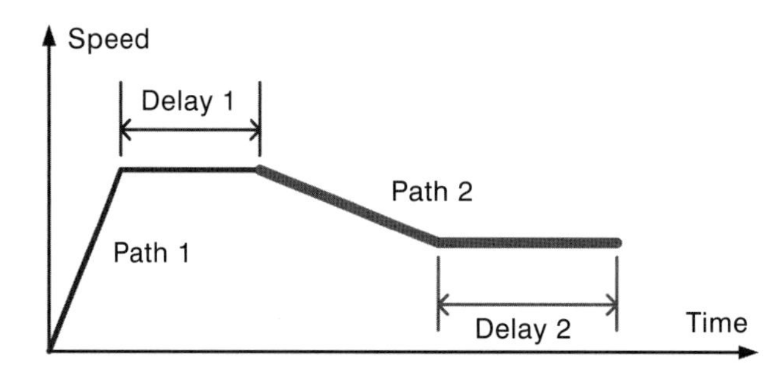


圖15-7　程序間的延遲時間作用圖

範例15-2

利用ASDASoft軟體，先進行範例15-1的原點復歸後，設定兩個速度控制的一般程序使伺服馬達可以進行下列運動：

1. 以5RPM的等速運動正轉5秒。
2. 然後以10RPM的等速運動反轉5秒後停止。

爲完成範例15-2的要求，可以根據圖15-8的參數設定完成三個速度控制程序的設計，並且使其自動執行下一個步驟。特別要注意到延遲時間的設定所指定的是到達目標速度後與下一步驟自動執行的延遲時間。所以範例中所要求的5秒，可以藉此完成。

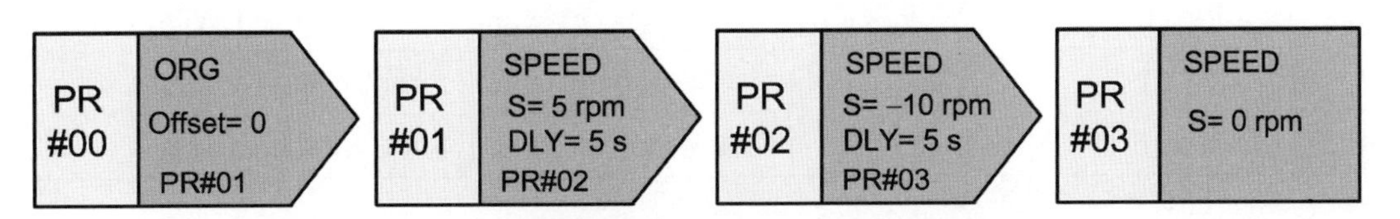


圖15-8　範例15-2相關PR模式程序之設定

範例要求馬達最終必須停止，所以要加上第三個速度控制程序，並定義其速度爲零，而使馬達停止。雖然可以使用稍後將介紹的改變參數程序將常用的P2-30參數設定變更爲0造成馬達停止，但這個方式會使馬達脫磁而無法控制或抵抗外部負載，且無法在重新激磁前（P2-30 = 1）繼續進行馬達控制。

定位控制

| | 31～28 | 27～24 | 23～20 | 19～16 | 15～12 | 11～8 | 7～4 | 3～0Bit |
|---|---|---|---|---|---|---|---|---|
| DW0 | - | - | DLY | SPD | DEC | ACC | OPT | 2或3 |
| DW1 | DATA (32Bit)：目標位置；使用者單位：Pulse of User Unit | | | | | | | |

註：TYPE = 2，完畢則停止；TYPE = 3，完畢則自動執行下一程序。

當程序設定爲定位控制時，執行時將會控制伺服馬達移動到所設定的位置。執行本命令時，將由目前位置以設定的加速時間開始加速，一旦到達目標速度則維持定速移動；於到達目標位置前以設定的減速時間減速停止，伺服馬達於到達目標位置時停止。

與定位控制相關的參數說明如下。

| OPT選項 | | | | |
|---|---|---|---|---|
| 7 | 6 | 5 | 4 Bit | 說明 |
| CMD | | OVLP | INS | |
| 0 | 0 | - | - | 絕對定位命令：Cmd_E = DATA |
| 1 | 0 | | | 增量定位命令：Cmd_E = Cmd_E + DATA |
| 0 | 1 | | | 相對定位命令：Cmd_E = 目前回授 + DATA |
| 1 | 1 | | | CAP定位命令：Cmd_E = CAP位置 + DATA |

註：可接受DI：STP停止與軟體極限。

INS：本程序執行時，插入前一程序。

OVLP：允許下一程序重疊。重疊時，DLY請設0。

CMD：位置命令終點（Cmd_E）的計算方式如下：

00：位置命令終點，直接指定爲DATA。

01：位置命令終點由上一次命令終點（監視變數40h），加上指定的增加量 DATA。

10：位置命令終點由目前位置回授（監視變數00h），加上指定的增加量 DATA。

11：位置命令終點由CAP抓取位置（監視變數2Bh），加上指定的增加量 DATA。

範例15-3

利用ASDASoft軟體，設定兩個程序使伺服馬達可以進行下列運動程序：

1. 原點復歸：正轉找PL信號後，返回找編碼器Z信號並設定原點位置爲0。
2. 移動到絕對位置爲20,000的位置，延遲5秒。
3. 移動到相對距離−50,000的位置後停止。

爲完成範例15-3的要求，可以根據圖15-9的參數設定完成原點復歸與兩個位置控制程序的設計，並且使得第一個程序結束後自動執行下一個程序。第二個位置控制程序則選擇執行後停止，所以在執行後馬達會停止不動，但是仍保持激磁狀態；如果需要進行其他馬達控制動作，則必須依賴其他的觸發訊號或事件，或者以通訊直接設定P5-07才會使馬達作動。設定中的延遲時間所指定的是到達目標位置後與下一步驟自動執行的延遲時間，所以範例中所要求的5秒，可以藉此完成。

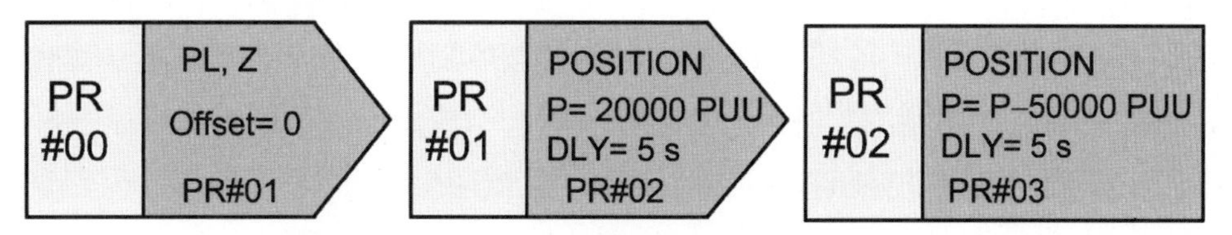


圖15-9　範例15-3相關PR模式程序之設定



程序跳躍

| | 31～28 | 27～24 | 23～20 | 19～16 | 15～12 | 11～8 | 7～4 | 3～0Bit |
|---|---|---|---|---|---|---|---|---|
| DW0 | - | - | DLY | - | FUNC_CODE | - | OPT | 7 |
| DW1 | PATH_NO (0～63) | | | | | | | |

註：TYPE = 7，JUMP TO PATH跳躍到指定的程序值。

PATH_NO：跳躍的目標程序編號。

FUNC_CODE：保留。

DLY：跳躍後延遲時間。

當程序設定為程序跳躍時，執行時將會跳躍到指定編號的程序值繼續執行指定的程序。本命令執行程序跳躍時，將延遲所設定的延遲時間後自動執行指定編號的程序。

| OPT選項 | | | |
|---|---|---|---|
| 7 | 6 | 5 | 4Bit |
| - | - | - | INS |

範例15-4

利用ASDASoft軟體，設定兩個程序使馬達可以進行下列運動：

1. 正轉找PL信號後，返回找編碼器Z信號並設定原點位置為0。
2. 移動到絕對位置為20,000的位置，延遲5秒。
3 移動到相對距離−50,000的位置後停止3秒。
4. 設定上述程序2～3動作為循環的往復運動。

爲完成範例15-4的要求，可以參考圖15-10的參數設定完成原點復歸與兩個位置控制程序的設計。然而因爲接下來要進行反復運動，所以在沒有上位機的情形下，可以使用程序跳躍的模式，於移動到−50,000的位置控制程序完成後，加入一個指定跳躍至步驟2的程序，這樣的設計，將會使得步驟2～4成爲一個循環的動作程序，直到有其他的觸發訊號造成控制器執行其他程序而停止上述程序的循環。

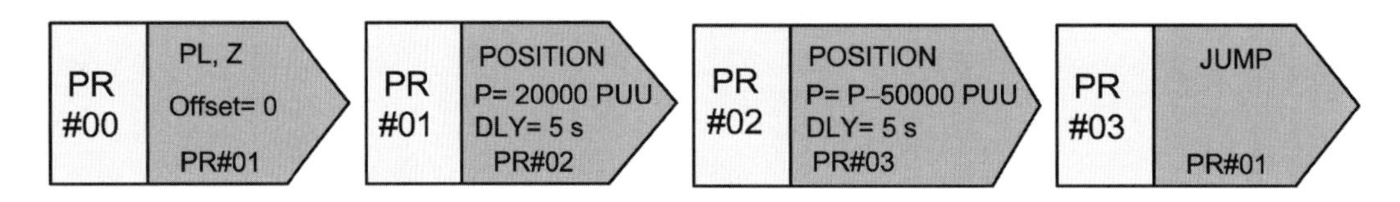


圖15-10　範例15-4相關PR模式程序之設定

寫入指定參數

| | 31～28 | 27～24 | 23～20 | 19～16 | 15～12 | 11～8 | 7～4 | 3～0Bit |
|---|---|---|---|---|---|---|---|---|
| DW0 | 0 | S_D | DLY | DESTINATION | | | OPT | 8 |
| DW1 | SOURCE | | | | | | | |

註：TYPE = 8，WRITE 1 PARAMETER寫入指定的參數。

DLY：寫入後延遲時間。

S_D：資料來源及寫入目的位置形式指定。

DESTINATION：寫入目的設定。

SOURCE：資料來源設定。

當程序設定爲寫入指定的參數時，執行時將會把設定的數值寫入指定的參數。本命令執行時，將延遲所設定的延遲時間寫入指定參數的數值。

| S_D指定選項 | | | | | |
|---|---|---|---|---|---|
| 27 | 26 | 25 | 24Bit | 說明 | |
| 來源 | | 保留 | 目標 | 資料來源 | 寫入目標 |
| 0 | 0 | 0 | 0 | 常數 | 參數Px-xx |
| 0 | 1 | | 0 | 參數Px-xx | 參數Px-xx |
| 1 | 0 | | 0 | 資料陣列 | 參數Px-xx |
| 1 | 1 | | 0 | 監視變數 | 參數Px-xx |
| 0 | 0 | | 1 | 常數 | 資料陣列 |
| 0 | 1 | | 1 | 參數Px-xx | 資料陣列 |
| 1 | 0 | | 1 | 資料陣列 | 資料陣列 |
| 1 | 1 | | 1 | 監視變數 | 資料陣列 |

註：保留（Bit 25）不爲0，則產生警告訊息AL213。

| OPT選項 | | | |
|---|---|---|---|
| 7 | 6 | 5 | 4Bit |
| - | ROM | AUTO | INS |

註：1. 韌體V1.013（以前）：寫入的參數若爲斷電保持型，會將新的參數值寫入EEPROM，頻繁的寫入會造成EEPROM壽命提早耗盡，使用上必須注意！
2. 韌體V1.013（含以後）：利用PR寫入參數（TYPE=8）均不會將新的參數值寫入EEPROM，因此不會造成EEPROM壽命提早耗盡，使用上可不必擔心！
由於PR程序寫參數的目的，通常是開／關或調整某項功能（例：對不同定位命令調整位置控制比例增益P2-00），這程序不會只做一次，通常在機器運轉中會一直反覆做此動作，若都寫入EEPROM中，長期下來，會導致EEPROM壽命耗盡。

INS：本路徑執行時，插入前一路徑。

AUTO：本路徑執行完畢，則自動執行下一路徑。

ROM：1表示設定同時寫入EEPROM（支援寫入目的爲參數部分，寫入目的爲資料陣列則不會寫入EEPROM）。

| | DESTINATION | | |
|---|---|---|---|
| | 19～16 | 15～12 | 11～8Bit |
| DEST＝0時表示參數Px-xx | P_Grp | P_Idx | |
| DEST＝1時表示資料陣列 | Array_Addr | | |

P_Grp、P_Idx：指定參數的群組與編號。例如，P5-03，P_Grp = 5，P_Idx = 3。

Array_Addr：指定資料陣列的位置。

<table>
<tr><td rowspan="2"></td><td colspan="8">SOURCE</td></tr>
<tr><td>31～28</td><td>27～24</td><td>23～20</td><td>19～16</td><td>15～12</td><td>11～8</td><td>7～4</td><td>3～0Bit</td></tr>
<tr><td>SOUR = 00<br>表示常數</td><td colspan="8">Para_Data</td></tr>
<tr><td>SOUR = 01<br>表示參數Px-xx</td><td colspan="5">保留（0x0000 0）</td><td>P_Grp</td><td colspan="2">P_Idx</td></tr>
<tr><td>SOUR = 10<br>表示資料陣列</td><td colspan="5">保留（0x0000 0）</td><td colspan="3">Array_Addr</td></tr>
<tr><td>SOUR = 11<br>表示監視變數</td><td colspan="6">保留（0x0000 00）</td><td colspan="2">Sys_Var</td></tr>
</table>

註：當保留（Rsvd）不為0時，則顯示警告訊息AL213；P_Grp超出範圍，則顯示警告訊息AL207；P_Idx超出範圍，則顯示警告訊息AL209；Array_Addr超出範圍，則顯示警告訊息AL213；Sys_Var超出範圍，則顯示警告訊息AL231。若寫入參數動作失敗，將導致異警AL213～219，AUTO後續PR將不執行。

Para_Data：寫入的常數資料。

P_Grp、P_Idx：指定參數的群組與編號。

Array_Addr：指定資料陣列的位置。

Sys_Var：監視參數代碼，設定可參考P0-02參數說明。

## 15.5 前後程序的執行關係

程序模式執行時，前後程序執行間可以設定插斷（INS）前一程序或重疊（OVLP）下一程序的關係，作為程序間執行優先的選項。

1. 每一程序可以設定插斷（前一程序）與重疊（下一程序）。
2. 插斷優先權高於重疊。

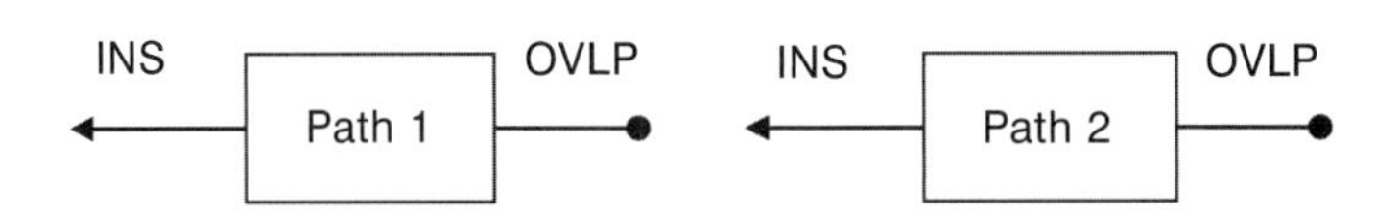

| PATH 1 | PATH 2 | 關係 | OUT輸出 | 備註 |
|---|---|---|---|---|
| OVLP = 0 | INS = 0 | 依序 | DLY 1 | PATH 1/2可爲速度／位置任意組合 |
| OVLP = 1 | INS = 0 | 重疊 | NO DLY | PATH 2爲SPEED不支援重疊 |
| OVLP = 0<br>OVLP = 1 | INS = 1 | 插斷 | 無 | PATH 1/2可爲速度／位置任意組合 |

PR模式程序執行切換

根據程序編輯的順序、延遲、插斷與重疊的設定，程序間的執行切換可以分爲下列幾種形式：

1. 內部依序

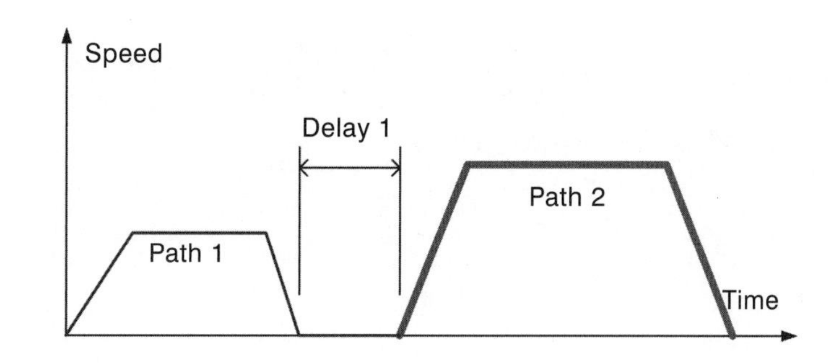


Path 1：位置命令，爲AUTO，有設定DLY。

Path 2：位置命令，沒有設定INS。

DLY由命令完成時開始計算。

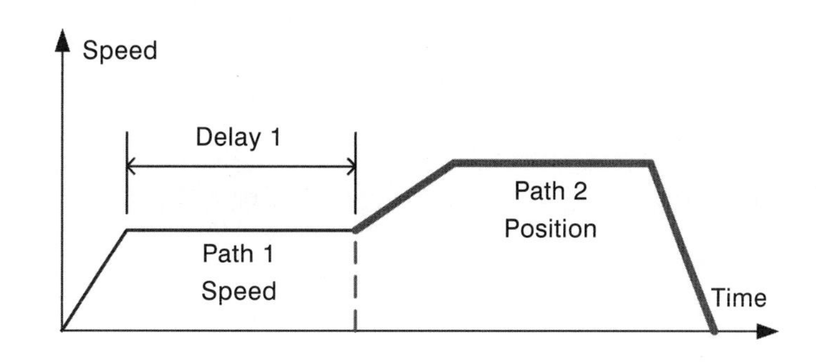

Path 1：爲速度命令，有設定DLY。

Path 2：爲位置命令。

DLY由命令完成時開始計算。

2. 重疊

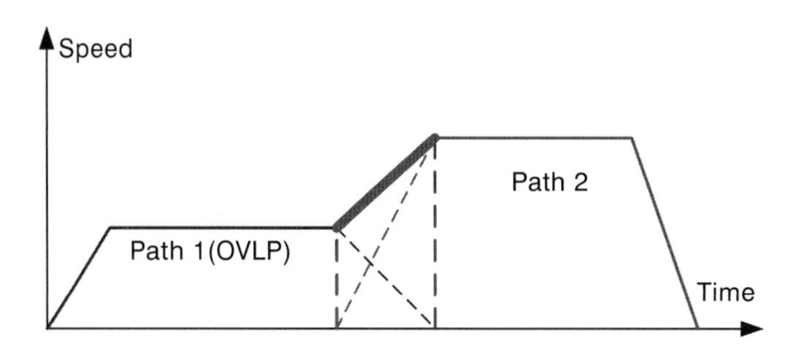


Path 1：爲位置命令，有設定OVLP，不可設DLY。

Path 2：爲位置命令，沒有設定INS。

3. 內部插斷

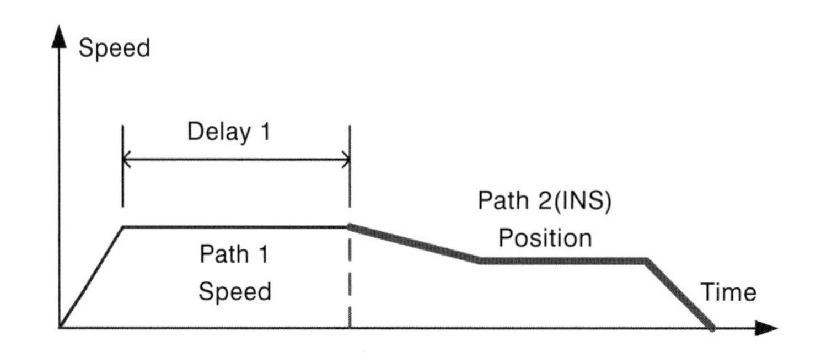


Path 1：爲速度命令，爲AUTO，有設定DLY。

Path 2：爲位置命令，有設定INS。

DLY對內部插斷有效，可用來預先組合出複雜的運動規劃內容。

4. 外部插斷

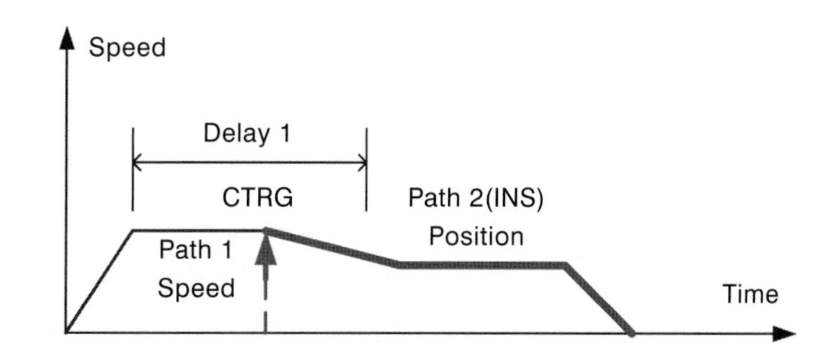


Path 1：爲速度命令，爲AUTO或SINGLE，不論有無設定DLY。

Path 2：爲位置命令，有設定INS。

DLY對外部插斷無效，可讓外部隨時可更動運動規劃內容。

# 15.6 程序整合實作範例

讓我們以一個綜合性的自動化運動程序作爲PR模式編輯的範例。

範例15-5

將伺服馬達的數位輸入接點DI0設定爲初始點ORG，並且利用PR模式設定下面的自動化程序操作：

1. 原點復歸：以正轉尋找DI0（ORG）的方式進行原點復歸，並且反轉尋找編碼器的Z相位訊號作爲原點的參考值，同時將原點的計數器值設定爲5,000。完成後，並延遲1秒後執行下一個程序。
2. 利用位置控制程序，移動伺服馬達到絕對位置20,000的地方，在延遲2秒之後自動執行下一個程序。
3. 利用位置控制程序，移動伺服馬達相對位置增量10,000的距離，在延遲3秒之後自動執行下一個程序。
4. 利用速度控制程序，將伺服馬達加速到目標速度爲20 rpm的狀態；並且在達到目標速度3秒之後，將伺服馬達移動到絕對位置爲−2,000的位置。在延遲5秒鐘之後，重新循環以上2～4步驟。

在進行程序的編輯之前，必須要將上述的步驟做一個規劃與分解。步驟1可以利用PR#00進行原點復歸的設定完成；步驟2則可以利用一般程序中的位置控制完成，其中位置控制選擇使用絕對位置的方式設定；步驟3則可以利用一般程序中的位置控制完成，其中位置控制選擇使用相對位置的方式設定。比較特別的是步驟4，必須分解成三個程序來完成，分別以步驟4A、AB與4C來說明。

步驟4A必須使用速度控制程序，將目標速度設定爲200×0.1 rpm，然後將延遲時間設定爲3秒鐘，並且自動執行下一個程序；步驟4B必須要利用位置控制程序的絕對位置命令，將馬達移動到絕對位置爲−2,000的位置，並設定延遲時間爲5秒鐘；由於程序要求自動進行循環的動作，所以必須將步驟4B的程序設定爲自動執行下一個程序，也就是AUTO爲ON；然後將下一個程序步驟4C設定成程序跳躍，跳躍到步驟1，重新開始自動化的操作程序循環。完整的PR程序規劃如圖15-11所示。

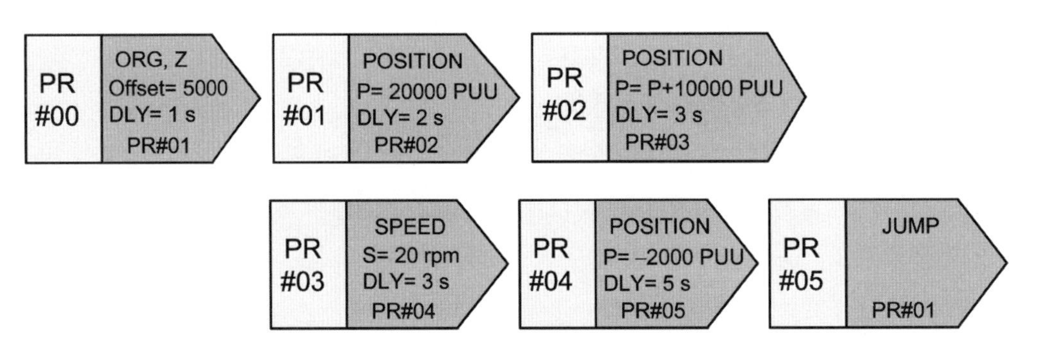


圖15-11　範例15-5相關PR模式程序之設定

由上述的範例中，可以觀察到當伺服馬達的操作程序是一個固定而且步驟循環的動作時，就可以利用PR模式快速編輯相關的馬達運動控制行爲，而不需要利用上位機，例如PLC和電腦的控制。這樣的PR操作模式，不但可以大幅減少設備的成本，同時也可以免除相關上位機的程式編輯，大幅降低開發以及維修的成本。這都是因爲現代的伺服馬達控制器具備有高速運算的嵌入式控制器所帶來的效益。

如果相關的伺服馬達運動程序必須要配合外部的訊號作爲程序啓動的觸發訊號，則可以將數位輸入端子的訊號設定爲相關的POS0～POS5與CTRG，或者是利用事件觸發EV1～4訊號的程序啓動功能來執行一個特定的程序或者多個連續程序的組合。更進一步地，系統可以利用通訊的功能進行遠端的操控，藉由寫入參數P5-07的內容，啓動特定程序的執行。藉由通訊的方式，便可以無遠弗屆地利用一般通訊或者是網路通訊的功能操控伺服馬達的動作。

## 15.7 人機介面裝置與伺服馬達控制系統整合

傳統的伺服馬達使用PT位置控制模式時，控制的命令以及運動的調整可以藉由PLC等上位機的處理來完成；因此，控制的命令輸入及訊號的擷取是利用PLC的訊號端點以及通訊介面。但是當伺服馬達使用PR位置控制模式進行運動的調整時，除了極少數的例子可以使用伺服馬達控制器獨立進行運動的循環執行之外，大部分的運用還是需要依據外部的狀況或者是操作人員的命令進行馬達運動控制的調整。由於使用PR模式就不再需要連接PLC這一類的上位機，因此操作的命令就必須要直接輸入到伺服馬達控制器。

較新一代的伺服馬達控制器除了數位輸出入端點之外，都會配置有許多不同的通訊介面。以台達ASDA-A2系列伺服馬達控制器爲例，就配置有CN3的串列通訊埠，可以選擇使用RS232或者RS485的通訊協定與外部裝置連結；也可以使用CN5通訊埠的CANopen通訊協定與更多更遠的外部裝置進行資料的連結與命令的溝通。利用這樣子的通訊介面擴充，將可以使系統透過網路或者適當的通訊裝置跟工廠任何一個位置的通訊裝置連結，甚至可以將工作的資訊傳達到全世界的任何一個角落。

在多數的情況下，自動化設備可以透過一個基本的人機介面針對生產設備中的所有馬達控制器進行監測與操控。利用這樣子的方式，只要完成適當的伺服馬達初始設定，便可以在後續的運作過程中利用人機介面調整或者操控設備中所有的伺服馬達。這樣的設計，不但可以去除PLC這一類的中間控制裝置，更可以簡化許多控制程式的開發、撰寫與測試的時間及成本。

要完成伺服馬達的直接控制，就必須要知道伺服馬達控制器中各項參數的資料暫存器所在。除了要知道各項功能所使用的參數編號之外，更必須要知道各項參數所使用的記憶體通訊位址，才可以利用人機介面設定資料記憶體位址的方式，對伺服馬達控制器的參數暫存器進行監測和調整，進而達到控制或者改變伺服馬達運動的目的。

伺服馬達控制器參數的記憶體位址，可以從廠商的資料手冊查閱取得；或者是在本書中第十四章介紹伺服馬達參數使用時的表格最後一欄，便是相關參數的通訊位址，例如馬達參數P3-00的通訊位址爲0300H。如果是使用Modbus通訊協定時，便可以利用這個通訊位址來讀寫相關暫存器的內容。

一如本書在前面章節所介紹的人機介面裝置使用方式，台達人機介面控制裝置已經將許多廠牌或者型號的控制暫存器通訊位址作有效的整理安排。因此，只要仿照使用人機介面裝置與可程式控制器的暫存器資料溝通一樣的方式，在選擇相關的圖型元件記憶體位置時，選擇使用Delta Servo，便可以利用簡單的參數通訊位址設定，完成人機介面裝置與伺服馬達控制器間的資料溝通。

人機介面裝置的通訊設定在第十章已經有介紹，而伺服馬達通訊則需要藉由類似PLC的參數設定方式，逐一地依照參數內容的定義設定完成。設定的方式可以利用控制器面板，或者使用ASDASoft中的參數編輯器功能介面編輯設定後下載。與CN3串列通訊埠相關的設定參數包括：

| P3-00 | ADR | 局號設定 | 通訊位址：0300H<br>0301H |
|---|---|---|---|

| 初值 | 0x7F | 設定範圍 | 0x01～0x7F |
|---|---|---|---|
| 控制模式 | ALL | 資料大小 | 16Bit |
| 單位 | - | 資料格式 | HEX |

參數功能：

通訊局號設定分成Y、X二位（16進位）。

| | 0 | 0 | Y | X |
|---|---|---|---|---|
| 範圍 | - | - | 0～7 | 0～F |

使用RS232/RS485通訊時，一組伺服驅動器僅能設定一局號。若重複設定局號將導致無法正常通訊。此站號代表本驅動器在通訊網路上的絕對位址，同時適用於RS232/485與CANbus。

當上層Modbus的通訊局號為0xFF時具有自動回覆功能，驅動器會接收並回覆，不管局號是否符合，但是P3-00無法被設定0xFF。

| P3-01 | BRT | 通訊傳輸率 | 通訊位址：0302H<br>0303H |
|---|---|---|---|

| 初值 | 0x0203 | 設定範圍 | 0x0000～0x0405 |
|---|---|---|---|
| 控制模式 | ALL | 資料大小 | 16Bit |
| 單位 | bps | 資料格式 | HEX |

參數功能：

通訊傳輸率設定分成Z、Y、X三位（16進位）。

| | 0 | Z | Y | X |
|---|---|---|---|---|
| 通訊埠 | - | CAN | - | RS232/485 |
| 範圍 | 0 | 0～4 | 0 | 0～5 |

X設定值的定義：

0：4800

1：9600

2：19200

3：38400

4：57600

5：115200

Z設定值的定義：

0：125Kbit/s

1：250Kbit/s

2：500Kbit/s

3：750Kbit/s

4：1.0Mbit/s

| P3-02 | PTL | 通訊協定 | 通訊位址：0304H<br>0305H |
|---|---|---|---|

| 初值 | 6 | 設定範圍 | 0～8 |
|---|---|---|---|
| 控制模式 | ALL | 資料大小 | 16Bit |
| 單位 | - | 資料格式 | HEX |

參數功能：

設定值的定義如下：

0：7, N, 2 (Modbus, ASCII)

1：7, E, 1 (Modbus, ASCII)

2：7, O, 1 (Modbus, ASCII)

3：8, N, 2 (Modbus, ASCII)

4：8, E, 1 (Modbus, ASCII)

5：8, O, 1 (Modbus, ASCII)

6：8, N, 2（Modbus, RTU)

7：8, E, 1 (Modbus, RTU)

8：8, O, 1 (Modbus, RUT)

| P3-05 | CMM | 通訊機能 | 通訊位址：030AH 030BH |
|---|---|---|---|

| 初值 | 0 | 設定範圍 | 0x00～0x01 |
|---|---|---|---|
| 控制模式 | ALL | 資料大小 | 16Bit |
| 單位 | - | 資料格式 | HEX |

參數功能：

通訊埠選擇可單一通訊或多台通訊。

通訊介面：0：RS232；1：RS485。

假設系統需要將ASDA-A2伺服控制器的CN3通訊埠設定爲使用RS232，9600-7-E-1的通訊格式時，則上述的參數必須調整爲：

P3-00=0x00　　站號（在RS232並不一定需要）

P3-01=0x01　　鮑率：9600 Bit per second

P3-02=0x01　　資料格式：7-E-1（Modbus, ASCII）

P3-05=0x00　　通訊協定爲RS232

最後，讓我們以一個實際的範例作爲介紹，直接地爲讀者說明這樣的設定方式。

範例15-6

使用人機介面裝置與伺服馬達控制器以CN3通訊埠利用RS232通訊協定連結，並設定使用9600-7-E-1的鮑率與資料格式進行傳輸。將伺服馬達設定爲PR模式，數位輸入接點DI3設定爲正轉禁止極限點PL。並以範例15-4的PR模式編輯下載至伺服馬達控制器，額外增加一個獨立程序PR#4，將伺服馬達進行速度控制，設定速度爲0讓馬達停止。在人機介面上設定兩個常數按鍵，並賦予下列功能：

按鍵1：設定伺服馬達控制器參數P5-07爲0，使伺服馬達執行範例15-4的自動化循環程序。

按鍵2：設定伺服馬達控制器參數P5-07爲3，使伺服馬達回到原點後停止。

另外設計一個交替型按鍵，利用ON/OFF巨集指令，使得

按鍵爲ON時：設定伺服馬達控制器參數P2-30爲1，使伺服馬達Servo on激磁。

按鍵爲OFF時：設定伺服馬達控制器參數P2-30爲0，使伺服馬達Servo on激磁。

要完成伺服馬達與人機介面裝置的通訊，首先必須要先將兩個裝置的通訊設定完成。伺服馬達控制器可以透過相關的通訊參數P3-00～P3-05的設定，將CN3通訊埠設爲RS232，9600-7-E-1的通訊格式。而人機介面裝置的通訊設定則可以在專案的通訊模組設定中，選擇對應的設定。但記得在控制器的選項中，可以選擇Delta Controller ASCII的選項，如圖15-12所示，便會在編輯畫面元件參數的記憶體位址，直接選用伺服控制器的參數記憶體位址編號，如圖15-13所示。如此一來，便可以在規劃範例要求的按鍵元件時，直接使用參數記憶體位址，大幅降低人機介面裝置程式開發的難度。

而完成基本通訊設定之後，使用者便可以規劃相關畫面元件，完成介面的畫面設計，如圖15-14所示。此時，操作人員只要使用上述按鍵，便可以直接控制伺服馬達執行的PR程序，進而達到遠端操控的目的。

圖15-12　範例15-6人機介面裝置通訊參數設定

圖15-13　範例15-6人機介面裝置對應伺服控制器記憶體位址輸入

圖15-14　範例15-6人機介面裝置畫面設計

至於伺服馬達控制器PR程序的設計可以參考圖15-15的程序。

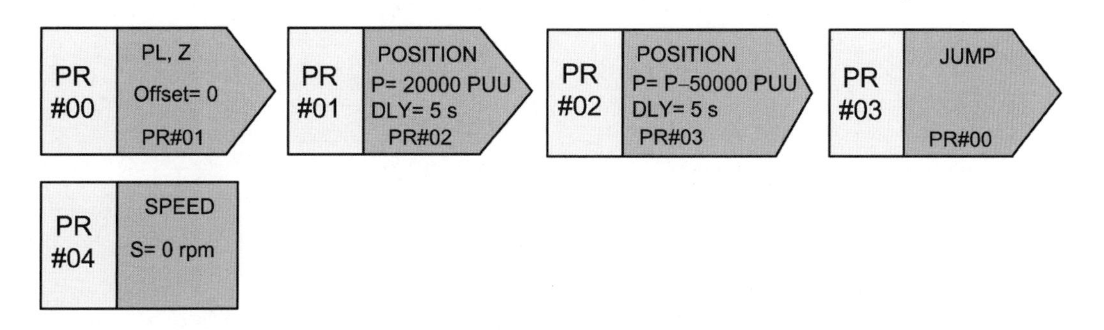


圖15-15　範例15-6伺服馬達控制器PR程序設定



由範例15-6的實驗中，可以發現利用伺服馬達控制器PR模式的位置控制不但可以完成許多位置與速度控制的規劃與設計，也可以利用跳躍與寫入參數等等的程序控制讓控制程序更有彈性。而且因爲不需要利用上位機的整合，如PLC或電腦，不但可以節省設備成本與開發設計測試的時間；更因爲沒有各個裝置操作間的時間或感測延遲，藉由控制器本身的即時量測與控制反而可以更精準的完成設備的自動化精密控制要求。原則上，只要是固定規律的運動位制或速度控制，都可以利用PR模式進行規劃。但是如果系統需要對動態變化的訊號進行即時回授控制，可能就必須考慮用其他的控制方式進行開發與設計。

# 參考資料


## 人機介面裝置

DOPSoft軟體使用手冊，DOPSoft-002，2014/03/01，台達電子工業股份有限公司。

## 可程式邏輯控制裝置

DVP-PLC應用技術手冊（程式篇），DVP-0959700-05，2014/07/15，台達電子工業股份有限公司。

DVP-PLC編程實作範例，DVP-PLC-101_A_TC_20080218，2008/04/15，台達電子工業股份有限公司。

台達運動控制應用例，DVP-2239900-01，2012/03/30，台達電子工業股份有限公司。

## 交流伺服馬達

ASDA-Soft 軟體操作手冊 V2.0_TC，ASDA-Soft_M_TC_20131024_V2.0，2013/10/24，台達電子工業股份有限公司。

ASDA-A2使用手冊，ASDA-A2_M_TC_20140109，2014/01/09，台達電子工業股份有限公司。

ASDA系列伺服系統應用範例手冊，2012/12/28，台達電子工業股份有限公司。

國家圖書館出版品預行編目資料

自動化控制元件設計與應用：台達PLC/HMI/SERVO應用開發／曾百由著. -- 二版. -- 臺北市：五南圖書出版股份有限公司, 2024.01
面； 公分
ISBN 978-626-366-911-6（平裝）

1..CST: 自動控制

448.9 112021760

5DJ5

# 自動化控制元件設計與應用：台達PLC/HMI/SERVO應用開發

作　　者— 曾百由（281.2）
發 行 人— 楊榮川
總 經 理— 楊士清
總 編 輯— 楊秀麗
副總編輯— 王正華
責任編輯— 張維文
封面設計— 簡愷立、姚孝慈
出 版 者— 五南圖書出版股份有限公司
地　　址：106台北市大安區和平東路二段339號4樓
電　　話：(02)2705-5066　　傳　　真：(02)2706-6100
網　　址：https://www.wunan.com.tw
電子郵件：wunan@wunan.com.tw
劃撥帳號：01068953
戶　　名：五南圖書出版股份有限公司

法律顧問　林勝安律師

出版日期　2016年3月初版一刷（共三刷）
　　　　　2024年1月二版一刷
定　　價　新臺幣700元

# 經典永恆·名著常在

## 五十週年的獻禮——經典名著文庫

五南，五十年了，半個世紀，人生旅程的一大半，走過來了。
思索著，邁向百年的未來歷程，能為知識界、文化學術界作些什麼？
在速食文化的生態下，有什麼值得讓人雋永品味的？

歷代經典・當今名著，經過時間的洗禮，千錘百鍊，流傳至今，光芒耀人；
不僅使我們能領悟前人的智慧，同時也增深加廣我們思考的深度與視野。
我們決心投入巨資，有計畫的系統梳選，成立「經典名著文庫」，
希望收入古今中外思想性的、充滿睿智與獨見的經典、名著。
這是一項理想性的、永續性的巨大出版工程。
不在意讀者的眾寡，只考慮它的學術價值，力求完整展現先哲思想的軌跡；
為知識界開啟一片智慧之窗，營造一座百花綻放的世界文明公園，
任君遨遊、取菁吸蜜、嘉惠學子！